OCÉANOGRAPHIE

(STATIQUE)

PAR

M. J. THOULET

PROFESSEUR A LA FACULTÉ DES SCIENCES DE NANCY

Avec 103 figures

PARIS

LIBRAIRIE MILITAIRE DE L. BAUDOIN ET Cᵉ

IMPRIMEURS-ÉDITEURS

30, Rue et Passage Dauphine, 30

1890

OCÉANOGRAPHIE

(STATIQUE)

PAR

M. J. THOULET

PROFESSEUR A LA FACULTÉ DES SCIENCES DE NANCY

Avec 103 figures

PARIS

LIBRAIRIE MILITAIRE DE L. BAUDOIN ET Cie

IMPRIMEURS-ÉDITEURS

30, Rue et Passage Dauphine, 30

1890

OCÉANOGRAPHIE

(STATIQUE)

Extrait de la **Revue maritime et coloniale**
(Année 1890.)

Paris. — Imprimerie L. Baudoin et Cᵉ, 2, rue Christine.

OCÉANOGRAPHIE

(STATIQUE)

PAR

M. J. THOULET

PROFESSEUR A LA FACULTÉ DES SCIENCES DE NANCY

PARIS

LIBRAIRIE MILITAIRE DE L. BAUDOIN ET Ce

IMPRIMEURS-ÉDITEURS

30, Rue et Passage Dauphine, 30

—

1890

PRÉFACE

Au mois de mars 1888, grâce à la bienveillance de M. l'amiral Mouchez, membre de l'Institut, directeur de l'Observatoire, et de M. Bouquet de la Grye, ingénieur hydrographe en chef de la marine, j'ai obtenu l'autorisation de faire quelques leçons sur la science de la mer aux officiers de marine détachés à l'Observatoire de Montsouris. J'ai eu l'honneur de renouveler ces conférences en 1889 et en 1890 et, chaque année, je me suis efforcé de les perfectionner et de leur donner un développement plus considérable. J'ai cherché à compléter mes connaissances océanographiques, d'abord par une campagne de six mois à bord de la frégate *la Clorinde* autour de Terre-Neuve, par des recherches exécutées dans mon laboratoire et aussi par diverses missions qui m'ont été confiées par le Ministre de l'Instruction publique, en Norvège, en Écosse et en Suisse où j'ai pu m'initier aux beaux travaux dont les lacs de ce pays ont été l'objet. Le livre qui suit et qui a paru en articles dans la *Revue Maritime et Coloniale* est le résultat de mes recherches, le résumé de mes observations à l'étranger et l'exposé de mes conférences. Il ne comprend que la statique de l'océanographie ; j'espère qu'il ne tardera pas à être suivi de la dynamique traitant des vagues, des marées, de la distribution des fonds marins, du contact de la terre et de la mer, du modelé des côtes, de l'érosion, des dunes, deltas et estuaires, des îles de corail et enfin des courants, ce problème si compliqué, conséquence de toutes les propriétés de la mer, résultante de tous les phénomènes s'accomplissant sur son immense surface et dans ses abîmes.

En écrivant ce livre, j'ai pensé être utile à ceux qui vivent sur l'océan, de l'océan ou pour l'océan : aux navigateurs, aux pêcheurs, aux ingénieurs. J'ai assez vécu au milieu des marins pour savoir tout ce qu'on trouve en eux de connaissances profondes et variées, de dévouement à leur noble profession et à la science, pour ne point les admirer en même temps que les aimer et ne pas essayer de les payer dans la mesure de mes forces de leur accueil si cordial et si bienveillant. Par une curieuse anomalie, l'océanographie n'a pas été jusqu'à présent aussi cultivée en France qu'à l'étranger où on la considère comme utile et même indispensable soit au point de vue pratique soit au point de vue théorique. Aucun traité n'était écrit en langue française sur ce sujet, j'ai voulu combler cette lacune.

J'ai mis tous mes soins à ma rédaction ; j'ai étudié beaucoup de mémoires et d'ouvrages publiés en Angleterre, aux États-Unis, en Norvège, en Allemagne et ailleurs ; je me suis efforcé de tirer parti de tous les documents. Quoique la science de la mer se développe rapidement, les mesures exactes sont en nombre insuffisant et les données les plus indispensables font souvent défaut. Mais si mon travail est incomplet, il sera perfectionné, et c'est même pour qu'il soit perfectionné que je l'ai exécuté.

Une autre idée m'a servi de guide ; elle résulte d'une conviction, d'une véritable foi. Un grand changement s'accomplit dans les sciences et toutes subissent une évolution. Les sciences naturelles passent de plus en plus aux sciences précises, physique et chimie, tandis que celles-ci, par un perfectionnement qui est la somme du labeur journalier et incessant de l'esprit humain, passent aux sciences rigoureuses, aux mathématiques ; la mécanique est la condensation, le résumé de tous les phénomènes qui, dans la nature, frappent les sens de l'homme. Cet ordre est celui de complication décroissante; car, sans discuter sur les limites mutuelles si difficiles à saisir des trois règnes de la nature, toutes les lois relatives aux êtres inorganiques s'appliquent aux végétaux en outre d'autres lois spéciales à ces derniers, et à leur tour, toutes les lois des végétaux s'appliquent, en outre d'autres spéciales, aux animaux. Les lois de la physique sont les plus simples et les plus générales des lois naturelles.

L'océanographie, application à l'étude de la mer des principes de la physique, de la chimie et de la mécanique, est essentiellement une science exacte, de chiffres et d'expérimentation. En vertu de l'évolution actuelle, elle est la base logique, l'introduction obligée à la météorologie et à la physique du globe, c'est-à-dire à la géologie. Les fluides eau et air possèdent les mêmes lois, mais l'un est évidemment plus simple à étudier et, pour employer une expression heureuse de Ch. Sainte-Claire Deville, plus maniable que l'autre. Tandis que la minéralogie s'est détachée de l'histoire naturelle, la géologie stratigraphique cessera bientôt d'être une science d'observation inactive, de descriptions et d'opinions personnelles pour devenir précise par l'océanographie.

Cette transformation est depuis longtemps commencée. Des maîtres illustres dont je m'honore d'avoir été l'élève ont, en France, ouvert à la géologie la voie sûre du chiffre et de l'expérimentation. Elie de Beaumont, dans une théorie célèbre, avait cherché à créer la géologie géométrique. Son œuvre était loin d'être à la portée de tous et beaucoup ont trouvé plus facile de l'attaquer que de l'étudier; elle souleva des orages. Ardemment soutenue du vivant de son auteur, elle subit après lui l'effet de réaction ordinaire et fut injustement oubliée. Néanmoins, malgré ses faiblesses, malgré l'aridité de la méthode qu'elle employait, ses erreurs mêmes étaient de celles qu'on peut nommer des erreurs fécondes, car elles tendaient à substituer l'impersonnalité et la rigueur du chiffre au vague d'opinions justes ou fausses, dont l'ensemble, discutable et discuté, constituait ce qu'on connaissait de l'histoire de la terre. Il n'est pas donné à tous de se tromper comme Elie de Beaumont.

Ch. Sainte-Claire Deville, son disciple, appliqua à la géologie non plus les mathématiques mais la chimie. C'était suivre la doctrine du maître. Les recherches sur l'ordre régulier des émanations volcaniques gazeuses, sur la destruction des roches par les volcans, sur la chaleur spécifique du soufre resteront au nombre des belles découvertes de la géologie.

M. Daubrée publia plus tard ses remarquables *Études synthétiques de géologie expérimentale* dans lesquelles il employa la mécanique, la physique et la chimie à élucider divers problèmes se rapportant à la terre et, pour ne point mentionner ici d'autres noms, MM. le colonel de la Noë et de Margerie, dans leur ouvrage sur *Les formes du terrain*, ont récemment étudié en véritables géomètres les traits principaux de l'orographie du globe.

Il existe donc en France une école de géologie expérimentale et précise et nous ne manquons pas de savants à opposer aux savants étrangers. Mohr, l'autour de la *Geschichte der Erde*, sous une forme trop souvent agressive et entraîné quelquefois par une théorie qu'il pousse jusqu'à ses plus extrêmes conséquences, ouvre de vastes aperçus sur l'histoire de la terre; Pfaff, aux vues plus variées, expérimentateur habile, dans le titre même de son livre « *Allgemeine Geologie als eine exacte Wissenschaft* », proclame hardiment sa foi scientifique; Bischof écrit son « *Lehrbuch der chemischen und physikalischen Geo-*

logie »; Roth, son « *Allgemeine und chemische Geologie* »; E. Reyer, sa « *Theoretische Geologie* », et je me borne à citer les noms de Dana, Gilbert, Prestwich, Heim, Suess, Geikie.

J'ai suivi la tradition de mes maîtres; l'expérience acquise par des années de travail a confirmé en moi l'enseignement que j'avais reçu. Je ne saurais admettre que le dernier mot de la science de la terre consiste en une carte géologique et que le jour où la surface du globe tout entière sera représentée sur un dessin peint de diverses couleurs, la géologie aura achevé sa tâche. Des pierres éparses ne sont pas un monument, un catalogue n'est pas de l'histoire. Les phénomènes possèdent leur enchaînement; chacun d'eux après avoir été conséquence devient cause à son tour; nous devons découvrir le lien qui les unit et montrer alors, dans sa majestueuse splendeur, l'admirable tableau de la terre suivant une marche dont la fatalité même fait la grandeur de la science et passant, à travers ses transformations successives, par ce qu'on pourrait nommer les phases de sa vie. Laissant de côté les roches éruptives, l'histoire de la terre est l'histoire de la mer. On prétend étudier l'océan silurien, dévonien, jurassique ou crétacé, l'océan datant de millions d'années et l'on ignore les lois de l'océan actuel! Connaissons d'abord ce qui est, puis nous nous occuperons de ce qui a été et nous chercherons ensuite à en conclure ce qui sera; procédons du certain à l'incertain, du présent au passé et du passé à l'avenir. Quand l'océanographie nous aura enseigné comment se forment, se distribuent et se déposent les sédiments, quelles actions physiques, chimiques, biologiques s'effectuent au fond des eaux, quels motifs imposent leurs cours aux courants marins; lorsque nous saurons par elle les lois auxquelles obéissent les vagues, les effets de transport des glaces, l'économie des densités ou des températures dans les abîmes, alors nous serons en mesure d'aborder les problèmes du passé avec chance d'en tirer autre chose qu'une énumération ou des hypothèses peut être vraies mais le plus souvent encore dépourvues de sanction.

Il me reste un devoir à accomplir : adresser l'expression de ma respectueuse gratitude à M. l'amiral Mouchez et à M. Bouquet de la Grye, pour les nombreuses preuves de bienveillance et d'intérêt qu'ils m'ont fait l'honneur de me témoigner; au Ministère de la Marine, qui a bien voulu m'accorder l'hospitalité dans les colonnes de la *Revue Maritime et Coloniale.* Je remercie les savants qui m'ont communiqué des documents ou conseillé, M. John Murray d'Edimbourg, directeur du *Challenger Office;* M. le professeur H. Mohn, directeur de l'Institut météorologique de Christiania, le *Coast and Geodetic Survey* des États-Unis; M. le docteur F.-A. Forel de Morges, le sagace et infatigable explorateur des lacs suisses, et je ne veux pas oublier M. Baudoin, éditeur, qui a mis tant de soin et d'obligeance au service de la publication de ce livre (1).

Nancy, juin 1890. J. Thoulet.

---

(1) Il m'est encore possible de réparer ici une omission dans l'historique paru depuis longtemps déjà; je regrette de n'y avoir point mentionné Aimé, l'auteur de nombreux et ingénieux travaux, le seul savant français qui ait fait de la véritable océanographie. Comme il s'est surtout occupé de problèmes relatifs à la dynamique de la mer, je n'ai été, je l'avoue, mis sur la trace de ses divers mémoires que lorsque, moi-même, j'ai dans mes recherches abordé l'étude de questions analogues. MM. L. de Folin et Périer, dans une publication intitulée : « *Le Fond des Mers* », dont le premier volume date de 1867 et le troisième de 1880, ont réuni une série de notes et de mémoires, la plupart concernant la zoologie de la mer, mais parmi lesquels il en est qui intéressent tout particulièrement l'océanographie.

OCÉANOGRAPHIE

(STATIQUE)

INTRODUCTION

L'océanographie; sa définition, ses rapports avec les autres sciences. — L'océanographie est la science de l'Océan; c'est l'ensemble de toutes les lois applicables à la mer, déjà découvertes ou à découvrir non seulement dans le domaine de la chimie et de la physique mais encore dans celui des mathématiques, de la mécanique et de l'astronomie. L'océanographie s'efforce de connaître et d'expliquer la forme du relief sous-marin, la nature, le mode de déposition, l'induration des couches sédimentaires qui s'accumulent dans les profondeurs, la composition chimique des eaux, leurs propriétés physiques diverses, la répartition au sein de leur masse de la chaleur, de la salure, de la densité, des différentes substances gazeuses ou non gazeuses, les courants qui sillonnent la surface de l'Océan, les glaces qui le couvrent dans certaines régions.

La science, après avoir constaté l'existence d'une série de faits, étudie ceux-ci dans toutes leurs modifications, d'abord par l'observation plus ou moins passive, puis ensuite par l'expérimentation active et intelligente, par la mesure et par le nombre; elle résume alors ses découvertes dans l'énoncé d'une loi de généralisation qui, la rendant parfaite maîtresse de l'ensemble des phénomènes, lui donne enfin la faculté d'en prévoir désormais dans tous leurs détails l'apparition, la marche et le retour. La science prévoit et prédit; quiconque se contente de regarder et de décrire ce qu'il a vu est condamné à ne jamais posséder qu'une simple connaissance. Dans la recherche de la vérité, il faut être guidé par une idée préconçue et savoir d'avance ce que l'on veut voir afin d'être absolument certain de le voir ou de ne pas le voir. C'est ce que Mohr exprimait en disant que la nature répondait à toute question que lui adressait l'homme, soit par une affirmation, soit par une négation, soit par le silence. Mais il faut avant tout que la question soit nettement posée. Est-il besoin de parler ici de cette scrupuleuse bonne foi qui est l'honneur du savant.

Un phénomène naturel est une équation à un grand nombre d'inconnues : l'explication de l'un, la solution de l'autre sont impossibles à aborder directement. Il n'est point de manifestation, pour simple qu'elle soit, où ne se trouve combinée l'action d'une foule de forces, et ainsi s'explique le pouvoir de l'expérimentation. L'expérimentateur fait appel à l'acuité de son intelligence aussi bien qu'à l'adresse de ses mains; il saisit en quelque sorte la nature corps à corps; incapable d'anéantir, pour s'en débarrasser, tant de facteurs qui troublent sa recherche, il les rend, ou du moins essaye de les rendre tous constants, sauf un seul qu'il a choisi et dont il suit l'influence sur le phénomène. Après avoir agi, il observe et son examen lui livre une portion du secret désiré. Il a restreint les limites entre lesquelles varie l'une des inconnues de l'équation. Il rend ensuite constante cette inconnue dont il est devenu le maître et, procédant avec la même méthode, il agit pour une seconde inconnue comme pour la première. Ce n'est qu'après avoir tracé la courbe de chaque élément du phénomène qu'il connaît tout entier ce dernier dans le passé, dans le présent et dans l'avenir. Il a pesé, il a mesuré; ses chiffres sont vrais ou faux et la discussion sera désormais féconde parce qu'elle s'appuie sur eux comme sur une base inébranlable.

Toutes les sciences se touchent et se confondent en quelques-uns de leurs points puisque toutes se proposent de connaître la nature, qui est une, et c'est pourquoi il serait puéril d'essayer de cantonner chacune d'elles dans un champ rigoureusement délimité. Néanmoins, il est hors de doute qu'il existe aujourd'hui parmi elles trois catégories : les sciences dites naturelles comprenant la botanique et la paléobotanique, la zoologie et la paléozoologie ; les sciences dites physiques comme la chimie, la physique, la minéralogie, la météorologie, la géologie; enfin les sciences mathématiques, l'astronomie et la mécanique. Le progrès qu'amène lentement chaque journée du travail humain accomplit l'évolution des sciences naturelles vers les sciences physiques et de ces dernières vers la mécanique. La minéralogie, jadis l'apanage des naturalistes, est maintenant devenue rigoureuse et la géologie commence à suivre cette marche ascendante. En admettant une telle classification, on peut affirmer que l'océanographie n'appartient pas aux sciences naturelles et se range parmi les sciences physiques; mais, selon ses besoins, elle se sert de tout ce qui lui est utile. Quand, par exemple, elle étudie les courants, elle constate qu'ils résultent en partie de l'évaporation, ce qui concerne la physique ; cette évaporation provient du passage de vents plus ou moins chargés d'humidité, ce qui est de la météorologie ; leur marche dépend de la rotation du globe, ce qui est de l'astronomie ; leur vitesse est fonction de la différence de niveau entre leur source et leur embouchure, ce qui est de la mécanique; elle est modifiée par les pluies, par le voisinage des bassins continentaux, par la forme géographique des terres, par la profondeur du lit océanique, causes multiples dont chacune se rapporte à une science spéciale et qui cependant se réunissent toutes pour donner naissance au courant, à ce phénomène dont l'étude et la théorie appartiennent en propre à l'océanographie.

La chimie et la physique du fond des mers sont des chapitres nouveaux. Au sein des abîmes, les phénomènes de nos laboratoires sont modifiés, peut-être même transformés par d'effroyables pressions. En effet, à 1000 mètres de profondeur, chaque centimètre carré de la surface d'un corps immergé supporte une pression de 100 atmosphères environ, c'est-à-dire le poids d'une colonne de mercure ayant 76 mètres de hauteur ou plus de 100 kilogrammes. La formation des nodules manganésiens si fréquents dans le Pacifique n'a point été expliquée non plus que celle des zéolithes reconnues par M. Renard dans les argiles rouges. Jusqu'à présent, dans les grands sondages, une foule de faits étranges ont été constatés et la plupart sont encore à étudier.

La science de la mer a déjà fourni de précieux renseignements à la science de la terre. Il ne pouvait en être autrement, et l'étude de la géologie devrait, logiquement, être précédée de l'étude de l'océanographie. En faisant abstraction du petit nombre de roches dont l'éruptivité ne donne lieu à aucune objection, la majeure partie de la croûte solide du globe est constituée par des roches sédimentaires c'est-à-dire nées au sein des flots. Jusqu'ici on s'est à peu près borné à les décrire, à les désigner par des noms au sujet desquels il arrive trop fréquemment aux pétrologistes de n'être point d'accord, à énumérer les villes, villages, maisons supportés par telle ou telle couche, à couvrir les cartes de teintes multiples. Est-ce l'idéal que doit se proposer l'intelligence humaine ? Si, au contraire, après avoir décrit — ce qui est un simple début — la géologie veut chercher à savoir en vertu de quelles lois les terrains sédimentaires se sont déposés, ont pris la forme, l'aspect sous lesquels nous les connaissons, pourquoi certains grès ont des grains anguleux tandis que d'autres les ont arrondis ; pourquoi il en est qui sont verts, d'autres blancs ou rouges ; pourquoi certains dépôts sont incohérents, sans consistance, à l'état de sables ; d'autres, au contraire, sont durs ; comment prennent naissance les calcaires, les argiles, les marnes ; si elle désire remonter à la connaissance grandiose d'événements se succédant sans interruption dans la suite des temps, maniant et remaniant la face de notre planète et laissant leur marque au plus humble fragment de roche ; si elle veut conclure du présent au passé et du passé à l'avenir, c'est à l'océanographie qu'il lui faudra s'adresser. Ne semble-t-il pas étrange de prétendre s'occuper de ce qui s'est accompli il y a des millions d'années et d'être encore ignorant de phénomènes à peu près identiques qui s'effectuent aujourd'hui même dans l'Océan sur lequel flottent nos navires. Pour la paléontologie, dont les découvertes faites au sein de l'Océan ont tellement modifié la portée, elle fait retour sous le nom de paléozoologie aux zoologistes, sous le nom de paléobotanique aux botanistes qui, dans leurs travaux, poursuivent l'étude de la chaîne ininterrompue des êtres par delà le passé.

L'océanographie se relie de la façon la plus étroite à la météorologie, car l'air et la mer ont les mêmes lois. Les deux fluides obéissent à la pesanteur, se dilatent par la chaleur et se contractent par le froid de manière à devenir plus lourds ou plus légers selon les variations de la température ; tous deux poursuivent, sans jamais l'atteindre, un équilibre toujours troublé par la chaleur solaire et qu'ils s'efforcent de retrouver par des courants. Et là encore, si de ces deux sciences l'une devait être étudiée avant l'autre, l'océanographie posséderait logiquement la priorité parce que l'étude d'un fluide maniable, presque incompressible, pesant comme l'eau, est moins compliquée que celle de l'air, fluide éminemment mobile, élastique, capricieux, affecté par mille influences auxquelles l'eau est presque insensible, se dilatant pour une différence d'un seul degré du thermomètre de 0,00366, tandis que l'eau ne se dilate que de 0,00012 de son volume, sans cesse agité sous les multiples influences du jour et de la nuit, de l'été et de l'hiver. Qu'on observe ces lois ou qu'on les expérimente dans le laboratoire, la tâche, quelque difficile qu'elle soit, l'est moins pour l'eau que pour l'air. La clef de la météorologie est l'océanographie ou plutôt ces deux sciences s'enchevêtrent, se lient l'une à l'autre comme le navire dont les flancs sont baignés par les courants marins tandis qu'il offre ses voiles au souffle des courants aériens; continuellement nous irons de la météorologie à l'océanographie et de l'océanographie à la météorologie; le cycle de phénomènes commencé au milieu des flots se continuera dans l'atmosphère pour revenir à la mer et retourner une fois encore à l'air.

L'océanographie n'est pas la géographie physique, même restreinte au domaine de la mer. Celle-ci explique moins les formes extérieures de notre globe qu'elle ne les décrit et elle ne commence à raisonner que lorsqu'elle signale les relations existant entre ces formes et les événements humains dont elles ont été le théâtre. Elle s'appuie sur la géologie, mais elle doit se hâter de passer à l'histoire qui raconte les batailles de la vie de l'humanité, tandis qu'elle-même, observant la topographie du lieu du combat, y cherche l'explication des faits accomplis. Ce qui eut lieu aux premiers temps de l'apparition de l'homme aussi bien que ce qui a eu lieu hier en Europe, en Asie, au fond de l'Afrique ou de l'Amérique, aussi bien que ce qui sera demain, telle haine de race, telle fondation de colonie, tel groupement politique se rattache à ce qui s'est passé il y a mille siècles, à un soulèvement de montagne ou à un affaissement du sol, à un phénomène géologique qui, lentement, a détourné le cours d'une rivière, creusé un golfe ou comblé un estuaire.

L'hydrographie aborde un autre champ d'études: elle apprend à relever une côte, elle fournit aux vaisseaux les renseignements nécessaires pour faciliter leur route au voisinage de la terre, elle leur indique la place qu'ils doivent occuper pour y mouiller en sûreté; c'est une science essentiellement technique et cependant l'océanographie lui rend des services ainsi qu'à la navigation. Pour résoudre le problème général qui consiste à déterminer la position d'un navire au milieu de l'Océan, on s'était à peu près borné à employer l'astronomie, méthode qui n'est pas toujours applicable comme, par exemple, pendant les temps de brume si fréquents dans certains parages. Faute de coordonnées astronomiques, on peut fixer une position par des coordonnées physiques : profondeur, nature du fond, caractères de l'eau, en se servant de cartes bathymétriques tracées par courbes isobathes et de cartes géologiques sous-marines. Les unes et les autres sont du ressort de l'océanographie. Ainsi que l'a montré M. Trudelle [1], ces données sont précieuses pour faciliter et raccourcir les traversées; elles le seraient bien davantage encore en temps de guerre. A un autre point de vue, la réussite du voyage de Nordenskiöld autour du continent asiatique n'est-elle pas l'application heureuse d'une considération d'océanographie pure. Les fleuves de la Sibérie coulant du sud au nord apportent sur la fin de l'été des masses d'eau douce relativement chaude qui flottent au-dessus de l'eau froide et salée de la mer Glaciale et laissent un passage libre le long de la côte; par conséquent l'époque de l'année la plus favorable pour la traversée est la fin et non le commencement de l'été ainsi que l'avaient cru à tort les précédents explorateurs dont l'erreur avait eu pour conséquence immédiate l'insuccès.

Les conditions de multiplication, d'habitat des divers poissons comestibles, harengs, sardines, morues, des crustacés, des huîtres, sont en relation étroite avec la nature du milieu. Dans un très intéressant mémoire, M. Hautreux [2] a montré que les environs du cap Blanc, sur la côte occidentale d'Afrique, pourraient servir de lieu de

[1] Voyez les ouvrages suivants de M. Trudelle, ancien lieutenant de vaisseau, capitaine du paquebot de la Compagnie générale transatlantique « la France » : *New-York, atterrissage à la sonde pour les bâtiments à vapeur.* — *La Manche; atterrissage et navigation des bâtiments à vapeur par temps de brume.* — *Essai sur l'emploi de la sonde dans les environs du cap Guardafuy.*

[2] A. Hautreux, *Pêche de la morue au Sénégal*, Bulletin de la Société de géographie commerciale de Bordeaux, 5 mars 1888.

pêche pour la morue et que nos nationaux, évitant les dangers, les fatigues et les difficultés des parages de Terre-Neuve et d'Islande, y trouveraient en abondance le poisson qui, venu du nord, a suivi à des profondeurs diverses le courant froid pour remonter avec lui à la surface de l'Océan. Non seulement la Commission des pêcheries des États-Unis (*U.-S.-Fish-Commission*) base ses travaux sur les résultats obtenus par le *Coast and Geodetic-Survey*, mais encore elle les complète et le navire *Albatross*, spécialement affecté à ce service par le gouvernement américain, est muni en outre de ses dragues et de ses filets, de tous les appareils sondeurs perfectionnés, thermomètres, aréomètres nécessaires aux recherches océanographiques. Il est unanimement admis aujourd'hui que l'industrie des pêcheries est tout d'abord une question de topographie, de géologie, de températures, de densités et de courants marins. Or la France, avec sa population de 85,000 pêcheurs[1] et une quantité de poisson capturé annuellement représentant 110 millions de francs, ne doit pas plus se désintéresser de ces études que l'Angleterre avec ses 120,000 pêcheurs prenant pour 300 millions de francs de poisson ; les États scandinaves, avec leurs 130,000 pêcheurs et un produit de 400 millions de francs ; la Russie, avec 100 millions de francs ; les nations du bassin de la Méditerranée, avec 100 millions de francs, et l'Amérique du Nord où la valeur du poisson dépasse 500 millions. Le monde pêche et consomme annuellement pour deux milliards de francs de poisson.

On commence à peine l'exploration méthodique du bassin océanique et néanmoins on est frappé du nombre de problèmes dont la solution, intéressant la science pure autant que la science appliquée, s'impose aux investigations. Le fait le plus humble prend une importance extrême ; il suffit d'un simple coup de sonde, d'un dragage, et aussitôt des principes que les savants étaient habitués à considérer comme des axiomes sont bouleversés. La découverte, au fond des océans, d'annélides, de gastéropodes et de lamellibranches qui n'étaient jusqu'alors connus qu'à l'état fossile, d'échinodermes et de coraux d'un facies identique à ceux des terrains tertiaire et crétacé, de polypiers semblables à ceux du terrain jurassique, de dents de squales offrant la plus complète similitude avec les dents de *Carcha-*

[1] *Revue scientifique de la France et de l'Étranger*, t. XLII, p. 510, 20 octobre 1888.

rodon du tertiaire de l'île de Malte, a prouvé l'exactitude de la grande loi de l'influence des milieux qui régit les formes des êtres vivants à travers des siècles de siècles. Profitant de la maturité de l'esprit scientifique à notre époque, l'océanographie, dès son début, a marché droit à la conquête de la vérité; elle ignore bien des faits, mais elle attend patiemment qu'ils lui soient révélés et elle ne cesse pas de mettre en ordre les matériaux qu'elle possède déjà et d'en profiter. Sa force consiste en ce qu'elle ne parle que par chiffres et par mesures; elle a le bonheur d'être du premier coup une science exacte. Chacun lui vient en aide : les particuliers lui consacrent leur travail, leurs fatigues, leur dévouement, les gouvernements lui prêtent leur appui et ses progrès s'accomplissent avec une merveilleuse rapidité.

Il est nécessaire de réunir sous un terme commun et précis un ensemble de connaissances nouvelles. Comme l'introduction dans la science d'un mot nouveau est toujours fâcheuse et doit être évitée autant qu'il est possible, il faut se résigner à ne point adopter le nom de thalassologie, qui n'a point encore été employé. Agassiz se sert du mot thalassographie; celui de thalassologie eût été préférable. Au point de vue étymologique, sa dérivation était conforme au génie de la langue française, fille du grec et du latin. L'expression « physique de la mer » se compose de plusieurs mots et est peu exacte, car, dans ce que la science de la mer regarde comme son domaine, si beaucoup appartient à la physique pure, beaucoup aussi se rapporte à la chimie, à la mécanique, à la minéralogie et à la géologie. Nous employons le mot océanographie parce que la plupart des auteurs l'ont adopté, sans nous dissimuler qu'il convient mal à la science qu'il désigne, car la terminaison *graphie* signifie une simple description tandis que *logie* indique un corps de considérations raisonnées, d'expériences et de mesures. La géographie, la topographie sont des connaissances descriptives, mais on peut appeler minéralogie, physiologie des sciences précises ou qui tendent à le devenir. La géologie a cessé d'être une géographie souterraine; elle commence à mériter la terminaison de son nom; la thalassologie en eût été digne dès maintenant.

Les sujets que traite l'océanographie peuvent se partager en deux grandes catégories. La première est l'océanographie statique qui s'occupe de ce qui se rapporte à l'océan considéré indépendamment de son mouvement, c'est-à-dire du relief sous-marin, de sa forme et de la nature de ses fonds, de la composition chimique et des propriétés physiques des eaux. La seconde, l'océanographie dynamique, étudie spécialement les mouvements des eaux, les glaces, les vagues, les marées, les courants, ainsi que les phénomènes qui s'accomplissent le long des rivages au contact de la mer et de la terre ferme. Cette division est arbitraire et une foule de sujets pourraient être indifféremment classés dans l'un ou l'autre de ces chapitres. Tout s'enchaîne dans les phénomènes naturels et tout s'enchaîne dans leur exposé didactique, les diverses sciences humaines ; mais, comme il faut adopter un ordre quelconque, on en est réduit à choisir celui qui semble se prêter à la plus grande clarté dans le développement.

Historique. — L'océanographie est une science moderne, plus que moderne, elle est actuelle, elle vient en quelque sorte de naître et il ne pouvait en être autrement. Aucune science n'apparaît spontanément ; elle provient d'une immense somme antérieure de travaux et d'efforts de l'esprit humain inconscient lui-même du but vers lequel il marche lentement ; c'est seulement à partir d'une époque déterminée qu'elle se manifeste dans son individualité, alors qu'elle est en état d'asseoir son œuvre sur une base solide. L'océanographie étant une science de mesure et d'expérimentation, il lui faut des instruments sans lesquels elle est incapable d'exister : tous ceux qu'elle emploie sont de découverte récente et plusieurs auraient même besoin d'être perfectionnés. Avant de les posséder, on devait se contenter d'observer vaguement des faits impossibles à réunir autrement que par des lois empiriques ; une découverte exacte n'était qu'un heureux hasard, privée d'ailleurs de sanction puisque rien n'affirmait son exactitude et sa généralité.

La mer s'étudie avec des sondes, des thermomètres, des aréomètres, des bouteilles à recueillir les eaux profondes, des mesureurs de courants. Or la plupart de ces appareils, simples en apparence, présentent en réalité de grandes difficultés d'exécution. Rien ne semble plus aisé qu'un sondage : on attache un plomb à une corde, on laisse couler et aussitôt que la descente s'arrête on mesure la corde filée. Le jour où l'on exécute l'opération en mer profonde, la corde file indéfiniment sans communiquer aucun choc et quand on essaye de la ramener, elle se brise. Il suffit, pour connaître une température de descendre un thermomètre enregistreur et de le retirer de l'eau pour en faire la lecture; soumis aux effroyables pressions des grands fonds, le thermomètre donne des indications fausses parce que, s'il ne s'est pas brisé ce qui est le cas le plus fréquent, le verre s'est comprimé, sa cavité a diminué de volume et la colonne mercurielle est montée bien au-dessus du point où elle aurait dû s'arrêter sous l'action seule de la température. A une profondeur relativement faible, aucun appareil à rouages métalliques ne fonctionne, tous se faussent et se rompent. Autrefois on pouvait faire de la météorologie, de l'hydrographie, de l'histoire naturelle, mais pas d'océanographie proprement dite.

L'esprit de l'homme est ainsi fait que généralement il aborde l'œuvre par son côté le moins escarpé. La première base d'une étude systématique de l'Océan est une carte des profondeurs : elle était impossible à dresser avant 1854, époque où Brooke inventa son sondeur à poids perdu et où les officiers de la marine américaine, à force d'expériences patientes, découvrirent la loi de descente de la ligne qui permet de s'apercevoir du moment où le plomb est parvenu au fond. Antérieurement à 1859, on soupçonnait à peine l'erreur dont la pression entachait toutes les observations thermométriques et l'on ignorait complètement la manière de l'éviter par la double enveloppe du thermomètre. Aujourd'hui même, malgré des milliers d'observations précises, malgré la facilité qu'il y aurait à exécuter une carte des profondeurs par courbes de niveau, malgré l'intérêt capital d'un pareil document, il n'est pas encore aux mains des gens de science, au moins à une échelle suffisamment grande pour rendre de véritables services. Que dirait-on cependant d'études géologiques, géographiques, climatologiques, météorologiques commencées, continuées sans une carte générale de la région à laquelle elles s'appliquent! Les différentes nations travaillent isolément; on ne s'accorde pas sur la façon d'opérer et de combiner les efforts vers un but commun qui serait utile à tous, car ce but est la navigation scientifique et par conséquent précise. On ne s'entend même pas sur les termes employés et, tandis que le mot densité d'un liquide, par exemple, n'a qu'une seule acception parmi les physiciens, le mot densité de l'eau de mer en possède huit ou dix pour les océanographes.

Après les voyages purement géographiques des navigateurs dont les découvertes ont ouvert l'ère des temps modernes, Colomb, Magellan, Vasco de Gama, Cabot, les Dieppois, Jacques Cartier et qui appartiennent à l'histoire de la géographie, commencent les voyages scientifiques des Cook, des Lapérouse, des d'Entrecasteaux qui tous avaient des naturalistes à leur bord. Peu à peu on soupçonne l'intérêt d'études plus graves et ainsi se passe le premier tiers ou le premier quart du XIXe siècle. Alors on invente ou l'on perfectionne des instruments de mesure et l'on arrive au début de la véritable océanographie, à l'énoncé sinon à la solution des problèmes relatifs à la forme et à la nature du fond des mers, à la distribution de la température, à la composition des eaux, à la salure, à la densité; aujourd'hui cet élan, cette ardeur à la recherche s'accentuent tellement qu'il n'est plus permis à aucun pays de se montrer indifférent et de résister à un mouvement général de toutes les nations.

En 1772-75, James Cook accomplit sur la *Resolution* son grand voyage autour du monde. Il partait dans un but où la science pure avait une large part et, accompagné du naturaliste Forster, il devait observer à Taïti le passage de Vénus. En route, on fit quelques mesures de température de la mer dans le Pacifique et l'on s'avança jusque sur les bords du continent antarctique. Pendant ce temps, près de l'autre pôle, John Phipps, plus tard lord Mulgrave, avec ses deux navires *Racehorse* et *Carcass* (1773), où se trouvait un jeune midshipman de onze ans qui devait devenir l'amiral Nelson, mesurait aussi des températures entre la Norvège, le Spitzberg et il parvenait à 80° 48′ de latitude septentrionale. De 1778 à 1779, Cook ayant sous ses ordres les navires *Resolute* et *Discovery* commandés par King et par Clarke, explorait la mer et le détroit de Behring. La distribution des températures marines souleva dès le début les préoccupations des savants et, vers 1780, de Saussure se livrait déjà à des recherches relatives à cette question dans la Méditerranée, entre Nice et Gênes.

L'exemple que donnaient les Anglais en mettant les navigateurs au service de la science et en atteignant ainsi le double résultat de se procurer des équipages expérimentés et de développer les connaissances humaines, fut imité d'abord par les Russes bien que cette nation semble peut-être moins directement intéressée que les autres à la solution des problèmes de la mer. Les premiers travaux hydrographiques datent de Pierre le Grand qui en confia l'exécution, sous sa direction, à quelques officiers spécialistes remplacés en 1724 par le collège de l'Amirauté et aujourd'hui par le Département hydrographique. La mer d'Azow fut sondée en 1696, la Baltique en 1710, la mer Blanche de 1798 à 1801. Behring[1] dans des voyages d'exploration qui durèrent de 1725 à 1727 et de 1734 à 1742, découvrit le détroit qui porte son nom et releva les côtes de la Sibérie. Les autres expéditions russes ayant pour but exclusif les découvertes géographiques et l'hydrographie eurent pour théâtre principal les mers de Behring, d'Okhotsk et du Japon. Le premier voyage autour du monde est celui des capitaines Krusenstjerna à bord de la *Nadegda* et Lissiansky à bord de la *Néva* (1803-1806), pendant lequel on mesura des températures et on observa avec sagacité un grand nombre de phénomènes naturels dans l'Atlantique et le Pacifique. Il fut suivi des expéditions des navires *Néva* (1806-1808), *Diana* (1807-1811), *Souvorow* (1813-1816), *Koutousow* (1816-1818) et *Rurik* (1815-1818), commandant Kotzebue, avec lequel était embarqué le naturaliste Chamisso. En 1819 partent de Cronstadt deux expéditions polaires : l'une sous la direction de Bellingshausen, et composée du *Vostok* et du *Mirnij*, s'avance jusque par 69° 6′ lat. S. dans l'océan Antarctique ; l'autre sous le commandement du capitaine Vassiliew, avec les deux navires *Otkritijé* et *Blagonamerennij*, atteint 71° 6′ lat. N. dans le Pacifique nord.

La nécessité d'étudier les régions septentrionales du Pacifique baignant les possessions russes de l'extrême Asie et de l'Amérique, obligeait tout navire quittant la mer Baltique à contourner le globe entier. Aussi les voyages de circumnavigation se continuent-ils sans interruption exécutés par les vaisseaux *Borodino* (1819), *Koutousow* (1820), *Rurik* et *Élisabeth* (1821-1822), *Apollon* et *Ajax* (1821), *Kreiser* et *Ladoga* (1822-1825), *Predpriatijé* (1823), *Hélène* (1824), *Krotkij* (1825), *Moller* et *Seniavine* (1826), commandant Lütke qui, au retour, en 1829, publia un atlas de 51 cartes ainsi qu'un nombre considérable d'observations sur la météorologie, les courants, le magnétisme, le baromètre, le pendule et la température des eaux. En 1828, nouvelles campagnes de l'*Hélène* et du *Krotkij*, de l'*Amérique* (1831), du *Kamtchatka* (1833), de l'*Amérique* (1834),

[1] Voyez pour plus de détails *Aperçu des travaux géographiques en Russie*, par le baron Nicolas Kaulbars; Saint-Pétersbourg, 1889. Publication de la Société impériale russe de géographie.

de l'*Hélène* (1835-1836), du *Nicolas* (1837-1839), du *Czaréwitch-Alexandre* (1840-1841), de l'*Abo* (1840), de l'*Irtych* (1843-1845), du *Baïkal* (1848), de l'*Achta* (1847-1849), commandant Lutke, qui mesura des températures dans l'Atlantique et le Pacifique, de la *Pallada* (1852), du *Vostok* (1854) et d'autres encore. D'une façon générale, en histoire naturelle, on recueille promptement la moisson de plantes, d'animaux et de roches qu'on décrira à loisir au retour; on cherche à visiter un grand nombre de contrées et l'on accomplit surtout des voyages de circumnavigation. Aujourd'hui, on ressent le besoin d'études plus précises, plus détaillées et par conséquent plus lentes et, comme on possède une vue des lois générales, on préfère des expéditions restreintes. En océanographie proprement dite, l'opportunité des voyages de circumnavigation si récents du *Challenger* et de la *Gazelle* est déjà passée, et il faudrait plutôt, pour compléter nos connaissances, des observations prolongées dans un même endroit.

Les expéditions polaires anglaises ont été particulièrement nombreuses et chacune d'elles recueillit une ample moisson de faits. Après Hore, Hughes Willoughby, Chancelor, Frobisher, Davis et Hudson, Scoresby fit son premier voyage au Groenland et au Spitzberg en 1806 sur la *Resolution;* de 1810 à 1822, il en exécuta dix autres dans les mêmes régions. En 1818, John Ross est déjà embarqué sur l'*Isabella*, et Franklin accompagne en qualité de lieutenant l'expédition arctique de la *Dorothea* et du *Trient;* l'un y retourne de 1839 à 1843 avec les navires *Discovery* et *Research* et va ensuite reconnaître les terres antarctiques avec les navires *Erebus* et *Terror*. Franklin succombe dans les glaces en 1848 et l'on n'est fixé sur son sort qu'après l'expédition de trente bâtiments envoyés à sa recherche de 1848 à 1857. Sur l'un d'eux, le *Phœnix*, était embarqué le lieutenant Bellot, de la marine française, qui périt glorieusement en 1853 près de l'île Beechey.

Les navigateurs anglais qui ont tenté de s'approcher du pôle sont trop nombreux pour que leurs noms puissent être cités ici; parmi eux, nous nous bornerons à mentionner Sabine, à bord du *Griper* qui, en 1823, fit ses mémorables observations sur le pendule; Parry, successivement à bord du *Fury* (1821-22) et de l'*Hécla* (1824-25); Mac Clintock, Mac Clure, Beechey; pour finir par le plus récent de tous, le commandant Nares, à bord de *l'Alert* et du *Discovery*, en 1876. Tous les marins célèbres dont l'Angleterre s'enorgueillit ont été élevés à la rude école des expéditions polaires.

Les efforts ne se bornaient pas à ces régions désolées. Le *Blossom*, commandé par Beechey, accomplissait de 1825 à 1828 un voyage autour du monde et plus tard, de 1826 à 1836, il en était de même des vaisseaux *Adventure* et *Beagle*, commandés par Fitzroy. Ce dernier avait à son bord Darwin qui a résumé ses observations dans l'ouvrage intitulé : *Voyage d'un naturaliste*. Rien ne montre mieux combien il est avantageux de joindre des hommes de science aux expéditions maritimes, que la lecture de ce livre où l'on distingue comme l'aurore de toutes les théories qui ont rendu leur auteur à jamais illustre. Cette succession infinie et rapide de flores, de faunes, de contrées, de climats, de phénomènes de tous genres que seul un voyage de circumnavigation est susceptible d'offrir, devait exciter le spectateur dans la force et la vivacité de sa jeunesse, les yeux comme l'intelligence constamment ouverts à cause de la multiplicité des spectacles et des impressions, à essayer de réunir cette immense variété de faits en un faisceau, à les condenser en une loi, se formulant par un mot unique : la lutte pour l'existence. Sans l'expédition du *Beagle*, malgré son génie, Darwin n'aurait jamais si nettement compris l'influence toute-puissante de la sélection naturelle; il n'aurait pas été Darwin.

Après cette époque, la science avait progressé. Il ne suffisait plus d'autoriser un savant à s'embarquer sur un bâtiment de l'État en lui fournissant ainsi la chance de glaner quelques observations et d'en tirer parti de son mieux sans lui permettre jamais de suivre une expérience malgré son intérêt et son utilité, si elle dérange de la manière la plus légère les conditions de la navigation. Il fallait maintenant placer en quelque sorte les marins au service exclusif de la science et confier au talent nautique d'un officier, un personnel civil composé des savants les plus éminents, munis des instruments les plus perfectionnés. L'expérience a montré que marins et savants étaient dignes de s'entendre et que leur alliance était aussi profitable aux uns qu'aux autres.

La première de ces expéditions eut lieu sur le *Lightning*, d'août à septembre 1868, entre les Hébrides et les Faroër, sous la direction du professeur Wyville Thomson et du docteur Carpenter. Ces mêmes naturalistes, auxquels avait été adjoint M. Gwynn Jeffreys, exécutèrent pendant les années 1869 et 1870, à bord du *Porcupine*, quatre autres expéditions entre l'Irlande et Rockall, au sud de l'Irlande et à l'entrée de la Manche, entre les Hébrides, les Shetland et les Faroër, enfin entre l'Angleterre, les côtes ouest et sud de l'Espagne et du Portugal, le détroit de Gibraltar, puis le long de la côte d'Afrique, jusqu'à Malte et la Sicile.

Encouragée par les importants résultats obtenus qui, pour des causes diverses, se rapportaient surtout à la zoologie, l'amirauté anglaise décida alors la magnifique expédition du *Challenger* qui dura du 7 décembre 1872 au 27 mai 1876, sous le commandement du capitaine sir Geo. Nares lequel, en janvier 1875, laissa le vaisseau au capitaine Frank Thomson, pour aller conduire l'*Alert* et le *Discovery* dans les mers arctiques. L'état-major scientifique comprenait le professeur Wyville Thomson, MM. Tizard, John Murray, J.-Y. Buchanau, Willemœs-Suhm et J.-J. Wild. L'océanographie prenait enfin le rang qu'elle mérite dans les préoccupations des observateurs. L'importance de la campagne du *Challenger* n'est plus à mettre en lumière; un grand nombre de volumes ont été publiés et d'autres sont encore en préparation. L'Angleterre a donné un exemple qui, s'il était imité par toutes les autres nations, aurait une incalculable portée pour le développement général des connaissances et même pour le bien-être matériel de l'humanité.

A deux reprises différentes, la France se livra à des expéditions maritimes scientifiques : une première fois sous le règne de Louis XVI, une seconde fois entre les années 1817 et 1845.

Le premier voyage de circumnavigation français fut celui de la *Boudeuse*, commandée par Bougainville, auquel furent adjoints un astronome, un naturaliste et un ingénieur hydrographe. La frégate visita successivement l'archipel Dangereux, Taïti, l'archipel des Navigateurs et les Nouvelles-Hébrides; mais son équipage fut tellement réduit par les privations qu'on fut obligé de hâter le retour et l'on ne s'occupa que fort peu d'hydrographie. Lapérouse eut un sort plus malheureux encore, car les deux vaisseaux qu'il commandait se perdirent corps et biens sur les récifs de Vanikoro. Quelques années après, d'Entrecasteaux, commandant le *Géographe* et le *Naturaliste*, malgré de belles découvertes au voisinage de l'Australie, périt à la peine pendant le cours de l'expédition.

L'époque de la Révolution et de l'Empire était peu favorable aux grandes campagnes scientifiques; peut-être le médiocre succès des tentatives précédentes faisait-il hésiter à en entreprendre de nouvelles. Le 17 septembre 1817, la corvette l'*Uranie*, commandée par M. de Freycinet[1], quitta Toulon pour accomplir autour du monde un voyage ayant pour but principal la recherche de la figure du globe et celle des éléments du magnétisme terrestre. L'*Uranie* fit naufrage aux îles Malouines, le 13 février 1820, mais les membres de l'expédition purent rapporter en France, au mois de septembre suivant, les nombreux documents qu'ils avaient recueillis. En 1822 a lieu le voyage de la *Coquille*, sous le commandement de Duperré, qui exécuta aussi d'importantes observations magnétiques; de 1826 à 1829, celui de Dumont d'Urville à bord de l'*Astrolabe*, dont les résultats furent de précieux documents hydrographiques sur la Polynésie; en 1827-28, la *Chevrette*, commandée par M. Fabré, lieutenant de vaisseau, étudia au point de vue de la géographie et du magnétisme terrestre les différentes régions baignées par l'Océan Indien, Bourbon, Ceylan, l'Inde, l'Indo-Chine et le détroit de la Sonde. Enfin, en 1836-37, la *Bonite*, capitaine Vaillant, chargée de transporter des consuls et de montrer le pavillon français sur divers points du globe, accomplit une expédition qui dura 631 jours, dont 480 à la mer et 151 au mouillage. Elle s'arrêta à Rio de Janeiro, à Montevideo, au Chili, aux îles Sandwich, aux Philippines, à Macao et Canton, en Cochinchine et à Calcutta. MM. Gaudichaud, pharmacien de la marine et Darondeau, ingénieur hydrographe étaient chargés, le premier des recherches intéressant la botanique, le second des travaux de physique et d'hydrographie. Les instructions sur les opérations hydrographiques avaient été données par Beautemps-Beaupré; sur la navigation par Daussy; sur la botanique et la culture par de Mirbel; sur la géologie et la minéralogie par Constant Prévost; sur la zoologie par de Blainville; sur la navigation et la géographie par de Freycinet; sur la physique du globe par Arago.

L'expédition de la *Bonite* fut suivie par celles de la *Vénus*, capitaine Dupetit-Thouars, de 1836 à 1839; de l'*Astrolabe*, capitaine Dumont d'Urville et de la *Zélée*, capitaine Jacquinot, de 1838 à 1840. La der-

[1] *Instructions, rapports et notices sur les questions à résoudre pendant les voyages scientifiques, in* Œuvres complètes de François Arago, IX, Paris, 1857.

nière expédition fit de remarquables découvertes aux régions antarctiques.

La France essaya d'explorer les terres arctiques; son unique tentative fut infructueuse. En 1833, M. de Blosseville, qui avait accompagné M. Favré sur la *Chevrette* et le capitaine Duperré sur la *Coquille*, partit sur la *Lilloise* pour la côte orientale du Groenland; il releva quelques terres, mais bientôt on resta sans nouvelles. Dans le but de se renseigner sur le sort de la *Lilloise* et de lui porter secours, on envoya d'abord la *Bordelaise*, puis en 1835 la corvette la *Recherche*, capitaine Tréhouart, qui déposa en Islande MM. Gaimard, chargé d'étudier l'île sous le rapport zoologique, médical et statistique, et Eugène Robert sous celui de la botanique, de la géologie et de la minéralogie. De retour à Cherbourg, malheureusement sans nouvelles de la *Lilloise*, le ministre de la marine fut tellement frappé des belles collections rapportées par les explorateurs que l'un d'eux, Eugène Robert, fut autorisé à rester à bord pendant une campagne d'hiver au Sénégal, à Cayenne et à la Martinique et à retourner en Islande, toujours sur la même corvette, en 1836. En outre de MM. Gaimard et Robert, l'expédition comptait maintenant parmi ses membres MM. Lottin, chargé de la physique terrestre; Mayer, peintre paysagiste; Marmier, littérateur; Anglès, météorologiste et Bévalet, préparateur de zoologie et peintre d'histoire naturelle.

La *Recherche* retourna une troisième fois dans les mers polaires en 1838-39, sous le commandement du capitaine Fabvre; elle avait à son bord Charles Martins et Bravais, cet esprit si éminent, à la fois physicien, cristallographe, géologue et météorologiste.

La Méditerranée était étudiée avec un meilleur succès; cette mer était à cette époque presque un lac français. Dumont d'Urville, en 1826, y avait mesuré des températures de surface entre Toulon et le détroit de Gibraltar et ses observations avaient été continuées en 1831 et 1832 par Bérard, puis par Aimé, de 1840 à 1844 entre Marseille et Alger.

En 1880-82, les expéditions maritimes scientifiques reprennent. Le *Travailleur*, commandé par M. Richard, conduit un état-major de naturalistes dirigé par M. Alph. Milne-Edwards dans le golfe de Gascogne, le long des côtes d'Espagne et de Portugal, au Maroc, aux Canaries et à Madère. En 1883, à bord du *Talisman*, commandant Parfait, les mêmes savants retournent sur la côte du Maroc, aux

Canaries, aux îles du cap Vert et dans la mer des Sargasses. L'expédition se proposait comme but principal, l'étude de la faune des grandes profondeurs, de sorte que malgré le haut intérêt de ses découvertes zoologiques, l'océanographie pure a été reléguée par elle au second plan.

Depuis 1885, avec un dévouement pour la science qu'on ne saurait trop admirer, S. A. le prince Albert de Monaco, à bord de son yacht l'*Hirondelle* et avec le concours de M. Jules de Guerne, naturaliste, exécute chaque été un voyage près des Açores et dans l'Atlantique nord. Il a recueilli des collections qui n'ont pas encore été complètement étudiées. De plus, le prince a cherché à reconnaître la dérive du Gulf-Stream en jetant à la mer, dans des conditions soigneusement déterminées, de nombreux flotteurs dont plusieurs ont été retrouvés et renvoyés avec les indications nécessaires pour permettre la construction d'une carte représentant le trajet accompli par eux.

Les Américains sont les créateurs de l'océanographie. Dès 1775, Franklin, guidé par des renseignements obtenus du capitaine baleinier Folger, prouvait l'existence d'un courant remontant du sud au nord le long des côtes orientales de l'Amérique septentrionale et, en 1790, il publiait son ouvrage sur la navigation thermométrique dans lequel il enseignait aux marins la façon de s'orienter dans ce courant à l'aide du thermomètre. Un demi-siècle plus tard, un autre Américain, Maury, devait établir par lui-même et par ses collaborateurs, l'océanographie sur des bases désormais inébranlables.

Si les Américains ont fondé cette science, ils n'ont pas concentré leurs efforts vers ce but unique et si, de 1839 à 1842, les découvertes que prétendit avoir faites dans les mers antarctiques, pendant son voyage de circumnavigation, Wilkes, à bord du *Purpoise*, suivi par le *Vincennes*, le *Peacock* et le *Flying-Fish*, ont donné matière à discussion, il n'en est pas moins vrai que, sous le pavillon des États-Unis, les vaisseaux *Advance* (1850-51), *Rescue*, *United-States* (1860-61), *Polaris* (1871-73), *Gulnare* et *Jeannette* (1879-82) conduisirent vers le pôle arctique les uns par le détroit de Davis, les autres par celui de Behring, les héroïques marins Kane, Hayes, Hall, Bessell et John de Long.

Maury naquit en Virginie, ce berceau des grands hommes de l'Amérique du Nord. Simple midshipman en 1831, son premier passage du cap Horn lui inspirait son premier mémoire sur les phénomènes barométriques particuliers à ces parages. Une chute qui le rendit infirme l'obligea à renoncer à la navigation et il se consacra dès lors à l'étude systématique de la mer. En 1848, il commença à publier ses cartes de vents et de courants et, cette même année, guidé par elles, le navire *W.-H.-D.-C.-Wright*, capitaine Jackson, accomplissait en vingt-quatre jours le trajet de Baltimore à l'Équateur, qui en exigeait auparavant quarante et un en moyenne.

Un résultat aussi remarquable engagea le gouvernement des États-Unis à proposer l'adoption d'un plan uniforme d'observations nautiques auquel adhérèrent immédiatement douze nations réunies en congrès à Bruxelles en août 1853 et ensuite toutes les puissances maritimes du globe. La traversée des États-Unis en Californie se trouva réduite de 180 jours à 135, puis à 100 jours; celle d'Angleterre en Australie de 250 jours à 130. Le génie d'un homme avait diminué de moitié les distances qui séparent les continents et les peuples.

Maury résuma ses découvertes graphiquement dans ses cartes et d'une façon didactique dans ses deux ouvrages *Physical Geography of the sea* et *Sailing Directions*. Après s'être livré à la fastidieuse besogne du patient dépouillement des journaux de bord, son esprit possède assez de puissance pour dominer tant de détails et saisir la loi qui les groupe. Ce qu'il est forcé d'ignorer parce que les données rigoureuses nécessaires manquent encore, il le devine. Maury voit de près comme de loin et il voit grand; il est poëte et devin. On est surpris de rencontrer un tel charme dans une œuvre scientifique, et pourtant, quand l'auteur se laisse aller à son enthousiasme en exposant, par exemple, le cycle éternel des phénomènes naturels, il montre que la vérité ne perd rien de sa majesté à être rendue gracieuse et aimable.

Maury eut le bonheur de susciter le zèle de collaborateurs habiles et dévoués; son gouvernement ne lui marchanda pas son aide. A son instigation, le midshipman Brooke invente le sondeur qui porte son nom et les officiers Lee et Berryman étudient la loi de descente d'une ligne de sonde. Grâce à eux, on peut obtenir pour la première fois avec certitude le chiffre d'une profondeur et dresser la topographie de l'Océan. L'élan est donné. Des expéditions maritimes ayant maintenant pour unique objectif l'océanographie se succèdent sans interruption et sur toutes les mers. La liste est longue : à peine est-il possible de citer les noms des vaisseaux dont chacun, au retour, rapporte une donnée précise, indiscutable, dont la science tire un profit immédiat. Il ne s'agit plus d'hypothèses vagues, de ces opinions personnelles si funestes au progrès, rien que des mesures et des chiffres. On marche d'un pas sûr. Le *Dolphin* (1851-52-53) fait des sondages dans l'Atlantique; l'*Arctic* (1856) entre Terre-Neuve et l'Irlande; le *Gettysburg* (1876) autour de Saint-Thomas, les Bermudes, les Açores, près de Gibraltar ; en 1878, dans la Méditerranée, près de Malte et dans le golfe de Sidra ; l'*Essex* (1877-78) entre Saint-Paul de Loanda, Sainte-Hélène et le Brésil ; le *Saratoga*, l'*Argus*, le *Flamingo*, le *Wachusett* en 1879 dans les parages des Açores, de Madère et de Ténériffe. En 1882-83, le *Blake* trouve la plus grande profondeur de l'Atlantique nord par 8,341 mètres ; en 1883, l'*Enterprise* trace le profil sous-marin compris entre le cap Vert et le cap de Bonne-Espérance. Le golfe du Mexique est exploré depuis 1845 et Agassiz avec M. de Pourtalès prennent part, à diverses reprises, aux expéditions. Pendant les années 1873, 1874, 1875 et 1878, le *Tuscarora* sonde et mesure des températures dans tout le Pacifique, San-Francisco, Honolulu, les Kouriles, les îles Aléoutiennes, le Japon, les îles Fidji, l'Australie, les côtes de la Basse-Californie ; l'*Higarita* étudie les côtes occidentales du Mexique ; et, en 1881 et 1882, les vaisseaux *Ranger*, *Alert* et *Alaska* arrivent jusqu'au Pérou [1].

Pendant l'été de 1883, l'*Enterprise* sonde parallèlement à la côte orientale d'Afrique et à la côte ouest de Madagascar jusqu'à Zanzibar, puis de là à travers l'Océan indien, le long de l'Équateur, jusqu'à Sumatra. La mer de Behring est explorée par les vaisseaux *Vincennes* (1855), *Rush* (1879), *Yukon*, *Corwin* et *Rodgers* (1880-81), enfin par la *Jeannette* (1879-82), dont on connaît le sort malheureux. De nos jours, cette œuvre immense de l'étude générale des océans se continue aux États-Unis par les travaux du U.-S. Coast and Geodetic Survey.

Les Allemands se sont occupés de coordonner, de classer les travaux des autres et leur œuvre est surtout une œuvre de cabinet. Ils ont cependant accompli plusieurs voyages de circumnavigation. Le

[1] Boguslawski, *Handbuch der Ozeanographie*, I. 390.

premier en date est celui de la *Princess-Louise* (1830-32) ; les deux derniers, ceux de l'*Élisabeth* (1876-78), commandée par l'amiral von Wickede, et de la *Gazelle* (1874-76), sous les ordres de M. von Schleinitz. Ce vaisseau, parti de Plymouth, visita successivement Madère, les îles du cap Vert, l'Ascension, le cap de Bonne-Espérance, les îles Kerguelen, Saint-Paul, Timor, puis l'Océanie dans sa portion sud. Les observations de cette campagne, en outre de leur haute valeur intrinsèque, ont cet avantage de porter sur une région du Pacifique non visitée par le *Challenger* et elles permettent ainsi de compléter les observations anglaises et de dresser une carte suffisamment exacte de tout cet océan. En 1868, le Dr Pétermann organisa, sous le commandement du capitaine Koldewey, l'expédition de la *Germania* et, l'année suivante, celle de la *Germania* et de la *Hansa*, qui se livrèrent à l'étude de la côte orientale si inhospitalière du Groenland.

Les Autrichiens, malgré la faiblesse de leur marine, ont su prendre un rang honorable parmi les investigateurs de la mer. Néanmoins, le voyage de circumnavigation de la *Novara*, commandée par l'amiral Wüllerstorf-Urbair, fut exécuté de 1857 à 1860, à une époque où l'expérience pratique de pareilles études n'était pas encore suffisante, de sorte que les résultats obtenus furent plus avantageux pour les connaissances géographiques, météorologiques et naturelles que pour l'océanographie. Le voyage de la corvette *Friedrich* (1874-75) fournit des données hydrographiques. L'expédition si hardie de Weyprecht et du comte Wilczek, en 1871-72, sur l'*Isbjörn*, dans l'Océan arctique, et celle de Weyprecht et Payer à bord du *Tegetthoff* (1872-74), rapportèrent les documents les plus complets sur le régime des glaces polaires. L'océanographie profite des renseignements précis recueillis sur tous les points du globe, aussi bien à l'Équateur qu'au voisinage des pôles, car les régions glacées sont en quelque sorte le régulateur des mouvements ayant pour origine l'évaporation de la zone tropicale et les pluies des latitudes tempérées.

La position géographique des peuples scandinaves, danois, suédois, norvégiens, les portait naturellement à l'exploration des mers septentrionales. Déjà, de 1828 à 1831, le capitaine de frégate danois Graah, accompagné du naturaliste Wahl, avait fait un voyage à la côte est du Groenland. En 1858, 1861 et 1863, Torell et Nordenskiöld exécutaient les trois premières expéditions norvégiennes au Spitzberg; en 1868, Nordenskiöld repartait avec Palander sur la *Sofia*; en 1872 et 1873, sur le *Polhem*; en 1875 et 1876, infatigable, il se rendait dans la mer de Kara et poussait jusqu'à l'Iénisséi; enfin, le 22 juin 1878, sur la *Véga*, il commençait, aux frais de la cassette particulière du roi de Suède, de M. Oscar Dickson et d'un riche négociant d'Irkoutsk, M. Sibiriakoff, son mémorable voyage de circumnavigation autour des continents de l'Asie et de l'Europe.

L'expédition se composait du commandant A.-A.-L. Palander, de F.-R. Kjellman, botaniste; A.-I. Stuxberg, zoologiste; E. Almqvist, lichenologue; G. Bove, de la marine italienne, chargé de l'hydrographie; A. Hovgaard, Danois, chargé des travaux magnétiques et météorologiques; O. Nordqvist, Russe, interprète et aide-zoologiste, avec 21 hommes d'équipage. La *Véga* suivit la côte nord de la Sibérie, doubla le cap Tchéliouskin et, retardée de quelques jours par une pointe qu'on voulut faire du côté du pôle, au moment d'atteindre le détroit de Behring, elle fut surprise par les glaces et demeura emprisonnée du 28 septembre 1878 au 18 juillet 1879 dans la baie de Koljutschin, chez les Tchoutchis. Aussitôt délivrée, elle s'empressa de franchir le détroit de Behring et, désormais à l'abri des grands dangers, continua sa route par le Japon, la Chine, la mer Rouge et la Méditerranée; elle ramena Nordenskiöld à Stockholm, le 24 avril 1880, sans qu'un seul homme manquât à l'appel.

La réussite fut due, sans parler du courage et de l'énergie des explorateurs, à des considérations théoriques. Alors que les nombreux navigateurs, pour la plupart Russes, qui, antérieurement, s'étaient efforcés de suivre de l'Ouest à l'Est la côte septentrionale de la Sibérie, s'étaient toujours arrêtés aux approches de l'hiver, Nordenskiöld, au contraire, accomplit la portion la plus périlleuse de son voyage, le passage du cap Tchéliouskin, au mois de septembre en s'appuyant sur cette hypothèse démontrée exacte par l'expérience, que les eaux peu profondes de cette côte devaient être libres de glaces par suite de la quantité considérable d'eau amenée par les grands fleuves sibériens échauffés pendant toute la durée de l'été.

Les Norvégiens faisaient, de 1876 à 1878, sous la direction du professeur Sars, puis du professeur Mohn, de Christiania, à bord du *Vöringen*, capitaine Wille, trois voyages d'été dans la mer du Nord et l'Océan glacial entre la Norvège, l'Islande, l'île Jan-Mayen et le Spitzberg. Les observations ont été exécutées avec une extrême précision et de nombreux mémoires intéressant non seulement les sciences naturelles, mais surtout l'océanographie, ont été publiés en norvégien et en anglais par les savants attachés à l'expédition [1].

Nous terminerons par les Italiens ce résumé des expéditions scientifiques maritimes des diverses nations, en rappelant que le commandant Cialdi, de la marine pontificale, s'était livré à bord de l'*Immacolata-Concezione* à de belles études sur le mouvement ondulatoire et la coloration de la mer et, qu'en 1881, le *Washington*, capitaine Magnaghi, de la marine italienne, avait conduit autour de la Sardaigne une commission de savants dirigés par le professeur Giglioli.

Mais il ne suffit pas d'examiner les phénomènes à la mer, il faut encore mesurer et expérimenter le long des côtes, dans des observatoires fixes, coordonner tous ces documents et surtout les appuyer par des expériences de laboratoire. Les nations ont compris combien cette double tâche était indispensable pour que l'œuvre de tant d'efforts ne fût pas d'avance condamnée à rester stérile. Aussi la plupart d'entre elles ont fondé des établissements maritimes sédentaires et consacré de fortes sommes à leur entretien annuel ; elles les ont munis d'instruments perfectionnés et se sont assurées, pour les diriger, du concours de savants habiles, le plus souvent dressés à ce genre spécial d'expérimentation par quelques campagnes actives.

Les États-Unis, l'Allemagne et l'Angleterre se sont particulièrement distingués à ce point de vue. Les uns ont organisé le *U.-S. Coast and Geodetic Survey*, l'autre la Commission scientifique d'étude des mers allemandes à Kiel, l'observatoire maritime allemand à Hambourg et la *Scottish Marine Station* de Granton.

Le *Coast and Geodetic Survey*, comme l'indique son titre, étudie surtout les côtes de l'Amérique du Nord ; un navire à vapeur, le *Blake*, pourvu de toutes les installations nécessaires pour les sondages, les dragages, les mesures de courants et de températures sous-marines est attaché à ce service et fait campagne chaque année. Les observations recueillies à la mer, ainsi que les travaux exécutés dans le laboratoire de Washington, sont publiés dans des *Reports* annuels. La Commission des pêcheries américaines (*U.-S. Fish*

[1] J. Thoulet, *De l'état des études d'océanographie en Norvège et en Écosse ; rapport sur une mission du ministère de l'instruction publique.* Archives des Missions, 3e série. t. XV, 1889.

Commission), à bord des navires ***Fish Hawk*** et ***Albatross***, se livre à des études systématiques de la mer plus particulièrement relatives aux conditions biologiques des animaux marins propres à l'alimentation, en les appuyant sur les données précises fournies par la topographie, la chimie, la physique et la géologie de l'Océan. Les États-Unis sont convaincus de la nécessité de posséder, parmi les officiers de leur marine, des spécialistes de tous genres et tiennent à ne point laisser disparaître les belles traditions des Maury, Brooke, Lee, Berryman, Sigsbee, Belknap et tant d'autres.

La Commission ministérielle pour l'étude scientifique des mers allemandes (*Ministerial Commission für Untersuchung der deutschen Meere in Kiel*) a été fondée, en 1869, par le ministère de l'agriculture [1]; le Dr H.-A. Mayer en est le président honoraire et elle se compose des professeurs Möbius, président, Karsten, Hensen et Reinke. Deux voyages ont été exécutés par elle à bord de l'aviso *Pommerania*, prêté par le département de la marine, en 1871, dans la mer Baltique et en 1872 dans la mer du Nord. Éclairée par l'expérience de ces premiers travaux, elle a établi une série d'observatoires sur les côtes de la Baltique et de la mer du Nord ainsi qu'à Héligoland. En 1887, leur nombre atteignait dix-huit, deux étant entretenus par le grand-duché de Mecklembourg, un par la ville de Lübeck et un par la ville de Brême. En outre d'études variées sur les pêcheries, on y fait régulièrement des observations météorologiques et des mesures de la température et de la salure de la mer. Les membres de la Commission sont chargés de fournir des instructions aux observateurs choisis le plus souvent parmi les gardiens de phares et de pontons et de contrôler gratuitement les instruments employés. Dès 1873, la Commission de Kiel a publié à des intervalles irréguliers des rapports accompagnés de cartes, de planches et de tableaux; en 1875, elle a créé un recueil mensuel où se trouvent consignés les résultats des observations recueillies dans les observatoires et même des mémoires sur des questions qui l'intéressent particulièrement. Les études auxquelles elle se livre sont donc à la fois pratiques et théoriques. En outre de subventions extraordinaires accordées pour la publication des *Berichte*, la Commission, dont

[1] *La Commission d'études scientifiques des mers allemandes à Kiel*, par M. J. de Guerne, chargé d'une mission du ministère de l'intérieur, Bulletin de la Société nationale d'acclimatation, avril 1887.

chaque membre reçoit une indemnité annuelle de 900 marks, possède un budget régulier de 9,600 marks qu'elle est autorisée à dépenser comme elle l'entend.

L'Observatoire maritime[1] a été fondé, en 1868, à Hambourg, par la Chambre de commerce de cette ville, soutenue par l'État; il porta d'abord le nom d'Observatoire maritime de l'Allemagne du Nord, puis d'Observatoire maritime allemand (*Deutche Seewarte*). Déterminé par des considérations particulières, le Gouvernement résolut ensuite de le prendre complètement à sa charge. Le projet de loi soumis au Parlement, le 14 décembre 1874, était rédigé en ces termes : « Il sera « créé un établissement ayant pour objet de contribuer à la connais- « sance des phénomènes de la mer pouvant être utiles à la navigation « ainsi qu'à l'étude du mode d'action des agents naturels sur les « côtes allemandes. Cet établissement s'occupera de développer tout « ce qui se rapporte à la sécurité et à la facilité du commerce mari- « time, etc. » Pour la prévision des tempêtes, 9 stations d'observation et 45 postes à signaux ont été marqués le long des côtes allemandes. Le Gouvernement a donné pour l'installation une somme de 65,000 marks et il sert, pour son entretien, un subside annuel de 74,800 marks.

A Trieste, existe une commission autrichienne dite « de l'Adriatique », qui s'occupe d'études océanographiques et à l'instigation de laquelle MM. Josef Luksch et Julius Wolf ont, de 1874 à 1880, fait plusieurs expéditions scientifiques dans la mer Ionienne et dans l'Adriatique. En ce moment, l'Autriche a nommé une commission chargée d'organiser, pour l'été de 1890, une expédition composée d'un état-major scientifique complet qui, à bord du transport *Pola*, étudiera d'une manière systématique les grands fonds de la mer Adriatique.

En 1874, le Danemark[2] a institué, dans les deux stations de Copenhague et de Christiansœ, un système d'observations en suite desquelles la température, la salinité, les courants et l'état de la mer sont notés deux fois par jour. En 1876, on créait deux nouvelles stations ; en 1877, quatre, et en 1878, trois autres. On étudie même maintenant divers phénomènes physiques des couches profondes.

[1] *Die Deutsche Seervarte*. Zeitschr. für Meteor. X, 44-46 et 146.

[2] *Meteorologisk Aarbog for 1877 udgivet af det danske meteorologiske Institut*, Kjobenhavn.

Toutes ces stations, dues à l'énergie et au dévouement du capitaine Hofmeyer, sont en relation télégraphique avec celles de la Commission d'études scientifiques des mers allemandes, les instruments sont identiques et les résultats obtenus immédiatement comparables.

En Écosse [1], un établissement spécial fondé en 1884, et supporté par l'initiative privée à Granton, près d'Édimbourg, la *Scottish marine Station*, s'occupe de l'océanographie du voisinage des côtes. Il se compose du laboratoire fixe de Granton, d'un yacht à vapeur de 30 tonneaux, la *Medusa*, et d'un laboratoire flottant, l'*Ark*. Après moins de cinq années d'existence, la station a déjà rendu beaucoup de services. Elle le doit au dévouement de M. John Murray, qui a consacré à l'océanographie son expérience, son temps et sa fortune; il a su persuader à tous ceux qui l'ont approché qu'étudier la mer était contribuer à augmenter le domaine des connaissances humaines et en même temps la richesse du pays, venir en aide à tous ceux qui vivent de l'Océan, pêcheurs ou marins, et même accomplir un devoir de patriotisme. Un grand nombre de travaux ont été publiés soit par M. John Murray lui-même, soit par ses collaborateurs, analyses d'eaux superficielles et profondes, densités, études sur le mélange graduel des eaux douces et des eaux salées dans les estuaires, sur la couleur, la transparence de la mer et sa perméabilité pour la chaleur. Les études zoologiques détaillées sont toujours précédées d'un examen complet et précis de tout ce qui concerne les conditions topographiques et physiques de la région. Sans y entrer officiellement, sauf pour les grandes expéditions, le Gouvernement anglais prête un constant appui à ces recherches océanographiques; il les encourage et les aide, met souvent ses bâtiments et ses équipages à la disposition des hommes de science, les munit des appareils perfectionnés indispensables, permet à ses commandants et même leur ordonne fréquemment, en cours d'un voyage qui les fait passer près d'une localité intéressante de l'Océan, d'exécuter, sur les indications de spécialistes, certaines observations telles que sondages, prises de températures, de densités et dragages [2].

[1] *The Scottish marine Station for scientific research. Granton, Edinburg. Its work and prospect.* Edinburgh, 1885.

[2] J. Thoulet, *Des études d'océanographie en Norvège et en Écosse; rapport sur une mission du ministère de l'instruction publique.* Archives des Missions, 3e série, t. XV, 1889.

Il serait injuste de ne point mentionner, en terminant, les travaux accomplis par les savants d'une nation qui, malgré sa situation géographique, a rendu de précieux services à l'océanographie. Les nombreuses et habiles expériences du professeur Forel de Morges sur la topographie, les courants, les seiches, les rides de fond, la densité de l'eau, sa pénétration par les rayons actiniques dans les lacs, les mesures de transparence lumineuse à travers l'eau par M. E. Sarasin, les expériences de limnimétrie, s'appliquent immédiatement à la mer, et les cartes des lacs de Suisse par courbes de niveau, sont de véritable modèles. On pourrait citer encore les travaux de MM. Soret, Fol, Plantamour, Heim; ceux du Bureau topographique, du Bureau fédéral des travaux publics et ceux des ingénieurs suisses chargés actuellement par les différents états riverains, l'Autriche, la Bavière, le Wurtemberg et Bade de l'hydrographie et de la physique du lac de Constance.

Les études limnimétriques sont aussi cultivées aux États-Unis, en Allemagne et en Italie où les lacs alpins ont récemment donné des résultats dont on était loin de prévoir l'intérêt. Le service des ponts et chaussées français vient de compléter l'hydrographie de la portion du Léman se rattachant au territoire de la France. Enfin, les Russes[1] n'ont pas attaché moins d'importance à cette étude. La mer Caspienne avait, dès 1660, reçu la visite d'une expédition conduite par le Danois Choltrap, envoyé par le csar Alexis Michaïlovitch; elle est maintenant bien connue grâce aux travaux de la marine impériale et ceux de nombreux savants, parmi lesquels Pallas, Maréchal, Humboldt, le Français Hommaire de Hell et Grimm. Le lac Baïkal a été sondé en 1868 par Godlevsky et Dybovsky qui y ont recueilli des observations zoologiques et thermométriques; en 1869, Lomonossow et Tchékanovsky s'en sont occupés au point de vue de la chimie, de la physique y compris les variations du niveau et de l'ichthyologie, et ces travaux ont été continués en 1873 et 1877 surtout pour les sondages et la géologie sous-marine. En 1883, Hartung explorait les lacs du district de Bargousinsk, en Sibérie; Nicolsky et Mouchketow, le lac Balkach. En Russie d'Europe, le Ladoga est complètement connu, de même que les lacs finlandais Pélis, Wessi-

[1] *Aperçu des travaux géographiques en Russie*, par le baron Nicolas Kaulbars; Saint-Pétersbourg, 1887, publication de la Société impériale russe de géographie.

Jervé et Pejané; depuis 1870, on s'occupe très sérieusement du lac Onéga et le lac Saïma est presque achevé.

L'étude des lacs se rattache d'une façon étroite à l'océanographie. Maintenant que les sciences tirent leur plus grande force de l'emploi de la méthode d'expérimentation synthétique, on comprend que l'essai et la mesure dans un lac soient en quelque sorte l'intermédiaire entre l'expérience de laboratoire et l'essai dans l'Océan. Les lacs permettent ainsi d'exécuter, dans d'excellentes conditions de facilité relative, une foule d'expériences qui, après avoir été élucidées dans leurs conclusions et dans leur mode opératoire, peuvent se répéter au sein des eaux salées, de manière à laisser constater les similitudes et les différences.

Résumé de géologie. — Avant d'exposer les lois naturelles jusqu'à présent connues qui régissent l'Océan actuel et les procédés expérimentaux qui ont servi à les étudier et à les découvrir, il importe de présenter un résumé très succinct des événements qui, par leur enchaînement, ont donné au globe que nous habitons les principaux traits qui le caractérisent aujourd'hui.

Laplace a cherché à expliquer l'origine du monde. Il admit que la nébuleuse qui devait devenir plus tard notre système solaire, amas confus de matière cosmique, s'est lentement condensée comme ces nébuleuses où, de nos observatoires, nous apercevons des noyaux de plus en plus distincts. A mesure que la condensation s'effectuait par suite de la force centrifuge résultant du mouvement général de la masse, les portions périphériques composées des matières les plus légères se détachaient et s'échappaient d'après l'ordre de leurs densités croissantes. Ainsi apparurent successivement les planètes, qui semblent être d'autant plus lourdes qu'elles sont plus rapprochées de la masse centrale devenue ensuite le Soleil.

Le Soleil a pour densité.	0,25
Mercure.	1,12
Vénus.	1,03
La Terre	1,00
Mars	0,70
Jupiter.	0,24
Saturne.	0,13
Uranus	0,17
Neptune	0,16

Ces densités sont des valeurs moyennes par rapport à la densité de la Terre, prise comme unité, et elles supposent que la dimension apparente des planètes est leur dimension véritable. En d'autres termes, on ne prend pas en considération l'existence d'une atmosphère plus ou moins épaisse. Il est certain que les chiffres donnés pour Jupiter, Saturne, Uranus et surtout pour le Soleil, sont beaucoup trop faibles. Par le même phénomène que Plateau a imité expérimentalement, les planètes s'entourèrent d'un anneau quelquefois persistant comme celui de Saturne, quelquefois condensé en forme de satellites.

L'examen des météorites et surtout l'analyse spectrale ont prouvé que les corps célestes contenaient les mêmes éléments chimiques que la Terre; ceux-ci paraissent eux-mêmes être disposés suivant l'ordre de leur densité. M. Lockyer a observé que l'atmosphère coronale du Soleil se composait surtout d'hydrogène, la chromosphère d'hydrogène, de calcium et de magnésium, la zone des taches de sodium, de titane, etc., et plus au centre, dans la couche probablement adjacente à la photosphère, existent des vapeurs de fer, de manganèse, de cobalt, de nickel, de cuivre et d'autres métaux.

La Terre s'est séparée à son tour de la masse centrale et, dès qu'elle a été isolée, elle a passé par les mêmes phases. En se refroidissant au contact des espaces interplanétaires, une partie des éléments la composant s'est détachée pour donner naissance à un satellite, la Lune, dont la densité est à peine supérieure de moitié à celle de la Terre. Le reste s'est aggloméré d'après l'ordre des densités croissantes et en effet la portion la plus extérieure, l'air, a une densité de 0,0013 environ, la mer une densité de 1 et le noyau solide, une densité voisine de 5,5. Dans ce dernier, le mode de superposition des matériaux s'est effectué suivant la même loi. M. Roche a calculé que la densité du globe étant de 2,1 à la surface, devait atteindre la valeur 8,5 au milieu du rayon et 10,6 au centre.

Lorsque le noyau incandescent se fut recouvert d'une croûte solide assez peu conductrice pour laisser s'établir une température suffisamment basse pour la combinaison des éléments et la condensation des vapeurs au sein de l'atmosphère, l'hydrogène et l'oxygène se combinèrent et leur vapeur se condensa en eau. Des pluies torrentielles se précipitaient sur cette croûte brûlante ; elles s'y vaporisaient de nouveau en activant le refroidissement, s'élevaient à travers la lourde atmosphère ambiante pour s'y condenser, retomber, se vaporiser et se condenser encore, balayant la combinaison déjà effectuée et soluble du chlore et du sodium à l'état de chlorure de sodium. On explique ainsi la présence du sel marin dans l'eau de l'Océan. Au début, toute eau terrestre a été salée et a tenu en dissolution le chlorure de sodium préalablement disséminé dans l'atmosphère. Dès que le globe fut assez refroidi pour permettre la permanence à l'état liquide d'une quantité d'eau suffisante pour contenir, au maximum de saturation, à la température alors régnante et dans les conditions ambiantes de pression, le total du chlorure de sodium primitivement existant dans la masse de matière nébuleuse, des pluies douces tombèrent sur la terre, la lavèrent, et des fleuves d'eau chargée des sels solubles déjà solidifiés et d'acide carbonique commencèrent à couler sur la croûte de plus en plus froide. La première ébauche des continents se forma. Sous l'énorme pression de l'atmosphère, la température d'ébullition de l'eau était notablement élevée et cette eau, maintenue liquide, possédait un pouvoir d'érosion et une activité chimique dont nous avons peine à nous faire maintenant une idée. Pendant cette aurore de l'histoire géologique, les roches constituantes, gneiss stratifiés, micaschistes, quartzites, schistes amphiboliques étaient en quelque sorte l'écume siliceuse contenant les parties les plus légères et en même temps les plus réfractaires du magma terrestre.

Helmholtz[1] a calculé, en se basant sur la durée de refroidissement des laves, que la terre avait eu besoin de 350 millions d'années pour passer de 2000°, température de fusion des roches, à 200°. Or, diverses considérations tendraient à faire supposer qu'à la fin de cette période primitive ou archéenne, la température de la surface terrestre ne dépassait pas 38°, de sorte que le refroidissement aurait encore exigé bien d'autres millions d'années. En partant de la même loi du refroidissement, W. Thomson[2] a calculé que; depuis le commencement de la formation de l'écorce, c'est-à-dire alors que la température était de 2000°, jusqu'à l'établissement de la température actuelle, il ne s'était pas écoulé plus de 400 millions et moins de 20 millions d'années. L'écart entre les deux valeurs s'explique par l'impossi-

[1] Dana, *Manual of Geologie*, 3e édit., p. 147.
[2] Pfaff, *Grundriss der Geologie*, p. 384.

bilité d'estimer plusieurs données telles que la température de l'espace, l'épaisseur actuelle de la croûte solide et la conductibilité des roches dans les profondeurs. Un autre calcul, s'appuyant sur l'aplatissement polaire, démontre que la durée primitive de la rotation diurne du globe devait être de 17 heures; en prenant en considération d'autre part, le ralentissement séculaire de la vitesse de la rotation terrestre causé par le frottement des marées et la durée actuelle de la rotation diurne qui est de 24 heures, on trouve 20 millions d'années pour l'âge de notre planète depuis son premier refroidissement.

Il ne faudrait pas s'exagérer la valeur de ces calculs basés sur des hypothèses purement théoriques et dans lesquels une foule d'éléments sont absolument inconnus.

La période qui suit porte le nom de cambrienne. Les continents sont encore peu étendus et modifient fréquemment leurs contours par l'effort des matières ignées qu'ils recouvrent à peine. Celles-ci étant fluides, obéissaient aux forces attractives de la lune et du soleil, éprouvaient des marées, se soulevaient contre la croûte encore mince, la brisaient et la disloquaient de mille façons. Le relief de la terre devait alors offrir l'aspect de ces immenses champs de glaces des mers polaires où les blocs soumis à la compression et à la dilatation se brisent, s'échafaudent les uns sur les autres, se soudent pour se briser et s'amonceler de nouveau. Sous l'influence des eaux de l'Océan, encore peu profondes mais recouvrant la presque totalité de la surface du globe, se produisent des schistes argileux et même quelques calcaires, formations généralement sableuses ou boueuses d'un caractère essentiellement littoral, sillonnées de rides de fond par les courants et les remous de l'eau et qui se sont ensuite desséchées et craquelées au contact de l'air brûlant. La vie apparaît sous la forme d'animaux marins, de vers, de brachyopodes et de ces crustacés à corps divisé en trois lobes appelés trilobites. La mer devient habitable bien avant l'atmosphère.

L'évolution continue pendant la période silurienne; l'Océan donne naissance à de véritables roches sédimentaires, grès, conglomérats, argiles, schistes et calcaires; il a acquis une composition se rapprochant de celle qu'il possède aujourd'hui bien qu'il soit borné par des rivages bas, couverts de plages marécageuses, balayés par les vagues qui y laissent, sous l'aspect de rides, les traces de leur clapotis; en quelques points, sa profondeur a augmenté, les animaux qu'il nourrit ne sont plus exclusivement des espèces littorales et quelques poissons apparaissent vers la fin de la période en même temps que les premières plantes terrestres.

Les poissons atteignent leur plus grand développement pendant le dévonien; ils appartiennent à des espèces ayant une nageoire caudale dissymétrique encore représentées de nos jours par un petit nombre de types habitant les rivières et les estuaires de l'Afrique, de l'Amérique du Nord et de l'Australie. Les États-Unis formaient alors le fond d'une vaste mer au-dessus de laquelle émergeaient des îles et des récifs marquant la place où devaient se dresser les montagnes Rocheuses et les Apalaches ; le continent européen était un simple archipel corailler.

La période carbonifère est caractérisée par l'abondance de la végétation qui, s'assimilant le carbone de l'acide carbonique répandu dans l'air pesant et humide, purifie l'atmosphère et la rend habitable aux premiers sauriens. Les débris végétaux enfouis sous des alluvions subséquentes sont devenus de la houille qui résulte de l'accumulation de troncs et de tiges entraînés par l'eau et déposés dans des régions de sables et de vases analogues aux deltas de nos fleuves actuels. Les eaux de l'Océan sont maintenant limpides, les continents plus vastes mais toujours bas et semés d'espaces déprimés et marécageux couverts d'eau douce et que la mer vient parfois envahir.

Les quatre périodes cambrienne, silurienne, dévonienne et carbonifère constituent l'ère primaire ou palæozoïque de l'histoire de la terre ; leur durée totale évaluée d'après la puissance des couches, a été considérable; les dépôts sont très étendus quoique leur épaisseur soit variable; les mouvements de la croûte terrestre leur ont fait subir des distorsions et cependant ces mouvements étaient localisés, car, sur d'immenses espaces, en Russie par exemple, la sédimentation a été remarquablement régulière.

L'ère secondaire est plus calme. Dans les mers chaudes, abondamment peuplées de mollusques et de céphalopodes (ammonites), se forment de puissantes couches calcaires et de conglomérats. Pendant le trias qui en est la première période, au sein d'eaux peu profondes, se déposent des grès et se produisent des amas de sel gemme exploités aujourd'hui et dont certains attribuent l'origine à l'activité volcanique. Le jurassique qui succède, est divisé en deux périodes, le lias pendant lequel l'Europe habitée par les premiers mammifères, est un archipel de coraux baigné par des eaux où fourmillent d'énormes reptiles nageurs, des plésiosaures au cou grêle, des ichthyosaures aux formes massives et gigantesques, des squales ancêtres de nos requins. La période oolithique vient ensuite ; les récifs coraillers, indices de mers chaudes et largement ouvertes, atteignent le nord de la Grande-Bretagne ; la terre est peuplée par des marsupiaux, l'air par des ptérodactyles ou lézards volants et par des êtres qui ne sont plus des reptiles et pas encore des oiseaux, couverts de plumes mais possédant une queue vertébrée et des dents. Il existe maintenant des poissons osseux ; les oursins abondent, les latitudes élevées de l'Europe émergent lentement, l'Océan diminue d'étendue.

La période crétacée amène peu de changements. L'émergence des continents continue et l'Océan diminue encore ; il se manifeste cependant plus tard un phénomène inverse : le nord de l'Europe s'enfonce sous les eaux ; les climats sont remarquablement uniformes sur toute la terre ; les mers chaudes atteignent le 60e degré de latitude dans l'hémisphère septentrional et le détroit de Magellan dans l'hémisphère sud ; des forêts de pins, de sapins et de cèdres croissent au Groenland ; les animaux marins conservent leurs types oolithiques ; la craie se forme. Cette roche, constituée par une masse de particules calcaires amorphes, est remplie de corpuscules microscopiques, débris de carapaces de foraminifères semblables à ceux de la boue à globigérines que la sonde ramène aujourd'hui des grands fonds. Elle se dépose lentement, dans des conditions de repos spéciales que l'étude des mers actuelles apprendra à connaître dans leurs détails. A la fin de la période, les saisons commencent à faire sentir leurs alternatives de chaleur et de froid et la zone tropicale n'est plus aussi vaste. Dans les dépôts de craie du sud de l'Angleterre, on trouve des blocs de pierre probablement apportés dans ces parages par des glaces flottantes.

L'ère secondaire se termine avec la période crétacée ; l'ère tertiaire qui commence comprend les trois périodes éocène, miocène et pliocène. Les conditions générales du globe se rapprochent de celles qui caractérisent l'ère moderne ; l'Europe, qui n'est encore qu'un étroit massif de terre ferme, s'étend en surface ; les Pyrénées, les Apennins, les Alpes dressent successivement leurs cimes ; l'Océan, qui tantôt reculant, tantôt avançant, ne cesse de modifier ses contours, se confine lentement dans ses limites actuelles. Aussi la différence des climats s'accentue davantage, les types animaux et végétaux augmentent en diversité, les lamellibranches et les gastéropodes abondent, les mammifères parviennent à leur plus haut degré de développement. L'activité interne du globe, longtemps assoupie, se réveille. Pendant l'éocène, les pachydermes apparaissent à l'ombre des palmiers couvrant le sol qui deviendra la France, et des cocotiers de l'Angleterre. Le miocène voit les premiers ruminants et cétacés contemporains du soulèvement des Cordillères d'Amérique et de l'Himalaya de l'Inde. Enfin, pendant le pliocène, l'Europe a acquis à peu près définitivement le relief qu'elle possède aujourd'hui; les climats continuent à se refroidir, les grands proboscidiens, les éléphants, les rhinocéros, les hippopotames sont à l'apogée de leur développement.

L'homme fait son apparition pendant l'époque quaternaire. Alors se produit subitement dans la zone polaire et dans la zone tempérée de l'hémisphère nord un changement de climat qui donne une activité extraordinaire aux précipitations atmosphériques et permet aux phénomènes d'érosion et d'alluvionnement de se manifester sur une échelle grandiose. Les hautes latitudes de l'ancien et du nouveau monde se couvrent d'une énorme quantité de glace; en Europe, elle remplit les bassins de la Baltique et de la mer du Nord, s'avance au sud jusqu'à Londres, la Silésie et la Gallicie. Autour des fortes élévations du sol, des glaciers rayonnent de toutes parts; autour des Vosges, de l'Auvergne, des Alpes, où le glacier du Rhône, dont la puissance verticale mesure de 1200 à 1680 mètres, arrive jusqu'à Lyon; autour des Pyrénées, d'où s'écoulent des fleuves de glace de 50 à 70 kilomètres de longueur, parfois épais de 900 mètres. Ces glaciers, comme ceux de nos jours, éprouvent des alternatives de croissance et de décroissance; souvent, ils sont dominés par des crêtes rocheuses dont les débris se disséminent à leur surface et, de leur pied qui baigne dans la mer, se détachent des icebergs que les courants entraînent et qui sèment sur des fonds éloignés les matériaux dont ils sont chargés. Ces matériaux sont tantôt fins et boueux, tantôt d'une grosseur considérable comme les blocs erratiques nommés le Plugstein, échoué près de Zurich et dont la hauteur atteint 20 mètres, la Pierre-à-Bot, perchée sur le Jura, près de Neuchâtel, ayant 16 mètres de long sur 5 de large et 13 de haut, et la pierre des Marmettes, près de Monthey, ayant 20 mètres de long sur 10 de large et presque autant de haut[1].

Le plateau de la Scandinavie était un de ces centres de dispersion de glaces flottantes qui se dirigeaient vers le nord et le nord-est, par-dessus la Finlande et le golfe de Bothnie, dans l'Océan arctique; vers l'Ouest, dans l'Océan Atlantique; vers le sud-ouest, dans le bassin de la mer du Nord; vers le sud et le sud-est, à travers le Danemark et les plaines basses de la Hollande, de l'Allemagne et de la Russie. Les montagnes d'Écosse et celles de l'Irlande étaient encore d'autres centres de dispersion[2]. Les glaces ainsi transportées usaient les montagnes sur leur passage, creusaient les vallées, striaient les roches, couvraient les plaines de matériaux meubles, modelaient le relief des contrées traversées en forme de collines lisses et arrondies, coupées de lacs de dimensions variables.

Pendant qu'un froid excessif régnait sur certaines portions du globe, d'autres régions jouissaient d'un climat brûlant sous l'influence duquel se vaporisait l'eau destinée à l'alimentation des glaciers. La faune des mers n'avait pas de motifs pour changer, mais la faune terrestre était exterminée par places ou obligée de s'adapter aux nouvelles conditions d'existence. Le renne habitait l'Europe centrale, et en Sibérie, les mammouths surpris par le froid essayaient en vain d'émigrer vers des régions plus chaudes; ils étaient enveloppés subitement par la glace qui a conservé si bien leurs cadavres qu'au siècle dernier, des chiens ont pu, sur les bords de la Léna, se nourrir de la chair de ces animaux.

En Amérique, la calotte de glace arrivait jusqu'à la vallée du Missouri par 39° latitude nord et, dans l'hémisphère sud, on a trouvé des traces glaciaires autour de l'Himalaya, en Nouvelle-Zélande et en Australie.

Après un certain temps, les précipitations atmosphériques s'arrêtent, un froid sec fait sentir ses rigueurs et la période glaciaire prend fin aussi brusquement qu'elle a commencé, peut-être par suite de phénomènes astronomiques, plus probablement sous l'influence de phénomènes d'émersion et d'immersion de certaines régions terrestres qui modifient la direction des courants marins et

[1] De Lapparent, *Traité de géologie*, p. 1096.
[2] Arch. Geikie, *Text-Book of Geology*, p. 894.

aériens ou même par la cessation d'éruptions volcaniques comme celles qui ont eu lieu à cette époque en Auvergne. Le renne se retire dans le nord, l'homme installe sa demeure au fond des cavernes et l'époque actuelle commence.

Les phénomènes glaciaires jouent un rôle important en océanographie car ces énormes amas de glaces occasionnent, par leur masse, des attractions des eaux océaniques et par conséquent des variations de leur niveau le long des rivages qui se traduisent par des terrasses sur le pourtour des fjords, des œsars et par une foule d'autres phénomènes.

Pendant toute la durée de l'histoire géologique, l'Océan se contracte sans cesse sur lui-même et restreint ses limites; à mesure que les continents augmentent d'étendue, l'eau des mers s'y transporte et y demeure d'une façon permanente à l'état de lacs, de rivières ou de neiges éternelles. Les êtres organisés, plantes et animaux, dont le nombre augmente aussi, s'emparent d'une certaine quantité d'eau destinée cependant à rentrer tôt ou tard dans le cycle de la circulation lorsque ces êtres finiront par devenir moins nombreux. En outre, l'eau s'imbibe dans l'écorce terrestre. Si l'un de ces éléments, l'oxygène, s'immobilise à jamais en se combinant aux métaux pour les transformer en oxydes à peu près permanents, l'autre élément, l'hydrogène, mis en liberté, se recombine avec l'oxygène de l'air pour reproduire de l'eau. Si notre globe doit périr faute d'eau, en même temps, l'atmosphère s'appauvrira de plus en plus en oxygène jusqu'à devenir impropre à l'existence des êtres vivants.

La grande loi mécanique de la distribution des éléments du centre à la périphérie par ordre croissant des densités vient encore éclaircir la genèse des roches dites éruptives et l'ordre de leur apparition à la surface de la terre pendant les diverses périodes de l'histoire géologique.

Par suite du refroidissement successif de la croûte terrestre, celle-ci se brisait suivant des directions d'abord régulières et simples, mais se compliquant de plus en plus dans la suite des temps en conséquence des variations d'épaisseur, résultats des accidents antérieurement accomplis. Le magma fluide intérieur trouvait un passage à travers ces fissures, montait et apparaissait à la surface où il se solidifiait. Plus les roches sont anciennes et plus elles contiennent une proportion considérable de quartz ou acide silicique, élément léger, tandis que les roches provenant d'éruptions récentes renferment des silicates ferrugineux. L'étude des météorites, la densité intérieure du globe démontrent que le noyau est composé en majeure partie de fer. Les premières roches, dites acides, sont peu denses et de couleur claire comme les granites et les gneiss; les secondes, dites basiques, sont lourdes et de couleur foncée comme les basaltes. Les modifications que présentent d'ailleurs les unes et les autres, texture, nature, mode d'arrangement et d'association des minéraux composants, sont dues à des causes accessoires, conditions ambiantes au moment de l'apparition, telles que la durée du refroidissement, la pression et les phénomènes de liquation. La réapparition de roches acides succédant à des roches basiques s'explique par des localisations du magma intérieur, encore fluide, et par des différences d'épaisseur dans la croûte terrestre disloquée.

En résumé, les phases successives du développement du globe sont les suivantes :

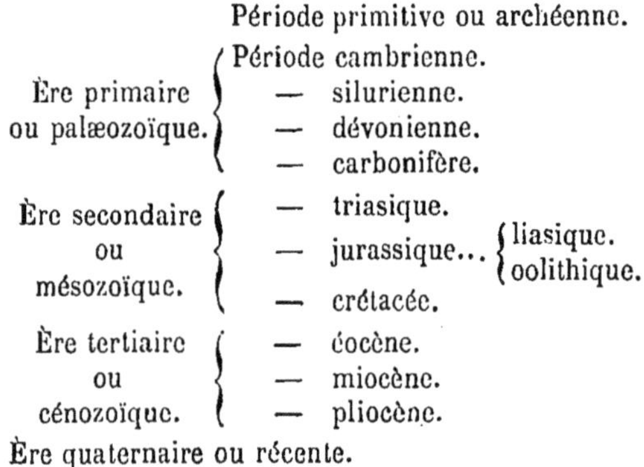

	Période primitive ou archéenne.	
Ère primaire ou palæozoïque.	Période cambrienne.	
	— silurienne.	
	— dévonienne.	
	— carbonifère.	
Ère secondaire ou mésozoïque.	— triasique.	
	— jurassique...	liasique. oolithique.
	— crétacée.	
Ère tertiaire ou cénozoïque.	— éocène.	
	— miocène.	
	— pliocène.	
Ère quaternaire ou récente.		

Ces époques sont des divisions artificielles basées sur un ensemble de ressemblances ou de différences dans le facies des masses rocheuses et dans celui des êtres vivant alors, et qui ont laissé dans les couches leurs restes ou leurs traces encore visibles aujourd'hui; elles ont été établies dans le but de faciliter l'étude de l'histoire de la terre. Quoique chacune soit marquée d'un caractère spécial, il faut se garder de croire qu'aucune d'elles, sauf accidents locaux, débute ou s'achève subitement par une sorte de cataclysme. Elles passent au contraire des unes aux autres par degrés insensibles et n'ont pas plus de limites nettement tracées qu'il n'en existe dans la vie humaine aux périodes de l'enfance, de la jeunesse, de l'âge mûr et de la vieillesse. Les conditions extérieures se modifient, les animaux et les végétaux s'adaptent au nouveau milieu qui les entoure, ou bien ils disparaissent.

Quant à la durée respective de ces époques, malgré les tentatives faites pour l'évaluer, elle ne peut se chiffrer en années : on ne sait rien de plus, sinon qu'elle est immense. Les siècles de siècles ne comptent pas en géologie.

Volcans. — On donne le nom de volcan au siège de l'éruption de produits ignés qui sortent de l'intérieur du globe et viennent se répandre à sa surface. Lorsque les volcans sont isolés, ils possèdent le plus souvent l'aspect d'une montagne conique au sommet creusé d'une cavité appelée cratère.

Ces produits sont de natures et de formes très diverses. Les laves sont émises à l'état de fusion : tantôt elles se refroidissent rapidement comme ces bombes volcaniques violemment projetées de l'orifice du volcan qui montent à une grande hauteur dans l'air et retombent en blocs ovoïdes solidifiés et aux deux extrémités effilées ; tantôt elles sortent pâteuses et, après un refroidissement d'autant plus long que leur conductibilité thermique est très faible et leur masse considérable, elles deviennent solides. Elles présentent parfois une texture homogène vitreuse comme les obsidiennes, ou celluleuse comme les scories et les ponces qui sont assez légères pour flotter sur la mer jusqu'à ce que leurs cellules pleines d'air s'étant imbibées d'eau sous l'influence du choc des vagues, elles coulent au fond ; ou massive, et elles portent alors plus spécialement le nom de laves. Dans ce dernier cas, l'examen microscopique montre qu'elles se composent de nombreux minéraux cristallisés, feldspaths, augite, fer oxydulé, leucite et autres, noyés dans une pâte amorphe de nature feldspathique. Ces mêmes minéraux isolés et en poussière fine constituent les cendres volcaniques projetées verticalement et entraînées par les vents à d'énormes distances. Les produits volcaniques solides sont assez riches en fer pour exercer une action sur l'aiguille aimantée. On a mesuré sur les champs de laves de l'Etna des déviations atteignant 18° 20′. Lorsqu'ils se répandent en abondance sur des fonds de mer élevés dans quelques parages, comme au voisinage de Reykiawik en Islande, par exemple, on peut leur attribuer les variations brusques et parfois considérables qu'éprouve alors le compas à bord des navires [1].

Il y a lieu d'ajouter aux déjections volcaniques des gaz et des vapeurs, acide chlorhydrique, acide sulfureux, hydrogène sulfuré, hydrogène, hydrocarbures, ammoniaque, vapeur d'eau et surtout de l'acide carbonique par torrents. La sortie de tous ces produits se fait soit par le cratère lui-même, soit par des fentes généralement étroites mais assez longues comme celle qui, en 1669, ouverte du nord au sud sur le flanc de l'Etna, avait une largeur de 2 mètres sur une longueur de 20 kilomètres.

Les volcans ne sont pas distribués d'une façon irrégulière sur le globe terrestre; ils semblent au contraire affecter une disposition linéaire qui suit le contour maritime des continents. Une première série entoure le bassin de l'océan Pacifique par la Nouvelle-Zélande, les Nouvelles-Hébrides, les îles de la Sonde, les Philippines, les îles Liéou-Khiéou, le Japon, les Kouriles, les îles Aléoutiennes, les monts Saint-Élie et Fair-Weather dans l'Amérique du Nord, la Colombie anglaise et l'Orégon, le Mexique, l'Amérique centrale, le Pérou, la Bolivie, le Chili, la Patagonie, les Shetland et enfin les monts Erebus et Terror dans les terres antarctiques. Le centre du Pacifique est lui-même semé de volcans, aux îles Mariannes, aux Sandwich et aux Galapagos.

Les volcans se rattachant au bassin de l'Atlantique sont ceux de Jan-Mayen, de l'Islande, des Açores, des Canaries, des îles du Cap-Vert, de Fernando-Po, de l'Ascension, des Antilles, de Sainte-Hélène et de Tristan d'Acunha auxquels il faut ajouter les volcans méditerranéens, le Stromboli, le Vésuve, l'Etna, les volcans des Cyclades et ceux de l'Arménie.

Les régions volcaniques du bassin de l'océan Indien sont l'entrée de la mer Rouge, les Comores, les Mascareignes, les îles Crozet, Kerguelen, Saint-Paul, Amsterdam et l'archipel de la Sonde.

Une partie de ces évents volcaniques est disposée sur une ligne à peu près parallèle à l'équateur, jalonnée par les volcans de l'archipel

[1] Duboc, *Perturbations du compas sur la côte d'Islande; influence des bancs sous-marins et des hautes terres*. Baudoin, Paris, 1889.

de la Sonde et des Philippines, des Mariannes, des Salomon, des Nouvelles-Hébrides, d'Hawaï, des Galapagos, du Mexique, de l'Amérique centrale, des Antilles, des îles du Cap-Vert et enfin de la mer Rouge.

Il existe un grand nombre de volcans sous-marins qui tantôt se dressent immédiatement au-dessus des flots en donnant naissance à des îles, ou ne se manifestent que par des modifications subites apportées au relief du sol de l'Océan, ou encore par de violentes secousses éprouvées par les bâtiments en pleine mer.

Le 18 juillet 1831, entre la Sicile et l'île Pantelleria, dans des parages où l'on trouvait précédemment une profondeur de 200 mètres, apparut une île à laquelle on donna les noms d'île Julia, Graham et Nerita. Au commencement du mois d'août, sa circonférence était de 4 800 mètres et sa hauteur de 33 mètres; on put y aborder et la parcourir mais elle ne tarda pas à diminuer d'étendue et, le 28 décembre, elle disparaissait pour reparaître en juillet 1863, atteindre 60 ou 80 mètres de hauteur et disparaître d'une façon définitive après quelques semaines.

En 1796, dans les îles Aléoutiennes, apparut l'île Bogoslow, qui, en 1819, avait 7 kilomètres de tour, une hauteur de 750 mètres et qui, en 1832, était réduite à la moitié de sa circonférence primitive et à 450 mètres d'altitude seulement.

Le même événement arriva aux Açores, près de San-Miguel, où un cône de scories se dressa momentanément au-dessus des flots en 1658, 1691 et 1720. En 1811, l'île ainsi formée fut appelée Sabrina; son cratère était élevé de 90 mètres; en 1867, une nouvelle éruption eut lieu devant Terceire sans cependant atteindre le niveau de la mer; tout se borna à une émission de scories qui flottèrent sur l'eau et de gaz parmi lesquels on ne reconnut la présence que de l'hydrogène et de l'hydrogène protocarboné. L'acide carbonique s'était dissous.

L'éruption de Santorin a été étudiée avec beaucoup de précision [1]. Le phénomène consiste en un apport par des conduits sous-marins, de laves qui s'accumulent sur le fond et auxquelles leur nature compacte permet de résister aux vagues. L'île Palæa Kaméni apparut en 97 avant J.-C. et s'accrut en étendue en 46 et en 726; Mikra

[1] F. Fouqué, *Santorin et ses éruptions*. Masson, Paris, 1879.

Kaméni date de 1573; en 1650 surgit un haut-fond qui ne reçut pas de nom; Néa Kaméni apparaissait de 1707 à 1709 et s'augmentait en 1711 et en 1712. Enfin en 1866, l'île Georges vint se souder à Néa Kaméni. Des éruptions nouvelles se manifestèrent en 1867 et 1868. L'ensemble de Santorin, Théra et Thérasia est le véritable bord du cratère à demi-submergé d'un grand volcan au centre duquel se sont produites les diverses éruptions qui ont été citées.

L'éruption du Krakatau, dans le détroit de Sunda, les 26 et 27 août 1883, est un des plus terribles événements de notre siècle. Le groupe [1] se composait auparavant des trois îles Krakatau, Verlaten et Lang; aujourd'hui la dernière a diminué de moitié, Verlaten, de plus des trois quarts, tandis que la plus grande partie de Krakatau où était situé le volcan, est submergée et à sa place la sonde ne rencontre pas le fond à 1000 mètres. La secousse communiquée à l'air a fait plus de trois fois le tour du globe avant de cesser d'être perceptible; la mer s'est soudainement élevée de 34 mètres en détruisant plusieurs villages sur son passage et l'onde d'oscillation, modifiant son contour suivant les sinuosités des continents, s'est propagée en 17 heures jusqu'à la Terre de Feu.

Les volcans servent de communication entre l'atmosphère et les portions intérieures du globe terrestre à l'état incandescent. Le noyau liquide se contracte par refroidissement de sorte que la croûte terrestre, déjà solidifiée et rigide, est forcée, pour ne pas cesser de s'appliquer sur le noyau, de former des remplis, des rides suivant lesquels les roches comprimées sont plus ou moins rompues, présentent une moindre résistance et livrent par conséquent passage aux matières incandescentes. Le maximum de refoulement de la matière intérieure se fait sentir en G (*fig.* 1) et l'oblige à monter par les fissures; la bouche volcanique apparaît donc le plus souvent en V ou en V' autour de l'arête culminante C où la croûte terrestre est le plus disloquée à l'extérieur. La mer remplit le fond de la cavité ABC. On s'explique ainsi comment les volcans sont surtout distribués le long de l'Océan sans que l'eau joue aucun rôle dans les causes de leur éruption; ils s'ouvrent, en général, sur le flanc le plus raide des

[1] R.-D.-M. Verbeck, *Krakatau* publié par ordre de S. E. le gouverneur général des Indes néerlandaises. Batavia, 1886.

rides terrestres, c'est-à-dire le long des côtes escarpées. On sait en effet que le profil des chaînes de montagne est dissymétrique et présente un de ses versants en pente douce et l'autre abrupt. La règle se vérifie sur toutes les grandes chaînes du globe, les Pyrénées, les Alpes, les monts Scandinaves, l'Himalaya, les Alleghanys, la Cordillère des Andes et la Sierra Nevada de l'Amérique du Nord. Le versant le plus abrupt fait toujours face à la plus grande dépression; il en résulte que les grandes profondeurs océaniques se trouvent, non pas au milieu des océans mais sur leur bord et contiguës, soit aux chaînes d'îles, soit aux montagnes, comme près des Antilles, dans l'Atlantique, près du Japon et des Kouriles, au milieu de l'archipel polynésien, le long des côtes du Pérou et du Chili dans le Pacifique et même, pour la Méditerranée, parallèlement à la côte d'Algérie et à la chaîne de l'Atlas.

Fig. 1.

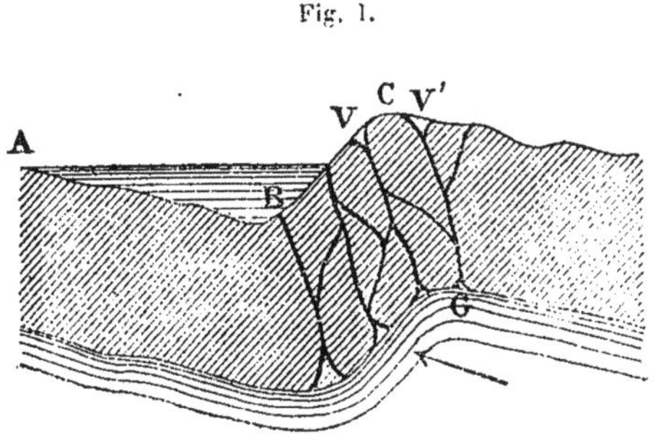

On rattache aux phénomènes volcaniques les solfatares, volcans qui n'émettent plus que des vapeurs composées principalement d'acide sulfureux (Pouzzoles près de Naples, Vulcano, Chili, Papandayang de Java, Soufrière de la Guadeloupe), les geysers, sources d'où jaillit par intermittence une eau bouillante contenant aussi de l'acide sulfureux (Islande, Yellowstone aux États-Unis, Nouvelle-Zélande, San-Miguel aux Açores) ; les sources thermominérales si nombreuses sur toute la surface terrestre, d'où l'eau s'écoule sans projections ni phénomènes d'intermittence comme dans les geysers; les soufflards, qui dégagent de la vapeur d'eau surchauffée (Toscane, Californie, Orégon); les salses ou volcans de boue (Sicile, Crimée, mer Caspienne, Carthagène en Nouvelle-Grenade, la Trinidad, Java) et les exhalaisons d'acide carbonique ou mofettes (Grotte du Chien à Naples, Vallée de la Mort à Java, île Saint-Paul).

Tremblements de terre. — La croûte terrestre éprouve à peu près continuellement de faibles mouvements ainsi que l'indiquent une foule d'instruments et en particulier le microphone. Ces mouvements sont irréguliers et dus à des causes accidentelles ou périodiques et on les attribue alors aux variations régulières de la température, de la pression barométrique et même aux marées. On donne cependant plus particulièrement le nom de tremblements de terre à des chocs souterrains souvent assez faibles, mais parfois aussi de la plus extrême violence, et qui se propagent à travers la croûte terrestre par une ondulation accompagnée de bruits particuliers et d'une autre ondulation simultanée qui parcourt l'atmosphère. Ils se manifestent par des secousses dans le sens vertical et dans le sens horizontal et ont lieu sur terre comme sur mer.

Les tremblements de terre semblent avoir leur point de départ en un centre ou foyer d'ébranlement placé dans l'intérieur du sol à une distance qu'il a été possible de calculer et qui est remarquablement faible, quoique variable, car parfois elle n'est que de 11 ou de 18 kilomètres et n'a jamais dépassé 48 kilomètres.

La vitesse d'ébranlement dépend de la nature géologique du sol : elle a varié depuis 885 et 590 mètres par seconde pour le tremblement de terre de l'Allemagne du Nord en 1843, jusqu'à 131^{m},50 pour celui du Pérou, en 1868. On voit qu'elle est différente dans les diverses directions pour une même secousse. La vitesse de l'onde à travers l'Océan a pu servir à calculer la profondeur de celui-ci comme on l'a fait pour le tremblement de terre d'Arica en 1868, qui s'est propagé avec une vitesse comprise entre 146^{m},50 et 216 mètres par seconde et celui de Simoda, au Japon, en 1854, qui parvint en Californie avec une vitesse moyenne de 185 mètres qui est à peu près celle de l'onde de marée autour de la terre.

La durée des secousses peut n'être que de quelques secondes; d'autres fois, elle se continue en une série de mouvements à intervalles très rapprochés et sans interruption pendant près de quatre années, comme dans le cas du tremblement de terre de Calabre de 1783 à 1786. L'aire d'activité, tantôt restreinte à un faible espace de terrain, prend quelquefois d'énormes proportions car le tremblement de terre de Lisbonne, en 1755, se fit sentir sur une étendue quatre fois plus grande que l'Europe. Cette aire est limitée par une courbe grossièrement elliptique ou polygonale.

Lorsqu'un tremblement de terre se propage à travers l'Océan, il donne lieu à une onde qui s'avance en une sorte de vague haute de

10, 20 et même 27 mètres, qui semble aspirer l'eau en avant de sa marche ; il en résulte qu'avant qu'elle n'aborde un continent, la mer se retire pendant un temps variant de 5 à 35 minutes, quelquefois 24 heures. Pendant le tremblement de terre de Pisco, en 1690, elle recula de 15 kilomètres pour ne revenir qu'au bout de trois heures. Alors, elle se précipite contre la terre en une énorme vague qui exerce les plus terribles ravages, submergeant tout, comme au tremblement de terre de Lisbonne où périrent 30 000 personnes, et, lorsque le fléau a passé, des pans de montagne se sont effondrés, le sol est coupé de crevasses béantes, les édifices sont détruits, les fonds sous-marins se sont modifiés d'une façon permanente, les lignes de rivage se sont changées car certaines portions du sol ont émergé tandis que d'autres ont été englouties sous les eaux. A Chittagong, au Bengale, en 1762, soixante milles carrés disparurent ainsi. Les navires en pleine mer se bornent à ressentir une secousse comparable à un tressaillement ou au choc contre un haut fond.

Les régions les plus visitées par les tremblements de terre sont les régions volcaniques aussi bien continentales que maritimes ; parmi ces dernières, on cite le voisinage de l'île de Juan Fernandez, sur la côte du Chili, et une zone de l'Atlantique à peu près en ligne droite comprise entre les Açores, les îles du Cap Vert et l'Ascension, où ont été ressenties fréquemment des secousses et notamment en 1806, 1811, 1824, 1836, 1867 et 1878.

Les causes des tremblements de terre sont multiples et il est bien difficile, dans un cas donné, de savoir à laquelle d'entre elles attribuer l'événement. Il est certain qu'ils se rattachent au volcanisme et résultent des contractions qu'éprouve la croûte terrestre pour s'adapter à la diminution de volume subie par le noyau incandescent par suite du refroidissement. A ce titre, ils constituent l'un des phénomènes de la formation des montagnes et il est à remarquer qu'ils sont fréquents dans les contrées où les montagnes ont acquis leur dernier relief à une époque plus récente. Quelquefois aussi ils sont dus à des explosions de vapeurs provenant de masses d'eau arrivées en contact avec les matières intérieures à température élevée ; enfin, on les attribue encore à l'écroulement brusque de cavernes que les eaux ont pratiquées par dissolution dans le sol.

Des statistiques ont appris que la fréquence des secousses variait avec les phases de la Lune, qu'elle était plus grande en hiver qu'en été et quand le baromètre est bas que lorsqu'il est haut. Quoi qu'il en soit, la croûte terrestre est agitée par ces secousses beaucoup plus qu'on ne le soupçonne généralement. M. Fuchs[1] en a catalogué 1184 pour la seule période écoulée entre 1865 et 1873 et, durant cet intervalle, il a constaté que pas un seul jour ne s'était passé dans le repos. Ce fait servira à expliquer certains phénomènes relatifs à la répartition des matières meubles au fond des océans.

Le niveau océanique[2]. — Pendant longtemps, la stabilité et l'uniformité du niveau océanique actuel n'ont fait l'objet d'aucun doute ; on avait choisi ce niveau comme point de repère immuable des nivellements terrestres, comme plan uniforme de pression barométrique normale et l'on attribuait à des soulèvements ou à des affaissements, c'est-à-dire à des oscillations lentes de l'écorce terrestre, toutes les traces constatées qui s'expliquaient d'une façon plus ou moins plausible par une émersion ou une immersion.

Il n'en est pas toujours ainsi et, dans bien des circonstances, indépendamment des phénomènes tels que les marées, les vents ou les courants susceptibles de le modifier d'une façon passagère, le niveau de l'Océan subit des oscillations variables en des points parfois très rapprochés. Déjà, quand on avait connu le fait de l'attraction spé-

[1] Fuchs, *Les volcans et les tremblements de terre*, Paris, 1878.

[2] La science s'occupe beaucoup actuellement du niveau de l'Océan et, s'il est probable que les travaux des géodésiens et des ingénieurs ne tarderont pas à élucider ce problème important, il n'est pas moins vrai qu'on n'est pas encore aujourd'hui arrivé à un résultat définitif. Aussi nous bornons nous à exposer la théorie admise jusque dans ces derniers temps. Dans une communication faite devant le Congrès de géographie qui s'est tenu à Paris en 1889, le commandant Defforges, du service géographique de l'armée, a montré que les mesures d'intensité de la pesanteur par le pendule étaient entachées d'erreurs dont quelques-unes venaient d'être découvertes et avaient été prises en considération pour la correction des résultats mais dont d'autres, seulement soupçonnées, n'étaient pas encore évaluées. Il en résulterait que les divers instruments employés par les observateurs ne sont point comparables entre eux et il en est forcément de même pour l'évaluation relative du niveau océanique en des points différents, conséquence immédiate des observations du pendule. Pendant le même congrès, ainsi qu'au Congrès de géodésie, M. Lallemand, ingénieur attaché au nivellement de précision de la France, a émis l'opinion que les différences de niveau entre des mers différentes ou des portions différentes d'un même océan sont beaucoup moindres qu'on ne l'avait supposé et que par exemple la différence de niveau entre l'Atlantique et la Méditerranée au lieu d'être comprise entre 0m,70 et 1 mètre comme on le croyait, ne dépassait pas en réalité un à deux décimètres. Ces questions sont d'ailleurs plutôt du domaine de la géodésie que de celui de l'océanographie proprement dite.

ciale qu'exerce une montagne sur le fil à plomb, on en avait conclu que le niveau de la mer étant perpendiculaire à la direction du fil à plomb, devait forcément différer de la surface d'un ellipsoïde de révolution; mais le premier, Saigey[1], en 1842, calcula que le niveau devait être relevé au contact des côtes et il évalua cette élévation à 36 mètres en moyenne pour l'Europe, à 144 mètres pour l'Asie, à 172 mètres pour l'Afrique, à 54 mètres pour l'Amérique du Nord et à 76 mètres pour l'Amérique du Sud.

Ces variations de niveau ont des causes multiples.

La masse totale des eaux appartenant au globe terrestre diminue. Les minéraux, principalement ceux si abondants qui contiennent du fer, tendent à s'hydrater c'est-à-dire à constituer avec l'eau des combinaisons indestructibles par les phénomènes chimiques naturels ; l'eau ainsi immobilisée, devenue en quelque sorte solide, pétrifiée, reste éternellement dans cet état. Il en est de même des oxydations. La plupart des corps simples se combinent à l'oxygène en présence de l'eau. On sait combien la nuance rouge des terrains est commune. Il se produit donc une suppression constante d'eau à la surface du globe et, par conséquent, un abaissement du niveau de l'Océan. Mais cette cause agit avec une lenteur extrême et, si l'exemple de la Lune, astre mort par suppression complète de toute humidité, montre que le phénomène doit être pris en considération au point de vue géologique de l'avenir de notre planète, il ne possède aucune influence sur la condition des mers actuelles.

La surface d'un liquide dépend de l'ensemble des forces auxquelles sont soumises les molécules qui constituent celui-ci. Dans le cas d'un liquide abandonné à lui-même, ces forces sont surtout celles de la gravitation qui s'exercent en raison directe des masses et en raison inverse des distances qui séparent ces masses. Si la Terre était uniformément couverte d'une couche d'eau très profonde, la surface de l'Océan serait rigoureusement un ellipsoïde aplati. Considérons la portion de mer voisine des rivages. En un point quelconque de cette

[1] Saigey, *Petite physique du globe* dans de Lapparent, *Le niveau de la mer*, conférence faite à la Société de géologie. Bulletin de la Société de géologie de France, 3e série, t. XIV, p. 368.

zone, les molécules sont sollicitées d'une part par la masse des eaux océaniques de densité à peu près égale à 1 et, d'autre part, par les portions solides continentales dont la densité est 2,7 environ. Cette différence est assez notable pour dévier un fil à plomb librement suspendu en ce point et l'attirer du côté de la Terre. Il en résulte que le niveau des eaux, c'est-à-dire le plan tangent à la surface qui est perpendiculaire à la direction du fil à plomb, sera relevé et remontera de l'Océan vers la Terre. On a souvent remarqué que la valeur trouvée pour la différence de latitude, entre deux lieux situés l'un dans l'intérieur des terres et l'autre au bord de la mer ou près d'une grosse montagne, est différente si on la mesure au moyen des distances zénithales d'une même étoile ou par une triangulation. Bruns[1] a calculé qu'un massif continental ayant de 420 à 550 mètres d'altitude moyenne, bordé par une mer dix fois plus profonde, entraîne pour la verticale une déviation de 107 secondes d'arc, dont 93 résultent du contraste de la densité de la terre ferme avec celle de l'Océan, tandis que 14 représentent l'action propre de la masse émergée.

M. Germain[2] a reconnu qu'à l'observatoire du mont Gros, près de Nice, l'attraction de la verticale est de 16″,6 vers le nord ; à Saint-Raphaël, de 12″,7 ; à l'Observatoire de la marine, à Toulon, de 14″ ; au nouvel observatoire national de Marseille, de 7″, dans un plan faisant avec le méridien un angle d'environ 45°, compté du nord vers l'est. Sur la côte sud de France, le continent attire la verticale comme si l'attraction était exercée par un point situé au nord de Nice, dans le massif des Alpes. Il faut cependant remarquer que les déviations ne décroissent pas régulièrement à mesure que l'on s'éloigne de ce centre fictif d'attraction en marchant de l'est à l'ouest, car à Toulon la déviation a été trouvée plus forte qu'à Saint-Raphaël. Peut-être, par suite de la disposition des lieux et, en particulier, de la proximité des montagnes qui dominent Toulon, existe-t-il une action locale qui vient s'ajouter à l'attraction générale.

La différence de niveau des mers peut donc se mesurer par la

[1] Bruns, *Figur der Erde, ein Beitrag zur Europœischen Gradmessung*, Berlin, 1876.

[2] A. Germain, *Détermination de la déviation de la verticale sur les côtes sud de France*, Annales hydrographiques, 2e série, 1886, VIII, 119.

déviation du fil à plomb ou, ce qui revient au même, par l'observation du pendule.

Si la terre était une sphère homogène, un même pendule dévié de sa position d'équilibre y reviendrait en accomplissant partout le même nombre d'oscillations pendant le même temps. Si la terre, supposée homogène, est un ellipsoïde de révolution ainsi que Newton l'a admis et que Clairaut a cru le démontrer rigoureusement, comme les points situés à l'équateur sont plus éloignés du centre que ceux voisins du pôle, la force de la pesanteur qui agit sur le pendule sera plus grande au pôle qu'à l'équateur, elle y ramènera plus puissamment le pendule à sa position d'équilibre, de telle sorte qu'un même pendule accomplira plus d'oscillations en un même temps au pôle qu'à l'équateur. Inversement si l'on s'astreint à faire battre à ce pendule la seconde de temps, c'est-à-dire à lui donner une longueur telle qu'il puisse exécuter exactement $60 \times 60 \times 24 = 86\,400$ oscillations par jour de 24 heures, il faudra ralentir son mouvement au pôle et l'accélérer à l'équateur ou, en d'autres termes, augmenter sa longueur au pôle et la diminuer à l'équateur. Or, l'expérience a prouvé que la longueur du pendule battant la seconde était :

A 10° du pôle.	0,995924 mètres.
A Paris.	0,993866 —
A l'équateur.	0,990925 —

Nous négligeons l'action de la force centrifuge due au mouvement de rotation de la Terre, qui agit en sens inverse de celle de la pesanteur sur le pendule et qui est maximum à l'équateur. Cette force centrifuge, dont on peut d'ailleurs tenir compte dans les calculs, est, comme l'ont démontré Newton et Huyghens, le 1/289 seulement de la pesanteur, c'est-à-dire très faible relativement à celle-ci.

En résumé, la longueur exacte du pendule battant la seconde étant supposée être uniquement fonction de la latitude, peut être connue d'avance. En admettant que notre planète soit un ellipsoïde de révolution parfait et que la surface de la mer soit de niveau, c'est-à-dire partout à la même distance du centre, cette longueur de pendule devra être identique en tous les points situés au bord de la mer et sur le même parallèle. S'il en est autrement, si le niveau des eaux est tantôt plus éloigné et tantôt plus rapproché du centre, un pendule, préalablement réglé pour battre exactement la seconde au lieu considéré, oscillera plus vite c'est-à-dire fera par jour plus de 86 400 oscillations, si le lieu est plus bas, plus près du centre, et en fera moins de 86 400 si le lieu est plus haut, c'est-à-dire plus loin du centre. Connaissant l'excès ou la différence entre le nombre de secondes réellement battues par le pendule et 86 400, on aura les données nécessaires pour calculer la différence existant entre les rayons menés de ces points au centre de la Terre.

En 1868, M. Fischer[1] mit en pleine lumière l'attraction exercée sur le fil à plomb par les continents et il l'estima, par le calcul, à une moyenne de 70 à 80 secondes d'arc correspondant à une surélévation totale de 560 à 640 mètres et qui atteint même parfois 850 mètres. Il vérifia ce résultat pour l'observation du pendule. Il admit que la différence de 1 oscillation par 24 heures du pendule possédant la longueur exacte théorique pour battre la seconde au lieu considéré, valait 122 mètres. Comme le pendule exécute 3 oscillations de moins à Calcutta et 4,8 à Madras que sur l'île Minicoy, l'une des Maldives, qu'en moyenne il exécute 9,3 oscillations de moins au bord des continents qu'au milieu des océans, cette variation se traduit par une ascension d'environ 1000 mètres le long des côtes.

En 1873, M. Listing [2] trouva que la mer des Caraïbes et la côte nord-est de l'Amérique du Sud devaient dépasser de 500 mètres le niveau sphéroïdal moyen de la terre tandis que l'Atlantique serait déprimé de 847 mètres à Sainte-Hélène et que le Pacifique subirait une dépression de 1 309 mètres aux îles Bonin-Sima. La forme de notre planète n'est donc pas un ellipsoïde de révolution mais un solide auquel on donne quelquefois le nom de géoïde.

M. Faye a voulu attribuer l'accélération de la marche du pendule dans les îles à une épaisseur de la croûte solide, plus grande au-dessous des mers dont la température de fond est voisine de zéro, qu'au-dessous des continents où la température augmente de 1 degré par 30 à 35 mètres de profondeur. Cette augmentation d'épaisseur serait un effet de la conductibilité thermique des roches. L'hypo-

[1] Fischer, *Untersuchungen über die Gestalt der Erde.* Darmstadt, 1868, *in* de Lapparent, *loc. cit.*

[2] Nachr. d. k. Gesellsch. d. Wissensch. Göttingen, 1873. p. 9, *in* de Lapparent, *loc. cit.*

thèse a été combattue par M. de Lapparent, qui a cité l'exemple du sol de la Sibérie constamment gelé, même à la surface, et au-dessus duquel le pendule ne manifeste aucune accélération.

Quelques savants[1] ont pensé que le remplissage continuel du bassin océanique par les détritus amenés par les rivières et provenant de l'érosion continentale, devait exhausser le niveau des eaux. Cette variation serait surtout notable dans les mers ayant un bassin à peu près fermé, limité par des terres basses et recevant une grande quantité de sédiments par les fleuves qui s'y déversent. Ces conditions sont présentées par l'Océan arctique. Il est certain que le phénomène doit se produire et que, toute matière solide entrée dans l'Océan y demeurant à jamais, le niveau s'exhausse sans cesse. Néanmoins cet effet, contrebalancé d'ailleurs par une foule de causes, s'exerce avec une telle lenteur qu'il en devient insignifiant.

Lorsque, sur une même nappe liquide, deux points supportent des pressions différentes, ils prennent une position d'équilibre telle que les hauteurs des colonnes d'eau dont ils forment la surface sont inverses des pressions supportées. C'est pourquoi les variations barométriques modifient temporairement le niveau de la mer en un même lieu. Un abaissement de 1^{mm} dans la colonne mercurielle produit une élévation de $13,6^{mm}$ du niveau de l'eau et inversement. Au milieu de janvier 1882, tandis qu'une pression de $778\text{-}780^{mm}$ (réduite à 0° et au niveau de la mer) régnait sur la Méditerranée entière, on a constaté à Antibes et sur la côte voisine un abaissement du niveau de la mer de $0,3^{m}$. Il est vrai que le violent vent du nord qui soufflait alors pouvait avoir une part dans cet abaissement. Les lois de ces phénomènes qui se rapportent aux seiches, ont été étudiées sur les lacs de la Suisse et, en particulier, sur le lac Léman. L'existence des seiches a été en outre reconnue dans la Méditerranée, à Cette, à Malte et ailleurs.

Un apport quelconque d'eau douce en un point de l'Océan, soit par les pluies, soit par la décharge d'un fleuve, agit de la même façon : en diminuant la densité de l'eau, il en élève le niveau. L'évaporation au contraire, augmentant la densité, abaisse le niveau. M. Bouquet

[1] Zöppritz, *Pogg. Ann. N. F.*, Band XI, 1880, p. 1016.

de la Grye [1], en basant ses calculs sur les densités prises à bord du *Travailleur* dans le golfe de Gascogne et à l'embouchure du Rhône, a trouvé que le niveau de l'Atlantique vers l'embouchure de la Gironde est à 0m,72 plus haut que le niveau de la Méditerranée. Dans cette dernière mer, le niveau est plus bas à Nice qu'à l'embouchure du Rhône ; enfin, le niveau de la Baltique est plus élevé de quelques centimètres que celui de la mer du Nord. Comme tous les cours d'eau se déversent le long des continents, on peut dire que, de ce chef, le niveau y sera plus élevé qu'en haute mer et cet effet ajoutera encore aux valeurs des dénivellations calculées par l'observation du pendule.

Quand les vents soufflent constamment dans une même direction, ils accumulent les eaux contre la terre et élèvent ainsi leur niveau. Entre la côte du Holstein et Memel, sur la Baltique, on a constaté par comparaison avec des repères placés sur terre et reliés topographiquement entre eux une différence de niveau moyen de 0,5m en faveur de Memel. L'eau semble s'entasser dans l'est ce qu'on attribue à la prédominance des vents d'ouest. Le niveau est même modifié durant le cours de l'année. Par les vents d'ouest, la mer s'élève sur les côtes de Courlande et de Prusse et par les vents d'est sur celles du sud de la Suède, du Holstein et du Mecklembourg. La Méditerranée est moins élevée de 0,8m que la mer Rouge à Suez à marée haute, tandis qu'à marée basse, les deux niveaux sont les mêmes. Cette dernière mer étant très allongée du nord-ouest au sud-est, son niveau moyen dans sa partie septentrionale jusqu'aux deux tiers de sa longueur, varie de 0,6m selon le vent. Par les vents du nord secs (d'avril à novembre), il est plus bas que par les vents du sud (mai à octobre). Il se peut cependant que l'évaporation joue un rôle dans ce résultat.

Les tempêtes rendent cet effet d'amoncellement des eaux particulièrement remarquable et même dangereux. Pendant la tempête du 12 au 14 novembre 1872, le niveau de l'eau monta de 3 mètres à 3,5m sur les côtes du Mecklembourg et du Holstein. Dans la mer du Nord, ces flots de tempêtes arrivent en moyenne 50 fois par siècle et surtout (71 p. 100) par vent du nord-ouest ; le niveau s'élève

[1] Bouquet de la Grye, *Recherches sur la chloruration de l'eau de mer*, Annales de chimie et de physique, 5e série, t. XXV, 1882.

alors de 4 mètres à 4.60^m au-dessus de sa valeur moyenne. Par le plus violent ouragan de ce siècle, les 3 et 4 février 1825, il atteignit 5,5^m à 6 mètres. Les côtes de la Hollande septentrionale et celles de la Frise orientale sont les plus exposées aux invasions de la mer. Le grand cyclone du 29 octobre au 1er novembre 1876, dans l'angle nord-est du golfe du Bengale, fit monter le niveau de 3 mètres aux endroits du rivage où la mer ne trouvait pas de résistance, et de 6 à 12 mètres où elle rencontrait des obstacles. Pendant l'ouragan du 10 octobre 1831, aux Antilles, le niveau s'éleva de 4 mètres à Saint-Vincent et, le 10 octobre 1790, de 8 mètres à la Martinique.

Les nivellements terrestres manifestent d'assez grandes différences entre le niveau des océans. Humboldt, par une comparaison d'observations barométriques à Cumana, Carthagène, Vera-Cruz, Acapulco et au Callao, admettait que le golfe du Mexique était à 3 mètres au-dessous du Pacifique. Un nivellement exécuté en 1828-29, par ordre de Bolivar, entre Panama et Chagres, portait cette différence à 1,07^m, tandis que le commandant Lull, après avoir achevé son nivellement de l'isthme de Nicaragua, montrait que le niveau était exactement le même des deux côtés.

En 1825, un nivellement français de l'Atlantique à la Méditerranée, le long des Pyrénées, indiquait que le premier est à 0^m,73 au-dessus de la seconde. Le résultat obtenu par M. Bouquet de la Grye et fondé sur des comparaisons de densités offre une remarquable concordance avec cette valeur. Enfin Bourdalouë a trouvé que le niveau à Brest est à 1,62^m plus haut qu'à Marseille, et qu'entre Bayonne et Port-Bouc, la différence est de 0,85^m.

Lorsque pour un motif quelconque, la masse de matière accumulée en un point de la terre augmente ou diminue, l'attraction qu'elle exerce augmente ou diminue aussi, et si le phénomène a lieu dans le voisinage de la mer, celle-ci doit forcément être attirée à une hauteur plus ou moins considérable. En se reportant aux résultats des calculs de M. Bruns cités précédemment, si à une certaine époque un continent a supporté une épaisseur de glace égale à 1 kilomètre, ce qui représente environ 300 mètres de terre ferme d'une densité de 2,5, cette glace a dû produire une déviation propre de 11 secondes. Or M. Fischer évalue à 8 mètres la dénivellation qui correspond à 1 seconde d'arc de déviation donc l'ascension du niveau de la mer, dans le voisinage du continent couvert de glaces, pourra s'élever à 90 mètres. Il en sera inversement de même si la masse de glace diminue : l'eau s'abaissera. De telles oscillations rendent parfaitement compte des terrasses si fréquentes en Scandinavie, de leur disposition en gradins successifs arrêtés brusquement pour correspondre aux époques où la glace a brusquement diminué, à leur non-parallélisme constaté par divers observateurs et en particulier par Bravais dans l'Altenfjord.

D'autre part, le docteur Croll[1] a calculé que, en supposant que la masse actuelle de glace de l'hémisphère sud ait 1000 pieds (305 mètres) d'épaisseur, s'étende jusqu'à 60° lat. S., et qu'elle se transporte dans l'hémisphère arctique, le niveau de la mer s'élèverait de 80 pieds (24,4^{m}) au pôle nord. Dans la même hypothèse, Heath a évalué cette hauteur à 39 mètres et O. Fischer à 124,7^{m}.

Le docteur Croll remarque en outre que la suppression de 2 milles (3^{k},20) de glace sur le continent antarctique — et l'on admet que l'épaisseur de la glace y est plus considérable — déplacerait le centre de gravité du globe de 57,95^{m}, tandis que la formation d'une masse de glace moitié moindre dans les régions arctiques reporterait ce centre de gravité à 28,97^{m} plus loin, donnant un déplacement total de 86,92^{m} et produisant ainsi une élévation du niveau de la mer de 86,92^{m} au pôle nord et de 71,37^{m} à la latitude d'Édimbourg. Un déplacement additionnel très considérable résulterait de l'excès d'eau ajouté à l'Océan par la fusion de la glace. En supposant que 1^{k},6 d'épaisseur sur les 3^{k},2 de glace antarctique soient remplacés par une nappe de glace de même étendue et de même épaisseur dans l'hémisphère nord et que l'autre moitié, c'est-à-dire 1^{k},6, soit fondue et accroisse la masse de l'Océan, le docteur Croll établit qu'il en résulterait dans le niveau général de la mer une élévation supplémentaire de 61 mètres, de sorte que l'élévation totale atteindrait 147,92^{m} au pôle nord et 132,27^{m} à la latitude d'Édimbourg. Il y a tout lieu de croire que des événements analogues se sont accomplis pendant le cours de l'histoire géologique de la terre.

L'onde de marée qui parcourt la terre deux fois par jour est une autre cause de déplacement du niveau de l'Océan; en effet, elle retarde le mouvement de rotation et par conséquent elle diminue la

[1] Geikie, *Text-Book of Geology*, p. 18 et 260.

force centrifuge résultant de cette rotation. Le niveau doit donc tendre à s'abaisser à l'équateur et à s'élever aux pôles. Cependant le docteur Croll prétend que ce changement est compensé par l'érosion de la surface terrestre dans les régions équatoriales et par l'apport et la distribution des matériaux à des latitudes plus hautes. On pourrait objecter, il est vrai, que la marée est un fait réel tandis qu'il n'est pas démontré que les régions équatoriales subissent une érosion beaucoup plus considérable que les régions tempérées et que les matériaux enlevés ne se distribuent pas à peu près uniformément sur tout le lit de l'Océan.

Près des volcans actifs, chaque fois que les laves dont la densité est très grande montent ou descendent dans les canaux qui leur servent de passages, elles agissent par leur masse pour modifier le niveau de l'Océan environnant. On a prétendu qu'après une période éruptive pendant laquelle le Vésuve avait rejeté beaucoup de laves, la baie de Naples avait subi un exhaussement sensible.

Il se produit dans la croûte terrestre, sous l'action de causes encore incomplètement connues, des affaissements et des soulèvements qui se traduisent par des phénomènes faciles à constater, tremblements de terre, abaissements ou exhaussements locaux de collines qui laissent apercevoir ou cachent à la vue des monuments, des villages auparavant invisibles ou visibles d'un lieu déterminé; on les reconnaît encore en partie aux terrasses, aux fjords et à d'autres signes. Des mouvements de ce genre s'effectuent certainement au fond des mers dont ils influencent le niveau et modifient les contours. Suess, au contraire, pense que les limites de la terre sèche dépendent d'oscillations dans la figure statique de l'enveloppe océanique indéterminées et s'exerçant sur de vastes espaces. Non seulement il explique ainsi l'existence des plages soulevées mais il nie tout mouvement vertical de la croûte terrestre, sauf celui qui résulte du plissement provenant d'une contraction séculaire. Pfaff a réfuté cette opinion en se basant sur l'irrégularité et la localisation des traces de soulèvements positifs ou négatifs et, sans rejeter la cause invoquée par Suess, il continue à admettre, d'accord avec la majorité des géologues, le fait de soulèvements locaux et il croit que la terre solide monte et descend bien plutôt que la mer liquide ne descend ou ne monte.

Malgré toutes ces irrégularités, le niveau de l'Océan est le repère auquel on rapporte toutes les opérations de nivellement terrestre. On le fixe en une localité déterminée, à l'aide du marégraphe qui, entre le niveau des plus hautes eaux et celui des plus basses, après une longue série d'observations, permet de négliger les variations accidentelles et de choisir un point moyen auquel on rattache un repère situé sur la terre. En prenant l'Océan, on a moins de chances de voir le repère subir une dénivellation excessive et permanente, ainsi que cela pourrait arriver sur terre. La Baltique a été étudiée à Swinemünde, de 1826 à 1879. La Prusse a choisi pour zéro de ses nivellements, un point situé à 37 mètres au-dessous du repère de l'observatoire de Berlin, à la même hauteur que le zéro d'Amsterdam et seulement de 1 à 2 centimètres plus bas que le niveau moyen de la Baltique à Swinemünde.

En définitive, le problème de la position respective de la mer et de la terre à la surface du globe, c'est-à-dire celui des contours des cartes géographiques est de la plus extrême complexité. En reliant entre eux par des observations un grand nombre de points du globe, on parviendra néanmoins à en avoir une idée plus précise, mais non absolument exacte. Comment en effet mesurer la distance de chaque lieu au centre de la terre, puisque ce centre n'existe pas géométriquement et que d'ailleurs, en le confondant avec le centre de gravité, il éprouve des déplacements. Le niveau des mers est une somme variable de facteurs positifs et négatifs dont certains sont à peu près permanents et d'autres très temporaires; il est par conséquent impossible à déterminer exactement et surtout d'une façon définitive. C'est pourquoi les termes si communs autrefois d'affaissements et de soulèvements ne sont plus employés et, avec Suess, on se borne à parler de changements de niveau négatifs si la terre semble s'être soulevée ou la mer abaissée, ou en d'autres termes, s'il y a apparition de terre ferme, et positifs si au contraire la terre paraît s'être affaissée ou la mer exhaussée, sans préjuger en rien de causes susceptibles d'avoir produit ces phénomènes.

TOPOGRAPHIE DE LA MER

I

Instruments et appareils.

CHAPITRE PREMIER.

SONDAGES.

En exécutant un sondage, on se propose un double but : mesurer l'épaisseur de la couche d'eau comprise entre la surface et le fond, donnée qui doit servir à dresser la carte topographique du reliet sous-marin, puis recueillir et rapporter un échantillon qui fournit la preuve certaine que le plomb a touché le fond et dont la nature renseigne sur la constitution géologique du sol immergé.

Les sondes, pour la plupart, se composent d'un corps lourd attaché à une corde ou à un fil métallique qu'on laisse descendre jusqu'à ce qu'il rencontre le fond. Autant un sondage est une opération aisée pour de faibles profondeurs ne dépassant pas 200 mètres, autant il devient difficile quand la profondeur est considérable, parce que l'on n'est alors averti du moment où le plomb touche par aucune secousse et la ligne continue indéfiniment à filer, entraînée par son propre poids ou par l'effet des courants. Ainsi s'expliquent les effroyables profondeurs attribuées autrefois à l'Océan dont on croyait n'avoir pu atteindre le fond, comme la frégate américaine *Congress*, avec

15 240 mètres de ligne filée. Le *Blake*, sondant dans le vieux canal de Bahama, où le courant est de 4 nœuds à l'heure, a trouvé, avec un fil d'acier, une profondeur de 450 brasses en un point où les sondages à la corde n'atteignaient pas le fond avec 800 brasses [1].

Théorie du sondage [2]. — Un corps pesant, abandonné à lui-même, descend à travers l'eau avec une vitesse uniforme v d'après la formule

$$v^2 = \frac{2gP}{\mu}, \tag{1}$$

dans laquelle g est l'accélération due à la pesanteur, P le poids du corps pesant et μ une fonction complexe du poids du volume d'eau déplacée, de la section de la surface contre laquelle s'exerce la résistance de l'eau et enfin d'un coefficient dépendant de la forme et de la nature du corps.

Pour une sonde, la vitesse décroît rapidement parce que P, poids de la ligne et du plomb, augmente très peu avec la profondeur, tandis que le volume d'eau déplacée et le frottement augmentent, au contraire, très vite. D'autre part, pour une même longueur et une même nature de surface frottante, la résistance éprouvée par la ligne est proportionnelle à son diamètre, mais sa force portante est proportionnelle à sa section, c'est-à-dire au carré du diamètre. A la condition d'employer un poids convenable, on obtiendra donc une vitesse de descente d'autant plus grande qu'on choisira une corde plus grosse.

Le plomb ne doit pas être trop lourd car sa vitesse de chute donnerait alors une tension trop forte à la ligne et celle-ci se briserait. Supposons, en effet, un plomb de 50 kilogr qui, abandonné seul dans l'eau, descendrait avec une vitesse de 6 mètres par seconde et qui, attaché à une corde, en prendrait une de 3 mètres seulement par seconde. Cette vitesse étant celle prise par un poids de 11 kilog abandonné à lui-même, il en résulte que la tension de la ligne sera

[1] A. Agassiz, *Three Cruises of the U. S. Coast and Godetic Survey Steamer « Blake »*, I, 2.

[2] *Handbuch der nautischen Instrumente.* Hydrographisches Amt der Admiralität, Berlin, 1882, p. 113.

de 50 — 11 = 39 kilog, de sorte que si la limite de rupture de la corde est inférieure à 39 kilog, celle-ci se cassera.

On est ainsi conduit aux lois suivantes:

1° A chaque vitesse de chute du plomb correspond une tension particulière de la corde qui suit librement le plomb ; à mesure que la profondeur augmente, cette tension se rapproche d'être égale au poids total du plomb et de la ligne immergés.

2° La vitesse de chute dépend du poids du plomb et de la ligne immergés et de la résistance due au frottement de la ligne.

3° A qualité égale, il est désavantageux d'employer une ligne très fine parce que sa force portante est faible relativement à sa circonférence ; elle ne sera donc en état de supporter qu'une faible vitesse de chute, alors même qu'on renoncerait à la ramener à bord.

4° En se servant de poids lourds, on peut obtenir une grande vitesse de chute et employer des lignes permettant de ramener le poids lui-même, ou pour des profondeurs dépassant 2 500 mètres, après détachement du poids, de ramener en sûreté des échantillons du sol et de l'eau du fond.

Le poids maximum à donner au plomb, pour être manœuvré aisément, ne doit pas dépasser 200 kilog ; la charge de rupture de la ligne sera du double dans les cas les plus favorables ; mais, lorsqu'il existe des courants et que le navire est fortement secoué par mauvaise mer, si l'on veut, en outre, rapporter des échantillons du sol et de l'eau du fond, il convient de ne pas charger la corde au delà du quart ou du tiers de la charge de rupture.

Afin d'être assuré de l'instant du contact avec le fond, il faut que la vitesse de chute soit considérable et, de plus, que la vitesse avec laquelle file ensuite la ligne par le seul effet de son propre poids soit aussi faible que possible.

En supposant que la densité d'une corde de chanvre mouillée d'eau de mer soit 1,2 dans l'air, sa densité dans l'eau de mer sera 0,2, C étant la circonférence, l la longueur et φ le coefficient de résistance éprouvée par la ligne, le poids de la ligne immergée dans l'eau de mer de densité 1,030 sera égal à son volume multiplié par sa densité, c'est-à-dire

$$\pi R^2 l \,.\, 0{,}2 \,.\, 1{,}030$$

ou

$$0,2 \,.\, 1,030 \,.\, l \,.\, \frac{C^2}{4\pi}$$

puisque

$$C = 2\pi R \qquad \text{et} \qquad R = \frac{C}{2\pi}$$

La résistance qu'éprouvera cette ligne sera $\varphi C l$, puisqu'elle est proportionnelle à sa surface immergée.

Remplaçant dans la formule (1), il vient

$$v^2 \varphi C l = 2g \,.\, 0,2 \,.\, 1,030 \,.\, l \,.\, \frac{C}{4\pi}$$

$$v^2 = \frac{2g \,.\, C \,.\, 0,2 \,.\, 1,030}{4\pi\varphi}$$

$$v = \sqrt{\frac{2g \,.\, C \,.\, 0,2 \,.\, 1,030}{4\pi\varphi}} = \sqrt{\frac{C}{\varphi}} \times \text{Const.} \qquad (2)$$

Cette formule montre que la vitesse de déroulement de la ligne non chargée croît avec sa circonférence, diminue avec la rugosité de sa surface et est indépendante de la longueur immergée ; il en résulte qu'une fois le plomb détaché par contact avec le fond, la ligne se déroule avec une vitesse uniforme et que, pour diminuer autant que possible la vitesse de déroulement de la ligne, il convient de choisir celle-ci très mince et d'une grande force portante.

Les lignes destinées aux sondages profonds sont en chanvre d'Italie; les valeurs suivantes se rapportent à celles qui ont été employées à bord du *Challenger* et de la *Gazelle*.

Challenger. — Circonférence = 25,4 mm.

Charge de rupture. { sèche = 792^k ou 16^k par mmq.
humide = 702^k ou 14^k par mmq.

Poids par 1000^m = 46^k.

Gazelle. — Circonférence = 20,3 mm.

Charge de rupture. { sèche = 631^k ou 19,3^k par mmq
humide = 545^k ou 16,5^k par mmq.

Poids par 1000^m = 30^k.

Afin de diminuer le frottement contre l'eau, on enduit ces lignes avec un mélange d'huile de lin et de cire.

M. Bouquet de la Grye[1] fait usage de la formule suivante pour indiquer la relation qui existe entre les temps de descente, la forme, le poids des sondeurs et la grosseur des lignes.

$$v^2 = \frac{P + pl}{ks + \varphi C l}$$

k représente le coefficient de frottement dû à la forme du sondeur, s la surface de l'appareil de sondage, C la circonférence de la ligne, l sa longueur, v sa vitesse à la descente, φ le coefficient de frottement pour l'unité de surface de la ligne, P le poids du sondeur dans l'eau de mer, p le poids de l'unité de longueur de la ligne dans l'eau de mer.

Pour le halage, cette formule se modifie un peu et F désignant la force du treuil, dans le cas où le sondeur est resté au fond, elle devient

$$v^2 = \frac{F - pl}{\varphi C l}$$

tandis que si le sondeur reste attaché à la ligne, elle devient

$$v^2 = \frac{F - (P + pl)}{ks + \varphi C l}$$

Le poids p de l'unité de longueur de la ligne, dans l'eau de mer, peut être exprimé en fonction de la densité D par

$$\frac{C^2}{4\pi}\left(D - 1\right)$$

Le fil d'acier poli dit corde à piano, qu'on emploie presque uni-

[1] Bouquet de la Grye, *Détermination du diamètre de la meilleure ligne de sonde pour grands fonds*, Ann. hydrog., XXXII, 114, 1869.

quement aujourd'hui pour les sondages profonds, a l'avantage d'offrir à l'eau une résistance très faible et de posséder une force portante considérable. Un pareil fil de 2,4 mm de circonférence peut avoir une force portante dépassant 100 kilogrammes. Son désavantage est que sa densité est élevée et que, par conséquent, son poids n'est pas, comme pour la corde, contrebalancé par une résistance augmentant proportionnellement à la profondeur, ce qui rend plus difficile la perception du moment où le plomb touche le fond. On y obvie en remplaçant le frottement contre l'eau par une résistance croissante donnée à la bobine d'où se déroule le fil.

Sigsbee a indiqué la manière de rabouter ces fils dont chacun ne dépasse pas une longueur de 600 mètres. On les protège contre la rouille en les conservant à bord dans du suif ou dans un récipient rempli d'huile, en ayant bien soin que ces matières grasses ne contiennent pas d'acide ou, ce qui est plus commode en mer, dans de l'eau de chaux et à l'abri de l'air. Enfin, en l'enroulant, on prend les plus grandes précautions pour éviter les coques qui diminuent la force portante dans la proportion considérable de 75 p. 100 environ[1].

Approximation d'un sondage. — Tout sondage au large est affecté d'une double cause d'erreur. La première résulte de la position même de ce sondage, déterminée astronomiquement par une latitude et une longitude. Cette erreur peut être considérée pour chaque détermination comme égale à ± 1 minute d'arc de grand cercle ou 1 mille marin de 1852 mètres. L'erreur moyenne de position sera donc

$$\pm\sqrt{\frac{(1852)^2+(1852)^2}{1}} = \pm 1852\sqrt{2} = 2\,619^{m} = 1\,432 \text{ brasses.}$$

En d'autres termes, la position de ce sondage se trouve en un point quelconque de la surface d'un cercle, ayant pour rayon AB (*fig.* 2) ou 2 619 mètres.

Une seconde erreur affecte la profondeur; la discussion des résultats obtenus par le piézomètre comparés à ceux résultant d'une

[1] C.-D. Sigsbee, *Deep sea sounding and dredging, etc., on board the Coast and Geode tic Survey Steamer « Blake »*, Washington, 1880.

mesure directe, a permis au professeur H. Mohn[1] de l'évaluer, pour les sondages exécutés par le *Vöringen* à $\pm$ 3m,04 ou 1,66 brasses.

Mais en donnant à l'erreur de position sa valeur maximum, c'est-à-dire en supposant que le sondage réellement en A, ait été placé en B, le sol sous-marin offrant un angle de pente i, l'erreur en profondeur sera représentée par $B'C = 2619\, tg\, i$.

Fig. 2.

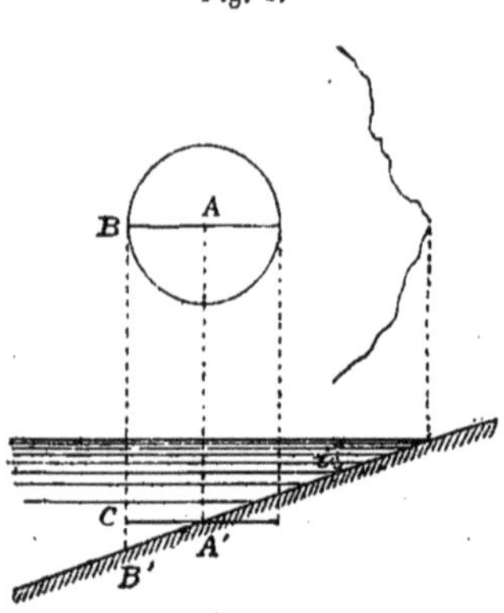

Combinant les deux espèces d'erreurs, on aura, en définitive, comme erreur moyenne :

$$\pm\sqrt{\frac{(3,04)^2 + (2619\ \mathrm{tg}\ i)^2}{1}} = \pm\sqrt{(3,04)^2 + (2619\ \mathrm{tg}\ i)^2} \text{ mètres,}$$

ou bien

$$\sqrt{(1,66)^2 + (1432\ \mathrm{tg}\ i)^2} \text{ brasses.}$$

On peut donc calculer la table suivante :

Inclinaison du fond.........	0°	1°	2°	3°	4°
Erreur moyenne en mètres...	3,03	45,72	91,45	137,36	183,26
— — brasses...	1,66	25,0	50,0	75.1	100,2

CHAPITRE II.

APPAREILS DE SONDAGE.

A. — Sondeurs pour faibles profondeurs.

Plomb de sonde, lance. — Pour mesurer de faibles profondeurs d'eau, on se sert d'une masse prismatique en plomb dont la base est creusée d'une cavité qu'on remplit de suif ou quelquefois de savon

[1] Mohn, *The North Ocean, its depths*..... Norwegian North-Atlantic Expedition, XVIII, 1, 30, 33, 206.

auquel adhère un échantillon plus ou moins parfait du fond. L'autre extrémité est munie d'un anneau en fer servant à attacher une ligne divisée en intervalles égaux par des lanières de cuir percées d'un nombre déterminé de trous ou par des chiffons d'étamine de couleurs différentes pour chaque unité de longueur, chaque dizaine, chaque centaine de mètres ou de brasses. On jette à l'eau le plomb, on laisse filer la ligne et dès que le fond est atteint, ce dont on est averti par un choc et un arrêt, on note la quantité de corde filée.

Les poids et les lignes recommandés par la Commission d'études de Kiel sont les suivants :

I.	Poids du plomb..	4,5^k,	ligne de	2 cm de circonférence,	pour	50	mètres.
II.	—	6^k	—	2	—	90	—
III.	—	20^k	—	3 5	—	225	—
IV.	—	30^k	—	4	—	500	—

Parfois, on munit la portion inférieure du plomb d'une lance barbelée en fer qui ramène entre ses crochets un échantillon du fond dans lequel elle s'est enfoncée.

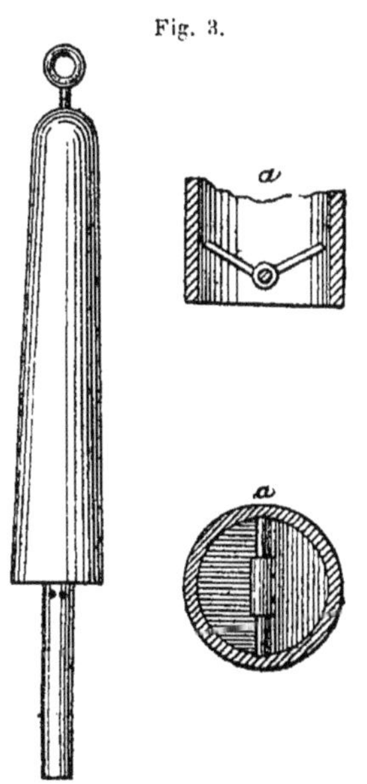

Fig. 3.

Sondeur à chambre. — Lorsqu'on désire rapporter des échantillons de fond bons à analyser, il faut éviter de se servir de suif dont il est ensuite impossible de se débarrasser ; on emploie alors le sondeur à chambre (*fig.* 3) et le sondeur à coupe auxquels on donne un poids de 70 kilog en les fixant à une ligne lorsqu'ils doivent aller jusqu'à 1 500 brasses (2 750 mètres) et de 15 kilog seulement quand ils sont destinés à ne pas dépasser 1000 brasses (1829 mètres), et on les suspend souvent, alors, à des fils métalliques.

Au-dessous de la masse de plomb, se trouve une pièce de fer portant, à sa portion inférieure, une cavité cylindrique longue de 8 cm, munie, dans le haut, de trous et dans le bas d'une double soupape en ailes de papillon *a*, que la pression de l'eau maintient ouverte à la descente et fermée à la montée, après avoir livré passage à la vase et au sable du fond. Ce système a été employé par le *Challenger* et par la *Gazelle*.

Sondeur à coupe. — Une tige de fer portant un anneau traverse un poids de plomb et se termine par une coupe conique en fer ; une rondelle de cuir épais glisse sur la tige (*fig.* 4), entre l'extrémité du plomb et la coupe. Afin de rendre la fermeture plus complète, on recouvre la rondelle d'un morceau de mousseline. Ce sondeur a servi aux officiers de la marine américaine ; il est excellent dans les profondeurs moyennes ; mais, comme la coupe est trop ouverte et la fermeture de la rondelle insuffisante, lorsqu'il est descendu un peu bas, une fois sur trois, il revient vide et entièrement lavé.

Fig. 4.

B. — **Sondeurs pour grandes profondeurs.**

Sondes de profondeur ; accumulateur. — Les officiers de la marine des États-Unis, sous la direction de Maury, ont cherché les premiers à résoudre les difficultés que présente un sondage profond et ont entrepris, dans ce but, une série d'expériences systématiques.

Ils pensèrent d'abord à employer un poids très considérable : un boulet de 16 ou de 34 kilogrammes, suspendu à une ligne assez fine ; on laissait couler et, dès que l'on constatait un ralentissement dans la vitesse, on coupait la ligne et l'on calculait la profondeur d'après ce qui restait sur la bobine d'où elle s'était déroulée. Le lieutenant Rodgers-Taylor, de l'*Albany*, démontra que la méthode était défectueuse et qu'il était, au contraire, préférable de prendre une ligne très forte.

Une tentative de sondage, exécutée par le lieutenant Walsh, du *Taney*, qui ne trouva pas le fond par 10 364 mètres avec une sonde en fil métallique, fit pendant longtemps adopter l'usage exclusif de la ligne de chanvre.

La loi de la descente fut étudiée pendant les années 1850, 1852 et 1853 par les lieutenants Lee et Berryman. On a vu qu'elle peut s'énoncer ainsi : la ligne ne descend point avec une vitesse uniforme,

mais de plus en plus lentement; par conséquent, dès que la vitesse cesse de décroître d'une manière régulière ou qu'elle devient uniforme, on est averti que le poids a touché le fond.

Pour corriger l'effet de la dérive, l'instruction du 22 novembre 1851, donnée par le secrétaire d'État au département de la marine[1], recommandait de sonder en embarcation et de se maintenir à l'aide des avirons, de manière que la ligne demeurât toujours verticale.

Fig. 5.

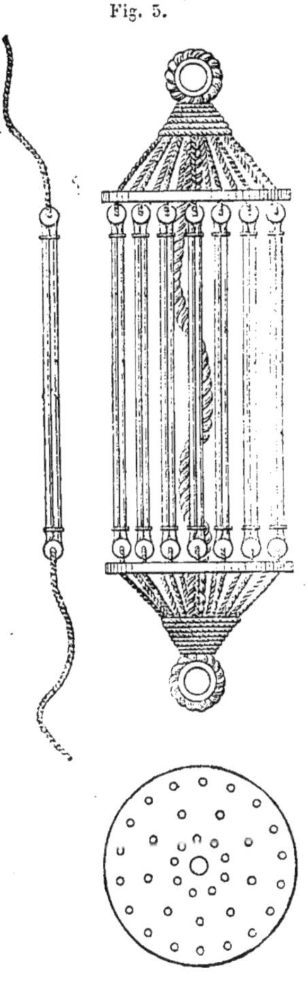

La découverte du principe du sondeur à poids perdu, par Brooke, compléta cette série de perfectionnements et permit d'exécuter désormais des sondages avec toute l'exactitude désirable. Cependant, il arrivait souvent que, pendant la descente de la sonde, le navire, soulevé par les lames, donnait des secousses si fortes et si brusques que la ligne se brisait. On remédia à ce danger par l'emploi de l'accumulateur.

L'accumulateur ordinaire se compose de deux disques en bois (*fig.* 5) percés de trous symétriques par chacun desquels passe un double ruban cylindrique de caoutchouc. Ceux du *Challenger* et de la *Gazelle* avaient 2 cm de diamètre et 90 cm de long; ils pouvaient acquérir une longueur de 5,5 m correspondant pour chacun à une tension de 32 kilog; quand leur longueur ne dépassait pas 2,75 m, la tension était seulement de 23 kilog. Afin d'éviter un allongement trop considérable, un câble de chanvre très solide, long de 4,5 m, relie les deux plateaux. L'élasticité du caoutchouc amortit parfaitement les secousses.

[1] Maury, *Instructions nautiques*, traduites par Ed. Vaneechout, 90.

Le *Vöringen* avait deux accumulateurs, l'un pour les sondages, à 15 rubans de caoutchouc, et l'autre, pour les dragues, à 30 rubans.

Dans le cas de poids perdus, l'accumulateur indique, par la diminution de sa tension, le moment où le fond a été rencontré et, lorsqu'on remonte la ligne, il montre, par l'augmentation brusque de l'écartement de ses plateaux, que pour un motif quelconque, le poids ne s'est pas détaché. Il suffit alors de remonter un peu, de laisser brusquement redescendre et il est rare que cette seconde tentative ne réussisse pas à dégager le poids.

L'accumulateur est suspendu à une corde fixe passant dans une poulie attachée à une vergue ; à sa partie inférieure est une autre poulie sur laquelle se déroule la ligne de sonde qui porte généralement un ou deux thermomètres de profondeur, puis une bouteille à eau et enfin le plomb de sonde lui-même.

Fig. 6.

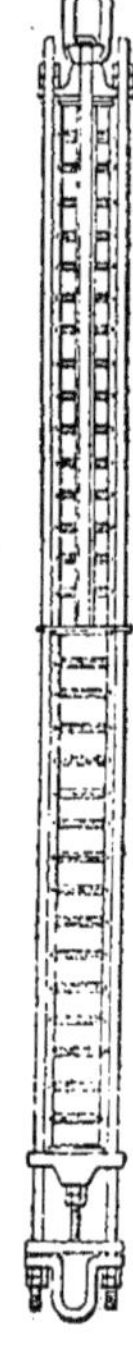

Sigsbee [1] donne la description d'un accumulateur employé à bord du *Blake* pour soutenir le câble dans les dragages ; on pourrait, néanmoins, s'en servir pour des sondages en le rendant un peu plus délicat.

L'appareil (*fig.* 6) se compose d'une série de 39 disques de caoutchouc enfilés sur une tige d'acier, séparés les uns des autres par des plaques de laiton rondes et percées d'un trou central. La colonne est comprise entre deux plateaux glissant entre deux tiges d'acier servant de guides et dont chacun porte un anneau. L'accumulateur étant maintenu par l'anneau supérieur, si on exerce une traction sur l'anneau inférieur, les disques se compriment d'une quantité proportionnelle à l'effort et indiquée par un index ; ils reprennent leur position initiale lorsque la traction cesse. L'extension maximum est d'environ 2 mètres.

Afin d'éviter l'emploi du caoutchouc facilement altérable à la mer, le prince de Monaco [2] a imaginé un dynamomètre (*fig.* 7) à ressorts

[1] Charles-D. Sigsbee, *Deep sea sounding and dredging*, U. S. Coast and Geod. Survey, Washington, 1880, p. 159.

[2] S. A. S. le prince Albert de Monaco, *Le dynamomètre à ressorts emboîtés de « l'Hirondelle »*. Comptes rendus des séances de la Commission centrale de la Société de géographie de Paris, 1889, p. 98.

emboîtés composé de deux anneaux CC′ en acier forgé qui servent, l'un pour relier l'instrument à son point d'appui et l'autre pour transmettre à deux puissants ressorts en spirale de même pas et d'inclinaison contraire, emboîtés l'un dans l'autre, la tension du câble. Cette disposition, en même temps qu'elle est une sauvegarde pour la solidité, s'oppose à toute flexion latérale au moment de la compression. La force de ces ressorts en acier est telle que, sous l'action de charges variant jusqu'à 3 000 kilog, ils se compriment d'une quantité déterminée proportionnelle à l'effort de traction exercé sur le câble.

Fig. 7.

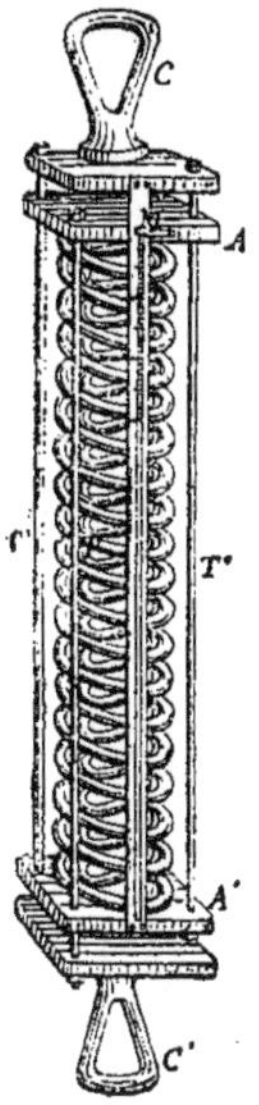

L'anneau C′ transmet la traction, par deux tirants T en acier, à la plaque A, qui se rapproche de la plaque A′ en coulissant sur les tirants T′ et, dans son mouvement, elle entraîne l'aiguille M, qui indique sur une règle graduée expérimentalement l'effort exercé. Il est facile, au moyen d'un fil de longueur convenable, de mettre le plateau A en communication avec un timbre dont la sonnerie prévient immédiatement d'une tension exagérée. Cette disposition avait été adoptée à bord de l'*Hirondelle*.

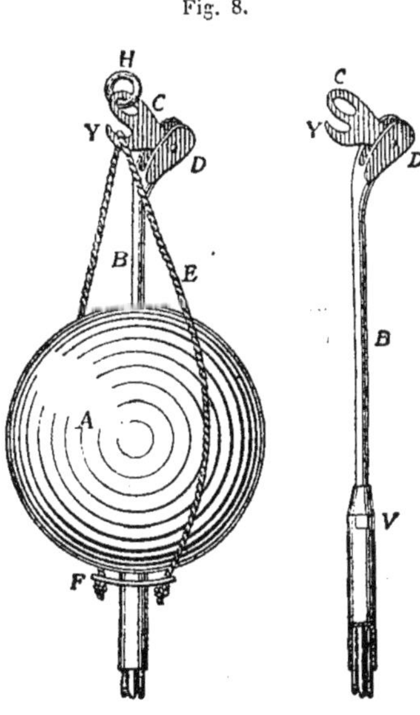

Fig. 8.

Sondeur Brooke. — En 1854, l'aspirant J.-M. Brooke, de la marine des États-Unis, inventa le sondeur qui porte son nom. Un boulet A est percé dans toute sa longueur et livre passage à une tige de fer B, dont la partie inférieure, renflée et creuse, est remplie de tuyaux de plumes d'oie taillés en biseau et maintenus serrés les uns contre les autres par leur élasticité; une ouverture V, fermée par une soupape en cuir mince s'ouvrant en dehors, laisse passer l'eau pendant la descente mais l'arrête dès que l'on remonte l'appareil, de sorte que les tuyaux de plumes reviennent chargés de l'échantillon du sol sous-marin. La portion supérieure de la tige est courbée et porte une pièce en fer C, munie d'un crochet Y qui tourne librement autour de la goupille D. L'anneau H sert à attacher la ligne. Le crochet Y supporte une élingue E qui, reliée à un disque en cuir F, maintient le boulet. Aussitôt que le système touche le fond, la ligne mollit, le crochet s'incline, l'élingue se décapèle, le boulet tombe et est perdu. On n'a plus à remonter que la tige B avec l'échantillon qu'elle contient.

Le sondeur Brooke présente deux inconvénients : l'échantillon ramené est très peu volumineux et la sensibilité est si grande que, pour des causes accidentelles, le boulet se détache fréquemment avant d'arriver au fond. C'est pour y remédier que l'on a imaginé de nombreux appareils basés sur le même système du dégagement du poids.

Fig. 9.

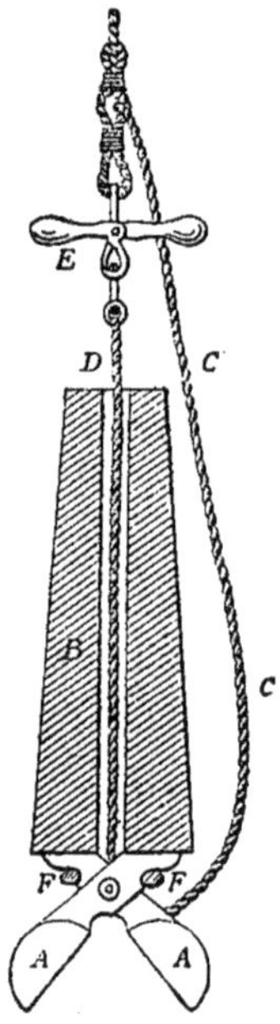

Sondeur du « Bull Dog » et de Fitzgerald [1]. — Ces deux appareils ont été employés dans la marine anglaise et, comme ils sont souvent cités, malgré leur mérite relatif, il ne semble pas inutile d'en donner la description.

Déjà, en 1818, sir John Ross, commandant l'*Isabella* dans la mer de Baffin, construisit une paire de solides pinces maintenues ouvertes pendant la descente et disposées de manière que, en touchant le sol, un poids de fer vînt, en glissant, les fermer et les forcer à retenir une quantité suffisante des matériaux du fond, sable, boue ou cailloux. Le plomb pesait 25 kilog, la ligne de chanvre avait une circonférence de 6,3 cm; elle ramena 3 kilog de boue liquide d'une profondeur de 1920 mètres.

Le sondeur du *Bull-Dog* a été construit, en 1860, à bord du vaisseau de ce nom. Deux écopes en ciseaux (*fig.* 9) retenues par la corde C à la ligne de sonde, sont maintenues ouvertes à la descente malgré la force antagoniste d'un

[1] Wyville Thomson. *Les abîmes de la mer.* Trad. Lortet, p. 179, 181.

anneau en caoutchouc F et un poids B en fonte ou en plomb qui repose sur elles et est percé, suivant sa longueur, d'un trou que traverse la corde D. Tant que la sonde descend, cette corde reste tendue par le crochet à déclic E; dès que la sonde touche le fond, les écopes se remplissent, le déclic E laisse échapper D, le poids B tombe et est perdu, l'anneau de caoutchouc resserre les mâchoires des écopes qui reviennent à la surface suspendues à la corde. C. Wyville Thomson trouve l'appareil trop compliqué et craint que souvent il ne rapporte rien, soit à cause d'une chute dans une fausse direction, soit par suite de l'introduction de petits cailloux entre les mâchoires.

Fig. 10.

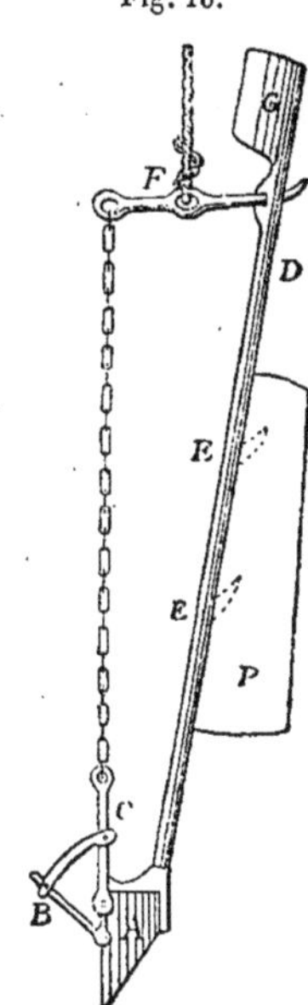

Dans le sondeur de Fitzgerald, une barre de fer F (*fig.* 10) est attachée à la ligne de sonde; à l'une de ses extrémités, elle supporte une chaîne, puis une plaque-couvercle fixe B, en fer, susceptible de s'appliquer contre une écope A, dont le bord est tranchant et qui se termine par une tige de fer D supportant, par des crochets EE, un poids P. Cette tige est percée d'un trou où s'enfile une extrémité de F et elle est terminée par une portion aplatie en gouvernail. En arrivant au fond, F chavire, D culbute d'aplomb grâce au gouvernail G, l'écope se remplit de sable ou de vase, le poids P se décroche et est perdu. Dès qu'on remonte, l'écope pleine s'applique contre son couvercle B qui la maintient fermée.

L'appareil a été employé, à bord du *Lightning*, en 1868; Wyville Thomson le recommande et affirme ne lui avoir jamais vu manquer son but, même dans les circonstances les moins favorables.

Sondeur Bailey. — Ce sondeur (*fig.* 11), suspendu à une ligne de chanvre, a été employé presque exclusivement par le *Challenger* et la *Gazelle*.

Le tube en fer *a*, d'un diamètre de 0,65 cm et d'environ 1,2 m de longueur, se visse à un cône creux de laiton *b*. Dans le cône pénètre, à frottement très doux, une pièce quadrangulaire en fer munie de deux encoches et terminée par un anneau auquel s'attache la ligne.

Le tube, divisé en deux parties, *a* et *f*, est percé de trous et porte une double soupape à son extrémité inférieure. Les poids en fonte *h*, percés au centre, pesant chacun environ 38 kilog, s'emboîtent les uns dans les autres à l'aide de pièces en saillie et en creux et ont, à l'extérieur, un double canal par lequel passe l'élingue en fil de fer

Fig. 11.

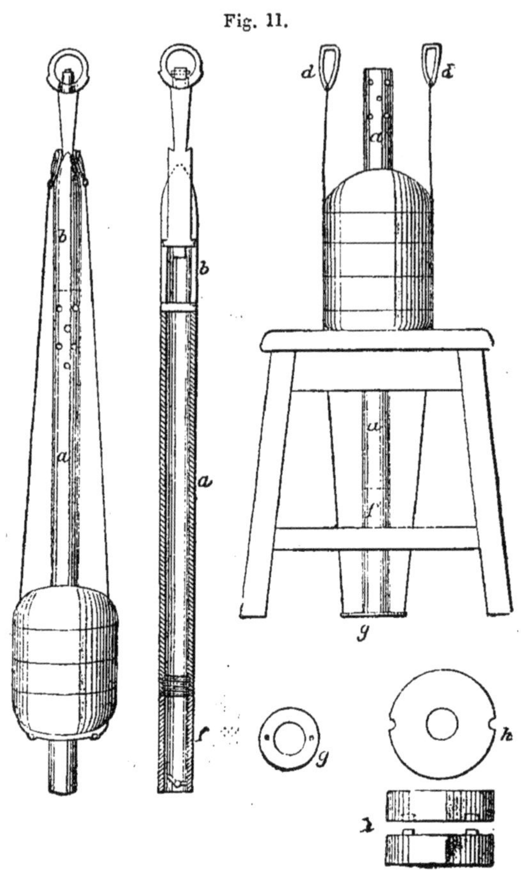

qui les soutient par l'intermédiaire de l'anneau *g* et qui vient s'accrocher aux encoches au moyen des pièces *d*. On dispose le système en l'appuyant sur un tabouret de bois. Dès que le sondeur touche le fond, la pièce quadrangulaire s'enfonce dans l'intérieur du cylindre, l'élingue est soulevée par les bords du cône, elle tombe et, avec elle, le poids; le cylindre se remplit. En remontant, la soupape se ferme et, pour retirer l'échantillon, il suffit de dévisser l'extrémité *f*.

Un appareil[1] inventé par M. Gibbs, à bord du vaisseau anglais *Hydra*, et appelé pour cette raison « hydre », présente d'assez grandes ressemblances avec le sondeur de Bailey. Il a été employé, en 1869 et 1870, par le *Porcupine*. Wyville Thomson lui reproche sa construction compliquée et le faible volume de l'échantillon rapporté.

Sondeur Bouquet de la Grye. — M. Bouquet de la Grye[2] a imaginé un appareil de sondage très facile à confectionner à bord d'un navire et pouvant, en conséquence, rendre de précieux services.

Le poids consiste en un chapelet de gueuses de fonte attachées les unes aux autres par des fils de fer ou des estropes passés dans les deux trous que porte chacune d'elles à ses extrémités. La forme en parallélipipède a l'avantage de glisser dans l'eau sans grand frottement. Le chapelet est supporté par un crochet en fer muni d'une lame métallique faisant ressort, fixé dans le haut, au voisinage du point d'attache de la ligne et retombant, extérieurement, à l'extrémité courbée du crochet. En touchant le fond, le ressort est vaincu par le poids des gueuses et celles-ci s'échappent. On ajoute une petite pièce cylindrique en tôle; au moment où le sondeur heurte le fond, un bout de fil qui joint ce tube à la dernière gueuse, se rompt, le tube rempli de vase obéit à la plus légère traction de la ligne à laquelle il est resté relié et il remonte en emportant un échantillon du sol sous-marin.

Un pareil ensemble ne pourra avoir que des poids progressant de 25 en 25 kilog, puisque ce sont ceux des plus petites gueuses. La ligne sera donc chargée de masses que l'on pourra faire varier de 100 à 200 kilog dans les sondes courantes et de 200 à 300 kilog lorsqu'il y aura nécessité d'atteindre rapidement le fond. Ces valeurs dépendront non seulement de l'état de la mer et du vent, mais encore du service plus ou moins long déjà accompli par la ligne.

Les expériences de M. Bouquet de la Grye montrent qu'une ligne de sonde d'une circonférence comprise entre 18 et 21 mm, ayant la forme aussière qui est préférable à la forme grelin, satisfait mieux que toute autre aux diverses conditions exigées. Cette grosseur dif-

[1] Wyville Thomson, *Les abîmes de la mer*, Trad. Lortet, p. 183.
[2] Bouquet de la Grye, *Détermination du diamètre de la meilleure ligne de sonde par grands fonds;* Annales hydrographiques, XXXII, 114, 1869.

fère peu de celle que les Anglais ont adoptée pour les sondages ordinaires.

Dans le cas où la mer est houleuse, on conserve la même ligne et l'on diminue de moitié le poids du sondeur.

Sondeur du « Travailleur ». — M. Alph. Milne-Edwards, pour exécuter ses sondages pendant la campagne du *Travailleur*, en 1881, s'est servi d'un sondeur basé sur le principe de l'hydre et qui a fonctionné, au moins jusqu'à 3500 mètres, avec la plus grande précision. Il a été construit par M. Thibaudier, ingénieur de la marine. La ligne qui le soutient est en fil d'acier mesurant environ 3 mm de circonférence, pesant moins de 7 kilog au kilomètre et possédant une résistance, à la rupture de 140 kilog. On ne chargeait pas le sondeur au delà de 23 kilog et l'on obtenait une vitesse de déroulement de 175 mètres par minute, ce qui permettait d'atteindre, en 20 minutes, un fond de 3 500 mètres. Un compteur du système imaginé par sir William Thomson, et recevant le mouvement d'une vis excentrique à l'axe, enregistrait chacun des tours de la bobine sur laquelle le fil était enroulé. Le nombre des révolutions de la roue, multiplié par la circonférence moyenne des tours du fil d'acier, donnait la profondeur[1].

Fig. 12.

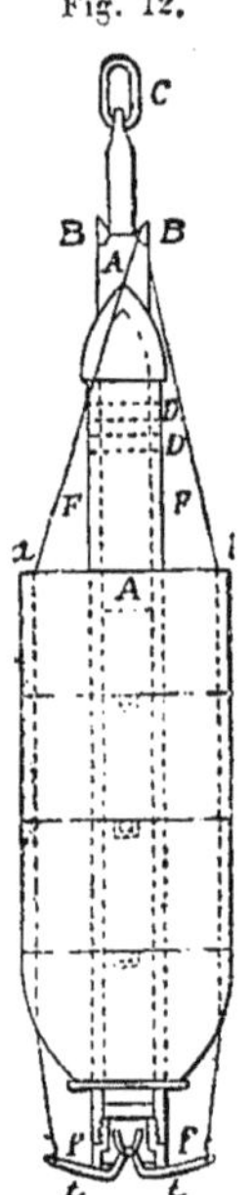

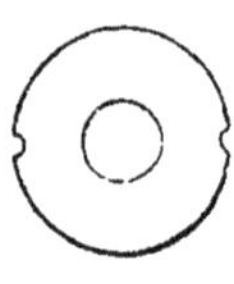

Le sondeur lui-même offre (*fig.* 12) la disposition suivante. F est un tube de métal dans lequel glisse une pièce en fer A sur laquelle sont pratiquées deux encoches B B destinées à recevoir le fil métallique supportant les poids de lest; elle porte à sa partie inférieure des ergots D D, qui glissent dans des rainures creusées dans le tube. En haut du tube est vissée une pièce ogivale en bronze, percée pour le passage de la tige A. En bas est vissée également une boîte cylindrique en bronze, prolongeant le tube et portant à sa

[1] Alph. Milne-Edwards, membre de l'Institut, *Rapport sur les travaux de la Commission chargée par M. le ministre de l'instruction publique d'étudier la faune sous-marine dans les grandes profondeurs de la Méditerranée et de l'océan Atlantique*, Paris, 1882.

partie inférieure deux clapets *ff* s'ouvrant en ailes de papillon de bas en haut. Chacun de ces clapets est pourvu d'un mouvement de sonnette. Les branches *t* sont verticales lorsque les clapets sont fermés et horizontales quand ils sont ouverts.

Les poids dont on charge le sondeur ont la forme de disques *a b*, percés d'un trou central; les uns pèsent 23 kilogr, les autres 19 kilogr seulement. Deux rainures pratiquées suivant deux génératrices opposées, reçoivent le fil de suspension.

Pour faire fonctionner ce sondeur, on le suspend par l'anneau C, les poids de lest sont enfilés sur le tube et maintenus par le fil de fer qui se capelle dans l'encoche B. Quand le tube touche le fond, la tige A s'enfonce en vertu de son poids, le fil de fer est décroché et le lest est rendu libre; le sondeur reste seul accroché à la ligne. Les disques de lest, en glissant le long du tube, brisent les fils qui tiennent les soupapes relevées; ils abaissent celles-ci et ferment l'orifice inférieur de manière à y retenir la vase qui est entrée dans le tube. On remonte alors le sondeur en abandonnant le poids. Le mécanisme a parfaitement fonctionné à bord du *Travailleur* et, en se fermant lorsque l'appareil s'enfonçait dans la vase, il a toujours emprisonné une quantité suffisante de cette matière. Chacune des branches des soupapes avait été munie d'une sorte de petite cuiller dont la concavité était remplie de suif destiné à prendre l'empreinte des roches et à rapporter du sable, du gravier ou des coquilles; elles suppléaient alors au fonctionnement du tube sondeur, dont l'efficacité est limitée aux fonds de vase et d'argile[1].

Sondeur du prince de Monaco[2]. — Ce sondeur à robinet offre une grande analogie avec celui du *Travailleur*, dont il diffère, néanmoins, essentiellement par le mode de fermeture.

Il se compose, en principe, d'un cylindre creux en fer (*fig.* 13), dans lequel coulisse librement, guidée seulement par deux petites traverses d'acier, une tige de section rectangulaire terminée à la partie supérieure par un anneau qui sert à suspendre l'appareil au

[1] Voir pour les détails relatifs aux diverses opérations exécutées à bord du *Talisman* et du *Travailleur*, le rapport du commandant Parfait. *Annales hydrographiques*, n° 663.

[2] *Résultats des campagnes scientifiques de l'*Hirondelle; Principauté de Monaco, Exposition universelle de 1889.

câble. Deux petites encoches, disposées près de l'anneau de suspension, sont destinées à supporter le fil qui soutient le lest en fonte. A la partie inférieure, le tube reçoit une pièce en bronze de même diamètre extérieur et évidée suivant deux troncs de cône opposés par

Fig. 13.

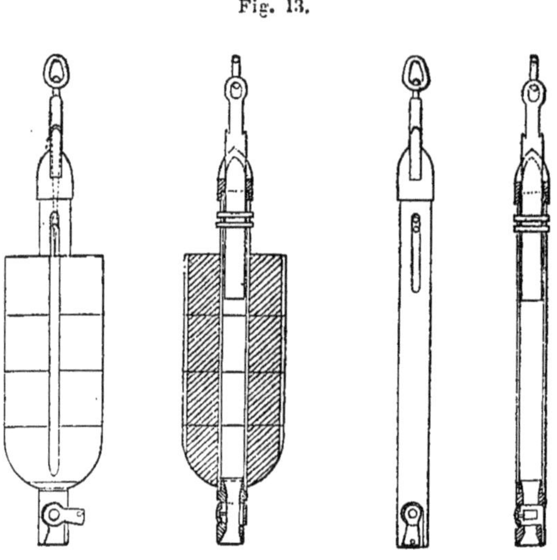

leurs petites bases. Au milieu de cette pièce qui fait office de robinet, se trouve placé horizontalement un véritable boisseau en acier terminé d'un côté par une clé plate et, de l'autre côté, par un petit téton carré sur lequel est vissée une rondelle en goutte de suif. Cette rondelle (à gauche) et la clé (à droite) sont disposées dans des échancrures ménagées dans le robinet, de façon à laisser échapper les contrepoids formant lest.

Lorsque l'on commence une opération de sondage, l'appareil est préparé soigneusement, l'intérieur du tube nettoyé, le robinet graissé; la clé est placée transversalement pour faire correspondre exactement l'orifice du boisseau avec le canal intérieur du robinet; un courant ascensionnel s'établit donc, à la descente, par le robinet, dans l'intérieur du tube. Pour éviter que le robinet puisse se fermer de lui-même, la clé est maintenue horizontale pendant sa descente au moyen d'un petit fil très léger fixé à un petit bouton et relié au fil de suspension du lest. Lorsque le tube touche le fond, la tige intérieure supportant le lést continue à descendre et la tête en bronze, en forme d'étrave, qui est à la partie supérieure du tube, vient rencontrer le fil de suspension du lest et le fait échapper de ses encoches. Les contrepoids tombent alors, glissant le long du tube et, en passant, ferment le robinet inférieur dont ils amènent la clé dans la position verticale. Le petit fil qui maintenait la clé horizontale est cassé et le cylindre, rempli de vase, est remonté à la surface.

Sondeur Belknap-Sigsbee. — L'appareil Brooke a été perfectionné, en 1857, par le commandant Berryman, du *Cyclops*, qui soutint le poids avec du fil de fer au lieu de corde, remplaça le boulet sphérique par un cylindre de plomb offrant une résistance moindre et descendant avec plus de facilité et de rapidité et adapta, à la cavité inférieure de la tige, une soupape s'ouvrant à l'intérieur pour empêcher le contenu d'être entraîné par l'eau.

L'appareil a reçu ses derniers perfectionnements de MM. Belknap et Sigsbee, de la marine américaine.

Un cylindre (*fig.* 14), composé de deux parties A et B se vissant l'une à l'autre, se prolonge en une tige H dont l'extrémité supé-

Fig. 14.

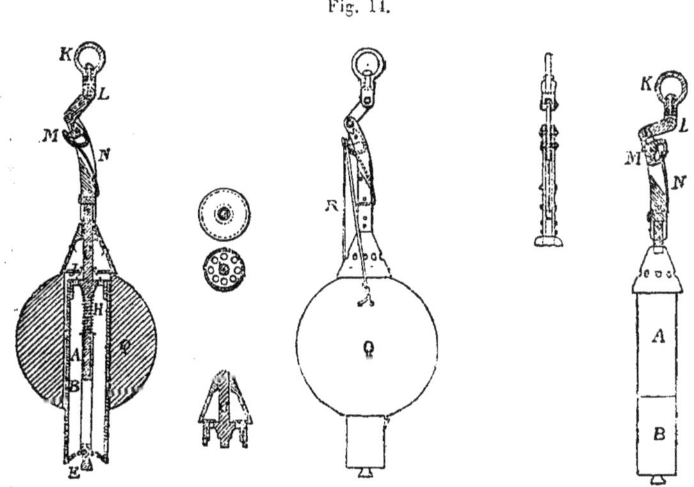

rieure *c*, traversant un cône percé de trous, porte le système de décrochage, c'est-à-dire le crochet mobile M maintenu par le ressort N, la pièce à crochet également mobile L et l'anneau K où s'attache la ligne. Un boulet percé, Q, est suspendu au crochet M par une élingue en fil de fer R. Lorsque le sondeur descend, l'eau passe par les ouvertures E,J du cylindre et par celles du cône. Au moment où le sondeur touche le fond, la pièce F est repoussée en dedans, le cylindre se remplit de vase, le crochet L se soulève, M, pressé par le ressort N, s'incline et l'élingue se décapèle; le boulet tombe. On relève ; la pièce F, sous l'action du ressort H, retombe et ferme l'ouverture inférieure tandis que le cône, retombant aussi, ferme les ouvertures J. Pour recueillir l'échantillon, il suffit de dévisser la portion inférieure B du cylindre.

C. — Sondages au fil métallique.

Dans les sondages exécutés avec un fil d'acier, la densité considérable de ce fil n'étant pas contrebalancée par la résistance presque nulle qu'oppose sa surface lisse au frottement de l'eau,on éprouve une certaine difficulté à percevoir nettement le moment où le poids touche le fond. Comme le fil est enroulé sur une bobine, il faut imposer à celle-ci une résistance croissant avec la profondeur et à peu près exactement suffisante pour l'amener au repos aussitôt que le plomb est arrivé au fond. On obtient ce résultat à l'aide d'un frein qu'on charge de plus en plus à mesure que le fil se déroule. L'accumulateur, par sa détente, permet aussi de reconnaître l'instant où le sondeur, ayant touché, abandonne subitement son lest. On corrige la profondeur brute donnée par le nombre des tours de l'allongement éprouvé par la circonférence de la bobine en conséquence de l'épaisseur du fil enroulé. Cette correction est établie expérimentalement et représentée par une courbe.

Sondeur Thomson. — L'appareil de sir William Thomson est fondé sur le principe de la diminution de volume éprouvée par l'air occupant un espace limité sous l'action d'une pression de plus en plus forte, qui est elle-même fonction de la profondeur à laquelle est descendu l'appareil. C'est un véritable manomètre à air comprimé.

En effet, la pression s'exerçant sur une tranche quelconque d'eau est égale au poids de la colonne d'eau comprise entre cette tranche et la surface, augmenté du poids d'une colonne d'air égale à une atmosphère. D'autre part, d'après la loi de Mariotte, le volume de l'air confiné dans un récipient est en raison inverse de la pression qu'il supporte. Si, par conséquent, on enfonce dans l'eau un tube fermé à sa partie supérieure et rempli d'air, le volume occupé par l'air, c'est-à-dire la hauteur de la colonne située entre le niveau de l'eau dans le tube et le sommet du tube, sera inversement proportionnel à la hauteur de la colonne d'eau comprise entre ce niveau et la surface libre du liquide.

Fig. 15.

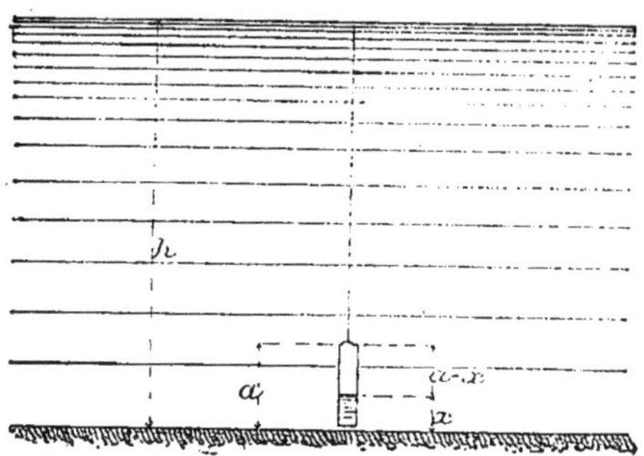

En représentant par x la hauteur (*fig.* 15) de la colonne d'eau dans le tube, par a la longueur du tube, par h la profondeur de l'eau et par b la hauteur de la colonne d'eau égale à la pression barométrique, ou la valeur en eau de la pression atmosphérique au moment de l'expérience, on a :

$$\frac{a}{a-x}=\frac{b+h-x}{b}$$

d'où

$$x=\frac{a+b+h}{2}\pm\sqrt{\frac{(a+b+h)^2}{2}-ah}$$

Pour une pression barométrique de 760 mm, b est égal à 10,333 m d'eau distillée et à 10,065 m d'une eau de mer ayant une densité moyenne de 1,0265.

Le sondeur Thomson consiste en un plomb de sonde ordinaire pesant 10 à 11 kilogr, creusé à sa partie inférieure d'une cavité pour recevoir du suif et rapporter un échantillon du fond. Au-dessus, renfermé dans un tube de laiton percé de trous pour laisser libre accès à l'eau, un tube de verre fermé à l'une de ses extrémités, rempli d'air et préalablement enduit, à l'intérieur, de chromate d'argent de couleur rouge. Viennent ensuite un bout de ligne ayant environ 1 mètre de longueur et 550 mètres de corde à piano en acier enroulée sur une bobine munie d'un frein très simple se manœuvrant à la main. On jette le plomb à l'eau; il est suivi par le tube de verre, son extrémité fermée en haut. Le fil se déroule d'abord sur deux poulies horizontales entre lesquelles un homme appuie une sorte de doigt en métal qui permet de ressentir la secousse produite par le choc contre le fond. L'air est comprimé par l'eau qui s'élève dans l'intérieur du tube et qui jaunit, par son contact, le chromate d'argent; on remonte et, si l'on se sert de tubes ayant toujours le même calibre, il suffit de mesurer, le long d'une règle spécialement graduée dans ce but, la hauteur à laquelle le tube a été décoloré pour connaître la profondeur atteinte. D'ailleurs, la formule précédente permet de construire à l'avance une table des valeurs de h correspondant à toutes les valeurs de x.

Afin d'éviter de calculer à nouveau la formule pour chaque pression barométrique, on emploie la table suivante qui donne, avec une exactitude suffisante, la correction à faire subir à la valeur trouvée pour la hauteur de l'eau :

Le baromètre étant compris entre :		Correction
730,24 et 749,29mm		nulle.
755,6 et 762,00mm	ajouter 2 mètres par	73 mètres.
762,0 et 774,7mm	— 2 —	55 —
774,7 et 787,4mm	— 2 —	36,5 —
Au-dessus de 787,4mm	— 2 —	27,5 —

L'appareil possède l'avantage d'une manœuvre simple, facile et prompte : la finesse et le poli de la corde à piano permettent à un navire de sonder tout en marchant à grande vitesse; avec 10 nœuds, le plomb descend de 3 mètres par seconde; avec 15 nœuds, il descend de 2,4 m. Il est cependant inexact, pour les profondeurs un peu considérables, parce que la loi de Mariotte n'est pas rigoureusement exacte, que la diminution du volume de l'air se fait en progression géométrique, de sorte que plus la profondeur est grande et plus le volume à mesurer est petit et l'erreur de lecture acquiert d'importance; en outre, l'affleurement de l'eau dans le tube a lieu suivant une ligne fréquemment oblique ou irrégulière à cause de la secousse et de l'inclinaison prise en rencontrant le fond, il en résulte qu'on ne sait jamais où placer la véritable ligne de niveau et, dans ce cas encore, l'incertitude augmente proportionnellement à la profondeur atteinte. Enfin, la température nécessiterait une correction.

Le sondeur Thomson est en définitive un manomètre à air comprimé et il en possède les inconvénients. Pour obvier à ces défauts, sir William Thomson a adapté à son tube quelque peu modifié, une sorte de piston commandé par un ressort qui contrebalance une portion de la pression et ne laisse agir l'eau qu'à une profondeur déterminée à partir de laquelle seulement s'inscrivent les pressions. L'instrument est désigné sous le nom de *depth-recorder*.

On prend, pour la conservation du fil dans l'eau de chaux et pour éviter le danger des coques, toutes les précautions indiquées précédemment.

Sondeur Thomson perfectionné. — Une formule très simple[1] permet de calculer la profondeur atteinte d'après le volume d'eau qui a pénétré, à cette profondeur, dans un vase de forme quelconque, mais de volume connu et immergé rempli d'air.

Si V est le volume du vase et V_h celui qui reste vide après que le vase a été soumis à la pression $b+h$, on a

$$\frac{V}{V_h}=\frac{10,333+h}{10,333}$$

$$V_h=\left(\frac{10,333}{10,333+h}\right)V$$

$$V-V_h=V\left(1-\frac{10,333}{10,333+h}\right)$$

La table I donne les volumes V_h et $V-V_h$ d'eau distillée de densité égale à 1,0000 pour diverses pressions barométriques; la table II les mêmes volumes pour l'eau de mer de densité égale à 1,0266; la table III la hauteur de la colonne d'eau faisant équilibre à la pression de 1 atmosphère.

On voit qu'il suffit à la rigueur, pour une pareille mesure de profondeur, d'une bouteille ordinaire immergée, le goulot tourné vers le bas et d'une éprouvette graduée.

Sir William Thomson a basé sur ce principe un perfectionnement de son mesureur de profondeur à chromate, offrant l'avantage

[1] *Handbuch der nautischen Instrumente*, p. 141.

d'éviter l'emploi d'un tube qui est à renouveler après chaque sondage.

L'appareil nouveau peut servir indéfiniment. Il se compose (*fig.* 16) de trois tubes de verre disposés verticalement, d'égal volume, ouverts à leur extrémité inférieure et qui, par leur partie supérieure sont chacun en communication avec un tube de laiton vertical. Ces derniers ont leur extrémité inférieure fermée par un tissu de coton ou de batiste qui y laisse pénétrer l'eau mais empêche l'air de sortir. Le système est enfermé dans un cylindre de métal dont la base munie d'une bande de caoutchouc peut se relever sous l'action d'une vis et obturer complètement les bases des tubes de verre placées de niveau. En descendant l'appareil dans la mer, l'eau pénètre dans les tubes en laiton, y remonte et se déverse dans les tubes en verre. Les volumes des tubes de laiton sont calculés de telle sorte que le tube de verre correspondant au premier d'entre eux, est entièrement rempli par l'eau lorsque la pression a été telle que le volume d'air confiné a été réduit au tiers, que le second et le troisième tube sont exactement remplis lorsque l'air est réduit à occuper respectivement le sixième et le douzième du volume qu'il occupait dans le système composé avec le second et le troisième tube de laiton. Pour une pression, c'est-à-dire une profondeur, inférieure à la pression limite de l'instrument, il y aura toujours au moins un tube de verre qui ne sera

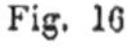
Fig. 16.

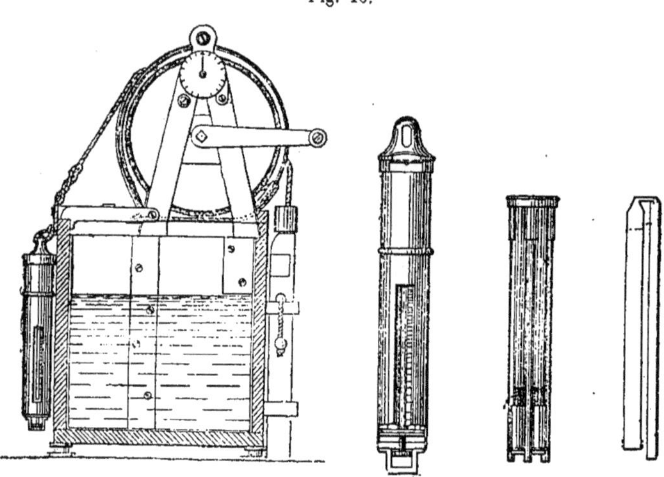

pas entièrement rempli d'eau. Une échelle graduée, gravée sur l'instrument et évidemment différente pour chaque tube de verre, permet de mesurer le volume d'eau contenu et par conséquent de connaître la pression à laquelle il a été soumis ou, en d'autres termes, la profondeur à laquelle il a été descendu.

Lorsqu'après avoir remonté l'instrument, on en a fait la lecture, il suffit, pour le vider et le rendre prêt à servir de nouveau, de desserrer la vis qui appuie sur la bande de caoutchouc.

On suspend ce mesureur à un fil d'acier, absolument comme il a été dit précédemment. Il serait avantageux de charger la sonde d'un poids de plomb qui, au lieu d'être simplement muni d'une cavité garnie de suif, ce qui rend les échantillons de fond ramenés impossibles à analyser, porterait un tube fermé par une soupape en ailes de papillon qui rapporterait un échantillon intact. Si l'on craignait de rencontrer un fond rocheux, il suffirait de maintenir le tube par un ressort qui céderait sous un choc violent.

TABLE I.

EAU DISTILLÉE, $d = 1.000$.

PROFONDEUR en mètres h.	HAUTEUR BAROMÉTRIQUE.								
	750mm.			760mm.			770mm.		
	V_h	Diff.	$V-V_h$	V_h	Diff.	$V-V_h$	V_h	Diff.	$V-V_h$
5	0,6710		0.3290	0.6739		0.3261	0.6768		0.3232
		0.1661			0.1657			0.1653	
10	0,5049		0.4951	0.5082		0.4918	0.5115		0.4885
		0.1002			0.1003			0.1004	
15	0,4047		0.5953	0,4079		0.5921	0.4111		0.5889
		0,0670			0.0672			0.0675	
20	0,3377		0.6623	0.3407		0.6593	0.3436		0.6564
		0.0840			0.0845			0.0849	
30	0,2537		0.7463	0.2562		0.7483	0.2587		0.7413
		0,0506			0.0509			0.0513	
40	0,2031		0.7969	0.2053		0.7947	0.2074		0.7926
		0.0337			0,0340			0.0343	
50	0,1694		0.8306	0.1713		0.8287	0.1731		0.8269
		0.0241			0,0244			0.0245	
60	0,1453		0.8547	0,1469		0.8531	0.1486		0.8514
		0.0181			0.0183			0,0185	
70	0,1272		0.8728	0.1286		0.8714	0,1301		0.8699
		0.0141			0.0142			0.0144	
80	0,1131		0.8869	0.1144		0.8856	0,1157		0.8843
		0.0113			0.0114			0.0115	
90	0,1018		0.8982	0,1030		0.8970	0,1042		0.8958
		0,0093			0,0093			0.0094	
100	0,0925		0,9075	0.0937		0,9063	0,0948		0.9052
		0,0142			0.0144			0.0146	
120	0,0783		0.9217	0.0793		0,9207	0,0802		0.9198
		0.0104			0,0106			0.0106	
140	0,0679		0.9321	0.0687		0,9313	0.0696		0.9304
		0,0080			0,0080			0,0082	
160	0,0599		0,9401	0.0607		0.9393	0.0614		0.9386
		0,0063			0.0064			0.0064	
180	0.0536		0.9464	0,0543		0.9457	0.0550		0.9450
		0,0051			0.0052			0.0053	
200	0.0485		0.9515	0,0491		0,9509	0.0497		0.9503
		0.0093			0.0094			0.0095	
250	0.0392		0.9608	0.0397		0.9603	0,0402		0.9598
		0,0063			0.0064			0,0065	
300	0.0329		0.9671	0,0333		0.9667	0,0337		0.9663

TABLE II.

EAU DE MER, $d = 1.0266$.

PROFONDEUR en mètres h.	HAUTEUR BAROMÉTRIQUE. 750mm. V_h	Diff.	$V-V_h$	760mm. V_h	Diff.	$V-V_h$	770mm. V_h	Diff.	$V-V_h$
5	0.6652		0.3348	0.6681		0.3319	0.6710		0.3290
		0.1669			0.1665			0.1661	
10	0.4983		0.5017	0.5016		0.4984	0.5049		0.4951
		0.0999			0.1000			0.1002	
15	0 3984		0.6016	0.4016		0.5984	0.4047		0.5953
		0.0666			0.0668			0.0670	
20	0.3318		0.6682	0.3348		0.6652	0.3377		0.6623
		0.0831			0.0836			0.0840	
30	0.2487		0.7513	0.2512		0.7488	0.2537		0.7463
		0.0498			0 0502			0.0506	
40	0.1989		0.8011	0.2010		0.7990	0.2031		0.7969
		0.0332			0.0334			0.0337	
50	0.1657		0.8343	0.1676		0.8324	0.1694		0.8306
		0.0237			0.0239			0.0241	
60	0.1420		0.8580	0.1437		0.8563	0.1453		0.8547
		0.0177			0.0180			0.0181	
70	0.1243		0.8757	0.1257		0.8743	0.1272		0.8728
		0.0139			0.0139			0.0141	
80	0.1104		0.8896	0.1118		0.8882	0.1131		0.8869
		0.0110			0.0112			0.0113	
90	0.0994		0.9006	0.1006		0.8994	0.1018		0.8982
		0.0090			0.0092			0.0093	
100	0.0904		0.9096	0.0914		0.9086	0.0925		0.9075
		0.0140			0.0140			0.0142	
120	0.0764		0.9236	0.0774		0.9226	0.0783		0.9217
		0.0101			0.0103			0.0104	
140	0.0663		0.9337	0.0671		0.9329	0.0679		0.9321
		0.0078			0.0079			0.0080	
160	0.0585		0.9415	0.0592		0.9408	0.0599		0.9401
		0.0062			0.0062			0.0063	
180	0.0523		0.9477	0.0530		0.9470	0.0536		0.9464
		0.0050			0.0051			0.0051	
200	0.0473		0.9527	0.0479		0.9521	0 0485		0.9515
		0.0091			0.0092			0.0093	
250	0.0382		0.9618	0.0387		0.9613	0.0392		0.9608
		0.0061			0.0062			0.0063	
300	0.0321		0.9679	0.0325		0.9675	0.0329		0.9671

TABLE III.

HAUTEUR DE LA COLONNE D'EAU FAISANT ÉQUILIBRE
A LA PRESSION DE 1 ATMOSPHÈRE.

DENSITÉ de L'EAU.	HAUTEUR BAROMÉTRIQUE 760mm.	DENSITÉ de L'EAU.	HAUTEUR BAROMÉTRIQUE 760mm.
1.000	10.333m	1.022	10.099m
1.005	10.282	1.024	10.091
1.010	10.231	1.026	10.071
1.015	10.180	1.028	10.052
1.020	10.130	1.030	10.032

Machine à sonder de Sigsbee. — La machine à sonder de Sigsbee[1] est en service depuis 1877 à bord du *Blake ;* elle constitue l'un des derniers perfectionnements appliqués aux appareils de sondage. Elle opère rapidement, résiste aux secousses du navire et peut s'emballer dans une caisse mesurant 175 × 84 × 65 cm.

La machine se compose des parties suivantes :

Le tambour A (*fig.* 17, 18) possède une circonférence de 1 brasse et est muni d'une gorge de friction ayant en coupe la forme d'un V. Aussitôt que le plomb touche le fond, le moment d'inertie de la roue et du fil d'acier qui reste encore enroulé, doit être rapidement arrêté par la corde de friction, afin d'éviter que le fil ne se détende et ne produise des coques. Pour obtenir cet arrêt rapide, le tambour est rendu aussi léger que possible, tout en conservant la solidité requise pour l'effort considérable qu'il doit supporter. Il est solidement fixé à son axe par une clé facile à enlever, et, quand on ne l'emploie pas, on le détache et on le conserve avec le fil dans un réservoir rempli d'huile.

L'indicateur B est mis en mouvement par une vis sans fin adaptée à l'axe de la roue. L'indicateur ne marque évidemment pas des brasses et il est nécessaire de déterminer par une mesure préliminaire directe, la longueur du fil dévidée d'après la lecture du nombre

[1] C.-D. Sigsbee, *Deep sea sounding and dredging, etc., on board the Coast and Geodetic Survey Steamer « Blake »*, Washington, 1880.

de tours. Il est néanmoins très commode, parce qu'il donne une indication approchée et permet d'appliquer immédiatement au tambour la résistance convenable.

Le système destiné à remonter le fil CDE est composé de trois poulies séparées C, D, E ; l'une reçoit le fil d'acier, la seconde une bande de caoutchouc ou une corde pouvant à volonté passer sur la

Fig. 17. Fig. 18.

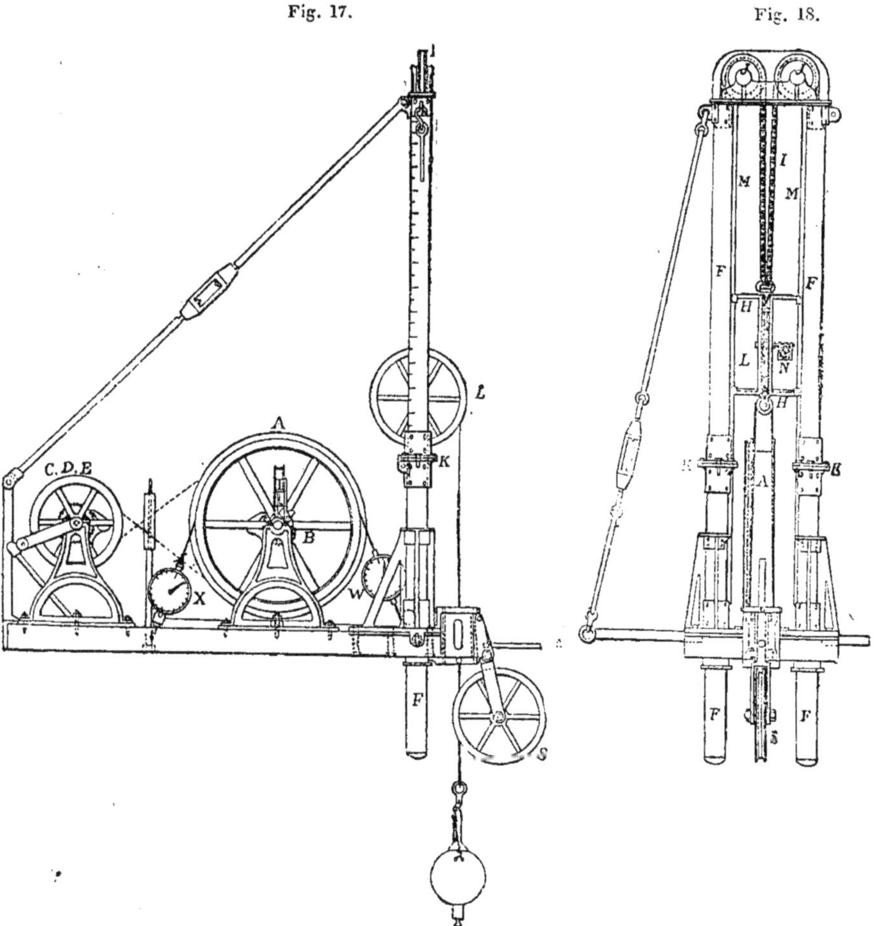

gorge à friction de la poulie A, enfin, la troisième, une corde sans fin se raccordant avec la machine à hisser.

L'accumulateur est constitué par les tubes FF contenant des ressorts à boudins rattachés à la pièce H mobile, au moyen de la chaîne I supportée par les poulies JJ. Les tubes sont à charnières KK et leur partie supérieure peut s'abaisser lorsqu'on veut emballer la machine. Ils sont gradués d'après le poids de fil qu'ils ont à supporter et qu'indique la partie supérieure de la pièce H servant d'index. Cette pièce comprenant la poulie L se meut le long des guides MM vissés aux tubes; la poulie L est attachée à son axe par une clé. A l'axe est fixé un compteur N. La poulie possède exactement une circonférence de une demi-brasse moins l'épaisseur du fil. Il en résulte que le double du nombre des révolutions indiqué par le compteur donne le nombre des brasses du fil dévidé ou enroulé.

La poulie S, susceptible de s'incliner plus ou moins, permet d'enrouler le fil pendant la marche du navire.

Les dynamomètres W, X, sont disposés de manière que l'extrémité de l'aiguille se déplace d'une grande longueur pour une légère extension du ressort. Lorsqu'on laisse courir le fil, la différence des lectures sur les dynamomètres X et W marquera la résistance appliquée à la roue par la corde de friction. On emploie un fil d'acier pesant 5,408 kilog (14,5 pounds) au mille nautique, la corde de friction a un diamètre de 0,63 cm (1/4 de pouce) ou un peu moins et elle est huilée ou mouillée là où elle est en contact avec la gorge de friction du tambour. Enfin, le poids qui est un sondeur à coupe ou un sondeur de Sigsbee est attaché à un bout de ligne, afin d'éviter qu'il ne se forme une coque au moment du contact avec le fond.

La rapidité de manœuvre est très grande : on remonte 100 brasses de fil en moins de 1,5 minute et quelquefois pas plus de 50 secondes; pour dévider, dans des sondages atteignant jusqu'à 200 brasses, on mettait de 50 à 70 secondes par 100 brasses. Un sondage exécuté à bord du *Blake* avec la machine de Sigsbee, à 2929 brasses, a demandé pour la descente 29' 45'', et pour la montée 34' 35''. Un autre sondage exécuté à bord du *Challenger* par 2 435 brasses avec une ligne de chanvre, a demandé 33' 35'' et pour remonter 2 heures 2 minutes.

D. — Sondeurs divers.

Indicateur de Massey. — Cet instrument, dont le principe avait été énoncé par Maury, est destiné à indiquer la profondeur verticale à laquelle il a été descendu, indépendamment des déviations qui pourraient avoir été produites latéralement par les courants. Il est constitué par un axe vertical, installé dans une boîte et tournant sous l'action de quatre ailettes en cuivre qui y sont adaptées. Un compteur à cadran marque, d'après le nombre de tours, le chiffre des brasses ou des mètres descendus. Un levier muni d'une plaque qui devient horizontale dès que la descente s'arrête, immobilise automatiquement le mouvement des engrenages lorsqu'on remonte l'appareil. L'indicateur est fixé à l'extrémité de la ligne, un peu au-dessus du plomb de sonde. On détermine expérimentalement ses constantes en le faisant descendre successivement à diverses profondeurs connues. Il est excellent jusqu'à 3 000 mètres et permet de contrôler les sondages opérés par les méthodes ordinaires là où des courants profonds sont supposés exister. Grâce à lui, il ne serait peut-être pas impossible de se rendre compte de la vitesse de ces courants par l'écart entre la profondeur obtenue directement et celle marquée par le mouvement des ailettes. Au delà de 3 000 mètres, il doit cesser d'être efficace, insuffisance commune d'ailleurs à tous les instruments mus par des rouages métalliques dont les organes subissent des dilatations variables, selon leur forme et leur nature.

On a modifié d'un grand nombre de façons la forme des ailettes et le système d'arrêt à fin de course, sans changer essentiellement l'appareil qui a été très employé par les Américains pour l'exploration du Gulf-Stream.

Bathomètre Siemens. — W. Siemens a inventé un appareil qu'il a appelé bathomètre et qui, installé à bord d'un navire, à la seule inspection des variations de longueur d'une colonne liquide dans un tube fin de verre, laisse connaître la hauteur de la colonne d'eau au-dessus de laquelle flotte le navire.

L'instrument est fondé sur ce principe que l'attraction exercée sur un corps pesant placé à la surface du globe est proportionnelle à la densité des couches situées au-dessous de lui. Sur terre l'attraction est exercée par une colonne de roche solide ayant une densité moyenne de 2,75, s'étendant depuis la surface du sol jusqu'au centre du globe, tandis que sur mer elle résulte d'une colonne de roche s'étendant du centre du globe jusqu'au fond de la mer et ensuite d'une colonne d'eau salée ayant pour densité environ 1,026 et longue de la distance séparant le fond de la surface. L'attraction est donc moindre dans le second cas que dans le premier, et elle sera d'autant plus faible que l'épaisseur de la tranche d'eau sera elle-même plus considérable. Il résultera de cette variation dans l'attraction une variation correspondante dans le poids du corps pesant. C'est cette dernière qu'il s'agit d'évaluer.

Soit h l'épaisseur verticale d'une tranche d'eau et A_1 l'attraction totale de cette tranche; on a

$$A_1 = 2\pi h\left(1 - \frac{2}{3}\sqrt{\frac{h}{2R}}\right)$$

h étant très petit par rapport à R rayon terrestre, le facteur $\sqrt{\frac{h}{2R}}$ est négligeable et l'on a $A_1 = 2\pi h$ comme valeur de l'attraction pour la profondeur h. Si A est l'attraction totale de la terre

$$\frac{A_1}{A} = \frac{2\pi h}{\frac{4}{3}\pi R} = \frac{h}{\frac{2}{3}R}$$

Siemens, guidé par diverses considérations, a transformé ce rapport en $\dfrac{h}{\frac{614}{519}R}$ et l'a même diminué pour tenir compte de la variation de la densité à l'intérieur de la terre. Il a fini par admettre qu'il était préférable de faire une graduation empirique en comparant les indications du bathomètre avec les résultats fournis en des points déterminés par des sondages directs.

L'instrument (*fig.* 19) se compose d'une colonne de mercure contenue dans un tube d'acier évasé en coupe à ses deux extrémités. Le fond sur lequel repose le mercure est une feuille d'acier gaufrée dans le genre de celles qui servent à la construction des baromètres anéroïdes; la surface en est relativement considérable. Or, d'après les lois de l'hydrostatique, la pression exercée sur le fond par le liquide pesant renfermé dans le tube, paraîtra d'autant plus considérable que la surface de ce fond sera plus grande par rapport à la section du tube. On est donc maître de modifier à volonté la sensibilité de l'instrument.

Pour mesurer les différences de poids du mercure, le système repose sur quatre ressorts d'acier en spirale qui entourent symétriquement le tube, en soutiennent le fond et équilibrent exactement la pression. La température n'a pas d'influence parce que la diminution d'élasticité des ressorts, conséquence de l'élévation de la température, est compensée par une diminution égale dans le poids de la colonne mercurielle. En effet, le mercure se dilatant, passe dans le réservoir supérieur et devient ainsi sans action sur le phénomène à mesurer.

Fig. 19.

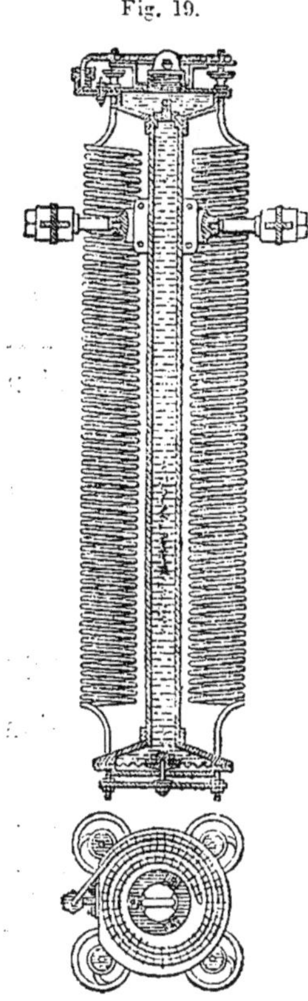

Le tube d'acier est étranglé vers son extrémité supérieure, afin de diminuer l'influence des oscillations du navire et est suspendu à la Cardan, un peu au-dessus de son centre de gravité, de manière à demeurer toujours vertical.

Pour rendre visibles les mouvements de la colonne mercurielle, celle-ci communique à sa partie supérieure avec un tube en verre fin enroulé horizontalement en spirale, rempli d'huile et gradué empiriquement. Lorsque la tranche d'eau sur laquelle passe le navire augmente d'épaisseur, la pression exercée par le fond du bathomètre sur les ressorts à boudins diminue, le mercure monte et pousse devant lui la colonne d'huile qui s'avance dans le tube de verre. L'inverse a lieu quand la couche d'eau diminue d'épaisseur et la colonne d'huile recule.

Siemens a dressé une table de correction relative à la pression atmosphérique et à la latitude géographique.

L'instrument a été expérimenté à bord du *Faraday*. D'après les sondages directs, le 31 octobre 1875, le navire était à midi, par 82 brasses, à $1^h\ 8'$ par 204 brasses et à $2^h\ 20'$ par 69 brasses; le bathomètre a indiqué aux mêmes moments des profondeurs de 82,218 et 78 brasses. Cet accord est aussi complet qu'on peut le désirer en tenant compte du fait que la ligne de sonde donne la profondeur immédiatement au-dessous du navire, tandis que le bathomètre indique la profondeur moyenne d'une certaine surface dont l'étendue dépend de la profondeur. Le bathomètre doit néanmoins présenter des inconvénients, car après avoir, au moment de sa découverte, vivement attiré l'attention par la commodité apparente de son emploi, on a aujourd'hui cessé de s'en servir.

Mesure de la profondeur de l'Océan au moyen des ondes de propagation des tremblements de terre. — L'onde produite sur la mer par une secousse de tremblement de terre se propage avec une vitesse qui est fonction de la profondeur de l'eau. Les formules exprimant cette relation sont les suivantes :

D'après Airy :

$$h = \frac{v^2}{9,8088}$$

D'après Airy et Bache :

$$h = \frac{v^2}{g} = \frac{v^2}{9,8090}$$

D'après Russell :

$$h = \frac{v^2}{9,8182}$$

Ces trois formules dans lesquelles h représente la profondeur de l'eau, et v la vitesse en mètres, sont presque identiques ; elles s'appliquent aux ondes dont la hauteur est très petite relativement à la profondeur de l'eau et où cette dernière est à son tour très petite par rapport à la distance séparant deux ondes successives.

MM. de Hochstetter et Geinitz ont appliqué cette formule aux ondes produites par les tremblements de terre qui se sont fait sentir à Arica, le 23 août 1868 et à Iquique, le 9 mai 1877. Ces ondes se sont propagées de la côte du Pérou aux îles Sandwich et en Australie à travers l'océan Pacifique, avec une vitesse comprise entre un minimum de 146,5 m et un maximum de 216 mètres par seconde ; ils en ont déduit les valeurs :

Entre Arica et les îles Sandwich, profondeur moyenne...	4,691^{m}
Entre Iquique et Hilo, profondeur moyenne............	4,252^{m}
Entre Iquique et Honolulu..........................	4,060^{m}

Machine à sonder du bureau topographique fédéral suisse. — L'hydrographie des lacs suisses, dont la superficie totale dépasse

2100 kilomq, entre au même titre que le levé des terrains dans les attributions du bureau topographique fédéral. Ses ingénieurs exécutent les sondages et tracent les courbes de niveau de 10 en 10 m et, lorsqu'il est nécessaire, de 5 en 5 m. Ces courbes s'étendent sur tout le pays à partir du niveau de la mer en admettant que le repère zéro de la pierre du Niton (R. P. N.), bloc erratique échoué dans le port de Genève, est à l'altitude absolue 376,86 m au-dessus du niveau de la Méditerranée, à Marseille, et elles se continuent sans qu'il soit fait de distinction entre les terrains secs ou occupés par les eaux. Le contour des lacs est tracé comme simple ligne topographique.

Fig. 20.

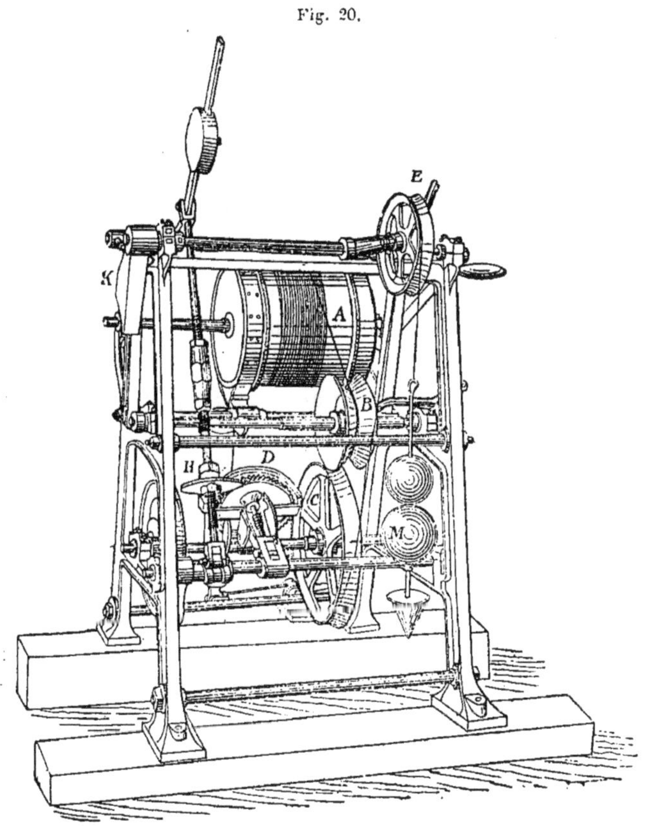

Les sondages se font avec un fil d'acier chargé d'un poids de 10 kilog. Ce poids M (*fig.* 20) est constitué par une tringle de fer portant à l'une de ses extrémités un anneau auquel on attache le fil d'acier et dont l'autre extrémité est filetée. On y enfile à volonté un ou deux boulets de fonte pesant respectivement 7 et 3 kilog, percés dans toute leur longueur et retenus en place par un écrou formant capuchon, vissé à l'extrémité inférieure de la tringle et qui, pour être protégé contre les chocs, pénètre entièrement dans une cavité pratiquée à la base des boulets. Quand on désire obtenir des échantillons du fond, on dévisse l'écrou et on le remplace par un cône recouvert d'une rondelle de cuir ou sondeur à coupe.

La machine à sonder, construite d'après les plans de M. l'ingénieur Haller, est solidement installée sur le fond du bateau. Elle se compose d'un tambour A, sur lequel s'enroule le fil; celui-ci passe sur une première roue de fonte B, puis sur une seconde roue C, située plus bas et reliée à un compteur de tours D; ensuite, sur une première poulie E et, en dernier lieu, sur une seconde poulie, indépendante de la machine, fixée au bordage du bateau et qui surplombe l'eau où s'immerge le fil. Le poids total du plomb et du fil est équilibré par un contrepoids K et par une lentille métallique H, mobile le long d'un bras de levier, ce qui facilite considérablement le réglage; de sorte que, dès que le plomb touche le fond, un système approprié déclanche la communication entre la seconde roue C et le compteur qui cesse de marquer les tours. On est donc aussitôt averti de la fin de la descente. Le fil peut continuer à descendre d'une faible quantité et la roue qui le supporte à tourner, mais ces tours ne sont plus inscrits sur le compteur gradué en centaines, dizaines et unités de mètres et indiquant les décimètres par un dispositif analogue à un vernier. On manœuvre la descente au pied avec un frein et l'on remonte par une manivelle.

La forme sphérique du plomb est préférable à la forme allongée qu'on lui donne souvent; car, dans ce dernier cas, il pénètre toujours quelque peu dans le fond vaseux et mou du lac, tandis que le boulet n'enfonce pas; avec ce système, on peut garantir les profondeurs à 1 décimètre près.

Avant de commencer les opérations, on mesure l'allongement du fil d'acier sous l'action du poids qui lui est suspendu. Pour cela, après l'avoir fixé solidement à un arrêt bien résistant, à une muraille, par exemple, on le fait passer sur deux poulies disposées horizontalement l'une à côté de l'autre et, entre les deux, sur une troisième poulie folle chargée d'un poids égal à celui dont il sera ensuite fait emploi dans les sondages. Il est alors facile de connaître l'allongement et on introduit cette correction dans les chiffres marqués à chaque sondage par le compteur.

Jusqu'à 1400 mètres de la rive, la position d'un sondage est déterminée à la stadia ; au delà de cette distance, on se sert du sextant à la façon habituelle. La stadia est très suffisamment précise et le pointage du sondage soit sur le terrain, soit sur le plan, est beaucoup plus rapide. Le lac est préalablement coupé par des séries de lignes droites transversales espacées de 250 à 500 mètres, parallèles entre elles, autant que possible perpendiculaires au rivage et le long desquelles se feront les sondages à des intervalles variant de 50 à 100 mètres. On dressera ainsi une série de profils transversaux déterminant les points de passage des courbes isobathes.

Deux ingénieurs travaillent en même temps : l'un que nous appellerons l'ingénieur A s'embarque sur un bateau monté par quatre hommes ; deux sont uniquement chargés de manœuvrer le bateau soit à la rame, soit à la voile, pour se rendre au travail ou revenir à terre ; deux autres tiennent les avirons lorqu'on change de place ; mais, pendant les sondages, ils surveillent alternativement la descente du plomb et le relèvent ensuite à la manivelle. Le bateau porte un mât vertical blanc coupé de bandes rouges et noires égales, larges de 20 cm et écartées les unes des autres de la même longueur.

L'ingénieur B resté à terre, où il relève la topographie, installe une planchette au point où l'une des droites tracées sur le plan rencontre le bord et oriente sa lunette stadia dans la direction de cette ligne. On sait que la lunette est munie à son intérieur d'un réticule de quatre fils, l'un vertical, les trois autres horizontaux et également espacés. Un aide l'accompagne et tandis que le bateau portant l'ingénieur A s'éloigne, il le maintient dans l'alignement en agitant à droite ou à gauche un drapeau. Au delà de 1 400 m la position de chaque sondage est fixée par une double mesure d'angle faite au sextant ou au cercle horizontal ; en deçà de 1 400 m, chaque fois qu'on descend le plomb, on hisse un pavillon : aussitôt l'ingénieur B lit dans sa stadia l'intervalle correspondant, sur le mât divisé, à l'intervalle de deux des fils horizontaux du réticule, et un simple calcul lui fournit la distance à laquelle se trouve le bateau et par conséquent le sondage. Pendant ce temps, l'ingénieur A se borne à prendre, comme vérification, l'angle entre deux points de repère fixes. Non seulement on obtient ainsi plus d'exactitude qu'on n'en aurait au moyen de deux angles, surtout lorsque, comme il arrive souvent, un seul ou tous deux sont très aigus, mais on évite la longue et fastidieuse répétition de la construction du segment capable. Si on le juge nécessaire, on recueille un échantillon du fond avec le cône. L'opération achevée, on amène à terre et à bord, les pavillons d'observation : on avance vers la rive d'une cinquantaine de coups d'aviron, c'est-à-dire d'une centaine de mètres, en se maintenant toujours dans l'alignement et l'on procède comme précédemment pour un nouveau coup de sonde. Les intervalles sont d'ailleurs variables et dépendent de l'importance de la localité, des variations des courbes isobathes, de la diversité de nature du fond. Dans les faibles profondeurs voisines du rivage, on fait usage d'une règle en bois divisée, ferrée du bout, et qu'on plonge dans l'eau à l'avant du bateau.

Chaque coup de sonde, à une profondeur de 300 mètres environ exige de 9 à 10 minutes pour la descente et la remontée du plomb ; on est ensuite de 4 à 11 minutes en marche pour gagner le point suivant ; chaque mesure, dans les conditions les moins favorables, ne se prolonge jamais au delà de 20 minutes.

Dans le cas où un seul opérateur devrait exécuter le plan topographique d'un lac, il devrait se résoudre à n'employer que le sextant en se rattachant à une base exactement mesurée sur le rivage. La mesure des profondeurs se fait alors à l'aide d'une corde divisée en mètres, dizaines de mètres et cinquantaine de mètres par des lanières de cuir ou d'étoffes de diverses couleurs. On attache l'une de ses extrémités à un treuil portatif fixé lui-même par des pinces à un banc de l'embarcation et elle court sur une poulie assujettie au bordage. Cette disposition est extrêmement commode et, ce qui est un grand avantage, les appareils sont aisément démontables et d'un transport facile.

Pour recueillir les échantillons du fond, on se sert du cône ou, plus simplement encore, d'un petit seau en métal [1] qu'on attache à une cordelette amarrée à la ligne de sonde, un peu au-dessus du plomb, et qu'on remonte avec précaution après l'avoir traîné sur le fond pendant l'espace de quelques coups d'aviron.

[1] F.-A. Forel, *La Faune profonde des lacs suisses*, mémoire couronné par la Société helvétique des sciences naturelles ; Georg, Genève 1885.

II.

Bassins océaniques.

Convexité du fond des mers. — Le fond des mers est, en général, convexe. En effet, soit AB (*fig.* 21) un arc terrestre d'amplitude égale à 2ω, la flèche de cet arc sera

$$MN = R(1 - \cos\omega) = 2R\sin^2\frac{1}{2}\omega.$$

Si la profondeur d'une mer est plus grande que cette valeur, le fond sera concave, si elle est égale le fond en sera horizontal, si enfin elle est plus petite, le fond sera convexe; or ce dernier cas est le plus commun.

Fig. 21.

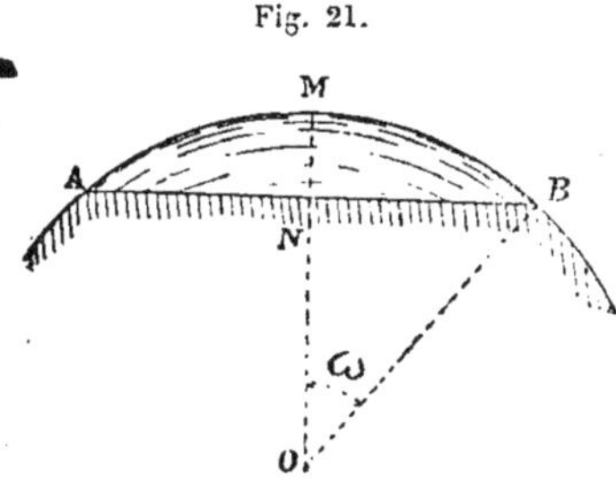

Pour l'océan Atlantique $2\omega = 70^{\circ}$, $MN = 1150$ kilom; la flèche est donc près de 160 fois plus grande que la plus forte profondeur de cet océan[1]. Une mer de 5° d'amplitude aurait une flèche de 6,15 kilom, son fond ne pourrait donc être concave qu'à la condition de descendre au-dessous de 6 000 mètres; or ce cas n'est réalisé par aucune des mers intérieures si profondes de Soulou, de Célèbes ou de Banda qui, toutes, ont plus de 5° et moins de 5 000 m. En revanche, le Pas de Calais est concave car la flèche d'un arc de 32 kilom est de 19 mètres et le détroit en a une soixantaine.

Classification des mers. — Les mers ont été classées de la façon suivante[2] :

Océans ou mers indépendantes. Ex. : *océan Pacifique.*

Mers dépendantes.	Méditerranées.	Mers intérieures. Ex. : *Méditerranée d'Europe.*
		Mers fermées par des iles. Ex. : *mer des Caraïbes.*
	Mers en bordure.	Mers intérieures. Ex. : *mer Rouge.*
		Mers fermées par des iles. Ex. : *mer du Japon.*

[1] De Lapparent. *Traité de géologie*, p. 66.

[2] Krümmel, *Versuch einer vergleichenden Morphologie der Meeresraüme*, Leipzig, 1878, et A. Supan, *Grundzüge der physischen Erdkunde*, p. 136.

Les océans ou mers indépendantes (*Ozeane*, *Selbständige Meere*) sont les cinq grands espaces d'eau communiquant entre eux par de larges ouvertures et qui, à eux seuls, constituent la presque totalité de la nappe d'eau couvrant le globe. Les mers dépendantes (*Unselbständige Meere*) ne forment ensemble que 6,8 p. 100 de la nappe océanique ; on les divise en méditerranées (*Mittelmeere*) plus grandes, et en mers en bordure (*Randmeere*) plus petites. Chacune de ces variétés se partage à son tour en deux classes, les mers intérieures (*Binnenmeere*), communiquant avec les océans par un détroit peu large, comme le détroit de Gibraltar pour la Méditerranée, celui de Bab-el-Mandeb pour la mer Rouge ou celui d'Ormuz pour le golfe Persique ; ces mers sont privées de courants puissants. Au contraire, les mers fermées par des îles (*Inselabgeschlossene Meere*), ainsi que l'indique leur nom, communiquent par les intervalles que laissent entre elles des îles disposées en chaîne, telles que les Kouriles pour la mer d'Okhotsk, les îles Aléoutiennes pour la mer de Behring, les grandes et les petites Antilles pour la Méditerranée américaine. Les méditerranées et les mers en bordure, à peu d'exceptions près, comme le golfe Persique et la mer de Californie, sont en forme de cuvette, de sorte que le détroit par lequel elles débouchent dans l'Océan est moins profond que le centre de ces mers.

I. — Océans.

Océan Pacifique.
Océan Atlantique.
Océan Indien.
Océan Antarctique.
Océan Arctique.

II. — Mers dépendantes.

1. Méditerranées.

α. *Mers intérieures :*

Méditerranée d'Europe y compris la mer Noire.

β. *Mers fermées par des îles :*

Méditerranée asiatique australe (comprenant les mers qui baignent l'archipel des Indes orientales jusqu'au détroit de Torrès et au golfe de Carpentarie, c'est-à-dire les mers de Banda, Célèbes et de Soulou, la mer de Chine et le golfe de Siam ; elle s'étend entre 15° lat. S. et 24° lat. N. d'une part et 102°-142° long. E.).

Méditerranée américaine (comprenant le golfe du Mexique, la mer de Bahama et la mer des Caraïbes ou des Antilles).
Mer de Behring.

2. Mers en bordure.

α. *Mers intérieures :*

Baie d'Hudson.
Mer Rouge.
Mer Baltique.
Golfe Persique.
Mer de Californie ou mer Vermeille.
Mer Blanche.

β. *Mers fermées par des îles :*

Mer d'Okhotsk.
Mer de la Chine orientale (comprenant aussi la mer Jaune et le golfe de Petchili).
Mer du Japon.
Mer du Nord, Manche, canal de Saint-Georges, mer d'Irlande.
Golfe du Saint-Laurent ou mer de Cabot.

Surface du sol de l'Océan à diverses profondeurs au-dessous du niveau de la mer ; cube d'eau correspondant à chacune de ces zones. — Nous empruntons à un travail[1] de M. John Murray, les tableaux suivants qui indiquent par zones d'égale profondeur la surface et le volume des mers du globe, leur profondeur moyenne et leur profondeur maximum. Ces chiffres ont été obtenus en dressant la carte des mers par courbes isobathes, en projection équivalente de Lambert et en faisant la planimétrie de chaque zone. Nous nous bornons à transformer les aires et les volumes exprimés en milles carrés et en milles cubes, par des kilomètres carrés et des kilomètres cubes, en multipliant les premières par le nombre constant 2,59 et les seconds par 4,168.

Nous remarquerons qu'en ces sortes de calculs, la précision absolue est assez difficile sinon impossible à obtenir pour un grand nombre de motifs, parmi lesquels l'imperfection des connaissances géographiques sur l'orographie sous-marine de certaines régions et l'incertitude où l'on est de savoir si les régions arctiques et antarctiques couvertes de glaces éternelles, sont des terres ou des mers.

[1] John Murray, *On the height of the land and the depth of the Ocean,* The Scott. geogr. Magazine, IV, 1.

	SURFACE en KILOM. CARRÉS.	VOLUME en KILOM. CUBES.
BASSIN DE L'ATLANTIQUE.		
Océan Atlantique nord.		
entre 0 fathom et 100 fathoms	2 767 300	6 540 450
100 — 500 —	1 905 000	24 451 500
500 — 1000 —	1 383 650	29 339 950
1000 — 2000 —	8 783 100	50 331 800
2000 — 3000 —	18 990 100	29 250 700
3000 — 4000 —	3 298 750	4 058 300
au-dessous de 4000 fathoms	20 050	13 750
Océan Atlantique sud.		
entre 0 fathom et 100 fathoms	1 042 700	4 732 500
100 — 500 —	721 800	18 322 100
500 — 1000 —	461 300	22 384 750
1000 — 2000 —	3 539 350	42 049 400
2000 — 3000 —	17 827 000	26 867 750
au-dessous de 3000 fathoms	2 807 450	342 300
Golfe du Mexique.		
entre 0 fathom et 100 fathoms	641 650	280 500
100 — 500 —	391 050	744 400
500 — 1000 —	180 500	696 500
1000 — 2000 —	492 450	874 000
au-dessous de 2000 fathoms	150 350	21 900
Mer des Caraïbes.		
entre 0 fathom et 100 fathoms	380 950	515 150
100 — 500 —	551 500	1 719 900
500 — 1000 —	501 250	1 744 900
1000 — 2000 —	992 600	2 273 600
2000 — 3000 —	561 500	722 700
au-dessous de 3000 fathoms	20 050	4 150
Mer du Nord.		
entre 0 fathom et 100 fathoms	400 350	40 650
au-dessous de 100 fathoms	20 050	6 250
Manche.		
entre 0 fathom et 100 fathoms	8 0150	6 250
Mer Baltique.		
entre 0 fathom et 100 fathoms	491 300	47 700
au-dessous de 100 fathoms	15 050	4 600

	SURFACE en KILOM. CARRÉS.	VOLUME en KILOM. CUBES.
Mer Méditerranée.		
entre 0 fathom et 100 fathoms	521 350	334 050
100 — 500 —	651 750	920 500
500 — 1000 —	210 500	788 600
1000 — 2000 —	681 800	904 650
au-dessous de 2000 fathoms	40 100	7 300
Mer Noire et mer d'Azof.		
entre 0 fathom et 100 fathoms	180 500	49 400
100 — 500 —	60 050	110 050
500 — 1000 —	20 050	104 000
au-dessous de 1000 fathoms	100 250	8 300
Mer de Norvège		
entre 0 fathom et 100 fathoms	401 050	496 800
100 — 500 —	862 350	1 525 400
500 — 1000 —	481 200	1 366 050
1000 — 2000 —	1 132 950	1 454 600
au-dessous de 2000 fathoms	40 100	200
Océan Arctique (1).		
entre 0 fathom et 100 fathoms	3 095 700	1 981 250
100 — 500 —	3 095 850	5 660 900
500 — 1000 —	3 095 550	4 717 300
au-dessous de 1000 fathoms	3 095 550	1 886 850
BASSIN DU PACIFIQUE.		
Pacifique nord.		
entre 0 fathom et 100 fathoms	1 132 950	12 544 200
100 — 500 —	742 000	49 491 500
500 — 1000 —	802 100	01 280 150
1000 — 2000 —	4 642 250	118 754 500
2000 — 3000 —	57 922 700	77 785 450
3000 — 4000 —	3 679 700	4 926 100
au-dessous de 4000 fathoms	240 600	293 000
Pacifique sud.		
entre 0 fathom et 100 fathoms	601 650	11 122 850
100 — 500 —	1 343 050	43 785 800
500 — 1000 —	1 895 000	53 539 650
1000 — 2000 —	11 039 050	98 041 500
2000 — 3000 —	44 336 800	57 422 050
au-dessous de 3000 fathoms	1 915 100	712 100

(1) Non compris la mer de Norvège, mais y compris la baie d'Hudson. Les valeurs sont obtenues en divisant l'aire superficielle en quatre zones de profondeur égale.

	SURFACE en KILOM. CARRÉS.	VOLUME en KILOM. CUBES.
Mer de Behring.		
entre 0 fathom et 100 fathoms	992 600	316 150
100 — 500 —	200 600	828 800
500 — 1000 —	140 400	901 550
au-dessous de 1000 fathoms	892 350	543 900
Mer d'Okhotsk.		
entre 0 fathom et 100 fathoms	471 250	213 600
100 — 500 —	491 300	491 000
au-dessous de 500 fathoms	441 200	107 550
Mer du Japon.		
entre 0 fathom et 100 fathoms	350 950	145 650
100 — 500 —	190 500	385 100
500 — 1000 —	200 600	333 250
au-dessous de 1000 fathoms	230 650	56 250
Mer Jaune.		
entre 0 fathom et 100 fathoms	962 550	133 800
100 — 500 —	240 750	94 400
au-dessous de 500 fathoms	9 900	1 250
Mer de Chine.		
entre 0 fathom et 100 fathoms	1.734 600	488 700
100 — 500 —	531 450	1 125 950
500 — 1000 —	591 550	983 850
1000 — 2000 —	621 600	865 750
au-dessous de 2000 fathoms	60 200	14 800
Mer de Célèbes.		
entre 0 fathom et 100 fathoms	90 250	77 950
100 — 500 —	60 200	256 750
500 — 1000 —	60 200	274 700
1000 — 2000 —	80 150	417 900
au-dessous de 2000 fathoms	180 400	163 800
Mer de Soulou.		
entre 0 fathom et 100 fathoms	200 600	64 100
100 — 500 —	80 150	154 000
500 — 1000 —	30 050	146 700
1000 — 2000 —	100 250	195 500
au-dessous de 2000 fathoms	40 100	9 800

	SURFACE en KILOM. CARRÉS.	VOLUME en KILOM. CUBES.
Mer de Banda.		
entre 0 fathom et 100 fathoms	150 350	186 100
100 — 500 —	421 100	535 600
500 — 1000 —	190 500	418 850
1000 — 2000 —	240 600	558 700
2000 — 3000 —	75 250	119 400
3000 — 4000 —	10 100	21 450
au-dessous de 4000 fathoms	5 050	1 250
Mer de Java.		
entre 0 fathom et 100 fathoms	802 100	97 100
100 — 500 —	129 350	48 150
au-dessous de 500 fathoms	1 050	200
Mer d'Arafura.		
entre 0 fathom et 100 fathoms	1 263 350	152 150
100 — 500 —	110 350	106 300
500 — 1000 —	59 550	64 200
au-dessous de 1000 fathoms	30 050	7 300
BASSIN DE L'OCÉAN INDIEN.		
Océan Indien.		
entre 0 fathom et 100 fathoms	2 175 750	7 892 450
100 — 500 —	1 975 200	30 052 400
500 — 1000 —	1 303 550	36 264 100
1000 — 2000 —	1 130 050	08 420 300
2000 — 3000 —	33 005 600	42 319 500
au-dessous de 3000 fathoms	100 250	11 850
Mer Rouge.		
entre 0 fathom et 100 fathoms	160 450	60 450
100 — 500 —	120 300	139 400
500 — 1000 —	125 350	81 050
au-dessous de 1000 fathoms	5 050	1 250
Golfe Persique.		
entre 0 fathom et 100 fathoms	200 600	9 150

	SURFACE en KILOM. CARRÉS.	VOLUME en KILOM. CUBES.
BASSIN DES OCÉANS DU SUD (1) ET ANTARCTIQUE.		
Océan du Sud (sud de l'océan Pacifique).		
entre 0 fathom et 100 fathoms	371 100	4 724 050
100 — 500 —	461 300	19 032 100
500 — 1000 —	511 350	26 168 750
1000 — 2000 —	12 994 250	38 302 650
2000 — 3000 —	11 410 050	15 505 600
au-dessous de 3000 fathoms	872 250	212 750
Océan du Sud (sud de l'océan Indien).		
entre 0 fathom et 100 fathoms	631 650	4 381 300
100 — 500 —	300 800	17 183 850
500 — 1000 —	491 300	21 191 100
1000 — 2000 —	16 350 550	31 842 300
au-dessous de 2000 fathoms	6 537 350	4 781 850
Océan du Sud (sud de l'océan Atlantique).		
entre 0 fathom et 100 fathoms	1 082 850	2 983 200
100 — 500 —	571 450	11 329 050
500 — 1000 —	710 000	13 681 300
1000 — 2000 —	2 647 000	24 881 000
2000 — 3000 —	8 402 150	16 532 600
3000 — 4000 —	3 328 800	4 260 050
au-dessous de 4000 fathoms	110 350	26 900
Océan Antarctique (2).		
entre 0 fathom et 100 fathoms	2 870 250	1 835 800
100 — 500 —	2 870 250	5 129 000
500 — 1000 —	2 870 100	4 373 450
au-dessous de 1000 fathoms	2 870 100	1 749 500

(1) M. John Murray désigne sous le nom d'océan du Sud la nappe océanique s'étendant depuis le cercle antarctique jusqu'à la latitude de 40° S. Cette latitude est considérée comme la limite méridionale des océans Pacifique, Indien et Atlantique.

(2) Les valeurs indiquées sont obtenues en divisant l'aire superficielle en quatre zones de profondeur égale.

RÉCAPITULATION.

	SURFACE en KILOM. CARRÉS.	VOLUME en KILOM. CUBES.	PROFONDEUR MOYENNE. Fa-thoms.	PROFONDEUR MOYENNE. Mètres.	PROFONDEUR MAXIMUM. Fa-thoms.	PROFONDEUR MAXIMUM. Mètres.
Bassin de l'océan Atlantique.						
Atlantique nord.........	37 147 950	143 986 450	2 135	3 905	4 561	8 342
Atlantique sud.........	26 549 600	114 698 850	2 375	4 344	3 100	5 669
Golfe du Mexique.......	1 856 000	2 617 300	772	1 412	2 119	3 876
Mer des Caraïbes.......	3 007 850	6 980 400	1 269	2 321	3 169	6 584
Mer du Nord...........	420 400	46 900	61	111	360	658
Manche...............	80 150	6 250	43	78	86	155
Mer Baltique...........	506 350	52 300	57	104	430	786
Méditerranée...........	2 105 500	2 955 100	768	1 403	2 150	3 932
Mer Noire et mer d'Azof.	360 850	271 750	412	753	1 070	1 957
Mer de Norvège........	2 917 650	4 843 050	908	1 667	2 005	3 658
Océan arctique.........	12 382 650	14 246 300	630	1 152	1 500?	2 743?
Bassin de l'océan Pacifique.						
Pacifique nord..........	69 162 300	325 074 900	2 570	4 760	5 000	9 145
Pacifique sud..........	61 130 650	264 623 950	2 368	4 331	3 305	6 037
Mer de Behring........	2 225 950	2 590 400	636	1 163	1 500?	2 743?
Mer d'Okhotsk........	1 403 750	812 150	292	534	700?	1 280?
Mer du Japon..........	972 700	920 250	517	945	1 200?	2 194?
Mer Jaune.............	1 213 250	229 450	103	188	600?	1 097?
Mer de Chine..........	3 539 400	3 479 050	538	984	2 200?	4 023?
Mer de Célèbes.........	471 200	1 193 100	1 394	2 000	2 745	5 020
Mer de Soulou..........	451 150	570 100	691	1 264	2 200?	4 023?
Mer de Banda.........	932 500	145 450	871	155	4 200?	1 006?
Mer de Java...........	1 192 950	1 841 350	85	1 593	550?	7 681?
Mer d'Arafura..........	1 463 300	329 950	123	225	1 200	2 194
Bassin de l'Océan Indien.						
Océan Indien...........	42 691 300	184 960 600	2 286	4 181	3 097	5 665
Mer Rouge............	411 150	282 150	375	685	1 200	2 194
Golfe Persique.......	200 600	9 150	25	47	50?	91?
Bassin des océans du Sud et Antarctique.						
Océan du Sud (sud du Pacifique)........	26 620 300	103 945 950	2 139	3 912	3 200?	5 883?
Océan du Sud (sud de l'océan Indien).........	24 311 650	79 380 400	1 788	3 661	2 600	4 755
Océan du Sud (sud de l'Atlantique)............	16 852 600	73 694 100	2 391	4 371	4 200?	7 680?
Océan Antarctique......	11 480 700	13 087 750	629	1 150	1 500?	2 743?

RÉSUMÉ PAR BASSINS.

	SURFACE en KILOM. CARRÉS.	VOLUME en KILOM. CUBES.
Océan Atlantique	87 334 950	290 704 650
Océan Pacifique	144 159 100	601 810 100
Océan Indien	43 303 050	185 251 900
Océans du Sud et Antarctique	79 265 250	270 108 200

Surface totale du lit des océans........ .... 354 062 350 kil. q.
Volume total des eaux océaniques [1]....... 1 347 874 850 kil.[3].

Relations entre les terres et les mers. — On a cherché à évaluer les relations qui existent sur le globe entre la surface des terres et la surface recouverte par les eaux. Ainsi qu'il a été dit, il est impossible de fixer ce rapport pour le globe entier, dans l'ignorance où l'on est de l'étendue occupée par les terres et les mers dans les régions polaires, dont 6 millions de kilq autour du pôle nord et 17 millions de kilq autour du pôle sud sont encore inexplorés. En supposant que dans ces régions le partage soit égal, Krümmel [2] donne pour le globe, d'une superficie totale de 510 millions de kilq :

Surface continentale	142 000 000	de kilq.
Surface océanique	368 000 000	—

Ces chiffres se rapprochent assez de ceux de M. Murray; il en résulte pour le rapport de la terre à la mer la valeur $\frac{142}{368} = \frac{1}{2,606}$.

L'eau et la terre sont massés d'une façon irrégulière de chaque côté de l'équateur. Si l'on considère l'hémisphère ayant pour pôle un point situé dans le détroit du Pas de Calais, il comprendra la plus grande partie des terres du globe et, pour ce motif, on le désigne quelquefois sous le nom d'hémisphère tellurique par opposition à l'autre hémisphère, l'hémisphère maritime, qui contient la

[1] Krümmel (*loc. cit.*) donne comme profondeur moyenne de l'ensemble des mers du globe 3 440 mètres.

[2] O. Krümmel, *Der Ozean*, 1886.

majeure partie des mers du globe. Sur le premier on trouve 120,5 millions de kilq. en terre et 134,5 millions de kilq. en mer, soit un rapport de $\frac{1}{1,116}$ entre la terre et la mer. Sur l'hémisphère maritime, la terre n'occupe que 21,5 millions de kilq. et la mer 233,5 millions, de sorte que le rapport de la terre à la mer est de $\frac{21,5}{233,5} = \frac{1}{10,860}$.

Dove a figuré ces relations entre la surface sèche et la surface aqueuse sur le globe entier. Le premier diagramme (*fig.* 22) montre

Fig. 22.

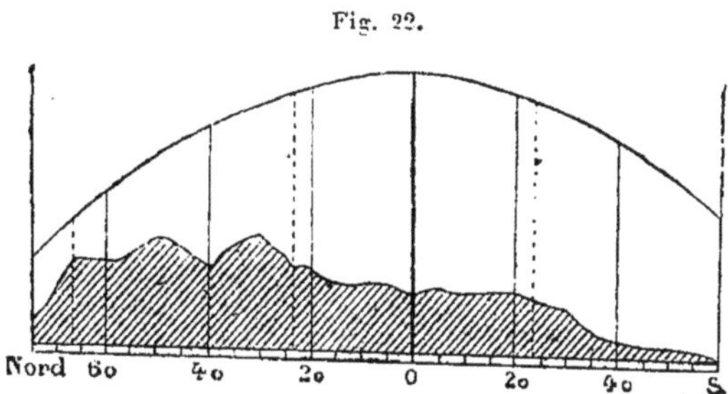

la surface continentale (ombrée) et la surface océanique aux diverses latitudes; le second (*fig.* 23), le rapport entre la terre et la mer sur le contour entier des différentes latitudes.

Fig. 23.

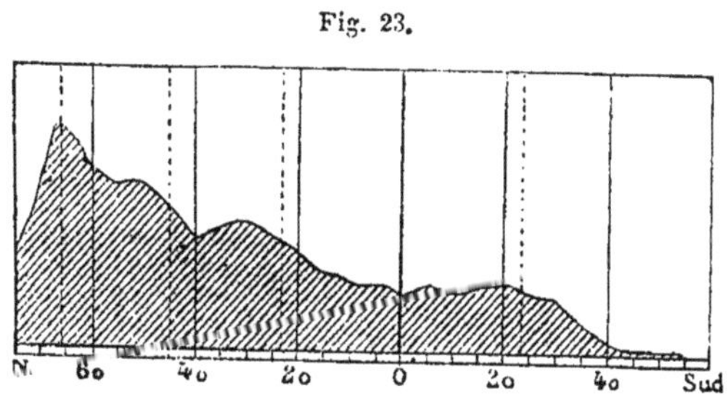

M. de Chancourtois[1] a réussi à montrer avec une approximation suffisante, sur un même diagramme, la relation qui existe entre les saillies continentales et les profondeurs océaniques, aussi bien en

[1] De Chancourtois *in* de Lapparent, *Traité de géologie*, p. 65.

valeur absolue qu'en valeur relative. La surface terrestre au niveau de la mer étant représentée par une circonférence de rayon quelconque, la surface continentale et la surface océanique (*fig.* 24) seront figurées par les arcs A B et B A, respectivement proportionnels aux aires continentale et océanique mesurées aussi exactement que possible. On divise ensuite chacun de ces deux arcs en parties proportionnelles à la superficie des zones, soit continentales, soit océaniques, comprises entre 0 et 200, 200 et 500, 500 et 1000, 1000 et 2 000, 2 000 et 8 840 mètres (hauteur du Gaurisankar dans l'Himalaya) d'altitude et 0 et 1000, 1000 et 2 000..... 7 000 et 8 500 mètres de profondeur. On mesure alors les rayons aboutissant aux limites de chacune de ces zones ou de ces arcs et, à partir de l'extrémité de chaque rayon, on porte à une échelle très exagérée une longueur proportionnelle à l'altitude ou à la profondeur de chaque zone. On joint par un trait continu. La portion ombrée montrera le relief continental et l'autre la dépression océanique.

Fig. 24.

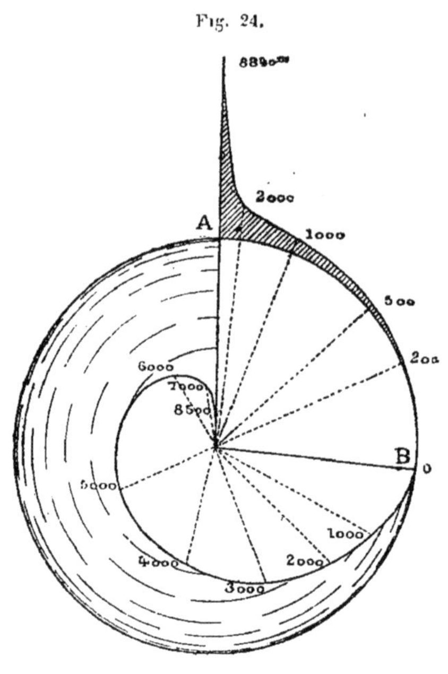

Aperçu général du relief sous-marin. — Le fond des mers est accidenté ; il présente de longues vallées plus ou moins sinueuses, des creux profonds, de vastes plateaux et en même temps des montagnes tantôt s'étendant en crêtes continues, tantôt s'élevant par une pente abrupte en forme de pics dont la crête se dresse au-dessus des flots, en îles ou simplement en rochers dénudés comme Rockall et San Pedro dans l'Atlantique, Saint-Paul et Amsterdam dans l'océan Indien et les innombrables archipels ou récifs coraillers du Pacifique. Cependant il ne faudrait pas s'exagérer l'irrégularité de ce relief et tenter de le comparer au relief des continents ; le sol de l'Océan possède des contours atténués et, sauf d'assez rares exceptions, les pentes en sont extrêmement adoucies.

Plusieurs facteurs tendent à produire ce résultat. Les débris minéraux que les agents atmosphériques détachent sans cesse du sol subaérien, sont charriés par les fleuves, arrivent ainsi à la mer et s'éparpillent sur le lit océanique dont ils usent même les aspérités, lorsqu'ils sont transportés par un courant violent et de faible profondeur, comme sur le plateau du Blake, au sud-est des États-Unis, qui est érodé par le Gulfstream. Le plus souvent, ils se bornent à combler les dépressions et à les remplacer par des surfaces planes car, au sein de l'eau, il suffit de chocs très légers pour étaler les talus de matériaux meubles et les secousses si fréquentes des tremblements de terre, fourniraient une explication complète du phénomène [1]. Mais ce qui contribue encore davantage à la régularité du relief sous-marin, c'est que le fond de la mer n'est pas comme les montagnes terrestres constamment érodé par les eaux courantes dont l'action est si puissante. Rien ne semble troubler le calme éternel des profondeurs, tandis que le relief continental est sculpté par les météores aériens, pluie, vent, grêle, par les alternances du froid et du chaud, par la gelée qui désagrège les roches les plus résistantes.

Le plateau continental. — Les océanographes accordent une attention spéciale à la partie du bassin océanique bordée par la ligne des côtes telle qu'elle est tracée sur les cartes géographiques et arrivant au-dessous des eaux, jusqu'à une profondeur de 100 brasses ou de 200 mètres ; on la désigne sous le nom de soubassement ou plateau continental (*Continental Shelf* des Anglais et des Américains, *Flachsee* des Allemands). Cette région est indiquée sur toutes les cartes bathymétriques. Elle s'étend à une distance variable de la terre ; tantôt elle ne forme qu'une étroite ceinture comme le long de la Norvège, tantôt elle se prolonge en un vaste plateau qui, en Europe, se développe depuis les côtes de France et de Hollande jusque par delà les Orcades et constitue le sous-sol de la mer du Nord et de la Baltique. Si l'on trace son contour, on remarque que

[1] J. Thoulet, *Considérations générales sur l'inclinaison des talus de matières meubles*; Annales de chimie et de physique, 6e série, XII, p. 33-64.

les continents et les îles avoisinantes se relient d'une manière plus systématique que par la ligne de séparation actuelle entre la terre et la mer; les naturalistes se rendent alors compte de curieuses relations de faune et de flore qui resteraient souvent inexpliquées entre les contrées que la mer sépare aujourd'hui les unes des autres. En outre de l'Angleterre ainsi rattachée à l'Europe, on citerait encore la Tasmanie, la Nouvelle-Zélande et le continent australien, Madagascar et les Mascareignes avec le continent africain, les grandes et les petites Antilles, les îles Bahama et l'Amérique. L'existence du plateau continental touche à d'importants problèmes de l'histoire géologique du globe; son intérêt n'est pas moindre au point de vue pratique qu'au point de vue théorique. Si cette dernière considération doit l'emporter dans une étude des conditions actuelles de l'Océan, il est cependant indispensable de résumer ici d'une façon succincte les opinions théoriques relatives à cette zone, et qui, il faut bien l'avouer, sont très différentes chez les divers auteurs.

Le géographe américain Guyot a, le premier, énoncé une opinion qui a été soutenue ensuite par plusieurs géologues américains ou anglais, Dana, Agassiz, Thomson, Geikie, Carpenter et Wallace. Selon ces savants, il existe une complète analogie entre les couches sédimentaires terrestres datant des époques géologiques anciennes et les dépôts qui s'effectuent aujourd'hui au sein des eaux peu profondes dans le voisinage immédiat des continents au-dessus du plateau continental actuel. En effet, ces couches géologiques montrent des alternances de matériaux fins et grossiers, on y reconnaît les rides en sillons que produisent les flots en déferlant sur les plages sablonneuses, on y voit les traces de vers marins ainsi que des variations de stratification faciles à expliquer en supposant qu'elles se sont formées dans des eaux peu profondes et en attribuant leur épaisseur, parfois énorme, à des affaissements continus peut-être interrompus d'ailleurs par des émergences qui maintenaient toujours la surface du sol sous-marin à la même faible distance au-dessous de la surface des eaux. Nulle part on n'aurait trouvé sur les continents des couches analogues à celles qui recouvrent les abîmes, l'argile rouge par exemple.

Il résulterait de cette hypothèse que, pendant toute la série des âges géologiques, l'aire continentale aurait sans cesse été en augmentant par la périphérie; que, par conséquent, dès l'origine de l'histoire de la terre ou tout au moins dès le début des périodes sédimentaires, les continents auraient possédé leur disposition générale actuelle et n'auraient fait depuis que s'agrandir. On serait ainsi conduit à admettre la permanence de leur forme dans ses traits principaux de sorte que le lit actuel de l'Océan, dans ses parties profondes, aurait toujours été recouvert par les eaux.

On pourrait objecter que si l'on ne trouve pas, dans les couches géologiques, de formations analogues aux formations de mer profonde, c'est que celles-ci sont très minces. Elles ne se composent, en effet, que du résidu insoluble infiniment petit des matériaux solides partis des rivages et amenés lentement au centre des océans en perdant une portion de plus en plus grande de leur volume ou des dépouilles calcaires d'animaux pélagiques qui, par suite de leur faible poids pour un volume relativement considérable, ont mis un temps très long à tomber dans les profondeurs, se sont presque entièrement dissoutes pendant leur descente et ne possédaient plus qu'une masse à peu près nulle lorsqu'elles ont touché le fond. On comprend donc que de pareilles couches se reconnaissent difficilement dans les couches sédimentaires aujourd'hui continentales; elles auraient même pu être érodées ou supprimées au cas où, par un phénomène quelconque d'émergence, de subsidence ou de déplacement du lit océanique, elles se seraient rapprochées de la surface ou auraient été mises à sec et abandonnées à l'action de l'atmosphère.

M. Suess[1], au contraire, s'appuie sur l'examen des bourrelets montagneux appartenant à une même époque et sur les études récentes de stratigraphie comparée relatives à des couches embrassant d'immenses espaces de la sphère terrestre pour admettre que les contours des grands océans actuels remontent à une antiquité inégalement lointaine dans leurs différentes parties. La cuvette du Pacifique serait le bassin géologique le plus anciennement constitué, tandis que l'océan Indien et les portions boréales et australes de l'Atlantique n'auraient été formées que plus tard par suite de l'affaissement de masses continentales parmi lesquelles l'Atlantide vient naturellement trouver place. En suivant, à l'intérieur des continents, les traces laissées par les mers anciennes, on trouve la preuve de

[1] Suess, *Das Antlitz der Erde*. Voy. l'excellente analyse de cet ouvrage par M. Emm. de Margerie, *Annuaire géologique universel*, IV, 465, 1888.

l'existence de vastes terres émergées, en particulier entre l'Europe et l'Amérique et entre le cap de Bonne-Espérance et le fond du golfe du Bengale, tandis que des régions aujourd'hui continentales servaient au contraire de lit aux mers secondaires et sont devenues le théâtre de plissements énergiques qui ont porté à une grande hauteur les sédiments alors déposés.

Il n'existerait aucune preuve réelle de déplacements relatifs de l'écorce terrestre pendant toute la durée des temps historiques sauf en quelques localités isolées où le phénomène se montre en rapport avec les oscillations d'un cratère volcanique et n'a, par conséquent, rien de commun avec un mouvement d'ensemble de la croûte solide du globe. Mais, à certaines époques géologiques, les mers auraient eu une tendance générale à abaisser ou à remonter leur niveau au détriment des continents alors existants. Les mers secondaires exhaussaient leur niveau, celles du crétacé inférieur manifestaient le phénomène inverse, celles du crétacé supérieur le remontaient, et ainsi de suite, par des espèces d'oscillations successives ou de mouvements *enstatiques*, comme les nomme M. Suess. Les phases d'émersion offraient probablement un caractère épisodique, brusque, tandis que celles d'immersion s'effectuaient par une marche plus lente. En outre, ces déplacements du niveau n'auraient point partout eu lieu parallèlement à eux-mêmes dans le plan vertical.

M. Walther[1], sans appuyer sur la chronologie des apparitions ou disparitions successives de la mer en une même région, remarque que les aires d'affaissement telles qu'on les observe aujourd'hui, ont une étendue d'autant moindre qu'elles se rapportent à une époque géologique plus récente. Théoriquement, la croûte terrestre s'épaississant de plus en plus, le refroidissement opère des contractions qui se font sentir sur un espace plus petit et finissent par se réduire aux dépressions cratériformes de la lune, dernier terme de la période de refroidissement auquel est arrivé ce satellite. Or toute région d'affaissement, c'est-à-dire tout océan, est bordée par un plissement. Les continents sont, par conséquent, entourés par des côtes, zones de flexion constituées par une anticlinale (*fig.* 25) ou ligne le long de laquelle les couches du terrain manifestent une convexité vers l'exté-

[1] Joh. Walther, *Ueber den Bau der Flexuren an den Grenzen der Kontinente*; Jenaisch, Zeitsch für Naturwiss, Bd. XX, N. F., XIII.

rieur suivie d'une synclinale ou ligne de part et d'autre de laquelle les couches sont en concavité, et qui est précisément la limite où commence le bassin océanique. Entre les deux, sur un espace qui

Fig. 25.

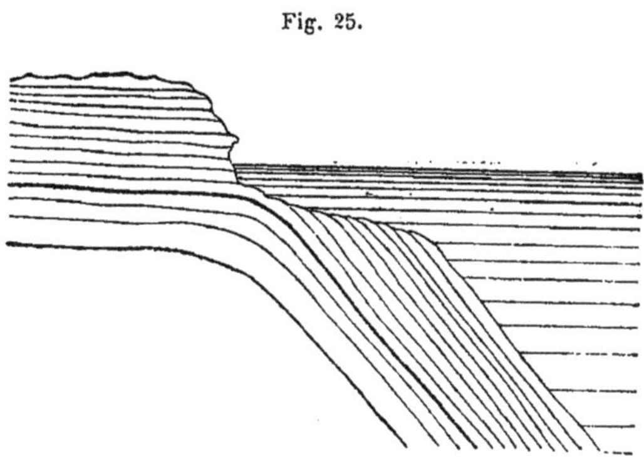

représenterait en quelque sorte l'un des flancs de la vallée d'érosion creusée par les vagues dans l'anticlinale et offrant en profil la tranche des couches, s'étendrait le plateau continental.

Les côtes de la plupart des mers montrent bien une diminution progressive, lente, dans la profondeur de l'eau jusque vers 200 mètres ; l'angle d'inclinaison devient ensuite plus abrupt. Cette limite continentale n'est cependant pas absolument liée à la profondeur de 200 mètres et peut quelquefois se trouver plus bas. Sur certaines côtes, elle paraît même manquer. La largeur et la profondeur du plateau continental dépendent du rayon de la courbure qu'ont supportée les couches dans leur plissement.

On voit combien diffèrent entre elles les idées théoriques relatives au plateau continental ; cependant, au point de vue pratique et quelle que puisse être sa genèse, cette zone est particulièrement intéressante pour l'océanographie. Les sondages y sont importants à cause du voisinage de la terre et la faible profondeur de l'eau les rend faciles à exécuter ; là s'amoncellent les débris arrachés aux rivages, s'étalent ceux apportés par les fleuves et, dans les régions polaires ou subpolaires, s'exerce avec toute son énergie l'action des glaces et des icebergs ; c'est là que les courants se font sentir avec le plus d'intensité. Enfin, comme cette zone est justement celle de pénétration de la lumière et de végétation des plantes marines, elle sert d'asile à la majeure partie des êtres vivants et spécialement aux poissons dont profite l'industrie des pêches.

Après le plateau continental, entre l'isobathe de 200 mètres et celle de 1000 mètres, le fond se régularise beaucoup ; son escarpement est variable selon les localités. Au large de Noirmoutier, jusqu'à 1000 mètres, la pente est de 0° 19′ ; au large de la côte des Landes, de 0° 34′ ; près du cap Sicié, au voisinage de Toulon, jusqu'à 200 mètres de profondeur, de 3° 49′ et, de là jusqu'à 1000 mètres, de 1° 41′ ; au large de la Norvège, elle atteint par places jusqu'à 9° 25′[1]. La pente des îlots volcaniques ou coralliens de l'Océan est bien plus forte, car la *Gazelle*, à 254 mètres de l'île Amsterdam, a trouvé le fond par 1485 mètres, ce qui donne une pente de 80° environ. On ne saurait mieux comparer ces îlots qu'aux aiguilles qui, dans les montagnes, se dressent presque verticalement et ne sont, en réalité, que des exceptions.

Au delà de l'isobathe de 1000 mètres, le fond de l'Océan se régularise encore davantage ; s'il venait à se dessécher, il offrirait l'apparence des prairies de l'Amérique du Nord ou des pampas de l'Amérique du Sud. Par places, il possède des creux profonds de dimensions variables relativement peu nombreux et surtout dans le voisinage des continents, à une faible distance à l'est du Japon, pour le Pacifique, et à l'est de Porto-Rico pour l'Atlantique.

Notre connaissance du fond des mers présente malheureusement d'immenses lacunes. L'océan du Nord, l'Atlantique nord, la mer des Antilles et le golfe du Mexique sont presque les seules régions explorées d'une manière suffisante. Bien des travaux restent à accomplir, en particulier dans le Pacifique sud, l'océan Indien et l'Atlantique sud, avant qu'on puisse baser les études diverses de l'océanographie et surtout les courants sur une topographie précise. On sait, par exemple, que le lit de l'océan Arctique est très élevé et se comble de plus en plus par les sédiments apportés par les fleuves ; mais on est, pour le moment, incapable de suivre les grandes vallées par lesquelles passeraient, s'ils existaient, les courants profonds qu'on suppose marcher d'une manière constante des pôles à l'équateur. En général, les mers méditerranées et les mers en bordure sont en cuvettes, et seuls le golfe Persique et la mer Vermeille, dont le sol

[1] Supan, *Grundzüge der physischen Erdkunde*, p. 138.

va rejoindre en pente douce et continue celui de l'Océan, n'ont pas leur entrée barrée par un seuil. La Méditerranée se partage en deux bassins séparés par une crête qui s'étend de la Tunisie à la Sicile ; l'océan du Nord, examiné par le *Vöringen*, se divise aussi en cuvettes bornées par des crêtes. Même pour les mers intérieures, les notions manquent de précision. Si, sur la terre, un col étroit apporte de notables modifications au régime des vents d'une région, une coupure dans une crête sous-marine doit en amener de bien plus importantes dans le régime des courants et dans certains phénomènes, tels que la répartition des faunes, qui en sont la conséquence immédiate. La crête Wyville Thomson, entre l'Écosse septentrionale et les Faeroer, règle toute l'économie de l'océan du Nord. Or, une foule d'autres mers sont à peu près absolument inconnues.

Cartes bathymétriques ; méthode Trudelle. — La meilleure façon de représenter le relief sous-marin consiste à en dessiner la carte par courbes d'égale profondeur au-dessous de la surface et qu'on nomme courbes isobathométriques ou isobathes. La configuration du sol apparaît encore mieux si l'on recouvre d'une teinte uniforme, qu'on choisit généralement bleue, les aires comprises entre deux isobathes successives, en augmentant d'autant plus la nuance que les aires sont situées plus profondément. C'est ainsi qu'ont été dressées les cartes du petit nombre d'océans qui ont été jusqu'à présent étudiés suffisamment L'absence d'une carte topographique générale des océans à grande échelle est regrettable et ne se trouve pas justifiée par le manque de documents relatifs à certains parages, car rien n'empêcherait, pour les endroits douteux, de tracer les isobathes en pointillé tout en réservant le trait plein pour les régions à peu près certaines, ce qui indiquerait ainsi, graphiquement, le degré de confiance à accorder et les points ayant besoin d'être examinés à nouveau.

L'océanographie trouve cependant une importante collaboration de la part des compagnies industrielles qui s'occupent de la pose des télégraphes sous-marins. Celles-ci fournissent de précieux profils du sol immergé et recueillent de nombreux échantillons de fonds dont la topographie et la géologie océaniques tirent profit. C'est ainsi qu'en 1885, la *India Rubber, Gutta-percha and Telegraph Company*, de Silvertown, a permis à M. Buchanan d'embarquer sur le *Buccaneer* et de relever la topographie sous-marine du golfe de Guinée, à la suite des campagnes faites en 1883 et 1884 par les steamers *Dacia*, *International* et *Silvertown*, chargés de la pose du télégraphe entre Cadix, les Canaries, Saint-Louis du Sénégal, les îles du Cap Vert et Saint-Paul-de-Loanda [1]. Le plateau télégraphique qui s'étend entre l'Europe et l'Amérique; la Méditerranée, entre la France et la côte d'Algérie, ainsi que bien d'autres océans, ont été étudiés de cette façon.

Nous ne reviendrons pas sur l'utilité que présenterait une carte isobathométrique générale du globe. Il n'est, pour ainsi dire, pas une branche de l'océanographie, marées, courants, distribution des sédiments et des températures dont l'étude puisse être achevée avant qu'on ne soit en possession d'un pareil document. Ces cartes ont une application pratique immédiate. M. Trudelle, ancien lieutenant de vaisseau et commandant du paquebot de la compagnie transatlantique la *France*, a en effet appliqué la méthode des courbes isobathes à l'atterrissage de New-York par temps de brume, à la traversée entre cette ville et Le Havre, le long de la Manche, et à la navigation dans les parages si dangereux du cap Guardafui [2]. Muni d'une carte où les courbes d'égale profondeur ont été tracées et où les aires isobathes sont marquées d'une teinte uniforme et d'autant plus foncée qu'elles correspondent à une profondeur plus considérable, il s'avance en pratiquant des sondages à intervalles de temps convenables, opération que l'emploi de l'appareil Thomson permet, à bord d'un vapeur, d'exécuter rapidement, facilement et sans ralentir ni modifier la marche. Il se place ainsi dans des limites topographiques telles que par quelques changements de route successifs, ces limites se rétrécissent graduellement et conduisent à une position exacte très voisine du port cherché.

Selon la localité, on se procure des repères, profondeurs ou nature de fond indiquant sans erreur possible les limites de l'espèce de coulisse ou de corridor dans lequel on doit se mouvoir. Le procédé

[1] *The Exploration of the Gulf of Guinea*, by J. Y. Buchanan, The Scott. geogr. Magazine, IV, 177, 1888.

[2] Voy. les ouvrages suivants de M. Trudelle, ancien lieutenant de vaisseau, capitaine du paquebot de la Compagnie générale transatlantique la « France » : *New-York; Atterrissage à la sonde pour les bâtiments à vapeur. — La Manche; Atterrissage et navigation des bâtiments à vapeur par temps de brume. — Essai sur l'emploi de la sonde dans les environs du cap Guardafui.*

donnera des résultats d'autant meilleurs que ce corridor sera plus large à son embouchure, en arrivant sur les atterrages ; mais, quel qu'il soit, il se rétrécira de plus en plus jusqu'à se transformer en une ligne, puis en un point déterminé, celui de l'arrivée.

La connaissance de la profondeur de la mer au-dessus de laquelle il flotte pendant des modifications de route précises et de direction déterminée, permettra au navire d'estimer sa position avec une exactitude de plus en plus grande. Il se placera dans une suite de lieux géométriques de moins en moins étendus à mesure qu'il se rapprochera davantage du point d'arrivée, l'incertitude de sa position réelle diminuant toujours et finissant par se convertir en une certitude. Dans le choix des repères, la connaissance des particularités locales jouera, d'ailleurs, un rôle important ; les courants, le sens habituel des erreurs commises en atterrissant, les causes de ces erreurs, si on peut les découvrir, car il en existe toujours une ou plusieurs, seront autant de particularités à étudier pour corroborer les indications topographiques et en tirer des considérations qui guideraient le navigateur dans ses recherches[1].

Terminologie du relief sous-marin. — La terminologie du relief sous-marin laisse à désirer car elle prête à une certaine confusion. Il y aurait un intérêt immédiat pour le développement de la science de l'Océan à ce que les différentes nations se missent d'accord pour le choix des termes à adopter et leur traduction dans les diverses langues. Pour nommer les localités sous-marines, on a choisi des noms géographiques, des noms de personnes, marins ou savants, et des noms de vaisseaux.

Bien que des noms géographiques soient toujours préférables parce qu'ils rattachent l'accident qu'on veut désigner à une région d'une connaissance courante, il n'existe aucun inconvénient à prendre des noms d'hommes ou de vaisseaux. Mais il y en a davantage à ne pas s'entendre sur le choix du terme servant à déterminer la nature même de l'accident. Avec Supan[2], nous appellerons les élévations plateaux (*Plateaux*) lorsque leur longueur et leur largeur ne différe-

[1] J. Thoulet, *Considérations sur la structure et la genèse des bancs de Terre-Neuve*, Bull. de la Société de géogr. de Paris, t. X, 1889.

[2] Supan, *Grundzüge der physischen Erdkunde*, p. 135.

ront pas notablement entre elles, et crêtes (*Rücken*, *ridges*) lorsqu'elles seront allongées ; les bassins (*Becken*) seront les dépressions principales dont les portions les plus profondes seront les gouffres (*Tiefen*); enfin, les dépressions restreintes seront simplement des creux ou des fonds (*Senkungen*). Nous connaissons déjà la valeur du terme plateau continental (*continental Shelf*, *Flachsee*).

Topographie des lacs. — Les données hydrographiques qui caractérisent un lac sont la position géographique déterminée par la latitude et la longitude d'un point important situé sur ses bords, l'altitude, la forme, la superficie, le relief immergé, le volume d'eau, la superficie et le modelé du bassin d'alimentation, c'est-à-dire la pente du terrain, au moins dans le voisinage immédiat du lac ; enfin, le nombre et le régime des affluents.

Le relief des lacs est en général assez simple à cause des mêmes raisons qui font que le relief des océans est moins compliqué que celui des continents sans cesse modifié par les phénomènes d'érosion dus aux agents atmosphériques. Un lac peut être considéré comme formé de trois parties distinctes : le littoral ou région des côtes, le talus et le fond[1].

Le littoral présente le relief le plus compliqué. Les alluvions apportées par les rivières et celles qui proviennent de l'érosion de la rive constituent d'abord (*fig.* 26) la grève *ef* alternativement émergée et submergée selon les variations du niveau de l'eau ; puis, elles s'accumulent sur une largeur atteignant parfois plusieurs centaines de mètres et forment alors ce qu'on désigne dans le Léman sous le nom de *beine* et dans le lac de Neuchâtel sous celui de *blanc-fond*. La beine est composée de deux parties : la beine d'érosion *ed* creusée dans la rive par les vagues et la beine d'alluvion *dc* résultant du transport des matériaux enlevés dans le

Fig. 26.

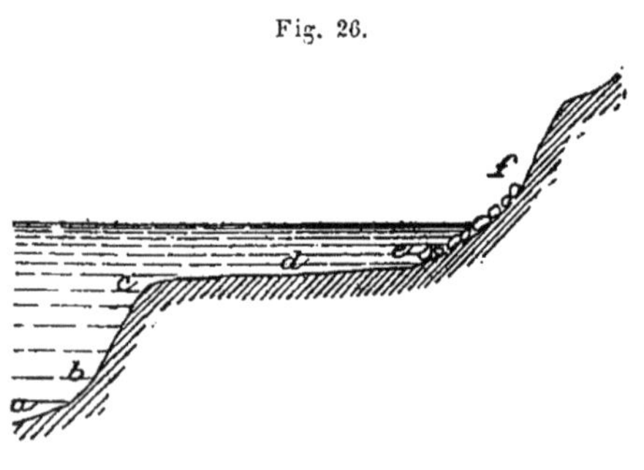

[1] F.-A. Forel, *La Faune profonde des lacs suisses*, mémoire couronné par la Société helvétique des sciences naturelles ; Georg, Genève, 1885.

creusement de la beine d'érosion. La profondeur de cette dernière est différente selon la puissance des vagues, fonction elle-même de la dimension du lac et de l'orientation de ses divers points. Dans le Léman, elle est de 2, 4 et 6 mètres au-dessous des eaux moyennes.

En avant de la beine, se trouve le *mont cb*, se continuant par les talus ou *flancs ba*, dont la pente plus ou moins considérable dépend beaucoup de la nature géologique du bassin lacustre. Au lac de Genève, elle atteint en certains endroits 55°, en d'autres de 45° à 25° ; mais le plus souvent elle ne dépasse pas 5° ou 10°. Dans les lacs montagneux, il arrive fréquemment que les talus les plus abrupts correspondent aux points où les montagnes bordant le bassin possèdent les pentes les plus fortes.

Le fond d'un lac est presque toujours une plaine parfaitement unie. Cependant, il arrive aussi que le fond est coupé par des seuils, comme dans les lacs des Quatre-Cantons[1], de Zurich, de Constance, de Lugano, de Côme et celui d'Annecy, en France, qui présentent deux ou plusieurs cuvettes. Ces partages offrent un grand intérêt parce qu'ils sont en relation avec les phénomènes de seiches ; ils modifient les vibrations de l'eau en imposant des positions déterminées aux nœuds et aux ventres de vibration absolument comme une ouverture pratiquée dans un tuyau sonore modifie le son émis par celui-ci. D'autres fois, le lac se divise en deux parties : l'une profonde, faisant face à l'entrée de l'affluent principal et souvent désigné sous le nom de *grand lac ;* l'autre basse, du côté de la sortie de l'affluent et qu'on nomme *petit lac*. Les deux portions se raccordent par un talus formant barre, comme M. Forel l'a reconnu entre Promenthoux et Yvoire[2] ou Nernier, sur le Léman, où il l'identifie avec une moraine glaciaire.

Le débouché des affluents dans les lacs présente un intérêt particulier. Selon le cas, il existe, immédiatement à l'embouchure du fleuve, un delta ou accumulation de matières solides transportées, ou bien un chenal ou ravin sous-lacustre[3] comme celui du Rhône

[1] F.-A. Forel, *Carte hydrographique du lac des Quatre-Cantons. Étude de géographie physique.* Archives des sciences physiques et naturelles de Genève, 3e période, t. XVI, uillet 1886.

[2] F.-A. Forel, *La barre d'Yvoire au lac Léman*, Bull. de la Société vaudoise des sciences naturelles, XXII, 94.

[3] F.-A. Forel, *Le Ravin sous-lacustre du Rhône dans le lac Léman*, Bull. de la Société vaudoise des sciences naturelles, t. XXIII, 1887.

dans le lac de Genève et du Rhin dans le lac de Constance. Un phénomène analogue se produit dans l'Océan, par exemple à l'embouchure du Congo, dans le golfe de Guinée[1].

Lorsqu'on aura obtenu les cotes de profondeur, on les ramènera au zéro de l'étiage, s'il est connu, et on les joindra par des courbes isobathes dont l'écartement variera selon l'importance du lac. On les indique ordinairement de 5 m en en 5 m ou de 10 m en 10 m, selon la dimension du lac, et on colorie les aires d'égale profondeur en teintes bleues croissant d'intensité avec la profondeur.

[1] J.-Y. Buchanan, *The Exploration of the Gulf of Guinea*, the Scot geog. Magaz, IV, 177, 1888.

(TABLEAUX.)

Table de réduction de brasses anglaises (fathoms) en mètres (1).

FATHOMS.	CENTAINES.									
	0	100	200	300		500	600	700	800	900
mi_e.	mètres.	mètres.	mètres.	mètres.	mètres.	mètres.	mètres.	mètres.	mètres.	mètres.
0	0,00	182,88	365,75	548,63	731,51	914,38	1 097,26	1 280,14	1 463,01	1 645,89
1000	1 828,77	2 011,65	2 194,52	2 377,40	2 560,28	2 743,15	2 926,03	3 108,91	3 291,78	3 474,66
2000	3 657,53	3 840,41	4 023,28	4 206,16	4 389,04	4 571,91	4 754,79	4 937,67	5 120,54	5 303,42
3000	5 486,30	5 669,18	5 852,05	6 034,93	6 217,81	6 400,68	6 583,56	6 766,44	6 949,31	7 132,19
4000	7 315,07	7 497,95	7 680,82	7 863,70	8 046,58	8 229,45	8 412,33	8 595,21	8 778,08	8 960,96
5000	9 143,83	9 326,71	9 509,58	9 692,46	9 875,31	10 058,21	10 241,09	10 423,97	10 606,84	10 789,72
6000	10 972,60	11 155948	11 338,35	11 521,23	11 704,11	11 886,98	12 069,86	12 252,73	12 435,61	12 618,49
7000	12 801,37	12 984,25	13 167,12	13 350,00	13 532,88	13 715,75	13 898.63	14 081,51	14 264,38	14 447,26
8000	14 630,14	14 813,02	14 995,89	15 178,77	15 361,65	15 544,52	15 727,40	15 910,27	16 093,15	16 276,03
9000	16 458,90	16 641,78	16 824,65	17 007,53	17 190,41	17 373,28	17 556,16	17 739,04	17 921,92	18 104,80

FATHOMS.	UNITÉS.									
	0	1	2	3	4	5	6	7	8	9
dizaines.	mètres.	mètres.	mètres.	mètres.	mètres.	mètres.	mètres.	mètres.	mètres.	mètres.
0	0,00	1,83	3,66	5,49	7,32	9,14	10,97	12,80	14,63	16,46
10	18,29	20,12	21,95	23,77	25,60	27,43	29,26	31,09	32,92	34,75
20	36,58	38,40	40,23	42,06	43,89	45,72	47,55	49,38	51,21	53,03
30	54,86	56,69	58,52	60,35	62,18	64,01	65,84	67,66	69,49	71,32
40	73,15	74,98	76,81	78,64	80,47	82,29	84,12	85,95	87,78	89,61
50	91,44	93,27	95,10	96,92	98,75	100,58	102,41	104,24	106,07	107,90
60	109,73	111,55	113,38	115,21	117,04	118,87	120,70	122,53	124,36	126,18
70	128,01	129,84	131,67	133,50	135,33	137,16	138,99	140,82	142,64	144,47
80	146,30	148,13	149,96	151,79	153,62	155,45	157,27	159,10	160,93	162,76
90	164,59	166,42	168,25	170,08	171,90	173,73	175,56	177,39	179,22	181,05

(1) *Geographisches Jahrbuch*, VII, 1878 : art. Tiefseeforschungen.

Table de réduction des mètres en brasses anglaises (fathoms) (1).

MÈTRES.	CENTAINES.									
	0	100	200	300	400	500	600	700	800	900
mille.	fathoms.	fathoms.	fathoms.	fathoms.	fathoms.	fathoms.	fathoms.	fathoms.	fathoms.	fathoms.
0	0,00	54,68	109,36	164,04	218,73	273,41	328,09	382,77	437,45	492,13
1000	546,82	601,50	656,18	710,86	765,51	820,22	874,91	929,59	984,27	1 038,95
2000	1 093,63	1 148,32	1 203,00	1 257,68	1 312,36	1 367,04	1 421,72	1 476,41	1 531,09	1 585,77
3000	1 640,45	1 695,13	1 749,81	1 804,50	1 859,18	1 913,86	1 968,54	2 023,22	2 077,90	2 132,59
4000	2 187,27	2 241,95	2 296,63	2 351,31	2 405,99	2 460,68	2 515,36	2 570,04	2 624,72	2 679,40
5000	2 734,08	2 788,77	2 843,45	2 898,13	2 952,81	3 007,49	3 062,17	3 116,86	3 171,54	3 226,22
6000	3 280,90	3 335,58	3 390,26	3 444,95	3 499,63	3 554,31	3 608,99	3 663,67	3 718,35	3 773,04
7000	3 827,72	3 882,40	3 937,08	3 991,76	4 046,44	4 101,13	4 155,81	4 210,49	4 265,17	4 319,85
8000	4 374,53	4 429,22	4 483,90	4 538,58	4 593,26	4 647,94	4 702,62	4 757,31	4 811,99	4 866,67
9000	4 921,35	4 976,03	5 030,71	5 085,40	5 140,08	5 194,76	5 249,44	5 304,12	5 358,80	5 413,49

MÈTRES.	UNITÉS.									
	0	1	2	3	4	5	6	7	8	9
dizaines.	fathoms.	fathoms.	fathoms.	fathoms.	fathoms.	fathoms.	fathoms.	fathoms.	fathoms.	fathoms.
0	0,00	0,55	1,09	1,64	2,19	2,73	3,28	3,83	4,37	4,92
10	5,47	6,02	6,56	7,11	7,66	8,20	8,75	9,30	9,84	10,39
20	10,94	11,48	12,03	12,58	13,12	13,67	14,22	14,76	15,31	15,86
30	16,40	16,95	17,50	18,04	18,59	19,14	19,69	20,23	20,78	21,33
40	21,87	22,42	22,97	24,51	24,06	24,61	25,15	25,70	26,25	26,79
50	27,34	27,89	28,43	28,98	29,53	30,07	30,62	31,17	31,72	32,26
60	32,81	33,36	33,90	34,45	35,00	35,54	36,09	36,64	37,18	37,73
70	38,28	38,82	39,37	39,92	40,46	41,01	41,56	42,10	42,65	43,20
80	43,75	44,29	44,84	45,39	45,93	46,48	47,03	47,57	48,12	48,67
90	49,21	49,76	50,31	50,85	51,40	51,95	52,49	53,04	53,59	54,13

(1) *Geographisches Jahrbuch*, VII, 1878 ; art. Tiefseeforschungen.

MINÉRALOGIE ET GÉOLOGIE

SOUS-MARINES

La minéralogie et la géologie sous-marines ont pour objet l'étude des matériaux solides formant le sol des mers, la connaissance de leur nature et de leur mode de distribution. Ces matériaux ont une origine inorganique comme les débris arrachés aux rivages, les sédiments apportés par les fleuves, les poussières transportées par les vents et répandues sur de vastes espaces océaniques, les roches de formation chimique créées au sein même des eaux ; ou bien ils ont une origine organique comme les restes solides, squelettes et carapaces des myriades innombrables d'êtres marins qui, après leur mort, abandonnés aux seules lois de la pesanteur, descendent lentement et vont s'amonceler dans les profondeurs.

Nous exposerons d'abord la façon de reconnaître la nature de ces éléments c'est-à-dire les procédés employés pour leur analyse ; nous décrirons ensuite leur composition chimique ou minéralogique et enfin leur répartition telle qu'elle a été observée pendant les diverses expéditions maritimes.

I.

Analyse des sédiments.

Historique. — Delesse [1] a le premier étudié d'une manière systématique les matériaux solides contenus dans les mers ou portions de mer peu profondes. Pour les sables, il procède de la façon suivante :

Il attaque d'abord par l'acide chlorhydrique, ce qui permet, grâce à une sorte de décapage, de reconnaître beaucoup plus facilement les différentes roches. Le silex, par exemple, prend une teinte légèrement opaline qui le distingue du quartz, la glauconie acquiert une belle couleur verte, le quartz lui-même se débarrasse de l'oxyde de fer qui le dissimule sous une teinte jaune ou rouge.

L'acide carbonique est dosé avec l'appareil de Will ; on chauffe, pour attaquer non seulement le carbonate de chaux mais le carbonate de magnésie et le carbonate de fer, s'il s'en trouve présents. Le résidu de l'attaque par l'acide chlorhydrique est jeté sur un filtre, lavé, desséché et pesé. Tous les carbonates sont dosés comme carbonate de chaux d'après la quantité d'acide carbonique trouvé.

Delesse a remarqué que si, au poids de carbonate de chaux calculé, on ajoute le poids du résidu de l'attaque, la somme reste toujours inférieure à 100. Il attribua cette différence à la perte pendant l'expérience, à la disparition de sels solubles et à ce que l'oxyde de fer, l'alumine, les diverses bases ainsi que la silice, sont tous dissous par l'acide. En effet, la partie argileuse du dépôt est souvent attaquée, même quand on emploie de l'acide faible et particulièrement si l'échantillon contient du feldspath décomposé.

Le fer oxydulé est reconnu et dosé en traitant le sable par un aimant. Les résultats ainsi obtenus ne sont point parfaitement exacts parce que, d'une part, on enlève, indépendamment du fer oxydulé, les gangues qui lui sont adhérentes, et d'autre part, il est très difficile de le séparer complètement même en prolongeant beaucoup

[1] Delesse, *Lithologie du fond des mers*, Paris, Eug. Lacroix, 1886.

l'opération. Cependant, ces deux causes d'erreur, agissant en sens inverse, tendent à se compenser.

Les dépôts marins contiennent des matières solubles. Le chlorure de sodium est retenu en proportion d'autant plus considérable que le sable est d'un grain plus fin et plus poreux et alors avec assez de force pour qu'il devienne nécessaire d'employer l'eau bouillante pour s'en débarrasser complètement. On trouve, en outre, des matières organiques solubles dans l'eau, fournies par les débris d'animaux ou de végétaux. Les sables argileux contiennent toujours la plus forte proportion de matières solubles.

Le triage des éléments des sables était fait à la loupe ou au microscope, grain à grain, après décapage avec un acide.

Pour certains échantillons, on déterminait la portion restant sur un tamis à mailles carrées ayant une diagonale de 1 mm. Quand un dépôt était vaseux, Delesse le lévigeait et pesait le résidu qu'il regardait comme composé de sable, de gravier ou de débris de coquilles. Il dosait parfois aussi séparément le carbonate de chaux contenu dans la partie délayée par l'eau et dans le résidu.

Après Delesse, MM. Wallich, Gwynn Jeffreys et le Dr Carpenter ont examiné, au point de vue des organismes qu'ils renfermaient, les échantillons de fond recueillis pendant les expéditions du *Porcupine* et du *Valorous*[1].

M. Ludwig Schmelck[2], en 1881, a étudié les matériaux rapportés par les sondages des expéditions norvégiennes du *Vöringen*. Les échantillons étaient au nombre de 375.

L'auteur lave à plusieurs reprises à l'eau distillée froide; il dessèche entre 100 et 110 degrés, calcine quelques grammes au four Perrot dans un creuset de platine et évalue la perte de poids qu'il considère comme de l'eau et des matières organiques. Il prend ensuite 10 ou 5 grammes de l'échantillon non calciné, selon son degré d'homogénéité, les fait bouillir pendant un quart d'heure avec 80 ou 40 cmcb d'acide chlorhydrique étendu (20 d'acide pour 100 d'eau).

[1] Dr Wallich, *The North-Atlantic sea bed*, Preliminary Report of the Scientific Exploration of the deep sea in H. M. Surveying vessel « *Porcupine* », 1869 (no 121, Proceedings of the Royal Society), *The Valorous Expedition*. Reports by Dr Gwynn Jeffreys and Dr Carpenter (Proceedings of the Royal Society, vol. XXV, no 173).

[2] Ludwig Schmelck, *On Oceanic deposits*, The Norwegian North-Atlantic Expedition, t. IX.

On filtre, on étend à 500 ou 250 cmcb avec de l'eau distillée; on détermine à la façon ordinaire, dans 50 ou 25 cmcb de cette solution, le fer, l'alumine, la chaux et la magnésie. Au cas où l'on voudrait doser la silice, ce qui n'est nécessaire que dans les analyses très précises car on n'en trouve jamais que de très faibles traces, on devrait préalablement évaporer à siccité et reprendre par l'acide étendu.

Dans une autre portion de la liqueur, on titre le protoxyde de fer par le permanganate de potasse; puis, la proportion totale de fer après désoxydation par le zinc.

Le résidu, insoluble dans l'acide chlorhydrique étendu, est bouilli avec une solution de carbonate de soude pour déterminer la proportion d'acide silicique présent dans les silicates décomposés puis chauffé fortement au four Perrot et pesé. Une portion (0,8 à 0,9 g.) est fondue avec du carbonate de potasse et du carbonate de soude; on se débarrasse de la silice et l'on précipite l'alumine, le fer et la magnésie à la manière ordinaire. On dissout le premier résidu, après l'avoir pesé, dans de l'acide chlorhydrique concentré et on détermine le fer en précipitant avec de l'ammoniaque, la précipitation de l'alumine ayant été préalablement évitée par de la soude.

Enfin, le dosage de l'acide carbonique s'exécute au moyen de l'appareil S.-W. Johnson.

MM. John Murray et A. Renard ont analysé les sédiments recueillis par le *Challenger*. Leur travail n'a pas encore été publié dans son entier, mais ils ont donné un aperçu général des procédés qu'ils ont employés[1]. Ces deux savants ont examiné, en outre des échantillons du *Challenger*, ceux provenant d'autres vaisseaux anglais, *Porcupine*, *Bull-Dog*, *Valorous*, *Nassau*, *Swallow* et *Dove*; de l'expédition norvégienne dans l'Atlantique nord et des vaisseaux américains *Tuscarora*, *Blake* et *Gettysburg*.

La description indique l'espèce de dépôt (*red clay*, *blue mud*, *globigerina ooze*, etc.) et ses caractères macroscopiques, sec et humide. L'analyse chimique complète est parfois donnée, et toujours l'acide carbonique, en opérant sur 1 gramme de matière et en employant de l'acide chlorhydrique faible et froid. Les carbonates de

[1] Murray and Renard : *On the nomenclature, origin and distribution of deep sea deposits*, Proceedings of the Royal Society of Edinburgh session 1883-84.

magnésie et de fer, s'il en existait, étaient dosés comme carbonate de chaux d'après la proportion d'acide carbonique. On pesait ensuite le résidu insoluble et l'on donnait son poids pour cent. Ce résidu, lavé, soumis à des décantations, était séparé en trois groupes : minéraux, organismes siliceux et lavages fins.

a. Minéraux : pourcentage, diamètre moyen, forme des grains arrondis ou anguleux, énumération des diverses espèces de roches et de minéraux rangés suivant l'ordre de leur importance.

b. Organismes siliceux : pourcentage, détermination des espèces.

c. Lavages fins : ces matières restant longtemps en suspension dans l'eau, passent à la première décantation; leur diamètre atteint au plus 5 mm.

Récolte et conservation des échantillons. — Les échantillons destinés à être soumis à l'analyse doivent être recueillis avec des sondeurs à chambre. Dans les faibles profondeurs, on emploie le sondeur à coupe ou le plomb à tube fermé par une soupape en ailes de papillon. Il n'y aura jamais lieu d'étudier avec précision et de consacrer trop de temps à ceux provenant d'un plomb suiffé parce qu'il est impossible de se débarrasser complètement et sans perte de la matière grasse, ni ceux obtenus par un dragage à cause du triage qui s'opère pendant que l'on traîne ou que l'on remonte l'appareil et fait que l'on ne possède pas un échantillon offrant la véritable composition totale du sol sous-marin à l'endoit du sondage. Les membres de l'expédition du *Vöringen* employaient, jusqu'à des profondeurs de 1000 brasses (1829 mètres), le sondeur à chambre, qui rapportait une quantité de vase pesant environ 200 grammes après avoir été séchée et, au-dessous de 1000 brasses, le sondeur de Bailey qui ramène environ 700 grammes de vase après dessiccation. On prend quelquefois la vase qui est restée attachée à la patte de l'ancre lorsque le navire appareille; il est évident que l'on ne se procure ainsi que des échantillons de petits fonds; en revanche, ceux-ci étant très volumineux, on se rend souvent mieux compte, en les examinant, de la constitution des couches profondes du fond jusqu'où pénètre l'ancre à cause de son poids.

La drague seule donnera des échantillons de roches ou de cailloux. Mais, on ne saurait trop le répéter, on se procure par la drague d'utiles renseignements et non des échantillons complets dignes d'une analyse détaillée. Souvent le sondeur revient vide; on qualifie alors le fond de rocheux ou de pierreux et l'on se garde de croire à l'existence d'une surface rocheuse continue analogue aux strates qui s'étendent sur les continents, car ce résultat peut provenir simplement de la rencontre de cailloux trop gros pour pénétrer par l'ouverture de la chambre du sondeur et être ainsi ramenés.

L'échantillon sera, autant que possible, desséché immédiatement, imbibé d'alcool et enfermé dans un flacon à large ouverture bouché à l'émeri, auquel on fixera une étiquette portant un numéro d'ordre, le nom ou la place de la localité, la profondeur et toutes les autres indications supposées nécessaires. Il sera bon de noter l'odeur, car il est plus facile de reconnaître à l'odorat et au moment même de la récolte, la présence de l'acide sulfhydrique qu'après un certain temps. La couleur est quelquefois susceptible de se modifier à la longue. Quant à l'analyse complète, il est absolument impossible de la pratiquer ailleurs que dans un laboratoire muni de tous les appareils nécessaires. Les flacons seront rangés en nombre plus ou moins considérable dans une boîte en bois où ils seront maintenus de façon à ne rien craindre des mouvements du navire.

Considérations sur l'analyse des sédiments marins. — L'analyse d'un dépôt formant le sol sous-marin en un point déterminé a pour but de renseigner sur l'histoire de ce dépôt, c'est-à-dire sur sa genèse et sur les événements auxquels il a assisté. La comparaison des résultats d'un nombre suffisant d'analyses doit amener à découvrir et à formuler les lois naturelles auxquelles sont soumis, dans des conditions spécifiées, les matériaux solides existant dans l'Océan. Un échantillon de sable ou de vase devra indiquer depuis combien de temps il se trouve à la place qu'il occupe et comment il y est parvenu, d'où il vient, les transformations subies par lui et celles qu'il éprouvera fatalement ou, en d'autres termes, ce qu'il va devenir. Ainsi que le remarque Mohr, la nature répond à toutes les questions que nous lui adressons, mais seulement de trois façons que la science doit interpréter, par une affirmation, par une négation ou par le silence. Ni l'analyse immédiate, ni l'analyse élémentaire ne sont capables isolément de fournir des renseignements complets sur un sédiment; il est indispensable que l'une et l'autre soient menées concurremment et se prêtent un mutuel appui.

L'analyse complète d'un sédiment est longue et délicate; les procédés différeront suivant la nature de l'échantillon et l'on commettrait une erreur en traitant un sable comme une vase ou comme un mélange de sable et de vase, ou comme des fragments de roches. Il y aura lieu, dans chaque cas, de faire un choix parmi les méthodes générales.

Au sein des eaux, les matériaux solides sont soumis à des actions diverses; ils sont entraînés par les courants, frottent les uns contre les autres, s'usent et arrondissent leurs arêtes ou bien, amenés à la surface de l'Océan par une cause quelconque, ils obéissent aux lois de la pesanteur et descendent dans les profondeurs; ces phénomènes sont mécaniques. Ils se dissolvent dans le liquide qui les baigne et diminuent graduellement de volume; ces phénomènes sont d'ordre physique. Enfin, au contact des corps dissous dans l'eau et de l'eau elle-même, les éléments chimiques qui les constituent subissent des transformations, décomposition de certains composés, création d'autres composés, c'est-à-dire autant de phénomènes chimiques. Pour procéder méthodiquement et arriver à connaître la résultante, la somme de ces divers phénomènes qui est ce que nous avons appelé l'histoire du sédiment, il faudrait étudier systématiquement, par synthèse plutôt encore que par analyse, chacun d'eux en particulier. Une pareille tâche est longue mais le développement de la science fait chaque jour approcher davantage de son accomplissement.

Ce manque de données, en quelque sorte primordiales, se fait sentir dès à présent dans le choix d'un mode d'analyse. Ainsi, par exemple, pour se rendre compte des transformations chimiques s'accomplissant au sein de l'Océan entre les matériaux sédimentaires et les éléments en dissolution dans l'eau, on traite par un acide plus ou moins fort et l'on suppose que l'action énergique et rapide du réactif équivaut à l'action extrêmement faible et, par contre, infiniment prolongée de l'eau de mer. Or, loin d'agir comme un acide, M. Tornöe a démontré que l'eau de mer possédait une réaction alcaline au tournesol et, par conséquent, agissait comme un alcali. Il serait donc préférable de traiter les sédiments par des lessives alcalines plutôt que par des acides; observer les changements produits et s'appuyer sur le mode d'attaque des alcalis en solution sur les principaux minéraux des sédiments, quartz, feldspaths, minéraux ferrugineux basiques tels qu'amphibole ou pyroxène, mica et carbonate de chaux. Cette étude est tout entière à faire.

Quant à la formation des sédiments par précipitation, à la création de christianite ou philipsite, à la production de nodules manganésiens, l'étude synthétique, seule susceptible d'indiquer la voie à suivre, n'est pas davantage abordée. L'énorme pression sous laquelle ces phénomènes s'accomplissent ne nous permet même pas de nous servir de notre connaissance des phénomènes ordinaires de nos laboratoires à la faible pression de l'atmosphère. Les quelques faits que possède aujourd'hui la science sur ce sujet paraissent renverser les notions qui nous sont familières. Tel corps aisé à se dissoudre résiste au dissolvant lorsque la pression est plus grande, telle réaction s'exerçant s'arrête aussitôt. Le problème se complique parce que les lois générales déjà connues de la physique et de la chimie sont profondément modifiées.

Les sédiments sont en grande partie constitués par des débris organiques; la tâche de les reconnaître, d'énoncer les conditions d'habitat de ces êtres à la surface ou dans les abîmes, le rôle joué dans leur distribution par le degré de salure des eaux ou la température, incombe aux naturalistes. L'océanographe, à la fois chimiste et physicien, doit fournir à ceux-ci les matériaux nécessaires à leur travail et ce motif impose encore davantage l'obligation d'une analyse immédiate.

C'est avec toutes ces considérations dans l'esprit que nous allons donner les divers procédés d'analyse susceptibles d'être, quant à présent, employés pour l'étude des sédiments marins.

Emploi du microscope. — Les matériaux solides couvrant le sol sous-marin peuvent être divisés en trois catégories : les fragments rocheux de dimensions variables ramenés par la drague, les sables à grains plus ou moins fins et les sédiments en poudre impalpable désignés sous les noms de boues, de vases ou d'argiles. Quelle que soit l'espèce de l'échantillon, on l'examinera d'abord à la loupe et au microscope.

L'étude microscopique des roches a été très perfectionnée dans ces dernières années; elle est devenue une science nouvelle au sujet de laquelle nous renvoyons aux ouvrages spéciaux. Pour étudier une roche, on commence par en user un fragment sur le tour de lapidaire avec de l'émeri jusqu'à ce qu'il soit amené à n'avoir plus qu'une épaisseur d'environ 1/200 de millimètre et à être transparent. On le colle au baume de Canada entre deux lames de verre dont l'une est extrêmement mince, et on l'examine ensuite au microscope, en lumière parallèle ou convergente, naturelle ou polarisée. On distingue alors que la roche est composée tantôt de fragments juxtaposés, tantôt d'individus séparés, englobés dans une pâte. La connaissance des propriétés diverses des minéraux, les ressources des microscopes actuels qui, par des procédés précis, permettent de mesurer les dimensions, les indices de réfraction, les angles cristallographiques des sections ou plages, d'apercevoir les caractères optiques et la disposition des clivages, renseignent sur la nature des individus cristallins et par conséquent laissent reconnaître et nommer la roche. D'autre part, les traités et les cartes géologiques font savoir le gisement subaérien des roches analogues le long des rivages ou des cours d'eau se déversant dans la mer. On est donc souvent en état de découvrir ainsi la provenance de l'échantillon.

S'il s'agit d'un sable, on étudiera au microscope la nature des grains, on observera si les arêtes en sont vives ou arrondies, caractère de la plus haute importance. En effet, un courant d'eau entraîne un grain minéral avec une force dépendant de la vitesse même du courant, de la dimension et de la densité du fragment. Un courant chargé de sable, s'il est suffisamment rapide, maintiendra chaque grain en suspension sans le laisser frotter contre ses compagnons et par suite lui conservera la netteté de ses arêtes; au contraire, s'il est lent, les grains simplement poussés se heurteront mutuellement et leurs arêtes s'émousseront. Comme d'autre part des expériences synthétiques ont appris la relation existant entre la vitesse de l'eau, la nature et la dimension des grains, il suffira de constater sur un grain recueilli que ses arêtes sont ou ne sont pas arrondies pour en conclure, en mètres par seconde, les limites de la vitesse du courant qui l'a transporté.

Quels que soient le mode d'expérimentation adopté et la variété du sédiment, on contrôlera toujours chaque opération physique ou chimique par un examen au microscope.

Lavage; tube mesureur. — L'analyse d'un échantillon commence par un lavage à l'eau douce pour se débarrasser de l'eau de mer. On place l'échantillon dans un grand verre d'une capacité de plusieurs litres, on ajoute de l'eau bouillante, on délaye avec une spatule de porcelaine, on agite fortement, on laisse déposer et lorsque le liquide surnageant est devenu limpide, on le décante avec un siphon aussi complètement que possible. On fait ensuite sécher à une chaleur très douce et on conserve dans un flacon à l'émeri. Cette méthode est longue, car certains échantillons exigent un temps considérable pour se déposer ; on accélérera, il est vrai, l'opération en maintenant dans un endroit chaud ; cependant on évite ainsi la filtration qui est elle-même très longue lorsqu'on se trouve en présence de vases et qui de plus présente l'inconvénient de réclamer de l'attention, soit qu'on surveille un filtre continu, soit qu'on remplisse l'entonnoir chaque fois qu'il est vide.

On profite de ce lavage pour opérer un premier triage. Après avoir ajouté environ un litre d'eau bouillante sur le sédiment et avoir agité, on abandonne au repos pendant une minute seulement et l'on décante la moitié de l'eau bourbeuse dans un autre verre ; on verse un demi-litre d'eau bouillante pure, on agite, on laisse reposer pendant une minute et l'on décante un autre demi-litre. L'opération est renouvelée de la même façon, de manière à obtenir, d'une part, un sable qui tombe immédiatement au fond, et un grand verre rempli de cinq à six litres d'eau boueuse qu'on abandonne au repos. On note le temps nécessaire pour que le liquide se clarifie complètement. Ce procédé est le meilleur pour séparer le sable et la vase, et lorsqu'un échantillon soumis à un pareil traitement a été conservé sec et non séparé et qu'on désire ensuite en séparer le sable et l'argile, il faut renouveler le lavage.

En tout cas, on desséchera le sable et l'argile, et on les pèsera séparément afin d'en connaître les proportions respectives; on donnera le nom de sable aux grains minéraux dont le diamètre est inférieur à 1 mm et dont la limite inférieure est d'environ 0,01 mm.

La proportion relative de sable et de vase se déterminera encore en délayant quelques grammes de matière dans l'eau ; on verse dans une éprouvette graduée en centimètres cubes, haute de 25 centimètres et ayant 3 centimètres de diamètre intérieur, qu'on achève de remplir avec de l'eau. On laisse déposer et on mesure le volume de chaque espèce de dépôt qu'on examine, d'ailleurs aisément, avec une loupe, à travers les parois de l'éprouvette.

Rigoureusement parlant, on ne doit attribuer le nom d'argile qu'à l'argile colloïdale c'est-à-dire à celle qui reste indéfiniment en suspension dans l'eau distillée, mais l'opération qui la donne, imaginée par M. Schlœsing[1], est extrêmement longue et laborieuse. Or, dans l'état actuel de la science, l'intérêt de la précision absolue ainsi acquise est certainement hors de proportion avec la peine et le temps qui seraient consacrés à l'obtenir. Il suffira donc d'avoir, par une méthode rapide, une notion approchée de la quantité d'argile et de la quantité de sable contenus dans l'échantillon.

Une façon excellente et très prompte de trier en grains de dimensions uniformes un échantillon du sol sous-marin ou sous-lacustre consiste à employer des tamis de tissu de soie à bluterie de numéros différents. M. Asper, de Zurich[2], l'inventeur de cette méthode, plaçait l'échantillon à analyser dans des sacs fabriqués avec cette étoffe et agitait dans l'eau. Il est préférable de fabriquer des tamis avec de gros tubes en verre dont on ferme une extrémité avec le tissu; on recouvre le bord avec une large bande de caoutchouc qui empêche la boue de pénétrer et de se perdre dans les plis de la soie. On commence avec le tamis dont les mailles sont les plus grandes, on agite dans une certaine quantité d'eau qu'on reverse ensuite dans le tamis suivant à mailles un peu plus fines et ainsi de suite.

Appareil à densité. — La densité apparente d'un sédiment est le poids du centimètre cube de ce sédiment sec et aussi tassé que possible; la densité vraie est le rapport du poids de l'échantillon au poids d'un égal volume d'eau distillée à la température de + 4°.

Fig. 27.

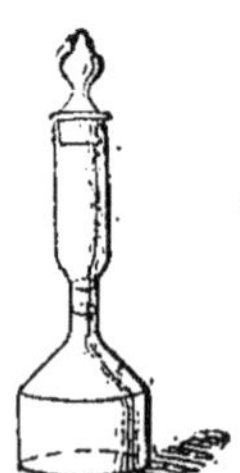

On emploie un flacon (*fig.* 27) ressemblant à celui de Regnault pour la mesure de la densité des liquides; sa base est cependant assez large pour qu'il y repose solidement et son col, allongé quoique un peu élargi, porte deux repères superposés.

Après avoir cubé au mercure le flacon jusqu'à

[1] *Leçons de chimie agricole professées par M. Th. Schlœsing*, École d'application des manufactures de l'État, 2e partie, 1883.

[2] G. Asper, *Beiträge zur Kenntniss der Tiefenfauna der Schweizerseen*, Zool. Anzeiger III, 130 et 200, Leipzig 1880, *in* F.-A. Forel, *La Faune profonde des lacs suisses*, Mémoire couronné par la Société helvétique des sciences naturelles, 1885.

chacun des deux repères, on le remplit de la matière plus ou moins pulvérulente préalablement séchée à l'étuve vers 100° en le frappant à petits coups contre une table et on fait affleurer ainsi au repère inférieur. Aussitôt que les chocs ne produisent plus aucun affaissement, on pèse et un calcul facile donne la densité apparente.

On porte alors le flacon sous une cloche pneumatique tubulée; un entonnoir à robinet traverse cette tubulure [1] et son extrémité effilée arrive au-dessus de l'ouverture du flacon; on produit le vide, on abandonne pendant quelque temps pour laisser disparaître l'air qui entoure les grains puis, en tournant le robinet, on introduit goutte à goutte de l'eau récemment bouillie. Cette eau pénètre très rapidement la masse pulvérulente. On retire alors de la cloche, on établit en ajoutant de l'eau, l'affleurement avec le repère supérieur, car la matière qui s'est un peu soulevée a généralement dépassé le repère inférieur; on pèse et on calcule la densité vraie par la méthode connue.

Lorsque les grains sont très fins, dans le cas de vases, par exemple, la masse est difficile à purger complètement d'air; afin d'éviter des bulles, après avoir obtenu la densité apparente, on enlève une petite quantité du sédiment, on secoue pour diminuer le tassement, on pèse et on remplit d'eau comme précédemment sous la cloche pneumatique.

Tamisage. — On sépare les sables en grains de même grosseur à l'aide d'un appareil particulier. M. Thoulet en a fait construire un en métal, en forme de deux cylindres se vissant l'un au-dessus de l'autre, dont les extrémités se ferment chacune par un fond muni d'un mouvement à baïonnette et entre lesquels on peut intercaler des tamis divers, disques percés de trous ronds, réguliers, analogues à ceux dont se servent les joailliers pour trier et classer les pierres fines. On emploie ainsi six tamis dont les trous ont respectivement 1, 0,8, 0,6, 0,4, 0,2, et 0,1 mm de diamètre. La grosseur attribuée aux grains de sable est celle intermédiaire entre le diamètre des trous franchis et des trous non franchis; ceux ayant, par exemple,

[1] J. Thoulet, *Le relief et la géologie sous-lacustres du lac de Longemer (Vosges)*, Comptes rendus de l'Académie des sciences, t. CX, p. 56, 1890.

traversé le tamis de 0,6 mm, et qui ont été arrêtés par celui de 0.4 mm, seront considérés comme ayant un diamètre de 0.5 mm.

On nomme porphyrisés les grains qui ont traversé une batiste très fine; on place le sable dans l'étoffe, on en fait un nouet qu'on secoue dans un grand verre de façon à ne rien perdre, et jusqu'à ce qu'aucune poussière ne passe plus. Les grains ont un diamètre compris entre 0,1 mm, et 0,01 mm.

Chaque grosseur de grains est pesée et l'on en prend le pourcentage.

Triage à la liqueur d'iodures. — Ce mode de triage s'applique aux sables après que ceux-ci ont été lavés à l'eau bouillante et que toute trace de sel a disparu[1]. Si l'on prépare une solution concentrée d'iodure de potassium et d'iodure de mercure dans l'eau, on obtient une liqueur offrant une densité de 3 environ et pouvant par additions d'eau successives prendre toutes les densités intermédiaires jusqu'à celle de l'eau pure. Comme cette liqueur mouille, si l'on y jette un mélange de grains minéraux de nature diverse, ceux ayant une densité supérieure à 3 tomberont au fond tandis que les autres flotteront; mais à leur tour, à mesure qu'on étendra d'eau, c'est-à-dire qu'on diminuera la densité, ceux-ci se sépareront: ceux plus lourds que la liqueur tomberont et les autres resteront encore en suspension. On opère dans un vase de verre (*fig.* 28) qui, grâce au robinet, laisse décanter séparément chaque portion descendue au fond.

Fig. 28.

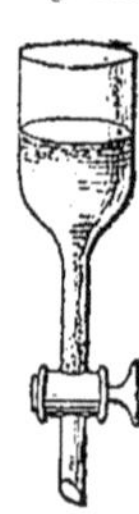

On partage ordinairement les grains en quatre catégories : ceux ayant une densité supérieure à la densité maximum qu'on puisse donner facilement à la liqueur, c'est-à-dire 2,9 à 3; ceux ayant une densité comprise entre la précédente et un peu supérieure à celle du quartz hyalin, ceux ayant exactement la densité du quartz hyalin, et enfin ceux dont la densité est inférieure. Afin d'opérer rapidement, après avoir recueilli les grains tombés dans la liqueur à son maximum de concentration, on ajoute de l'eau jusqu'à ce qu'un fragment de quartz hyalin contenu dans un tube percé à sa partie inférieure

[1] J. Thoulet, *Séparation des éléments non ferrugineux des roches, fondée sur leur différence de poids spécifique*, Comptes rendus de l'Académie des sciences, LXXXVI, 454.

d'un trou trop petit pour livrer passage au fragment, mais laissant passer librement la liqueur où il est plongé, soit au moment de tomber. On recueille, on ajoute une ou deux gouttes d'eau qui suffisent pour faire descendre le quartz, on recueille de nouveau, puis on ajoute pour la dernière fois de l'eau qui fait tomber d'un seul coup tout ce qui était resté jusqu'alors en suspension.

La même liqueur permet également de mesurer d'une façon très précise la densité[1] d'un grain, quelle que soit la petitesse de celui-ci, pourvu qu'il puisse être aperçu. On met le grain en exacte flottaison par addition d'eau et, quand celui-ci est parfaitement immobile, ne monte ni ne descend au sein de la liqueur en repos, on note exactement la température et l'on prend par un procédé quelconque, et à la même température, la densité de cette dernière qui est précisément celle du grain.

La liqueur d'iodures sert encore à trouver le coefficient de dilatation par la chaleur d'un fragment minéral microscopique[2].

Triage à l'allumette, au barreau aimanté, à l'électro-aimant. — La manière la plus simple de récolter des grains très petits disséminés dans une grande quantité de matière pulvérulente consiste à répandre la poudre sur une feuille de papier, puis à rechercher à la loupe les fragments. On les touche alors avec une allumette taillée en pointe et dont le bout est humecté. Le grain adhère et, pour le détacher, on se borne à toucher du bout de l'allumette la surface de l'eau contenue dans une petite capsule ou un verre de montre. Les grains sont enfin séchés et rassemblés. On opérera de cette façon par exemple pour obtenir les foraminifères disséminés dans certaines vases. Avec un peu d'adresse, on peut même exécuter cette opération sous le microscope en se servant d'un grossissement moyen.

Un barreau aimanté[3] promené dans une poudre isole immédiatement la magnétite; pour détacher, on balaie le barreau avec un pinceau doux.

[1] J. Thoulet, *Note sur un nouveau procédé pour prendre la densité des minéraux en fragments très petits.* Bull. de la Société minéral. de France, t. II, p. 180, 1879.

[2] J. Thoulet, *Mesure du coefficient de dilatation cubique des minéraux*, Comptes rendus de l'Académie des sciences, t. XCVIII, p. 620, et Bull. de la Société minéral. de France, t. VII, p. 151, 1884.

[3] J. Thoulet, *Contributions à l'étude des propriétés physiques et chimiques des minéraux microscopiques*, Ann. de physique et de chimie, 1888, 5e série, t. XX.

Le meilleur procédé pour séparer l'ensemble des minéraux ferrugineux de tous ceux qui ne le sont pas est l'emploi d'un électro-aimant actionné par une machine dynamo Gérard, toujours prête à fonctionner, facile à manœuvrer et évitant les piles Bunsen. L'électro-aimant dont je me sers est entouré d'un fil de 0,9 mm de diamètre, ayant une longueur sur les deux bobines de 480 mètres et offrant une résistance totale égale à 12 ohms. La machine Gérard n° 0 peut donner 20 volts, 3 ampères et sa force portante est de 200 kilogrammes au contact.

On approche des pôles de l'électro-aimant les sables dispersés sur une feuille de papier, les grains ferrugineux adhèrent; on écarte la feuille de papier, on la remplace par une autre, on interrompt le courant, les grains se détachent, on les recueille et l'on renouvelle l'opération jusqu'à triage complet. Si quelques grains non ferrugineux se trouvent mélangés aux autres, on les isole avec l'allumette [1].

Analyse microchimique [2]. — Les procédés décrits aux paragraphes précédents, accompagnés de pesées, constituent l'analyse immédiate du sédiment. Il est toutefois souvent nécessaire de se renseigner sur la nature de certains grains minéraux dont l'aspect et les autres caractères physiques ne sont pas suffisants pour permettre de les reconnaître. On exécute alors une analyse microchimique par l'observation au microscope des cristaux obtenus en traitant le grain par des réactifs convenables. Comme les minéraux à étudier sont dans l'immense majorité des cas des silicates, il faut tout d'abord les décomposer. On y arrive le plus simplement par la méthode de Behrens.

On prend un fragment minéral bien homogène et qu'on ne saurait choisir trop petit; un diamètre de 0,1 à 0,2 mm est amplement suffisant pour toutes les recherches; on le traite dans une petite capsule en platine avec de l'acide fluorhydrique ou du fluorhydrate d'ammo-

[1] Pour tous les renseignements relatifs à l'étude microscopique des roches, on pourra consulter Rosenbusch, *Mikroskopische Physiographie der petrographisch wichtigen Mineralien*, Stuttgart, 1885.

[2] Voy. Dr K. Haushofer, *Mikroskopische Reactionen*, Brunschweig, 1885, et C. Klément et A. Renard, *Réactions microscopiques à cristaux et leur application en analyse quantitative*, Bruxelles, 1886.

niaque, on chauffe légèrement; après l'attaque, on ajoute une goutte d'acide sulfurique étendu, puis deux ou trois gouttes d'eau distillée. On recueille alors avec un fil de platine ou un agitateur en verre une gouttelette de cette solution, on la dépose sur une lame de verre, on ajoute toujours avec l'extrémité d'un agitateur une gouttelette du réactif, on laisse évaporer et l'on observe au microscope les cristaux produits. En faisant évaporer sous une cloche contenant des vapeurs d'alcool, les réactions augmentent encore de sensibilité.

On remarquera qu'il suffira de constater la présence ou l'absence de la chaux, de la potasse, de la magnésie, de l'alumine et de la soude pour être en mesure de déterminer la nature du silicate. Et encore, le plus souvent, il sera inutile de faire plus d'une ou deux expériences.

Fig. 29.

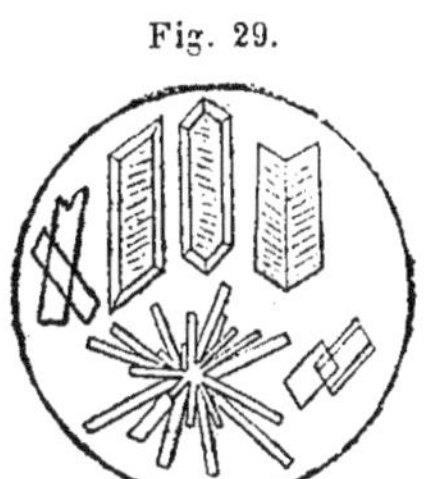

Si la solution sulfurique, sans addition d'aucun réactif, contient de la chaux, on aperçoit après évaporation des cristaux caractéristiques de gypse (*fig.* 29). On peut déceler ainsi 0,0005 milligrammes de chaux.

En présence de la potasse, en ajoutant à la solution une trace de chlorure de platine, on apercevra des cristaux jaunes (*fig.* 30), octaédriques, de chloroplatinate de potasse; cet essai permet de découvrir 0,0006 milligrammes de potasse.

Fig. 30.

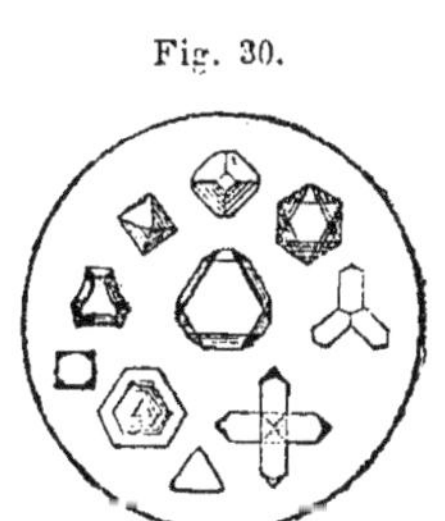

A la solution dans laquelle on veut rechercher un sel de magnésium, on ajoute du chlorhydrate d'ammoniaque, on place à côté d'une goutte de ce liquide une gouttelette de phosphate de sodium préalablement additionnée d'ammoniaque, on chauffe la préparation à 100°, on réunit les deux gouttes et, après refroidissement lent, on obtient des cristaux bien nets (*fig.* 31) de phosphate ammoniaco-magnésien. Il suffit de 0,001 milligramme de magnésie pour que les cristaux se produisent.

Fig. 31.

La réaction de l'aluminium permet de déceler 0,01 milligramme d'alumine. Pour la provoquer, il suffit d'ajouter à la gouttelette de sulfate d'aluminium neutre ou faiblement acide, du bisulfate de cœsium; il se forme de petits cristaux d'alun de cœsium (*fig.* 32) en octaèdres incolores souvent déformés ou en cubo-octaèdres.

On reconnaît la présence du sodium en ajoutant à la solution sulfurique une gouttelette d'une solution acétique d'acétate d'uranyle; on obtient immédiatement des cristaux (*fig.* 33) tétraédriques isotropes (*a*) très difficilement solubles dans l'eau et dans l'alcool et constitués par de l'acétate de sodium et d'uranyle. Si la quantité de sodium est très faible, on voit se développer en même temps des cristaux d'acétate d'uranyle rhombiques (*b*) faciles à reconnaître en employant la lumière polarisée.

Fig. 32.

Fig. 33.

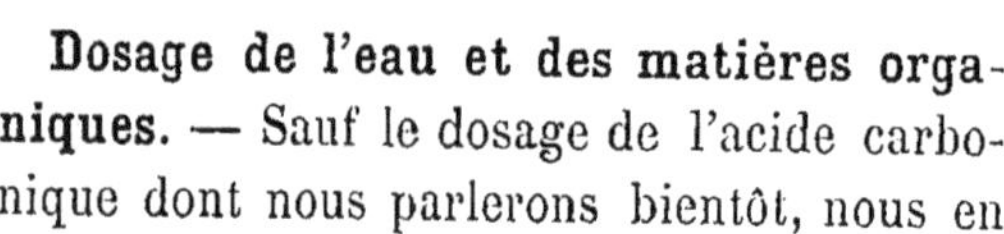

Dosage de l'eau et des matières organiques. — Sauf le dosage de l'acide carbonique dont nous parlerons bientôt, nous en avons maintenant terminé avec l'analyse immédiate. Les parties sableuses sont étudiées complètement et l'on peut aborder l'examen des portions argileuses enlevées par la lévigation.

Pour doser l'eau hygroscopique, on fait sécher à l'étuve entre 100 et 110 degrés quelques grammes du sédiment et l'on mesure la perte de poids.

L'eau d'hydratation se dose comme dans les analyses organiques. On introduit dans une nacelle de platine contenue elle-même dans un tube de porcelaine ou mieux de platine, un poids déterminé de sédiment, environ 2 grammes, débarrassé préalablement de son eau hygrométrique; on chauffe au rouge avec une grille à combustion dans un courant d'air desséché à travers un tube renfermant de la pierre ponce imbibée d'acide sulfurique concentré et l'on fait passer les produits gazeux de la calcination dans un système taré composé d'un tube à boule où se condense la presque totalité de la vapeur d'eau et ensuite dans un tube en U rempli de pierre ponce imbibée d'acide sulfurique concentré. L'augmentation de poids du système correspond à la quantité d'eau d'hydratation contenue dans l'argile.

La perte de poids subie par l'échantillon, défalcation faite du poids trouvé pour l'eau d'hydratation, représente la matière organique brûlée, plus l'acide carbonique du carbonate de chaux décomposé par la chaleur, s'il en existe, moins la quantité d'oxygène qui s'est fixée sur le protoxyde de fer contenu dans l'échantillon et l'a transformé en sesquioxyde. L'acide carbonique peut s'évaluer; il en est de même de la proportion de protoxyde de fer, on sera donc en état de calculer exactement la proportion de matière organique.

Dosage de l'acide carbonique. — L'appareil servant à doser l'acide carbonique est un ballon à trois tubulures (*fig.* 34). La première communique avec un tube coudé rempli de chlorure de calcium; la seconde tubulure livre passage à un entonnoir bouché et à robinet; enfin, la troisième communique avec un appareil dégageant de l'acide carbonique. On remplit l'entonnoir d'un mélange d'une partie d'acide chlorhydrique pour deux parties d'eau. On place dans le ballon environ 0,50 grammes de la vase à analyser préalablement desséchée à 100°, avec un volume d'eau distillée à peu près égal à celui de l'acide de l'entonnoir, on fait passer pendant dix minutes un courant d'acide carbonique par la tubulure et l'on pèse, on laisse écouler goutte à goutte l'acide chlorhydrique dans le ballon en observant si toute effervescence a cessé avant d'ajouter les dernières portions d'acide; on met de nouveau en communication avec l'appareil dégageant de l'acide carbonique, on pèse une seconde fois et la perte de poids correspond à l'acide carbonique contenu dans l'échantillon de vase et que, dans les calculs, on suppose provenir uniquement de la décomposition du carbonate de chaux.

Fig. 34.

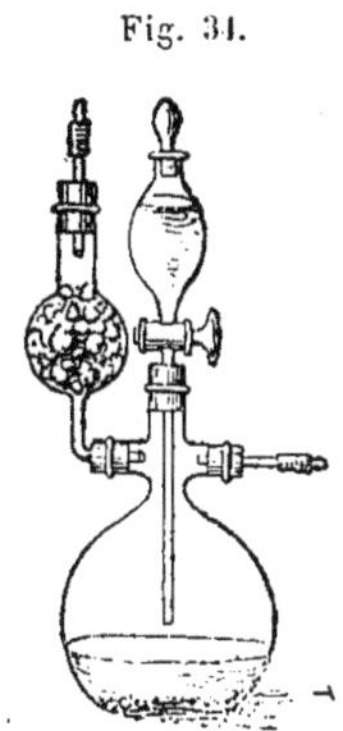

Dosage du fer, de l'alumine, de la chaux et de la magnésie. — On prend 10 grammes de vase qu'on attaque par de l'acide chlorhydrique à 20 p. 100 en ayant soin d'opérer dans un ballon rempli d'un gaz inerte, d'acide carbonique lavé, par exemple, afin d'éviter de peroxyder le fer. On porte à l'ébullition pendant dix minutes, on filtre, on étend d'eau distillée récemment bouillie jusqu'à faire un volume de 250 ou 500 cmcb, selon la quantité de matière qui a été dissoute.

On prend de cette liqueur trois portions de 50 cmcb chacune; l'une servira à doser le fer à l'état de sesquioxyde, la seconde permettra de connaître la proportion de protoxyde de fer, la troisième laissera doser la somme du fer et de l'alumine, la chaux et la magnésie.

Dosage du peroxyde de fer. — α. On ne peut employer le procédé par le permanganate de potasse qui présente des irrégularités avec l'acide chlorhydrique. Si l'on attaquait la vase par l'acide sulfurique, les quantités de fer trouvées ne seraient plus comparables avec les résultats de l'analyse γ puisque l'attaque d'un même corps par l'acide sulfurique et par l'acide chlorhydrique est différente. On fera pour ce motif usage du procédé par le protochlorure d'étain [1].

On dose d'abord le peroxyde de fer seul en le ramenant à l'état de protoxyde par le protochlorure d'étain et en déterminant la quantité de cet agent réducteur employé. Dans la portion β de la liqueur, on fera passer tout le fer à l'état de protoxyde par le chlorate de potasse et on le ramènera de nouveau à l'état de protoxyde comme précédemment par le protochlorure d'étain. Ces deux déterminations permettront d'obtenir isolément les proportions de protoxyde et de peroxyde de fer contenues dans la matière attaquée.

On a préparé les solutions suivantes :

Une solution de perchlorure de fer d'une force connue. On l'obtient en dissolvant 10,04 grammes de fil fin de clavecin correspondant à 10 grammes de fer pur au moyen d'acide chlorhydrique dans un ballon à long col incliné; on oxyde la solution en y ajoutant du chlorate de potasse jusqu'à ce qu'à chaud on sente encore l'odeur du chlore; on chasse complètement le chlore par une douce ébullition suffisamment prolongée et l'on étend d'eau pour faire un litre.

Une solution limpide de protochlorure d'étain en attaquant de l'étain pur à chaud par l'acide chlorhydrique de densité 1,12 (25 p. 100) jusqu'à ce qu'il ne se dégage plus d'hydrogène avec un excès d'étain non dissous; on filtre, on additionne de trois volumes d'acide chlorhydrique et de six volumes d'eau, on conserve à l'abri de l'air dans un flacon à l'émeri contenant de l'acide carbonique. Le degré de la concentration doit être tel que un volume puisse réduire

[1] Voy. Frésenius, *Traité d'analyse quantitative*, p. 242.

deux volumes de la solution de perchlorure de fer. Il faut remarquer que le titre ne se conserve pas et qu'il convient de le vérifier lorsqu'il s'est écoulé un certain temps depuis le dernier dosage.

Une dissolution d'iode dans l'iodure de potassium contenant 0,01 g environ d'iode par centimètre cube. Il est inutile de connaître exactement la force de cette liqueur.

On mesure 2 cmcb de la solution de protochlorure d'étain; on ajoute un peu d'empois d'amidon, 5 cmcb d'eau, puis de la solution d'iode jusqu'à ce que la liqueur prenne une couleur bleue permanente; on note la quantité employée. Pour 1 cmcb de protochlorure d'étain, il faudra environ 5 cmcb de la solution d'iode.

On mesure 50 cmcb de la disssolution de perchlorure de fer, on verse dans un ballon, on ajoute un peu d'acide chlorhydrique, on porte à l'ébullition et, pendant cette ébullition même, on ajoute du protochlorure d'étain contenu dans une burette graduée jusqu'à décoloration de la liqueur. On refroidit le ballon, on ajoute de l'empois d'amidon puis, avec une burette, de la dissolution d'iode jusqu'à coloration bleue permanente; la quantité d'iode donne, d'après les rapports trouvés précédemment, la quantité de protochlorure d'étain en excès. En retranchant cette dernière des centimètres cubes versés dans la solution de perchlorure, on sait combien il faut de centimètres cubes de solution de protochlorure d'étain pour transformer 0,5 g de fer de peroxyde en protoxyde.

Maintenant que la valeur chimique du protochlorure d'étain est connue, on s'en sert pour déterminer la quantité inconnue de peroxyde de fer contenue dans la solution chlorhydrique de vase dont on a pris 50 cmcb. On opère absolument comme pour le titrage de la solution de protochlorure d'étain.

β. On prend de nouveau 50 cmcb de la solution chlorhydrique de vase, on peroxyde le fer par addition de chlorate de potasse, on dose la quantité totale de peroxyde de fer comme ci-dessus. La différence avec l'analyse précédente permet de calculer les proportions respectives de protoxyde et de peroxyde de fer.

γ. Dans la troisième portion de 50 cmcb de la solution chlorhydrique de vase, on dose en même temps par l'ammoniaque, la somme du fer et de l'alumine, et comme on sait déjà la quantité de fer, une simple soustraction permet d'avoir le poids de l'alumine.

On dose alors la chaux par l'oxalate d'ammoniaque. On ajoute du chlorhydrate d'ammoniaque, puis du phosphate de soude, on filtre et on dose la magnésie à l'état de phosphate ammoniaco-magnésien.

Analyse du résidu de l'attaque de la vase par l'acide chlorhydrique. — Le résidu de l'attaque de la vase par l'acide chlorhydrique se compose de silicates représentant la matière qui a donné naissance à la partie de vase soluble dans l'acide chlorhydrique. Son analyse, comparée à l'analyse précédente, rendra compte des changements chimiques apportés par le contact plus ou moins prolongé avec l'eau de mer, à des matériaux minéralogiques de nature connue.

On emploie, pour l'analyse des silicates, la méthode H. de Sainte-Claire-Deville[1] en opérant sur de la matière bien desséchée entre 100 et 110 degrés.

On dose l'eau de combinaison comme il a été dit, puis on fond le silicate avec du carbonate de chaux pour le rendre attaquable aux acides; on attaque par l'acide azotique, on évapore à siccité, on lave à l'eau, on reprend par l'acide azotique, on filtre, on pèse le résidu de silice et de manganèse si ce dernier corps existe dans l'échantillon.

Dans le liquide de lavage, on dose la chaux par l'oxalate d'ammoniaque, puis après filtration, évaporation, reprise par l'acide oxalique et calcination légère pour transformer les azotates en carbonates, on reprend par l'eau, par l'acide chlorhydrique et on dose la magnésie.

Le liquide contient les chlorures de potassium et de sodium; on pèse après évaporation pour avoir leur somme et l'on reprend par le chlorure de platine pour avoir la potasse. La différence donne la soude.

Le fer et l'alumine contenus dans la liqueur azotique qu'on a fait agir sur le mélange de silice, de fer et d'alumine sont recueillis ensemble par une évaporation à sec suivie d'une calcination. On les pèse à l'état d'alumine et de peroxyde de fer.

[1] On trouvera tous les détails relatifs au mode de préparation et de purification des divers réactifs employés, soit dans le *Cours d'analyse chimique* (autographié) de l'École normale supérieure, soit dans le *Traité d'analyse des matières agricoles*, par L. Grandeau, Paris, 1883, Berger-Levrault.

On sépare le fer de l'alumine en soumettant le mélange contenu dans une nacelle en platine, contenue elle-même dans un tube en platine sur la grille à combustion, à un courant alternatif d'hydrogène et d'acide chlorhydrique gazeux. Le fer est enlevé à l'état de chlorure volatil, le résidu est de l'alumine pure.

Résumé général de l'analyse complète d'un sédiment marin. — L'analyse complète d'un sédiment, dans le cas le plus général, permettra de mettre des chiffres aux divisions suivantes :

ANALYSE IMMÉDIATE.

Densité apparente et densité vraie du sédiment.
Portion attirable au barreau aimanté %.
— à l'électro-aimant %.

Sable		100
Vase..	soluble dans HCl	
	insoluble dans HCl	

Sable.

Densité supérieure à 3	100
— entre 3 et 2,6	
— 2,6 (quartz hyalin)	
— inférieure à 2,6	
Dimension des grains, 0,9mm	100
— 0,7mm	
— 0,5mm	
— 0,3mm	
— porphyrisé	
Carbonate de chaux	%

Nature minéralogique des grains pour chaque densité et chaque grosseur.

Observations. — Arêtes vives ou arrondies, proportion de grains d'un diamètre supérieur à 1 mm, présence et nature des restes organiques, etc.

ANALYSE ÉLÉMENTAIRE.

Densité apparente et densité vraie de la vase.

Soluble dans HC*l* à 20 %	100
Insoluble dans HC*l* à 20 %	

Portion soluble dans HCl.

Eau d'hydratation	100
Matière organique	
Al^2O^3	
CaO	
MgO	
FeO	
Fe^2O^3	
CO^2	

Portion insoluble dans HCl.

SiO^2	100
Mn^2O^3	
CaO	
MgO	
Fe^2O^3	
Al^2O^3	
KO	
NaO	

II.

Nature et provenance des éléments constituants des dépôts marins.

Les dépôts marins sont composés de débris d'origine organique et de matériaux inorganiques ; nous allons étudier successivement la nature et la provenance de ces deux classes d'éléments.

Notions sur les organismes dont les restes se trouvent en abondance dans les dépôts marins. — Ces organismes sont des animaux et des végétaux ; parmi les premiers, nous parlerons seulement des rhizopodes, des éponges et des ptéropodes ; parmi les seconds, des diatomées, des coccolithes et des rhabdosphères.

Les Rhizopodes [1] sont de beaucoup les êtres dont les débris consti-

[1] Nous avons surtout consulté pour la rédaction de ce chapitre, Claus, *Traité de zoologie,* traduit par Moquin-Tandon ; H. Sicard, *Éléments de zoologie;* A. Renard, *Les organismes microscopiques de l'Océan et leur action en géologie,* « Revue des questions scientifiques », Louvain, et enfin, l'ouvrage si important de Henry B. Brady, *Report on the Foraminifera dredged by H. M. S. Challenger,* de la collection des *Reports on the scientific results of the voyage of H. M. S. Challenger,* 1884.

tuent pour la plus grande part les dépôts marins; ils appartiennent au type des protozoaires, le plus simple des cinq types principaux qui divisent le règne animal; ils sont composés de protoplasma et ne renferment ni tissus, ni organes faits d'éléments cellulaires différenciés.

Les Rhizopodes ont le corps formé de sarcode libre, sans membrane, projetant des expansions filamenteuses appelées pseudopodes; ils sont généralement pourvus d'une coquille calcaire ou d'un squelette siliceux. Leur classification présente de l'incertitude à cause des caractères peu tranchés de leur organisation qui comprend une série d'intermédiaires rattachant les différentes formes qu'on y observe. On les partage en trois ordres : les Foraminifères, les Héliozoaires et les Réticulés.

Les Foraminifères, dont on connaît actuellement environ 3 000 espèces, possèdent presque toujours une coquille calcaire dont la cavité intérieure est quelquefois simple, mais plus souvent divisée en loges communiquant entre elles par des ouvertures pratiquées dans les cloisons de séparation. La coquille présente fréquemment un nombre considérable de petits trous ou pores percés dans son épaisseur et par lesquels les pseudopodes se projettent en dehors. Les foraminifères ont des dimensions variant entre 0,2 mm et 0,7 mm.

Les représentants de ce groupe d'animaux sont universellement distribués sur le sol de l'Océan ainsi que dans les eaux de surface ou un peu au-dessous de la surface. La présence ou l'absence des coquilles calcaires de certaines espèces pélagiques dans les dépôts est en relation étroite avec quelques-uns des problèmes les plus intéressants et les plus compliqués de l'océanographie. A ce titre, la connaissance des foraminifères s'impose à tous ceux qui s'occupent d'étudier la mer.

Les foraminifères réticulés sont ordinairement marins et se partagent en deux groupes : les imperforés et les perforés.

Les foraminifères imperforés ont une coquille qui ne présente pas de pores mais une grosse ouverture simple ou en forme de crible par où sortent les pseudopodes.

La coquille des foraminifères perforés, le plus souvent calcaire, est au contraire percée d'une infinité de petits pores et renferme fréquemment un système de canaux étroits très compliqués.

Les globigérinidés appartenant à ce sous-ordre jouent un rôle des plus importants dans la formation des dépôts sous-marins; leur coquille est hyaline, percée de gros pores; leur ouverture est simple,

Fig. 35.

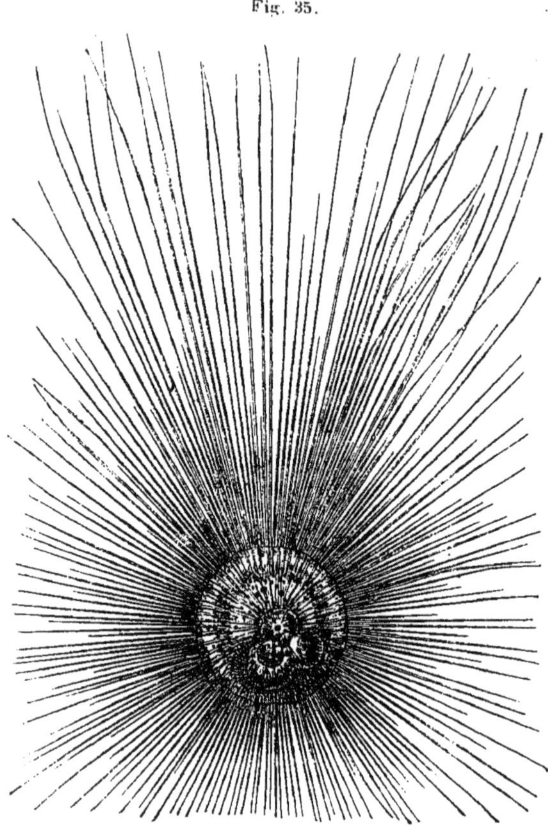

en forme de fente. On les divise en deux sous-familles. La première ne comprend que des formes à une seule chambre comme *Orbulina universa* qui, vivante (*fig.* 35), est munie de longs spicules tandis que morte (*fig.* 36) elle offre l'aspect d'une sorte de sphère ou de lentille criblée de pores, les uns gros, les autres très fins.

Fig. 36.

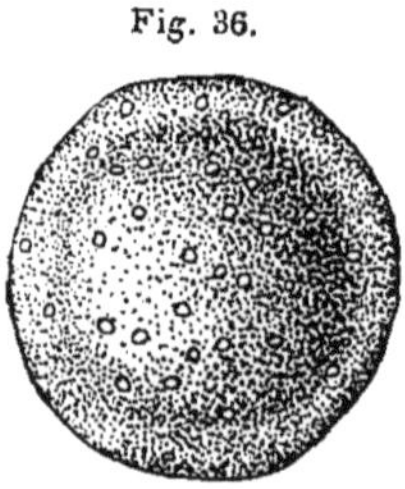

Ce foraminifère se rencontre souvent mêlé aux globigérines dans certaines vases de grands fonds. Sa coquille a un diamètre ordinaire de 3 mm, mais on en trouve de toutes les dimensions moindres. Les trous qui marquent la surface de la coquille sont disposés irrégulièrement ; les crêtes qui se montrent entre ces orifices sont beaucoup moins régulières chez les *Orbulina* que chez les *Globigerina ;* les épines sont creuses et flexibles ; elles rayonnent naturellement du centre de la sphère, mais paraissent généralement enchevêtrées et formant des faisceaux. Elles sont si fragiles que le poids de la coquille qui roule aux mouvements du navire à bord duquel on l'examine suffit pour les briser toutes, de sorte qu'au bout de quelques minutes, il ne reste plus que les papilles formant de petites aspérités sur la surface de la sphère. Dans quelques échantillons, la

Fig. 37.

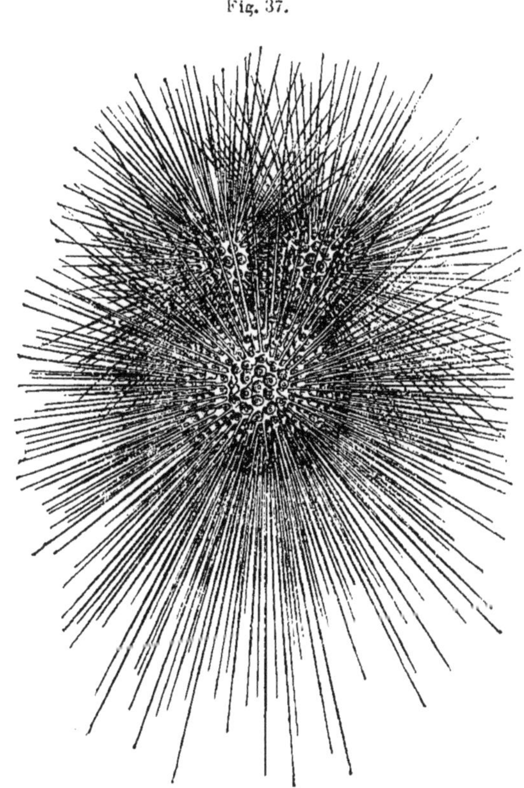

surface se montre sans papilles, sans épines, sans structure apparente, et l'on ne voit que les ouvertures par lesquelles passe et s'étire la matière sarcodique intérieure.

Les individus de la seconde sous-famille ont plusieurs chambres ; on les divise en Globigérines, Textulaires et Rotalines.

Les Globigérines (*Globigerina bulloïdes*) diffèrent aussi beaucoup d'aspect selon qu'elles sont vivantes ou mortes. Vivantes (*fig.* 37), elles ont une enveloppe claire et transparente et les pores qui la traversent sont encadrés d'une crête hexagonale. A chaque angle de l'hexagone, la crête donne naissance à une délicate épine flexible d'une substance calcaire qui atteint souvent en longueur quatre ou cinq fois le diamètre de la coquille. L'intérieur des cellules est entièrement rempli de sarcode granulé couleur orange. Il est assez rare de pouvoir observer les spicules autrement qu'en tronçons encore attachés à la coquille car le filet qui les ramène les brise presque toujours. Jamais, au contraire, on n'a vu ces appendices aux foraminifères morts (*fig.* 38) trouvés au fond de la mer ; leur test est lisse et il n'existe plus de traces de la crête qui entourait les pores.

Fig. 38.

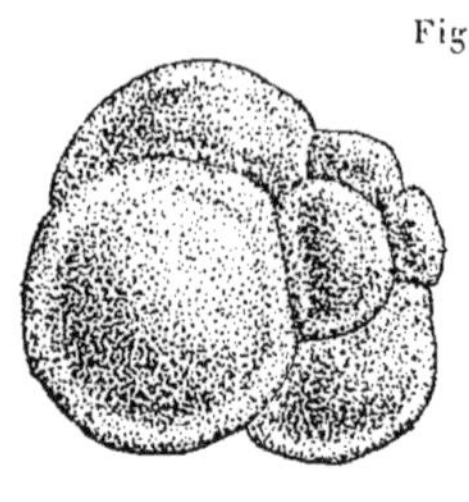

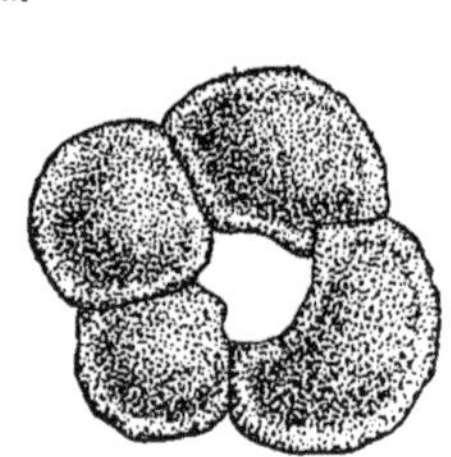

L'ordre des Héliozoaires comprend des rhizopodes d'eau douce pourvus fréquemment de vacuoles pulsatiles, d'un ou plus rarement de plusieurs noyaux et parfois d'un squelette siliceux rayonné.

Fig. 39.

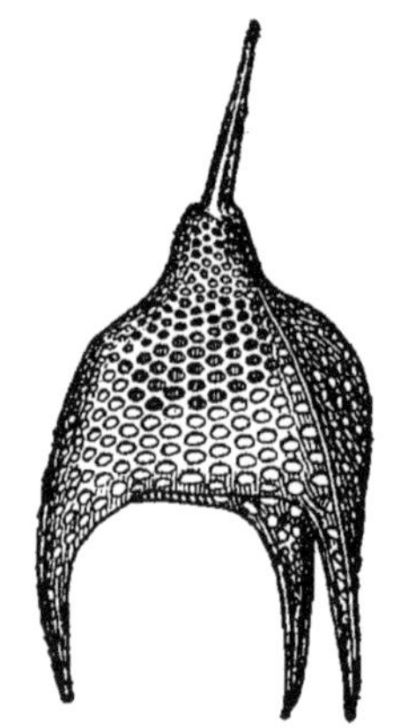

Les Radiolaires diffèrent des foraminifères en ce que le sarcode est soutenu par une charpente en silice d'une extrême délicatesse. Ce squelette, à disposition radiaire, consiste tantôt en petits spicules isolés ou unis entre eux et formant alors une sorte de lacis, tantôt partant du centre et se composant de piquants qui rayonnent au dehors. Parfois il existe entre ces piquants des spicules disposés concentriquement ; dans les Polycystines (*fig.* 39) le squelette consiste en un test treillagé de forme variée. Les Radiolaires sont tous marins et se partagent en trois groupes : les Thalassicolles dépourvus de squelette ou n'ayant que des spicules siliceux autour de la capsule centrale, les Polycystines dont le test est treillagé et les Acantomètres qui n'ont pas de test et dont les piquants partent, comme des rayons, de la partie centrale du corps.

Un même coup de sonde donné par le *Challenger*, et ayant rencontré le fond par 8 184 mètres, a ramené un grand nombre d'échantillons des individus représentés, de *Xiphacantha* (*fig.* 40) et de *Haliomma* (*fig.* 41).

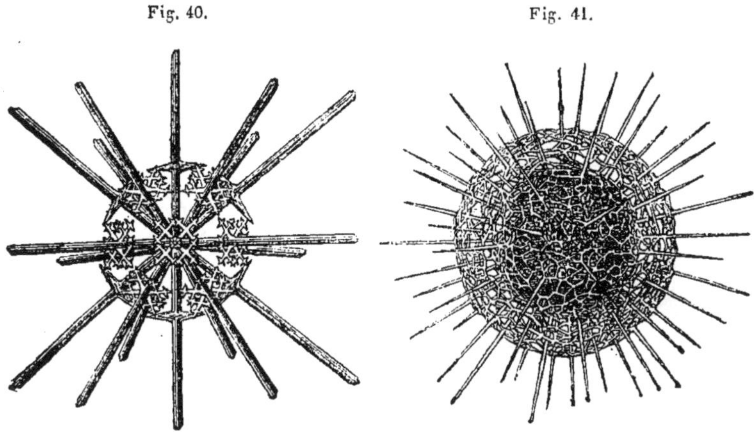

Fig. 40. Fig. 41.

Les Éponges sont des zoophytes de la classe des Spongiaires. Leur corps est formé par une masse parenchymateuse de cellules amiboïdes et est creusé, à l'intérieur, d'un système de canaux plus ou moins compliqué. On y trouve une charpente solide, constituée tantôt par une substance organique, tantôt par des spicules calcaires ou siliceux. Les spicules calcaires (*fig.* 42) sont simples ou bien présentent trois ou quatre rayons, comme on le voit sur les spicules calcaires de *Sycons*. Les spicules siliceux, au contraire, offrent la plus grande diversité. Tantôt ils constituent des fibres réunies en charpente, tantôt des corps isolés pourvus le plus souvent d'un filament ou d'un canal central simple ou ramifié; tantôt ils revêtent la forme d'aiguilles, de fuseaux, de crochets, d'ancres, de cylindres et ils peuvent atteindre une lon-

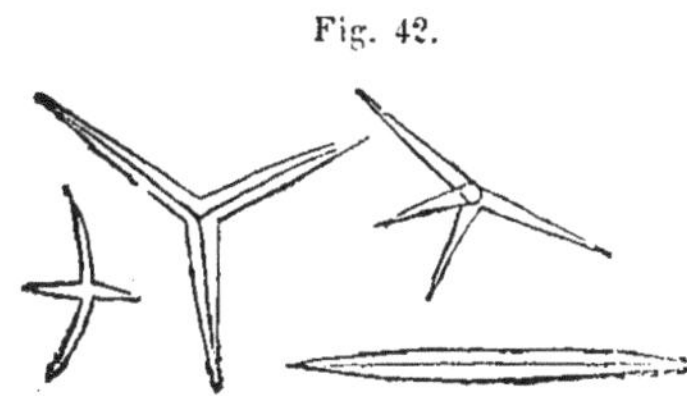

Fig. 42.

gueur considérable. La figure 43 montre ces spicules : *a*, spicule de *Spongilla* dans l'intérieur de la cellule ; *b*, amphidisque d'une gemmule de *Spongilla ; c*, ancre d'*Ancorina ; d*, crochets siliceux d'*Esperia ; e*, étoile de *Chondrilla ; f, g, h, i*, différentes formes de spicules d'*Euplectella aspergillum*[1].

Fig. 43.

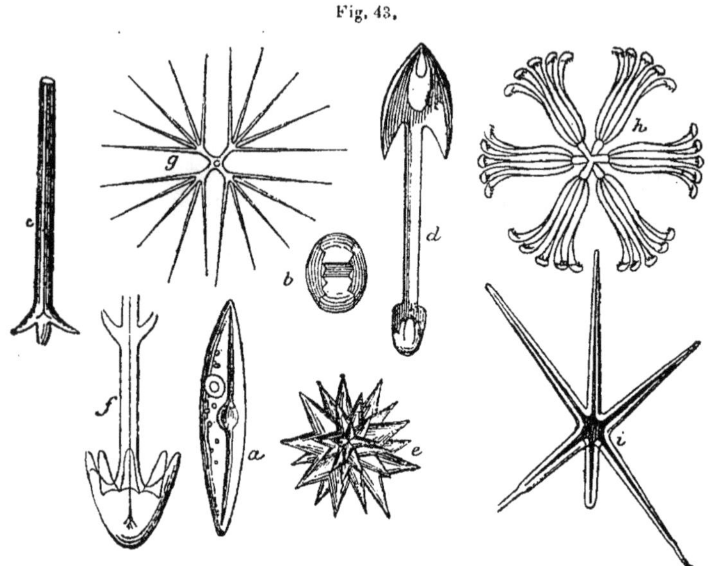

Les Ptéropodes sont des mollusques céphalophores. Ils possèdent des nageoires en forme d'ailes développées sur les côtés du cou ; leur corps est tantôt nu et tantôt revêtu d'une coquille transparente très mince et très fragile dans laquelle l'animal peut se retirer ; ils ont les sexes réunis ; leurs œufs agglutinés par une matière albumineuse, flottent en longs cordons à la surface de la mer. Tous les ptéropodes sont des animaux pélagiques de petite taille, habitant la haute mer dans toutes les zones et sous toutes les latitudes ; ils sont souvent réunis en bancs considérables et se meuvent au moyen de leurs ailes natatoires qu'ils agitent avec une extrême rapidité.

La classe des Ptéropodes se divise en deux ordres, les Gymnosomes dépourvus de coquille et les Thécosomes ayant une coquille

[1] Voy. J. Thoulet, *Analyse de spicules d'éponges siliceuses recueillies dans les dragages du « Talisman »*, Comptes rendus de l'Académie des sciences, XCVIII, 100, et Bulletin de la Société minéralogique de France, VII, 147, 1884.

calcaire. Les coquilles les plus communes sont celles de *Cleodora*, *Cavolinia*, *Creseis*, etc. Le nombre des espèces vivantes de ptéropodes est peu considérable mais celui des individus est immense.

Les zoologistes ont longtemps discuté [1] la question de savoir si les foraminifères vivent uniquement à la surface de l'eau, c'est-à-dire sont pélagiques, leurs débris tombant après leur mort dans les profondeurs, ou s'ils vivent aussi bien à la surface qu'au fond et, dans ce dernier cas, s'ils peuvent vivre seulement jusqu'à une profondeur déterminée ou à toutes les profondeurs. Il est certain qu'on ne trouve pas leurs débris calcaires au-dessous de 4500 mètres.

Forbes, qui s'occupa le premier de la distribution bathymétrique des êtres marins, confinait la vie océanique dans une zone dont l'épaisseur ne dépassait pas 400 mètres. Il se basait sur l'augmentation de pression et sur la disparition de la lumière en profondeur. Le premier motif n'a point d'importance car si la pression est considérable, comme elle s'exerce en même temps à l'extérieur et à l'intérieur des organismes et par l'intermédiaire d'un fluide presque incompressible qui est l'eau, ceux-ci n'en sont point incommodés. Le second motif est plus sérieux et l'absence de lumière met en effet une limite au développement de la flore ; à 50 mètres sous la surface règne déjà une sorte de crépuscule qui, à 200 mètres, fait place à d'épaisses ténèbres ; il en résulte que les végétaux deviennent rares à 100 mètres et disparaissent complètement vers 400 mètres.

Cependant on a trouvé des animaux à toutes les profondeurs, invertébrés et vertébrés. Leur nombre diminue, il est vrai, à mesure que la profondeur augmente. Les nouvelles expéditions ont démontré que les poissons sécrétaient une matière phosphorescente qui répandait une lueur autour d'eux et guidait leurs mouvements. Les animaux inférieurs se nourrissent de la matière organique contenue dans l'eau de mer, leur coquille se développe aux dépens des sels en dissolution et ils servent à leur tour de nourriture aux êtres plus élevés en organisation.

[1] Pour de plus amples détails sur ce sujet, voir : Dr Wallich, *The North-Atlantic sea bed;* Preliminary Report by Dr Carpenter (Proceedings of the Roy. Soc. n° 107, 1868). *Deep sea Explorations*, a lecture by Gwynn Jeffreys. On trouvera aussi d'excellentes informations et de nombreux dessins dans *Expédition du Challenger*, d'après Nature anglaise. *Nature*, 1876, 2e semestre, p. 161-178.

La question d'habitabilité dans les profondeurs prend un grand intérêt à cause des foraminifères des dépôts sous-marins. Ehrenberg croyait que les globigérines vivent à toutes les profondeurs et son opinion fut partagée par Carpenter, Wallich et G.-O. Sars; mais Wyville Thomson, J. Gwyn Jeffreys, Baily et John Murray ont été d'un avis contraire. Ce dernier a constaté en comparant les organismes inférieurs rapportés des profondeurs et ceux qu'on pêchait près de la surface à moins de 100 brasses que, pour un point donné, il y a toujours identité spécifique entre les foraminifères ramassés au filet et vivant dans les eaux superficielles et les dépouilles qui gisent au fond. Dans toutes les mers, depuis l'équateur jusqu'aux cercles polaires, les régions supérieures sont habitées par les globigérines; mais celles de surface, vivantes, diffèrent absolument d'aspect de celles ramenées des profondeurs et qui sont réduites à leur coquille. Tout indique donc que les globigérines et les orbulines qui offrent les mêmes caractères vivent dans les zones peu profondes et n'arrivent au fond qu'à l'état de cadavres. Il existe d'autres foraminifères qui vivent au fond et appartiennent surtout aux rhizopodes[1] à coquille arénacée dont le nombre des espèces est moins considérable. On comprend qu'il soit nécessaire, lorsqu'on analyse un dépôt, de noter si les individus contenus sont pélagiques ou de fond; on en tirera d'utiles conclusions relativement aux courants circulant au-dessus de la localité étudiée, et ces remarques trouveront des applications encore plus fécondes en géologie car elles serviront à expliquer la genèse et l'histoire des roches où l'on constatera la présence de foraminifères.

Les Diatomées[2] sont des algues microscopiques formées d'une seule cellule renfermée dans une enveloppe siliceuse rigide de la nature de l'opale et nommée frustule. La frustule, remarquable par la finesse et la variété des dessins qui la couvrent, est composée de deux valves comparables à une boîte munie de son couvercle, entre lesquelles règne une bande appelée bande connective qui divise le corpuscule en deux parties opposées. Ces algues vivent dans les eaux douces, saumâtres et salées.

[1] A. Renard, *loc. cit.*

[2] Voy. C.-G. Treuberg : *Die Infusionsthierchen als vollkommene Organismen*, 2 vol. in-fol., Leipzig, 1838, et *Les Diatomées*, par le Dr J. Pelletan, Paris, *Journal de Micrographie*, 14, rue de Berne, 1888.

Les diatomées se reproduisent par fragmentation directe et par granules qui se dispersent à maturité. Leur fécondité est immense, car Ehrenberg a calculé qu'en 24 heures, les descendants d'une seule diatomée atteignent près de 1 million ; en 4 jours 140 millions, c'est-à-dire qu'ils formeraient une masse totale d'environ 2 pieds cubes. Leur petitesse est telle qu'on peut en aligner 10 000 sur un pouce de longueur et il n'en faut pas moins de 1 111 500 pour peser 1 gramme. Néanmoins, les diatomées constituent le sol sur lequel est construite la ville de Berlin, et l'on en trouve de vastes dépôts en Sicile, à Zante et à Oran. Ehrenberg a évalué à 64 000 mètres cubes le volume de ces organismes déposés depuis un siècle dans le port de Wismar sur la mer Baltique.

Comme il arrive toujours, la petitesse est donc compensée par la fécondité. Aussi le rôle des infiniment petits est-il bien plus considérable dans la nature que celui des êtres supérieurs. La nitrification à la surface du sol, l'érosion des roches à l'air s'accomplissent par l'intermédiaire d'êtres microscopiques et d'autres êtres microscopiques construisent au fond des mers, par leurs dépouilles entassées, les immenses couches sédimentaires calcaires analogues à celles qui, émergées, nous servent à bâtir nos édifices.

La matière qui incruste la carapace des diatomées contient souvent du fer, peut-être à l'état de silicate de fer.

Les diatomées peuvent vivre sans attache dans l'eau ; elles sont douées de mouvements : non seulement, comme toutes les plantes, elles se dirigent vers la lumière mais en outre elles possèdent une motilité qui semble spontanée et volontaire. Elles se rencontrent à la surface de la mer partout où la densité de l'eau salée est abaissée par de l'eau douce provenant des fleuves ou de la fonte des glaces, aussi bien dans les régions polaires que dans les mers tropicales.

Certains dépôts marins calcaires actuels ressemblent beaucoup à la craie ancienne. On y trouve, au microscope, de nombreux foraminifères, ainsi que des formes appelées Coccolithes, petits disques calcaires d'environ 0,01 mm de longueur. Huxley les a divisés en deux groupes, les discolithes ou coccolithes monodisques, sont de fines écailles circulaires ou elliptiques, concavo-convexes à couches concentriques, comme des grains de fécule. Les cyatholithes ou coccolithes amphidisques, formées de deux disques de diamètre inégal, le plus petit des deux étant ordinairement accolé suivant une face plane tandis que le plus grand est convexe du côté de son point d'attache, de manière qu'ils ressemblent à des boutons de manchettes.

Fig. 44.

Les coccolithes s'agglomèrent quelquefois en boules membraneuses, transparentes, auxquelles on a donné le nom de Coccosphères (*fig.* 44). On suppose que ces coccolithes trouvées par Gumbel dans un grand nombre de calcaires de toutes les époques, sont les articulations d'une petite algue unicellulaire qui vit à la surface de la mer.

Les Rhabdosphères (*fig.* 45) découverts par J. Murray se rencontrent à la surface de la mer et présentent un aspect remarquablement

Fig. 45.

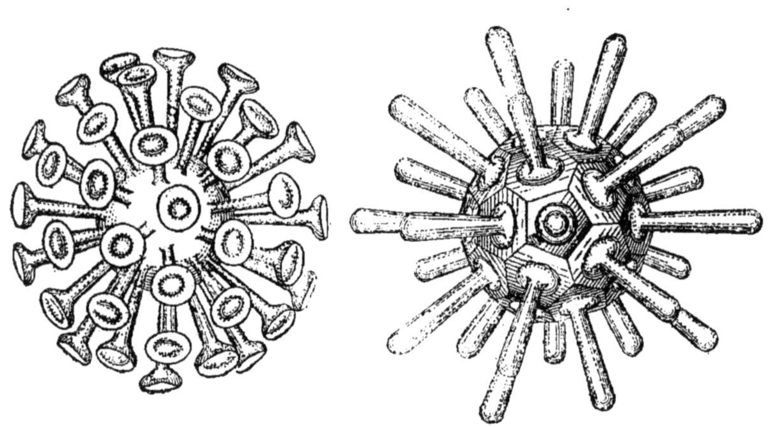

symétrique. Ils sont calcaires et appartiennent probablement aussi au règne végétal. Wyville Thomson les considère comme des algues ou comme des sporanges d'organismes inférieurs. Ils deviennent de plus en plus rares à mesure qu'on s'avance du cap de Bonne-Espérance vers les mers polaires antarctiques.

Principaux éléments minéraux des dépôts sous-marins. — Les minéraux sont des composés chimiques définis, plus ou moins purs qui, soit en masses homogènes, soit en individus de dimensions variables groupés entre eux constituent les roches qu'on aperçoit à la surface des continents et celles qui forment le sol sous-marin.

La silice ou acide silicique ou oxyde de silicium est un acide qui se combine avec des bases pour former des sels appelés silicates qui, à leur tour, se combinent entre eux pour donner naissance à des silicates composés, sortes de sels doubles très répandus dans la nature.

La silice se rencontre sous forme de cristal de roche ou quartz cristallisé, de densité égale à 2,65. Ce corps offre une très grande résistance aux agents naturels; il est très dur, presque infusible, très peu soluble dans l'eau; il est incolore ou coloré en noir, en violet, en jaune, en rouge ou en blanc opaque laiteux; sa cassure est vitreuse et, au microscope, en lumière polarisée, il donne de magnifiques colorations. La silice peut contenir une proportion d'eau plus ou moins considérable et alors, sous les noms d'opale, de silex, de calcédoine, d'agate, de jaspe, elle est un peu moins dense et beaucoup moins inattaquable, surtout dans les solutions alcalines. Les radiolaires, les diatomées, les spicules d'éponges sont en silice hydratée.

Les quartzites sont des grains de quartz cimentés en roche compacte par de la silice; les grès, dont les éléments sont bien plus visibles, sont des grains quartzeux cimentés par de la silice ou par du calcaire.

La silice constitue au moins le quart de la masse de la croûte terrestre; elle est l'élément prédominant des sables.

Les feldspaths sont des silicates d'alumine et d'un alcali, potasse, soude ou chaux contenant toujours, en outre, du fer et de la magnésie. Ils sont clivables, moins durs que le quartz, cristallisés mais polarisant moins la lumière que le quartz entre les nicols croisés sous le microscope. Ils se partagent en deux groupes, le feldspath à base de potasse ou orthose et les feldspaths à proportions variables de soude et de chaux appelés du nom générique de plagioclase.

L'orthose a une densité de 2,56 environ; sa couleur est blanche, grise, verte, plus souvent rose ou rouge; elle est inattaquée par les acides. Le plagioclase est blanc; d'autant plus facilement attaqué par les acides et par les agents naturels et d'autant plus lourd qu'il contient plus de chaux; sa densité varie depuis 2,60-2,63 pour l'albite, plagioclase à base de soude seule, jusqu'à 2,75 pour l'anorthite, plagioclase à base de chaux seule. Le dernier terme de l'attaque de ces minéraux par les agents naturels est l'argile, silicate d'alumine hydraté contenant une proportion variable de fer et d'autres impuretés.

L'analyse microchimique permettra de distinguer les diverses variétés de feldspaths et le triage à la liqueur d'iodures fera connaître la proportion approximative de plagioclase et d'orthose contenue dans une roche.

La leptynite est une roche d'orthose massive et la pegmatite est composée d'orthose et de quartz.

Les micas sont des silicates d'alumine avec de la potasse, de la magnésie ou du fer, en lamelles élastiques, brillantes, extrêmement clivables, blanches, jaunes ou noires, offrant des couleurs de polarisation très vives et à peu près inattaquables aux acides. Le mica blanc ou muscovite a pour densité 2,76-3,1 ; le mica noir ou biotite, 2,8-3,2; ils sont d'autant plus attaquables par la mer qu'ils contiennent plus de fer.

Le granite est un mélange de grains de quartz, de feldspath et de mica; le gneiss est un granite à structure schisteuse.

L'amphibole, et surtout la variété hornblende, est un silicate de magnésie, d'oxyde de fer et de chaux de densité égale à 3,1-3,3; elle est légèrement attaquée par les acides, mais l'est davantage par les agents naturels à cause du fer qu'elle renferme; sa dureté est moyenne; la variété hornblende est vert foncé ou noire, même en lame mince; elle polarise assez vivement la lumière et est polychroïque.

L'amphibolite est une roche d'amphibole hornblende en masse ; la syénite est de l'amphibole hornblende et de l'orthose avec ou sans quartz; la diorite est un mélange d'hornblende et de plagioclase oligoclase.

Le pyroxène, variété augite, est un mélange d'un silicate de chaux et de magnésie avec un silicate de chaux et de fer; sa densité est 3-3,5; on le trouve en grains noirs à peine attaqués par les acides, difficiles à distinguer de l'hornblende. En lame mince, au microscope, l'augite polarise vivement et n'est pas polychroïque comme l'hornblende.

La chlorite est un silicate hydraté de magnésie et d'alumine, contenant du fer mais pas d'alcali; couleur verte; densité égale à 2,65-2,97 ; le plus souvent terreux, très tendre, attaquable par l'acide chlorhydrique.

La glauconie est un silicate de fer avec des quantités variables de potasse, de magnésie et d'alumine ; elle se présente en grains terreux de couleur vert olive.

Le calcaire est du carbonate de chaux ; la variété la plus pure dite spath d'Islande, a une densité égale à 2,72 ; très tendre, il fait effervescence et se dissout dans les acides ; sa couleur est généralement blanche, quelquefois brune, jaune ou rouge par suite de la présence de l'oxyde de fer ; il est le plus souvent mélangé à des matières argileuses qui restent insolubles après le traitement par l'acide. Le marbre et la craie sont des variétés de carbonate de chaux. Le calcaire magnésien porte le nom de dolomie, la marne est un calcaire argileux ou une argile calcaire. Les coraux, les coquilles, les carapaces de foraminifères sont du carbonate de chaux ; il en est de même des carapaces des crustacés, des tests et des piquants d'oursins ; les os, les dents, les écailles de poissons, sont composés de carbonate et de phosphate de chaux ainsi que de matière animale.

Les roches volcaniques sont minéralogiquement caractérisées par la présence d'un feldspath comme un de leurs éléments et par l'absence de quartz libre. Les basaltes sont des roches noires, de densité égale à 3, plus ou moins magnétiques, composées d'individus discernables seulement au microscope, de plagioclase, de pyroxène augite et de fer magnétique avec grains plus gros d'un minéral verdâtre nommé péridot. L'obsidienne est une roche verte, noire, brune ou grise de feldspath orthose vitrifié ressemblant à du verre. Quand l'obsidienne est criblée de vacuoles jusqu'à devenir opaque, elle porte le nom de ponce, et l'on appelle lapilli et cendres volcaniques les poussières fines qui s'échappent des volcans.

Les argiles sont des silicates d'alumine plus ou moins hydratés en grains impalpables, infusibles, de composition variable, depuis celle du kaolin, résidu blanc de la décomposition du feldspath le plus pur jusqu'aux mélanges en nombre infini contenant de la silice libre et des oxydes de fer. Les argiles à l'état de vases et de boues sont le dernier terme de l'attaque naturelle de la grande majorité des minéraux et elles offrent une résistance maximum, sinon absolue, aux agents naturels.

Provenance des éléments constituant les dépôts sous-marins. — Les matières d'origine organique qui entrent pour une grande proportion dans la composition des dépôts sous-marins, sont les débris des êtres qui ont habité la mer, comme les ossements des poissons, mais surtout les enveloppes calcaires et siliceuses de foraminifères, de radiolaires, de diatomées et des spicules d'éponges. Ces êtres vivent principalement dans les régions supérieures de l'Océan et, après leur mort, leurs restes soumis aux seules lois de la pesanteur tombent et vont s'accumuler au fond. Les régions habitées par chaque espèce, celles où elles trouvent les conditions les plus favorables à leur existence ne sont pas encore déterminées d'une façon très précise. En outre, les débris ne tombent pas toujours exactement au-dessous de l'endroit où les animaux ont vécu et ils peuvent avoir été entraînés plus ou moins loin par les courants; à partir du moment de la mort, une fois la matière animale disparue, ils deviennent, d'ailleurs, de véritables matières inorganiques.

Les éléments purement minéraux des dépôts parviennent à l'Océan en dissolution dans l'eau douce des fleuves. M. John Murray[1] a calculé que 1 mille cube d'eau de rivière pesant environ 4 205 650 000 tonnes, contient en moyenne 762 587 tonnes de matière solide dissoute et qu'en une seule année, les fleuves portent à la mer 4 974 967 588 tonnes de matières qui, une fois entrées dans l'Océan, n'en sortent plus. Les éléments minéraux résultent aussi de l'érosion qui s'effectue par la mer elle-même dont les vagues battent et désagrègent sans cesse les rivages ou par les fleuves qui roulent sous forme de cailloux, de gravier, de sable et de vase, les détritus arrachés aux montagnes par les différents agents atmosphériques. Les glaces d'eau douce et d'eau salée jouent dans l'érosion un rôle important.

Les poussières qui s'élèvent des continents sont chassées par les vents au-dessus de la mer, y tombent, descendent dans les profondeurs et contribuent aussi pour une part considérable à la formation des dépôts marins.

Poussières. — Les grains de poussière qui proviennent des roches continentales désagrégées par les variations brusques de la

[1] *On the total annual rainfall on the land of the globe and the relation of rainfall to the annual discharge of rivers*, by John Murray, Royal Society of Edinburgh, Jan, 17, 1887. The Scot. Geog. Magaz., III, 65, Feb. 1887.

température, la gelée et mille causes diverses, sont entraînés par le vent, et lorsqu'ils sont ainsi poussés violemment contre les roches en place, ils les abrasent. Cette usure [1] dépend de la constitution minéralogique, de la dimension, de l'état anguleux ou arrondi des grains, de la force du vent, de la nature de la roche choquée et de son inclinaison par rapport à la direction du vent; elle est d'autant plus énergique que les grains chassés sont plus durs et la roche abrasée plus tendre et ce cas, très fréquent, se présentera lorsqu'il s'agira de calcaires choqués par une poussière quartzeuse. Les grains quels qu'ils soient, tendres ou durs, causes ou produits de l'abrasion, sont tous ensemble encore repris par les vents; ils recommencent leur action jusqu'au moment où immobilisés par certaines circonstances telles que l'humidité des pluies et la végétation, ils donnent lieu, sur les continents, à une formation géologique éolienne appelée lœss, ou bien tombent à la mer, s'y accumulent ou se dissolvent. Les dunes ont en partie la même origine.

La direction suivie par les nuées de poussière est évidemment celle des vents dominants qui balayent la région d'où elles proviennent, de sorte que la distribution de ces sédiments se relie intimement à la météorologie.

Comme il est difficile d'évaluer exactement la quantité de ces poussières qui tombent à la mer, on peut s'en faire une idée d'après l'immense étendue des surfaces continentales du lœss. Ce terrain couvre, en Europe, la Belgique, le nord de la France jusqu'à la Loire, une portion de l'Allemagne, toute la région des Carpathes, la Hongrie, la Pologne, la Moravie, la Roumanie; en Amérique, les pampas de La Plata et le bassin du Mississipi. Le lœss de Chine s'étend sur une épaisseur de 450 à 600 mètres sur tout le nord de cette contrée.

Il existe des cartes montrant les aires de distribution de ces poussières au-dessus de la mer; Ehrenberg [2] a dressé les premières, et un officier de la marine allemande [3] a publié récemment quatre

[1] J. Thoulet, *Expériences synthétiques sur l'abrasion*, Annales des Mines, mars-avril, 1887.

[2] Ehrenberg, *Passatstaub und Blutregen. Ein grosses organisches Unsichtbares Wirken und Leben in der Atmosphäre*, Abhandl, d. K. Akad. d. Wiss. zu Berlin, 1847,

[3] Dinklage, *Die Staubfalle im Passatgebiet des Nordatlantischen Ozeans*, Ann. d. Hydrog. und marit. Meteorol., vol. XIV, 1886, p. 69 et 113. — Voy. en outre Hellmann,

cartes relatives à l'Atlantique nord, qui montrent que les pluies les plus épaisses et les plus fréquentes tombent à l'ouest de la côte du Sahara, entre les îles du cap Vert et le cap Blanc. Darwin [1] affirme qu'elles obscurcissent parfois tellement l'atmosphère que des navires se perdent et se jettent à la côte. Leur couleur est rouge et elles sont chassées par les alizés du nord-est. On en a recueilli à 300 milles de terre. Du reste, le Sahara est un centre de dispersion qui envoie des poussières non seulement sur l'Atlantique mais sur l'Algérie, la Méditerranée, l'Espagne, la France, l'Angleterre, l'Allemagne, le sud de la Suède, la Suisse et l'Italie. Une pluie de sable rouge [2], tombée à Modica, en Sicile, en 1872, contenait 8,5 p. 100 de matière organique, du quartz, du carbonate de chaux, du feldspath, des paillettes de mica et probablement aussi de l'amphibole. M. Thoulet [3] a montré que le sable du Sahara se composait des mêmes éléments. Il est regrettable que la plupart des auteurs se contentent de donner une analyse élémentaire de ces poussières au lieu d'une analyse immédiate qui indiquerait la provenance des grains ainsi que le rôle joué par eux postérieurement à leur chute.

On prétend que ces pluies sont plus fréquentes dans la région voisine du Sahara au printemps et à l'automne, c'est-à-dire de trente à soixante jours après les équinoxes ce que Maury [4] attribue au mouvement d'oscillation nord et sud de la zone des calmes équatoriaux.

Arago [5] cite une pluie de poussière tombée les 16 et 17 octobre 1846 ayant partout où on l'a recueillie la même composition qualitative : silice, alumine, peroxyde de fer, carbonates de chaux et de magnésie, corpuscules organisés d'origine végétale et quelques infusoires. Le phénomène a commencé à la Guyane, s'est étendu sur l'État de New-York, s'est retrouvé aux Açores, est arrivé dans la France centrale et orientale, a traversé les Alpes du côté du mont

Ueber die auf dem Atlantischen Ozean in der Höhe der Capverdischen Inseln häufig vorkommende Staubfälle, Monatber. der K. P. Akad. d. Wissen, Berlin, 1878, p. 364.

[1] Darwin, *Voyage d'un naturaliste.*

[2] *R. Comitato geologico d'Italia*, 1872, p. 170, *in* Delesse et de Lapparent, *Revue géologique*, X, 198, 1873.

[3] J. Thoulet, *Etude minéralogique d'un sable du Sahara*, Bulletin de la Société minéralogique de France, IV, 1881, 262.

[4] Maury, *Instructions nautiques*, etc., trad. Vaneechout, p. 29.

[5] François Arago, *Œuvres complètes*, XII, p. 293.

Cenis pour aller s'effacer graduellement en Italie. L'analyse montre l'origine terrestre de cette poussière et indique par les proportions relatives de silicates et de carbonate de chaux qu'elle est un mélange de sable abrasant et de calcaire abrasé. Les particules de ce dernier, plus légères et plus fines, varient en quantité selon la distance au centre de dispersion. Il est à remarquer que l'état d'extrême division du calcaire, lorsque celui-ci est tombé à la mer, le rend très facile à entrer en dissolution et en fait une source notable du carbonate de chaux contenu dans les eaux de l'Océan.

Les volcans projettent d'immenses quantités de matières pulvérulentes que l'on retrouve dans les dépôts marins, autour des îles volcaniques. A Hawaï, par exemple, elles s'étendent jusqu'à une distance de 200 milles de terre. Comme elles sont très légères et ont été lancées à une extrême hauteur, les courants aériens supérieurs s'en emparent et les transportent à des distances considérales. Tôt ou tard elles finissent cependant par retomber à la mer où elles sont encore distribuées sur de vastes espaces par les courants. En effet, leur texture celluleuse leur permet de flotter longtemps et le choc répété des vagues chasse seul, lentement, l'air contenu dans les vacuoles et les fait s'enfoncer. Un fragment de ponce placé dans un tube rempli d'eau y flotte mais il descend si l'on communique au tube une série de violentes secousses. Les fragments parvenus au fond sont décomposés et dissous; ils contribuent à former l'argile rouge qui couvre le sol des océans et où l'on trouve un mélange de grains d'augite, de feldspaths et d'autres minéraux volcaniques. Ils servent aussi de centres d'attraction autour desquels s'agglomèrent l'oxyde de fer et l'oxyde de manganèse des modules manganésiens des grandes profondeurs.

La distribution autour d'une île volcanique, de ces sédiments dont l'état d'extrême division favorise beaucoup la dissolution ou la décomposition chimique par l'eau de mer, dépend de la direction des vents dominants. Lorsque les îles sont isolées comme Hawaï ou Jan Mayen, l'aire doit certainement offrir une forme analogue aux roses de M. Brault indiquant la moyenne annuelle en fréquence et en intensité des vents soufflant sur le volcan.

L'Islande a envoyé à plusieurs reprises des cendres jusqu'en Suède; une poussière volcanique de cette provenance, tombée sur la Suède et sur la Norvège pendant la nuit du 29 au 30 mars 1875, était, selon M. Daubrée, en majeure partie de la ponce en aiguilles vitreuses entremêlée de petits cristaux de pyroxène, de feldspath et de fer oxydulé; elle était rude au toucher, de couleur gris clair ou noirâtre, en grains mesurant 0,2 mm de longueur sur 0,01 mm de largeur.

Une éruption du Coseguina, volcan situé au sud de la baie Fonseca, dans l'Amérique centrale, recouvrit de cendres une superficie évaluée à 4 millions de kilomètres carrés et la masse vomie n'était pas inférieure à 50 millions de mètres cubes.

En 1815, le Tambora, dans l'île de Sumatra, distribua ses cendres sur une surface de terre et de mer supérieure à celle de l'Allemagne. D'après Junghuhn, la quantité totale des matières rejetées était de 318 kilomètres cubes.

L'éruption du Krakatau, en 1883, moins importante peut-être que celle du Tambora, a été admirablement étudiée par M. l'ingénieur Verbeek[1]. L'aire de distribution des cendres, sous l'influence des vents de sud-est et de nord-est dominants pendant et après l'éruption, est circonscrite par une ligne de forme irrégulière qu'on peut se représenter comme le résultat de la superposition de deux ellipses ayant à peu près Krakatau pour foyer et dont les grands axes sont dirigés au nord-ouest sur une longueur de 800 milles et au sud-ouest sur une longueur de 1200 milles. L'aire de cette figure s'élève à 827 000 kilomètres carrés ; elle est donc plus de 32 fois celle des Pays-Bas. De très fines particules de cendres ont été transportées dans les hautes couches de l'atmosphère, au delà des limites de l'aire citée plus haut et ont été recueillies à près de 1600 milles marins de Krakatau ; d'autres, plus ténues, sont restées plus longtemps encore en suspension et sont arrivées mêlées à une quantité considérable de vapeur d'eau par dessus les Seychelles et l'Afrique, à Cape-Coast-Castle sur la Côte d'Or, puis à Paramaribo, Trinidad et Panama, en Amérique ; aux îles Sandwich, à Ceylan et dans l'Inde britannique. Sur tous ces points, ces poussières ont provoqué des colorations bleues et vertes du soleil et de la lune après le lever ou avant le coucher de ces astres ainsi que des lueurs d'un rouge intense ; elles ont voyagé avec une vitesse moyenne de 1725 milles par jour ou

[1] R.-D.-M. Werbeek, *Krakatau*, publié par ordre de Son Excellence le gouverneur général des Indes néerlandaises, Batavia, imprimerie de l'État, 1886.

71,88 milles par heure. Le volume total des matières rejetées et tombées principalement à la mer, laves et cendres, est estimé par M. Verbeek à 18 kilomètres cubes dont les deux tiers, soit 12 kilomètres cubes, à l'intérieur d'un cercle d'un rayon de 15 kilomètres autour du Krakatau et l'autre tiers, ou 6 kilomètres, en dehors de ce cercle.

L'atmosphère renferme une quantité considérable de grains de poussière dont l'origine n'est pas volcanique. M. G. Tissandier[1] a calculé qu'une masse d'air de 5 mètres d'épaisseur prise sur l'ensemble de la ville de Paris, ne contient pas moins de 1350 kilogrammes de matières pulvérulentes, en moyenne. Le même auteur a mesuré des grains minéraux de poussière recueillis par lui et a trouvé que leur diamètre variait entre 0,01 mm et 0,001 mm et au-dessous.

Pour expliquer comment ces poussières ne tombent pas immédiatement[2], on admet que leur densité, bien qu'elle soit réellement plus grande que celle de l'air, est diminuée par la couche gazeuse adhérente par capillarité à la surface des objets de très petite dimension, laquelle fait corps avec eux et les suit dans leurs mouvements ; de là il résulte que l'impulsion de l'air en mouvement les entraîne et les enlève facilement, puis elles vont se déposer dans les endroits où l'air est calme.

D'après M. G. Tissandier, les poussières recueillies par lui en France et particulièrement à Paris contiendraient de 25 à 34 p. 100 de matières organiques et de 75 à 66 p. 100 de matières minérales. Une proportion aussi forte de matières organiques peut se comprendre dans une grande ville, mais il est probable que, dans les circonstances les plus ordinaires, elle doit être moindre. Néanmoins, il en existe sûrement toujours une certaine quantité et leur présence explique en partie diverses réactions chimiques s'accomplissant au sein des eaux océaniques.

Les pluies de poussière terrestre sont fréquentes sur la mer Jaune, en Chine, où elles sont constituées par les grains du lœss de cette contrée ; c'est à elles ainsi qu'aux sédiments de même nature charriés par le fleuve Jaune que cette mer doit son nom.

[1] Gaston Tissandier, *Les poussières de l'air.*

[2] Dictionnaire de Nysten par E. Littré et Ch. Robin : *Poussières, in* G. Tissandier, *loc. cit.*

M. Tissandier a reconnu dans l'air la présence de nombreuses particules microscopiques auxquelles il attribue une origine cosmique, en s'appuyant sur ce fait qu'elles contiennent du cobalt et du nickel ; elles offrent le plus souvent la forme de bouteilles sphériques ou un peu allongées munies d'un goulot à surface tantôt lisse, tantôt rugueuse ou mamelonnée, et elles sont attirables à l'aimant. Cependant toutes les parcelles possédant ces caractères n'ont pas la même origine et un certain nombre d'entre elles provient de la combustion de houilles pyriteuses dans les cheminées ou les foyers d'usines.

M. Daubrée a montré que les météorites abandonnaient à l'atmosphère une portion notable de leur masse à l'état de grains impalpables entraînés par pulvérisation. Enfin, M. Nordenskiöld a recueilli sur la neige du Groenland un minéral cobaltifère et nickelifère auquel il a attribué une origine cosmique. Toutes ces matières contribuent à la formation des fonds marins par leur masse accumulée pendant un temps considérable et plus ou moins modifiée.

III.

Dépôts sous-marins.

Descriptions des dépôts sous-marins. — Les dépôts qui recouvrent le fond de la mer se divisent en quatre classes ; les dépôts littoraux voisins des terres, les dépôts terrigènes, les dépôts d'eau profonde océaniques et les dépôts d'abîmes.

Les dépôts littoraux ou côtiers forment autour des continents une bande de largeur variable et comprise entre le niveau des basses eaux et une profondeur de 200 m, ils correspondent assez bien au soubassement continental ; on les a subdivisés en zones et en régions d'après les animaux vivant dans chacune d'elles ; la pente en est généralement assez forte, bien que l'on soit toujours tenté d'exagérer son inclinaison. Parmi les plus escarpées, on cite celle de la Norvège qui, par 69° latitude N, sur une largeur de 2 milles, possède un angle de 9° 25'. Près de l'île Amsterdam, à 254 mètres de terre, la *Gazelle* a trouvé 1485 mètres de profondeur ce qui correspond à une pente de 80°, mais ce cas est tout à fait exceptionnel. Sur cet espace se déposent immédiatement les divers minéraux enlevés aux rivages sous l'action érosive des vagues ainsi que ceux qui proviennent de l'intérieur des continents et sont charriés jusqu'à la mer par les fleuves et les rivières. Du reste, le mode et la nature des dépôts varient selon la pente de la côte et divers autres facteurs : les boues prédominent sur un rivage très plat, les sables, lorsque l'inclinaison est un peu moins faible, tandis que les blocs de roches amoncelés se rencontrent sur les côtes abruptes.

La seconde zone est celle des boues.

En partant de terre, les sédiments se déposent dans l'ordre des dimensions décroissantes : d'abord les galets, puis les graviers, les sables et enfin les boues. Cependant les circonstances peuvent apporter de grandes modifications à cet ordre, à cause du triage mécanique exercé par l'eau en mouvement. Ainsi, les trous, quelque voisins qu'ils soient de la côte, sont remplis par des boues comme on le voit, par exemple, dans le gouffre ou gouf du Cap Breton, dans le golfe de Gascogne, ou au trou de la Baleine sur le Grand Banc de Terre-Neuve. La configuration des localités émergées exerce une influence importante, car tandis qu'une côte directement battue par les vents ou faisant face à une direction suivie par des glaces de dérive chargées de débris est jonchée de gros blocs de roches, une baie abritée ne se remplit que de sédiments fins.

La nature minéralogique des dépôts varie avec la constitution géologique de la côte avoisinante ou des rivages plus éloignés dont les débris sont amenés par les courants, les cours d'eau et par les vagues qui se livrent à un triage continuel des sédiments et tendent à les assortir par grains de même espèce et de même dimension. On discute la profondeur à laquelle le mouvement des flots se fait sentir ; peu d'expériences synthétiques ont été faites pour éclaircir cette importante question, mais il est douteux que leur pouvoir d'érosion ou de transport agisse d'une manière sensible au delà de 200 ou 300 brasses, et encore, au-dessous de 100 brasses ou 200 mètres, ces mouvements se réduisent-ils à une simple oscillation étalant les talus et incapables de donner lieu à une véritable distribution des sédiments. C'est pour cette raison que l'étude du soubassement continental se sépare de celle de la constitution générale du sol sous-marin. L'action directe des courants en profondeur cesse encore plus rapidement que celle des vagues ; déjà, à une faible distance de la sur face, ils se bornent à balayer les matières fines et légères et à les transporter au loin. Ils ont cependant un effet indirect assez important par suite des organismes qui vivent dans leurs eaux plus froides ou plus chaudes que les eaux environnantes et dont les restes sont alors distribués sur tout le parcours du courant.

Les dépôts côtiers sont surtout constitués par des galets, des graviers et des sables. Les deltas, les dépôts d'estuaires et certains bancs sous-marins comme les bancs qui bordent la côte orientale de l'Amérique du Nord depuis Terre-Neuve jusqu'à la Floride sont des modes spéciaux de groupement des sédiments et ils se forment sous l'influence du voisinage de l'embouchure d'un fleuve, le contact d'eaux à des températures différentes ou d'autres conditions que nous étudierons ailleurs.

On sait que les solides immergés exercent sur les solides dissous dans la même solution une attraction indépendante de toute action chimique[1]. Il résulte de ce fait que les boues légères amenées par les fleuves s'enfoncent rapidement aussitôt qu'elles arrivent en contact avec les eaux salées; elles se déposent dans les portions les plus reculées de cette zone côtière et, comme elles s'entassent promptement, les couches se recouvrent sans laisser aux particules le temps de se dissoudre ou d'être décomposées chimiquement. Leur composition chimique doit ressembler beaucoup à celle des sédiments boueux des fleuves qui les amènent. La vérification serait facile. En tous cas, les caractères physiques sont identiques. Les boues jaunes de la mer de Chine ont le même aspect que celles qui sont transportées par le Hoang-ho, et l'on en peut dire autant des boues rouges charriées par l'Amazone jusqu'à une grande distance en mer et qui, riches en fer à l'état de limonite, n'offrent aucune trace de glauconie et contiennent une proportion très faible d'organismes siliceux.

Les galets se trouvent quelquefois à une assez grande distance des côtes et alors il est probable qu'ils ont été apportés par des glaces. On les rencontre beaucoup plus fréquemment près de la terre. Dans le Pas de Calais, des cailloux siliceux parfaitement roulés forment des traînées au milieu du détroit par des fonds qui dépassent 30 mètres[2]. On a supposé que ces blocs étaient tombés presque sur

[1] J. Thoulet, *Attraction s'exerçant entre les corps en dissolution et les corps solides immergés*, Comptes rendus de l'Académie des sciences, XCIX, p. 1072, et C, p. 1002.
[2] De Lapparent, *Traité de géologie*, p. 172.

place lors de la destruction de l'isthme qui reliait la France à l'Angleterre et qu'ils n'avaient été amenés à l'endroit qu'ils occupent ni par les vagues ni par les courants. On rencontre encore de pareils blocs sur la côte des États-Unis, près de Georgetown, et au nord de l'Écosse, loin des parages où pourrait s'exercer l'action des glaces actuelles. Ils sont probablement arrivés à l'époque des grands phénomènes erratiques glaciaires, pendant le quaternaire.

Schmelck [1] a remarqué dans l'océan Atlantique nord, situé cependant dans des conditions exceptionnellement favorables au point de vue du transport et de la dispersion irrégulière des blocs par les glaces, que le nombre et la dimension des cailloux du fond étaient en parfaite relation mutuelle. Plus les cailloux sont volumineux et plus ils sont nombreux et, à mesure qu'on s'éloigne du rivage, ils diminuent en nombre et en dimensions. Ces pierres viennent donc bien en majeure partie des côtes. La durée de leur immersion dans l'eau se prolongeant, elles doivent s'user par dissolution et par décomposition et, comme les résultats de l'attaque sont du quartz en grains très fins ou de l'argile, ces éléments se détachent du bloc et s'avancent vers la haute mer, non pas à cause des courants et du mouvement des flots à la surface qui perdent vite leur puissance en profondeur, mais par le fait du glissement des talus au sein d'un liquide [2].

Schmelck a observé que la limite de rencontre des cailloux dans les régions parcourues par le *Vöringen* atteignait rarement et dépassait encore plus rarement 700 mètres.

En se basant sur des considérations zoologiques et botaniques, sur la présence de plantes et d'animaux déterminés, on a divisé la zone côtière, au moins dans nos climats, en plusieurs zones secondaires subdivisées elles-mêmes en régions [3].

A. Zone littorale ou intercotidale comprenant la portion du rivage soumise au jeu de la marée; les espèces animales y sont peu nombreuses, mais les individus abondants.

1. Région subterrestre située au niveau des hautes mers d'équi-

[1] Ludwig Schmelck, *Chemistry*, The Norw. North-Atlantic Expedition, IX, 67.

[2] J. Thoulet, *Études expérimentales et considérations générales sur l'inclinaison des talus de matières meubles*, Comptes rendus de l'Académie des sciences, CIV, 1537, et Annales de chimie et de physique, 6e série, t. XII, p. 33-64, sept. 1887.

[3] Voy. les travaux de Ed. Forbes, Sars, Audouin, Milne-Edwards, Fischer et Vaillant *in* de Lapparent, *loc. cit.*

noxe et caractérisée par *Littorina rudis, L. neritoides* et les végétaux du genre *Lichina*.

2. Région littorale comprenant au sommet le niveau des Balanes; au milieu, à la hauteur des hautes mers de syzygies, le niveau de *Mytilus edulis* avec les genres *Littorina* et *Patella;* à la base, l'horizon de *Murex erinaceus*.

3. Région sublittorale au niveau des basses mers d'équinoxe, caractérisée par les genres *Haliotis* et *Pecten* et touchant immédiatement aux régions marines proprement dites.

B. Zone des Laminaires s'étendant du niveau de la basse mer jusqu'à environ 27 mètres, ainsi nommée à cause des algues du genre *Laminaria* des côtes rocheuses remplacées par les varechs du genre *Zostera*, sur les côtes sablonneuses ou vaseuses; seiches, calmars, mollusques herbivores *Lacuna*, *Rissoa*, etc., bivalves abondants, bancs d'huîtres. Cette région est la plus riche sous le rapport de la vie animale et celle dont les coquilles offrent les colorations les plus vives.

C. Zone des Corallines, de 27 à 92 mètres. Elle doit son nom à une espèce d'algue; mollusques herbivores *Fissurella, Emarginula*, etc.; mollusques carnivores *Buccinum*, *Fusus*, *Natica*, etc.; parmi les bivalves *Pecten*, *Lima*, *Arca*, *Venus*, etc.; elle comprend les grandes régions de pêche que fréquentent la morue, la merluche, la plie, le turbot et la sole.

D. Zone des coraux de mer profonde s'étendant de 92 à 103 mètres, et contenant des *Nullipores* et des *Térébratules*. Les coquilles y sont relativement plus abondantes à cause de l'uniformité de la température qui ne se ressent plus que très faiblement des variations extérieures; les individus sont petits et ont des couleurs peu brillantes. On remarquera en outre que cette zone est celle où il y a le plus grand nombre de genres anciens, c'est-à-dire déjà représentés dans les formations géologiques antérieures à l'époque actuelle.

Au delà de la zone côtière composée, ainsi qu'on l'a vu, de galets, de graviers, de sables et de boues terrestres peu modifiées, les dépôts terrigènes commencent par la zone des boues grises ou bleues qui s'étendent depuis 200 mètres jusqu'au delà de 1300 mètres; elles doivent leur couleur à des matières organiques et dégagent souvent de l'hydrogène sulfuré. Les matières végétales et animales en décomposition ont réduit les sulfates de l'eau de mer en sulfures qui forment des sulfures de fer et de manganèse, que l'oxygène de l'eau transforme à leur tour en oxydes. Séchées, elles deviennent grises sans jamais présenter la plasticité d'une véritable argile. Elles contiennent quelquefois des fragments de roches d'un diamètre de 2 cm, quoique généralement ces fragments possèdent un diamètre de 0,5 mm et au-dessous; la glauconie est souvent présente, mais peu abondante; les restes d'organismes calcaires sont parfois complètement absents, d'autres fois, au contraire, leur proportion s'élève à 50 p. 100 de la masse totale.

Les boues vertes ressemblent beaucoup aux boues bleues, et leur différence provient plutôt de la nature des sédiments apportés de terre et non encore modifiés que d'une transformation accomplie au sein de l'eau. Leur couleur semble être due à la présence de matière organique qui réduit le peroxyde de fer à l'état de protoxyde. Les boues vertes sont plus sableuses que les boues bleues; on les appelle quelquefois sables verts; elles renferment beaucoup de glauconie en grains isolés ou en concrétions. Ce dernier minéral se désagrège si facilement que sa présence tendrait à faire croire à une durée d'immersion relativement peu considérable, ou au moins à un mouvement bien faible des eaux à la profondeur où on le trouve. Les boues vertes séchées ont une couleur gris-vert et un aspect terreux; elles dégagent souvent une odeur d'acide sulfhydrique. On les recueille entre 200 et 1300 mètres de profondeur tandis que les boues bleues s'enfoncent au delà de 1300 mètres; elles sont particulièrement développées le long des côtes continentales escarpées où aucune grande rivière ne vient apporter de sédiments; d'autre part, il est extrêmement rare de trouver de la glauconie dans les boues provenant d'un dépôt abondant de matières charriées par les rivières et ce minéral disparaît entièrement autour des îles volcaniques ou dans les mers profondes à une grande distance des continents.

Les boues vertes contiennent souvent des nodules de phosphate de chaux assez communs, d'ailleurs, dans tous les dépôts côtiers, mais qui ne descendent jamais au-dessous de 2750 mètres (1500 brasses).

La nature de la côte voisine exerce une influence si considérable sur la constitution physique et chimique des dépôts littoraux, qu'on doit s'attendre à trouver des fonds particuliers autour des terres possédant une nature géologique spéciale. C'est en effet ce qui arrive aux environs des îles volcaniques et des îles de corail.

Les îles volcaniques sont entourées d'une ceinture sous-marine de sables et de boues volcaniques qui, autour d'Hawaï par exemple, s'étend à plus de 200 milles et atteint une profondeur de 5 250 mètres. Le sable est habituellement noirâtre. Dans les boues de couleur grise, on trouve des fragments de ponces et de scories dont la dimension varie avec la distance au rivage, mais qui ont généralement un diamètre de 0,5 mm et du peroxyde de manganèse terreux en grains, en nodules ou en incrustations sur les fragments de roches ou de coquilles. Le quartz est très rare et nous savons que la glauconie est totalement absente.

Les îles de corail sont, pour le même motif, bordées par des boues coraillères dans lesquelles la proportion de carbonate de chaux s'élève quelquefois jusqu'à 95 p. 100. Elles s'étendent autour des Bermudes jusque par 4 570 mètres de profondeur, mais ne dépassent guère 1140 mètres autour des îles Vierges, Tonga-Tabou, Fidji, Taïti, Honolulu, de l'Amirauté et de la Nouvelle-Guinée. A partir de 1830 mètres, elles prennent une coloration rosée et se transforment en vases à globigérines, se foncent de plus en plus, la proportion de calcaire diminue, celle de l'argile augmente et elles passent ainsi à l'état d'argile rouge.

Pour achever l'énumération des divers dépôts terrigènes, nous nous bornerons à mentionner de nouveau les boues jaunes ocreuses du Hoang-ho et les boues rouges apportées par les fleuves de l'Amérique du Sud, en particulier par l'Amazone, et dispersées le long de la côte orientale de ce continent à une profondeur maximum de 3 750 mètres près de Fernambouc. Plus au sud, au sud-est de Bahia, par 4 000 mètres, elles passent à l'argile rouge.

La direction des vents prédominants apporte souvent de grandes anomalies dans la distribution des dépôts littoraux et terrigènes. M. A. Agassiz[1] a observé à bord du *Blake* que des dragages exécutés sous le vent des Antilles, à des profondeurs dépassant 2 000 mètres, à dix ou quinze milles de terre, donnaient des quantités considérables de feuilles d'arbres, de crustacés, d'annélides,

[1] A. Agassiz, *Three cruises of the U. S. Coast and Geodetic Survey steamer « Blake »* I, 291.

de fragments de bambous et de cannes à sucre, des poissons, des coquilles terrestres et des éponges dont les uns avaient vécu sur place tandis que les autres avaient été certainement entraînés par le vent. Les formes les plus disparates, animales et végétales, maritimes et terrestres se trouvaient intimement mélangées. Le contenu de la drague aurait été une véritable énigme pour un paléontologiste qui n'aurait pas manqué de rapporter un tel mélange fossile à un dépôt d'estuaire peu profond entouré de forêts, bien que sa provenance fût en réalité à 3 000 mètres au-dessous de la surface de l'Océan.

Les dépôts d'eau profonde ou océaniques appartiennent à quatre types principaux : les vases à globigérines, à ptéropodes, à diatomées et à radiolaires.

Les vases à globigérines représentées fortement grossies sur la figure 46 doivent leur nom aux carapaces de foraminifères et surtout de globigérines qu'elles contiennent et dont l'abondance est

Fig. 46 $\left(\frac{20}{1}\right)$.

telle que la proportion de calcaire atteint quelquefois 90 p. 100. Ces débris organiques se trouvent à peu près dans tous les dépôts océaniques d'eau profonde. Cependant on ne donne à ceux-ci le nom de vases à globigérines que lorsque la proportion des foraminifères est prépondérante. La profondeur de ces vases est comprise entre 450 et 5 300 mètres ; elles n'existent ni dans les bassins sous-marins fermés, ni dans l'océan Indien au sud de 50° latitude sud, ni dans le Pacifique, au nord de 10° latitude nord; en revanche, elles sont caractéristiques du lit de l'Atlantique. Elles passent insensiblement à l'argile rouge; exceptionnellement, elles se rencontrent à un niveau inférieur à cette argile et, dans ce cas, on admet qu'il s'est produit un affaissement local depuis le dépôt des globigérines. Les grains minéraux qu'elles contiennent ont un diamètre moyen de 0,08 mm.

On ne peut douter que les cadavres ou les carapaces des globigérines qui vivent à la surface de l'eau ne se trouvent à toutes les profondeurs, depuis cette surface jusqu'à 5 000 mètres environ. Mais dans les fonds supérieurs, à moins qu'il n'existe un sol vaseux mou qui les conserve, elles sont broyées par le sable et le gravier, ou enlevées par les courants, de sorte qu'on ne les retrouve plus. Baily a reconnu que la glauconie moulait intérieurement les coquilles de globigérines, et M. de Pourtalès a trouvé dans le Gulfstream, qu'à des profondeurs de 275 mètres, la vase était formée de parties égales de globigérines et de sable noir ou vert foncé glauconieux. MM. Parker et Rupert Jones ont aussi observé que des foraminifères du Pacifique, dont le test était encore intact, avaient l'intérieur de la coquille entièrement tapissé de glauconie; enfin le *Challenger* a confirmé ces observations pour l'Atlantique, au sud du cap de Bonne-Espérance. Ce moulage ne se fait pas au-dessous de 550 mètres, et l'on ne peut attribuer la formation de la glauconie à des circonstances exclusivement locales à cause des vastes espaces recouverts par ces sédiments dans le golfe du Mexique, le Pacifique et l'Atlantique sud. Comme les boues vertes se continuent jusqu'à 1300 mètres, on serait porté à croire que la glauconie résulte d'une action chimique de la matière animale des rhizopodes non encore décomposée sur le milieu environnant, au-dessus de 550 mètres. La glauconie trouvée au-dessous de cette limite y serait descendue d'un niveau supérieur et, à son tour, elle aurait disparu par oxydation du fer et par dissolution avant d'atteindre 1300 mètres. Le phénomène, dans son ensemble, est fonction complexe d'une réaction chimique d'abord entre la matière animale et le milieu minéral environnant, entre la glauconie formée et l'eau de mer, enfin du temps employé par les sédiments pour s'enfoncer de la surface jusqu'à 1300 mètres. Les foraminifères appartiennent surtout aux espèces *Pulvinulina*

Menardii, *canariensis*, *Micheliniana* et *tumida ; Pullenia obliquiloculata*, *Sphæroidina dehiscens ; Candeina nitida ; Hastigerina Murrayi* et *pelagica ; Orbulina universa ; Globigerina bulloides*, *æquilateralis*, *sacculifera* (*hirsuta*), *dubia*, *rubra*, *conglobata* et *inflata*.

En certains endroits et au-dessus du niveau occupé par les vases à globigérines, on trouve des vases (*fig.* 47) contenant des débris de coquilles de ptéropodes et d'hétéropodes des espèces *Hyalea*, *Spi-*

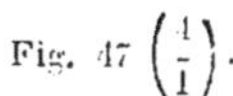

rialis, *Diacria*, *Atlanta*, *Styliola*, *Carinaria*, etc. ; elles ne dépassent point la profondeur de 2500 mètres. Le nom qu'elles portent de vases à ptéropodes ne signifie pas que ces délicates coquilles s'y trouvent en abondance, mais qu'elles s'y rencontrent mêlées à une quantité plus ou moins grande de globigérines. Cette remarque est importante au point de vue de la genèse des fonds marins. On ne connaît aucune vase à ptéropodes typique dans l'océan Indien.

Les vases à diatomées ont une faible nuance jaune paille. Elles sont composées de frustules de diatomées et de squelettes d'organismes siliceux dans une proportion que MM. Murray et Renard évaluent à plus de 50 p. 100 de la masse totale. Lorsqu'elles sont sèches, elles ont l'apparence d'une farine siliceuse d'un blanc sale, douce au toucher, mélangée de petits grains qu'on sent sous le doigt. Elles contiennent environ 25 p. 100 de carbonate de chaux sous forme de carapaces de globigérines et d'autres organismes. Elles caractérisent le fond de la mer entre 53° et 63° latitude sud, au sud des îles Kerguelen jusqu'à la ceinture de glace qui borde le continent antarctique, à des profondeurs variant entre 2300 et 3600 mètres. On les rencontre aussi dans d'autres océans, sur des espaces isolés plus ou moins étendus.

Les carapaces siliceuses des radiolaires sont en général très rares ou complètement absentes dans les vases à globigérines; cependant, quelquefois, elles s'y mélangent en proportion considérable et se rencontrent aussi dans les vases à diatomées. Dans certaines localités nettement délimitées des portions occidentales ou médianes du Pacifique, à des profondeurs comprises entre 4100 et 8400 mètres, sur une partie des mers de la Malaisie, ces carapaces sont l'élément prédominant de vases dites pour ce motif vases à radiolaires. La couleur en est rougeâtre ou brun foncé, par suite de la présence d'oxydes de fer et de manganèse; elles contiennent des fragments de minéraux d'un diamètre moyen de 0,07 mm, et le carbonate de chaux y varie de 0 à 20 p. 100. Entre les Sandwich et les îles de la Société, elles alternent avec les vases à globigérines; elles sont rares dans le Pacifique sud ainsi que dans l'Atlantique, et elles manquent totalement dans le sud de l'océan Indien.

Les vases siliceuses composées essentiellement de frustules de diatomées, de radiolaires et de spicules d'éponges s'étendent surtout dans l'océan Antarctique, entre 50° et 80° latitude sud, et dans l'océan Arctique. On en a dragué à la baie Melville et près du Kamtschatka. Il semble que l'existence des organismes siliceux corresponde soit à un degré particulier de salure de l'eau de mer, soit à une température assez basse, soit à l'influence des deux causes réunies.

M. de Pourtalès, qui a étudié surtout les côtes orientales des États-Unis, a distribué en trois zones les foraminifères vivant près du littoral : les *Miliola* vivent de 0 à 80 mètres; les *Truncatulina*, entre 50 et 140 mètres; les *Marginulina* et les *Cristellaria*, entre 140 et 400 mètres. Les ptéropodes apparaissent à 400 mètres, et leurs restes se mêlent, par transitions insensibles et en proportions de plus en plus faibles, aux globigérines qui commencent franchement vers 3000 mètres pour s'arrêter à 5000 mètres et faire place aux argiles des grands fonds. Par conséquent, sur un sol sous-marin en pente douce, les espèces se succéderont régulièrement (*fig.* 48) et conformément au schéma.

Il n'en serait pas ainsi dans le cas où le terrain présenterait des ressauts brusques qui, faisant varier tout d'un coup la profondeur, supprimeraient une ou plusieurs zones intermédiaires. Si par exemple le sol présente la coupe indiquée en ponctué, la zone des ptéropodes n'existera pas, et l'on passera immédiatement des dépôts à *Marginulina* et *Cristellaria* aux dépôts à globigérines. Cette remar-

Fig. 48.

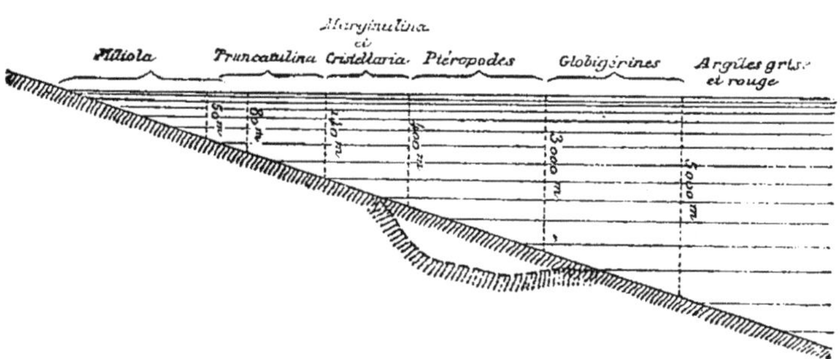

que rattacherait la topographie sous-marine à la faune et permettrait de préjuger de l'existence de ressauts ou gouffres d'après l'examen des spécimens rapportés par deux sondages assez rapprochés; on pourrait l'appliquer à la géologie ancienne[1], car les foraminifères anciens et modernes sont d'espèces analogues. Si l'on constate dans une même couche, de haut en bas, la présence de foraminifères fossiles descendant la série des profondeurs, des miliolés aux globigérines, on sera en droit d'en conclure que les eaux dans lesquelles se déposait cette couche devenaient de plus en plus profondes par suite d'un affaissement lent du sol ou pour toute autre cause; si l'ordre des foraminifères était inverse, on y verrait la preuve d'une diminution dans la profondeur de l'eau. Enfin la suppression d'une ou plusieurs zones de foraminifères donnerait une mesure approchée du mouvement brusque, positif ou négatif qui se serait effectué au sein de l'eau.

Quelle que soit la logique de ces conclusions. les observations de

[1] Bachelard, *Cosmos;* nouvelle série, nº 172, p. 146, mai 1888.

succession des zones sont encore trop locales et la connaissance générale de toutes les conditions d'existence des organismes microscopiques et du mode de formation des fonds marins actuels, est encore trop peu complète pour qu'il soit prudent, dès à présent, d'appliquer les notions sommaires possédées aujourd'hui aux fonds marins anciens. Il est d'ailleurs hors de doute que la nature même du fond joue un rôle considérable dans la distribution des espèces animales.

Les dépôts d'abîmes succèdent aux dépôts océaniques ou d'eaux profondes vers 5 000 mètres. Ils sont constitués par des argiles, quelquefois grises, généralement colorées en rouge par l'oxyde de fer ou en brun chocolat foncé par le manganèse. Ces argiles sont plastiques et grasses au toucher; séchées, elles forment des grumeaux difficiles à briser; elles fondent aisément au chalumeau en une perle magnétique. L'analyse leur donne la composition de l'argile avec un excès de silice libre, dû à la présence de débris de radiolaires siliceux. Souvent aussi elles contiennent un peu de carbonate de chaux provenant de carapaces de globigérines.

Les argiles grises semblent être le passage des vases aux argiles rouges, et celles-ci sont le dernier degré de modification de la matière immergée soumise aux influences physiques et chimiques résultant du contact prolongé avec l'eau de mer. M. Buchanan, en traitant par un acide étendu un échantillon de vase à globigérines, a obtenu un résidu insoluble contenant de la silice, de l'alumine et de l'oxyde rouge de fer présentant la plus grande analogie avec l'argile rouge. Par suite de la nature alcaline de l'eau de mer, l'expérience serait encore plus concluante si l'on avait traité par une solution alcaline qui aurait probablement conduit au même résultat.

Les argiles d'abîmes contiennent presque toujours des grains minéraux excessivement fins, dépassant rarement un diamètre de 0,05 mm, et de nature volcanique; quartz assez rare, mica, augite, feldspath, ponce, lave, et surtout peroxydes de fer et de manganèse en incrustations, en grains, en nodules mamelonnés qui, parfois, atteignent la moitié du poids de l'argile, ainsi que des sphérules de fer magnétique ou de bronzite rayonnée auxquelles on a donné le nom de chondres. La ponce est abondamment répandue sur tout le lit de l'Océan. Elle est rejetée en quantité considérable par les volcans ou charriée jusqu'à la mer par les torrents, comme près d'Aréquipa, au Pérou. Les flots la triturent et la distribuent en pluie fine sur le fond; quelquefois elle est chassée sur les îles de corail où, en se décomposant, elle donne naissance à l'argile rouge de ces îles dont l'origine a été pendant longtemps très discutée. La bronzite est un silicate de magnésie plus ou moins ferrugineux. La figure 49

Fig. 49 $\left(\frac{20}{1}\right)$.

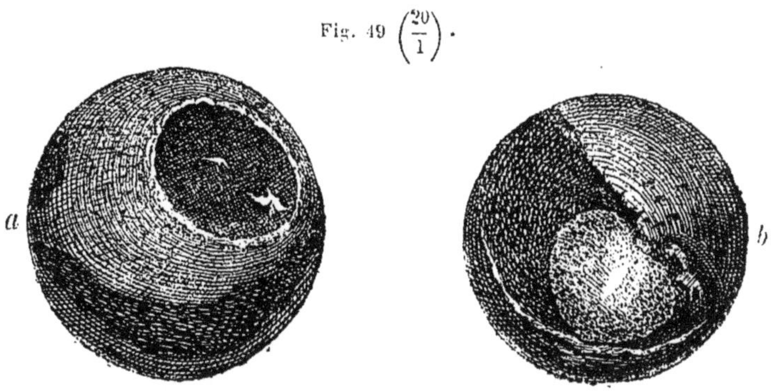

représente, d'après MM. Murray et Renard, des sphérules magnétiques fortement agrandies : *a* est une sphérule noire à centre métallique recouverte d'une croûte brillante de magnétite provenant d'une profondeur de 4 346 mètres dans l'océan Pacifique; c'est la forme la plus ordinaire avec la dépression qu'on y trouve communément en un point; *b* est une autre sphérule ramenée d'une profondeur de 5 764 m dans l'océan Atlantique, et dont on a brisé la croûte extérieure d'oxyde magnétique pour laisser apercevoir le noyau intérieur. Enfin la figure 50 est une sphérule de bronzite; sa structure est par écailles successives, et elle provient d'une profondeur de 6 400 mètres dans le Pacifique. MM. Murray et Renard leur attribuent une origine cosmique, hypothèse que la structure de ces corpuscules rend contestable.

Fig. 50 $\left(\frac{25}{1}\right)$.

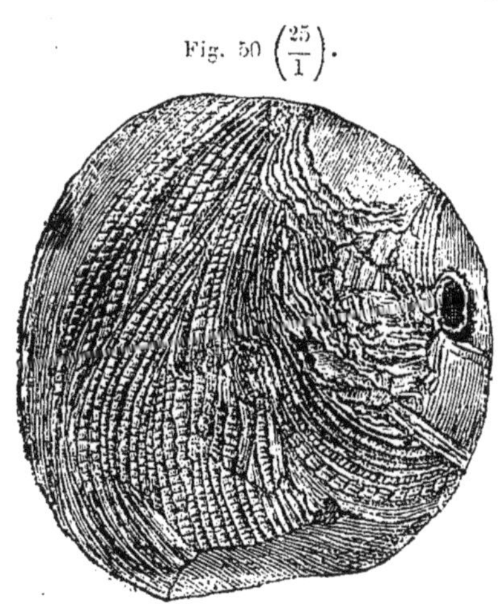

Les mêmes savants ont en outre, au sein des argiles rouges dans le Pacifique central, signalé la présence d'une zéolithe en cristaux simples ou mâclés, la christianite ou philipsite, silicate hydraté d'alumine et de chaux décomposable par l'acide chlorhydrique avec résidu de silice, et qu'on rencontre fréquemment en druses dans les basaltes et autres roches éruptives.

Les argiles rouges sont en couches fort peu épaisses, du moins à l'état mou, car la sonde y pénètre à une très faible profondeur; leur surface est semée de dents de requins et d'os tympaniques de baleines recouverts d'une croûte de peroxyde de manganèse, tantôt mince, tantôt épaisse de plusieurs centimètres. Quelques-uns de ces restes appartiennent à des espèces éteintes. Un seul coup de drague donné par le *Challenger*, au sud des îles Marquises, par 4 250 mètres, a rapporté un jour, sans que l'outil ait pénétré au delà de trois ou quatre centimètres dans l'argile, plus de cent dents de squales et de 30 à 40 caisses tympaniques de cétacés. On a supposé que lorsqu'un requin ou un cétacé passait au milieu de l'Océan, ce qui est rare d'ailleurs, car les animaux marins se tiennent plus fréquemment près des côtes, et qu'il venait à mourir, son corps privé de vessie natatoire enfonçait, les chairs disparaissaient et les ossements restaient semés sur le fond au-dessous de l'endroit où l'événement avait eu lieu. On a même trouvé dans le fait de la rareté de ces débris au milieu des sédiments plus voisins des rivages, de leur abondance sur le sol des abîmes, dans les différences d'épaisseur de la croûte manganésienne qui les recouvre, un argument démontrant la lenteur avec laquelle s'accumulent ces dépôts. Sans nier cette lenteur, ne pourrait-on pas expliquer l'abondance de ces débris loin des continents par l'instinct qui pousse tous les animaux supérieurs, lorsqu'ils se sentent près de mourir, à se réfugier dans les endroits les plus reculés.

Nodules manganésiens. — Les nodules manganésiens des grands fonds sont abondants près des Canaries, entre ces îles et Saint-Thomas, au sud-ouest de l'Australie, au nord et au sud des Sandwich, au nord de Taïti, entre cette île et Valparaiso, en général partout où l'on a rencontré des débris de laves augitiques. M. J.-Y. Buchanan en a récemment dragué de petits échantillons dans quelques-unes des parties les plus profondes du Loch Fyne, en Écosse.

M. Murray affirme qu'on en trouve dans tous les dépôts, et cependant les savants italiens du *Washington* n'en ont pas rencontré dans la Méditerranée. Ils sont mamelonnés (*fig.* 51) avec l'aspect de calculs urinaires, leur dimension maximum est de 7 à 8 cm. Lorsqu'on les brise, ils montrent à leur centre un fragment de matière étrangère, de la ponce, par exemple, des restes de vertébrés, des organismes qu'on ne trouve que dans les abîmes ou même des fragments du sol environnant, ce qui prouve qu'ils ont été formés en place et n'ont pas été apportés à l'endroit où on les a recueillis. La surface toujours mate et de couleur brun sale offre cependant un aspect différent, selon la localité; sur leur section, on les voit formés de couches minces superposées entre lesquelles sont intercalées de fines bandes d'argile. La figure 51 représente deux nodules du Pacifique nord, l'un A venant d'une profondeur de 5 300 mètres, montrant l'aspect extérieur; l'autre B venant d'une profondeur de 5 014 mètres et indiquant en coupe comment le dépôt s'est fait par couches concentriques autour d'un fragment de pierre ponce.

Fig. 51.

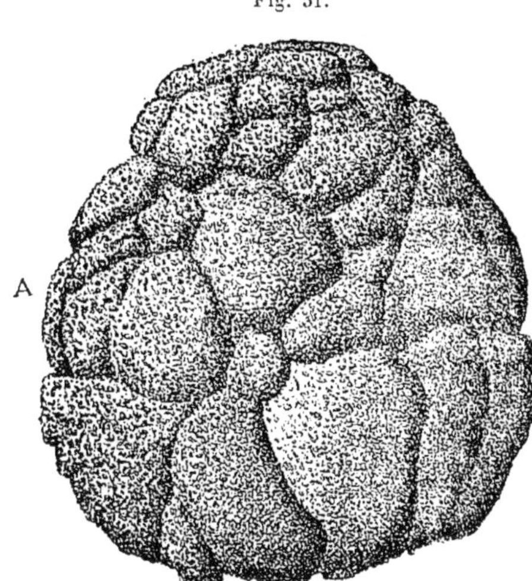

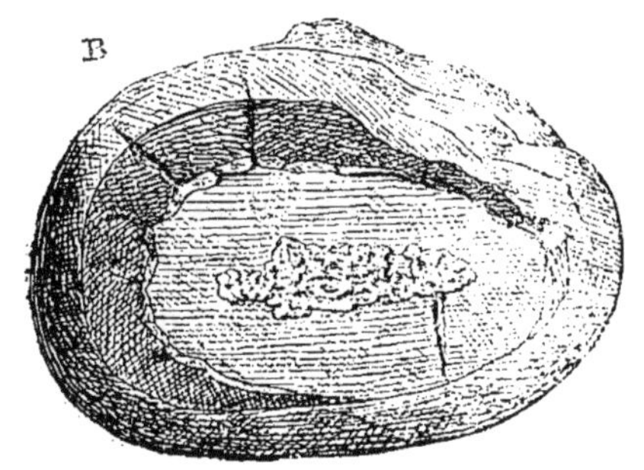

L'analyse de nodules manganésiens a donné à Gümbel[1] les résultats suivants :

[1] C. W. Gümbel : *Die am Grunde des Meeres vorkommenden Manganknollen*, Sitzungs-Ber, d. Bayer, Akad. d. Wissensch, 1878, 2 et Neues Jahrbuch für Miner Geol. und Palæont., 1878, 869.

Oxyde de fer	27,460
Peroxyde de manganèse	23,600
Eau	17,819
Silice	16,030
Alumine	10,210
Soude	2,358
Chlore	0,941
Chaux	0,920
Acide titanique	0,660
Acide sulfurique	0,484
Potasse	0,396
Magnésie	0,181
Acide carbonique	0,047
Acide phosphorique	0,023
Oxyde de cuivre	0,023
Oxyde de nickel et oxyde de cobalt	0,012
Baryte	0,009
	101,173

Geikie [1] attribue à ces nodules une origine analogue à celle des oxydes de fer et de manganèse dissous, puis déposés au fond des lacs et des marécages par les acides organiques, ainsi qu'on en connaît en Allemagne et dans le nord de l'Europe. Au contraire, Gümbel nie l'intervention des matières organiques; il leur donne une origine comparable à celle des minerais oolithiques et les croit produits par des sources minérales sous-marines dont ils tiennent leur composition chimique et même, par le mouvement qu'elles leur ont communiqué, leur structure. Cette hypothèse est difficile à admettre. Il se base sur leur pauvreté en acide carbonique pour en conclure à l'existence de puissants phénomènes d'oxydation au fond des océans. Quoi qu'il en soit, les nodules manganésiens sont certainement formés sur place et la nature de leur surface semble montrer qu'ils n'ont été soumis à aucun frottement ou mouvement. Il conviendrait peut-être mieux de voir en eux les résultats d'actions chimiques s'exerçant très lentement au sein d'eaux saturées de certains éléments et parfaitement calmes.

D'après Dieulafait [2], le manganèse se trouverait dans les eaux de

[1] Arch. Geikie, *Text-book of Geology*, p. 425.

[2] Dieulafait, *le manganèse dans les eaux de mer actuelles et dans certains de leurs dépôts; conséquence relative à la craie blanche de la période secondaire*, Comptes rendus de l'Académie des sciences, LXXXXVI, 718, 1883.

la mer à l'état de carbonate de protoxyde dissous à la faveur d'un excès d'acide carbonique qui, au contact de l'oxygène de l'air, se convertirait en bioxyde avec dégagement d'acide carbonique. Il se ferait ainsi une chute incessante de bioxyde de manganèse qui se trouverait en proportion d'autant plus grande sur le fond, que les autres détritus tombés de la surface en même temps que lui seraient en plus petite quantité. En d'autres termes, le manganèse serait surtout abondant dans les abîmes, ce qui est conforme à l'observation. Il a suffit à Dieulafait de laisser au repos pendant un mois des bouteilles remplies d'eau de mer, de les vider et de promener à l'intérieur quelques centimètres cubes d'acide chlorhydrique pour obtenir un liquide abandonnant par évaporation un produit ferrugineux exceptionnellement riche en manganèse. En outre il a reconnu par la simple réaction avec le carbonate de soude au chalumeau, la présence du manganèse dans des boues provenant d'une profondeur moyenne de 700 mètres et ramenées par un sondage du *Travailleur* à 40 milles au sud de Marseille. Une hypothèse basée sur une action de l'acide carbonique au sein des eaux mérite quelques réserves, car on sait que cet acide n'existe pas à l'état libre dans l'Océan; sans faire appel au contact de l'air, ce qui ne laisse pas que de donner aussi prise à des objections relatives à la disparition probable, par dissolution, des particules de bioxyde forcées de traverser une épaisseur d'eau considérable avant d'arriver au fond, on pourrait encore attribuer la réaction à l'influence oxydante des couches profondes de l'Océan.

D'autre part, MM. Murray et Renard admettent que le fer et le manganèse des nodules tirent leur origine des matériaux détritiques rejetés par les volcans. Cette supposition et celle de Dieulafait ne sont pas contradictoires : l'une explique l'origine première du fer et du manganèse et l'autre celle des nodules ou du moins des enduits de ces métaux.

Considérations générales sur les dépôts sous-marins. — Le tableau suivant permet d'embrasser d'un seul coup d'œil l'ensemble des divers dépôts sous-marins et leurs caractères principaux.

DÉPOTS LITTORAUX.

Galets, graviers, sables, boues.
  Zone littorale.
    Région subterrestre.
    Région littorale.
    Région sublittorale.
  Zone des laminaires.
  Zone des corallines.
  Zone des coraux de mer profonde.

DÉPOTS TERRIGÈNES

Vases vertes (entre 200 et 1300m).
Vases bleues (entre 200 et au delà de 1300m), fragments minéraux de 0,5mm de diamètre.
Sables et boues volcaniques (entre 0 et 5 250m).
Boues coraillères (entre 0 et 4 570m aux Bermudes, 0 et 1140m dans le Pacifique), fragments minéraux de 1 à 2mm de diamètre.
Boues jaunes du Hoang-ho.
Boues rouges de l'Amazone.

DÉPOTS OCÉANIQUES OU DE MER PROFONDE.

Vases à globigérines (entre 450 et 5 300m), fragments minéraux de 0,08mm de diamètre.
Vases à ptéropodes (jusqu'à 2 500m).
Vases à diatomées (entre 2 300 et 3 600m).
Vases à radiolaires (entre 4 100 et 8 400m), fragments minéraux de 0,07mm de diamètre.

DÉPOTS D'ABIMES.

Argiles grises et rouges, fragments minéraux de 0,05mm de diamètre.

En résumé et sauf exceptions locales, on voit que les galets partent du rivage, que dès le moment de leur immersion ils sont soumis à des actions mécaniques, à des actions physiques de dissolution et à des actions chimiques; que la résultante de ces actions est :

1° La diminution successive de la grosseur des fragments;

2° Leur marche continue vers la haute mer;

3° La transformation des silicates en argile, dernier terme de leur décomposition;

4° L'oxydation continue du fer des silicates se manifestant par l'aspect des vases qui passent successivement de la couleur grise ou verte à la couleur bleue, puis à la couleur rouge, cette dernière correspondant à un maximum de stabilité du fer à l'état de peroxyde.

Deux actions antagonistes s'accomplissent au fond des eaux, l'une destructive des dépôts par les procédés indiqués précédemment; l'autre créatrice par l'afflux continuel d'éléments solides nouveaux (êtres vivant et mourant à la surface, poussières, coraux, résultats d'érosion), ainsi que par les phénomènes de précipitation chimique. Les dépôts actuels sont la somme algébrique de ces deux modes d'action. L'étude détaillée de chacun de ces phénomènes, étude possible quoique à peine encore abordée, conduira infailliblement à la connaissance de la loi générale des dépôts, à la géologie sous-marine et, comme conséquence immédiate, à la géologie continentale rationnelle et appuyée sur des chiffres et des mesures.

Pour traiter d'une façon complète l'étude de la géologie sous-marine, il y aurait lieu d'exposer toutes les données que possède la science et citer celles qu'elle ne possède pas encore sur l'ensemble des phénomènes concourant à la formation des fonds marins. Certains de ces phénomènes sont physiques ou chimiques, par exemple la solubilité et la précipitation des roches au sein des eaux douces et salées, l'attraction que les solides exercent sur les solides dissous, la diffusion, l'influence de la pression; d'autres sont mécaniques, comme l'usure exercée sur les roches par les eaux en mouvement, le transport et la distribution des sédiments par les courants, leur vitesse de chute, l'instabilité des talus de matières meubles dans un liquide. Il conviendrait aussi de résumer les diverses théories proposées pour expliquer la répartition des sédiments, et qui sont généralement basées sur l'action des courants. Chacune de ces questions mérite d'être étudiée à part et la presque totalité des lois qui les régissent sont encore inconnues. Lorsqu'on saura par exemple la vitesse avec laquelle descend à travers l'eau un être microscopique déterminé, on comparera cette donnée à la solubilité dans l'eau salée de la matière qui compose la carapace, et on en conclura si la durée de la descente est suffisamment longue pour permettre à cette carapace d'arriver au fond avant d'être dissoute. Il est certain que, à mesure que la profondeur augmente, les coquilles de ptéropodes et d'hétéropodes disparaissent les premières, puis les foraminifères de surface les plus délicats et, enfin, les plus gros et les plus pesants. On sait encore que plus ces coquilles sont nombreuses et plus est considérable la profondeur à laquelle elles s'accumulent sur le fond. En règle générale, une vase à ptéropodes ou à globigérines se rencontrera dans des eaux, plus profondes sous les tropiques que dans les régions tempérées. Entre 4500 et 5000 mètres, la disparition du calcaire est partout à peu près complète.

Il convient de remarquer que, bien que la différence des divers dépôts soit parfaitement marquée dans les échantillons typiques, ceux-ci passent des uns aux autres par degrés insensibles sans qu'il existe entre eux de ligne de démarcation tranchée, de sorte qu'il est souvent assez difficile de déclarer si un échantillon donné est une vase à globigérines, à ptéropodes, une boue bleue, verte ou coraillère. Une argile rouge possède une composition presque identique à celle du résidu laissé par une vase à globigérines après suppression des organismes calcaires, et elle ressemble souvent à une vase à radiolaires, car il n'existe entre ces deux dépôts d'autre différence que la plus ou moins grande abondance de spicules et de squelettes de radiolaires. Si le dépôt contient plus de 25 p. 100 de ces restes siliceux, on l'appellera vase à radiolaires, tandis qu'une moindre proportion lui fera donner le nom d'argile rouge.

En outre, le fond de la mer n'est pas constitué, comme certains auteurs l'avaient supposé, d'une sorte de gelée présentant de haut en bas une consistance de plus en plus compacte. La surface du sol sous-marin est aussi nettement délimitée que le dépôt qui se fait au fond d'un vase après un long repos. Le *Challenger* a recueilli à la drague [1], par 3566 mètres au sud-ouest de l'Australie, par 53° 5′ latitude sud, et 106° 15′ longitude est, des fragments de gneiss en partie enfoncés dans le sol sous-marin composé de vase à diatomées, et sur lesquels la profondeur à laquelle ils y pénétraient était marquée par une ligne très nette. Les portions au-dessus de la surface du dépôt offraient un léger enduit d'oxyde noir de manganèse et étaient couvertes de foraminifères (*Hyperammina vagans*), d'actinies, d'annélides et de polyzoaires.

Il serait très utile de dresser des cartes géologiques sous-marines. Jusqu'à présent, fort peu ont été faites et elles ne se rapportent qu'à une faible portion du lit océanique. Schmelck a dressé celle de

[1] John Murray, *On marine deposits in the Indian, Southern and Antarctic Oceans*, The Scot. Geogr. Magaz., t. IV, p. 426, 1889.

l'Atlantique septentrional [1] et pour donner une idée aussi exacte que possible des fonds, il l'a coloriée avec les vases mêmes de ces fonds broyées avec de la gomme. Cette méthode offre le désavantage de donner des teintes trop peu dissemblables, qui produisent une confusion. Delesse [2] a publié, en 1866, des cartes géologiques ou lithologiques des mers avoisinant la France, des mers d'Europe, et de celles baignant les côtes de l'Amérique septentrionale. Quel que soit leur mérite — et elles possèdent le plus grand, celui d'avoir montré la voie à suivre — on doit aujourd'hui considérer ces cartes faites antérieurement aux expéditions du *Challenger*, du *Vöringen*, de la *Gazelle*, du *Talisman* et du *Travailleur*, comme des essais préliminaires plutôt que comme des documents définitifs. Récemment, les officiers américains du *Coast and Geodetic Survey*, continuant l'œuvre commencée par Pourtalès, ont dressé la carte géologique de la partie nord-ouest de l'Atlantique, depuis Terre-Neuve jusqu'à l'embouchure de l'Orénoque; ils y ont marqué, par des nuances très tranchées, treize variétés différentes du sol sous-marin [3]. Enfin, M. John Murray vient de publier la carte des fonds des océans Indien et Antarctique. Au point où la science en est arrivée, il y aurait avantage à étudier d'une manière complète un coin de mer, si petit qu'il soit, car en agissant autrement on risque d'éparpiller ses efforts; les explorations futures ne devraient désormais s'attaquer qu'à des localités circonscrites.

Une difficulté considérable serait aplanie si, dès à présent, on s'accordait sur la signification exacte des termes à employer. En effet, on se sert indifféremment en français des mots presque synonymes vases, boues, argiles, comme en anglais des mots *ooze*, *mud*, *clay*. Peut-être pourrait-on adopter les mots boues pour les sédiments littoraux pulvérulents, vases pour les dépôts profonds, et argiles pour les dépôts d'abîmes. L'étude chimique des divers sédiments viendrait ensuite, sinon préciser d'une façon absolue, du moins diminuer dans la mesure du possible le vague actuel des locutions.

Les cartes géologiques sous-marines rendraient de précieux ser-

[1] L. Schmelck, *loc. cit.*

[2] Delesse, *Lithologie du fond des mers.*

[3] A. Agassiz, *Three Cruises of the U. S. Coast. and Geodetic Survey steamer « Blake »*, I, 286.

vices pratiques à la navigation. En superposant deux cartes, l'une sur papier transparent et représentant, par exemple, la bathymétrie par courbes de niveau teintées d'après la profondeur, la seconde, une carte géologique donnant les aires recouvertes de roches, de sables, de vases, de sables vasards ou coquilliers, pour employer les termes en usage sur les cartes marines, un navire dans le voisinage des côtes, par un seul coup de sonde rapportant un échantillon du fond, aurait beaucoup plus de chances de préciser sa position, en temps de brume, qu'il ne le peut actuellement [1]. L'indication des profondeurs et de la nature du fond par points isolés est insuffisante; elle servira à dresser les cartes géologiques et bathymétriques par courbes et teintées ; mais ces dernières seules, par la non-concordance des couleurs superposées, laisseront reconnaître immédiatement la position du navire. A tout le moins, leur inspection permettra d'un seul coup d'œil de restreindre le nombre des positions possibles, de sorte qu'il suffira, s'il reste encore un doute, de s'avancer dans une direction connue, d'une distance connue et de sonder ensuite pour être alors fixé d'une façon définitive. C'est du reste, avec une part plus considérable faite à l'observation de la nature du fond, la méthode que le commandant Trudelle a appliquée à la navigation de la Manche, à l'entrée de New-York par temps de brume et aux parages du cap Guardafui. La superposition des deux teintes restreint l'incertitude jusqu'à en faire presque une certitude. La profondeur et la nature du fond sont en quelque sorte deux coordonnées physiques de la position cherchée et elles sont susceptibles, en cas de nécessité, de remplacer les coordonnées astronomiques. Quant à l'intérêt purement scientifique que présenteraient de pareilles cartes pour la connaissance des lois qui régissent la distribution des sédiments au sein des océans, il est de toute évidence.

Géologie du fond des lacs. — Le sol du fond d'un lac est en général un limon à l'état de poussière minérale impalpable, apportée par les affluents et dont la nature chimique varie avec la constitution géologique du bassin d'alimentation de ce lac. Le limon est une

[1] J. Thoulet, *Considérations sur la structure et la genèse des bancs de Terre-Neuve*, Bulletin de la Société de géographie de Paris, 1889.

argile souvent ferrugineuse, plus ou moins mélangée de calcaire, c'est-à-dire une véritable marne, et contenant aussi des matières végétales qui, en se décomposant, opèrent la réduction des oxydes de fer. Lorsqu'on emploie pour recueillir les échantillons des appareils qui agissent comme des emporte-pièces et découpent un cylindre dans la vase, il n'est pas rare d'observer que la portion supérieure du témoin est colorée en rouge ou en jaune plus ou moins brun, ce qui indique que le fer y est peroxydé, tandis que sa portion inférieure est bleuâtre parce que le fer y est seulement à l'état de protoxyde.

On trouve dans le limon du sable siliceux fin, des grains de gravier entraînés par les crues des affluents ou apportés par les glaçons qui, en hiver, se forment près des bords, cimentent le sable et les cailloux puis, au moment de la débâcle, se détachent et sont entraînés au large où ils fondent en laissant tomber leur chargement solide.

On rencontre encore des pierres d'un volume parfois considérable, des fragments de grosseurs diverses de coke, de houille, de cendres et d'escarbilles qui, dans les lacs parcourus par des bateaux à vapeur, proviennent des fourneaux des chaudières. Ces grains sont caractéristiques; ils se trouvent aussi bien dans la mer, au-dessous des routes fréquentées, qu'au fond des eaux douces. Le prince Albert de Monaco en a dragué de gros morceaux sur les bancs de Terre-Neuve et l'on en a recueilli dans tous les lacs de Suisse.

M. Forel [1] divise les dépôts lacustres en quatre types : argileux (lacs du Caucase) ; marneux-argileux (Léman, lacs de Walenstadt, de Zurich, de Constance) ; marneux-calcaire (lac de Neuchâtel) et calcaire (lac de Joux). Chacun de ces types offre quatre facies : limoneux, vaseux, c'est-à-dire avec grande prédominance de matière organique, micacé et sableux.

Les dépôts organiques sont des incrustations tufoïdes formées dans la région littorale par des algues incrustantes (lacs de Neuchâtel, de Zurich, de Constance), des dépôts calcaires dus à des plantes dont les tissus s'imprègnent de carbonate de chaux, des poussières organiques, débris d'animaux et de végétaux.

[1] F.-A. Forel, *La Faune profonde des lacs suisses*, Mémoire couronné par la Société helvétique des sciences naturelles, 1885.

M. Forel, en se basant sur l'observation et sur l'expérience, admet dans la zone supérieure de la région profonde des lacs et dans la région littorale, c'est à-dire entre la surface et 100 mètres de profondeur environ, la présence d'une matière à laquelle il a donné le nom de feutre organique. Celui-ci est composé d'une masse floconneuse de palmellacées, d'oscillariées, et parfois d'algues violettes mélangées à des diatomées qui sont très abondantes dans certains lacs, celui de Longemer, dans les Vosges, par exemple. On peut voir le feutre organique se produire quand on abandonne à l'ombre, dans une terrine avec une quantité d'eau suffisante, du limon lacustre qui ne tarde pas à se recouvrir d'une couche veloutée, de couleur brun chocolat, se détachant en écailles épaisses de un à deux millimètres. La matière organique composant le feutre est tuée par la congélation et pâlit fortement lorsqu'on l'expose à la lumière solaire; dans un même lac, son épaisseur est variable selon les localités, et il joue un rôle important dans les conditions d'existence de la faune profonde dont il facilite la respiration et l'alimentation en lui donnant la facilité de marcher au-dessus de la surface molle et mobile du limon.

Le procédé le plus simple pour se procurer des échantillons du fond dans un lac de faible profondeur, consiste à employer un bidon ou seau en métal qu'on attache à une cordelette longue de 2 mètres environ fixée elle-même à la ligne de sonde un peu au-dessus du plomb. On laisse descendre, on donne quelques coups d'aviron pour râcler le fond et on relève lentement. Lorsque le lac est plus profond, on prend un sondeur à coupe qu'on adapte au bas du plomb de sonde.

Géologie sous-marine de l'Océan du Nord. — D'après M. Schmelck [1], les fonds de l'Océan du Nord explorés par le *Vöringen* sont les suivants :

L'argile grise, de composition chimique très variable, mais remarquablement pauvre en carbonate de chaux dont la proportion, variable aussi selon les échantillons, n'est en moyenne que de 9 p. 100. C'est un dépôt côtier qu'on trouve rarement au-dessous

[1] Ludwig Schmelck, *On Oceanic deposits*. The Norweg. North. Atlant. Exped., 1876-1878, t. IX, Chemistry.

de 800 à 900 mètres, qui s'étend en une bande parallèle à la Norvège depuis la latitude de Bergen et qui, sans franchir à l'est le méridien du cap Nord, remonte vers le Spitzberg dont il suit la côte occidentale. Un îlot allongé est placé entre l'Islande et la Norvège, au nord des Færoër.

L'argile brune ou de transition apparaît assez brusquement vers 800 ou 900 mètres de profondeur et recouvre l'argile grise, dont elle borde la limite comme d'une sorte de frange étroite, d'une couche augmentant peu à peu d'épaisseur; elle contient de la chaux, quoique pas à l'état de carbonate, renferme peu de foraminifères, devient de plus en plus fine et homogène à mesure que la profondeur augmente et se transforme ainsi en argile à biloculines.

L'argile à biloculines de couleur brun jaunâtre ou brun foncé est généralement comprise entre 1 650 et 2 000 mètres; on y distingue divers foraminifères (*Lituola, Nonionina, Globigerina*), mais surtout des biloculines. Il est rare que la proportion de carbonate de chaux y dépasse 40 p. 100. Sauf dans les environs immédiats de Jan-Mayen, elle recouvre l'aire comprise entre le Spitzberg, Jan-Mayen, les Færoër et la Norvège au delà de la zone de l'argile grise et de l'argile de transition. M. Schmelck en fait une formation spéciale, tandis qu'en Angleterre on serait porté à ne la considérer que comme une simple variété peu riche en foraminifères de la vase à globigérines.

L'argile à rhabdamines est une variété d'argile grise qui se trouve dans la portion orientale de l'Océan du Nord, entre la Norvège, Beeren Eiland, le Spitzberg et la Nouvelle-Zemble, à une profondeur très faible ne dépassant pas 400 mètres. C'est une boue homogène d'une couleur vert foncé particulière, pauvre en débris animaux, sauf en foraminifères du genre *Rhabdamina* qui y sont relativement abondants. On attribue son origine à une décomposition de roches quartzeuses s'effectuant surtout autour de Beeren Eiland où la désagrégation par l'action des vagues a lieu avec une telle intensité que l'île a beaucoup diminué de surface depuis quelques années et qu'elle est même condamnée à disparaître avant longtemps.

Les sédiments volcaniques entourent l'île Jan-Mayen; ils proviennent en partie du volcan Beerenberg qui se dresse à la pointe septentrionale de l'île; ils se composent d'un sable gris foncé ou d'une argile sableuse contenant des fragments de lave basaltique, de l'olivine, de l'augite et de l'hornblende. On peut en extraire au barreau aimanté 26 à 29 p. 100 de magnétite, mais on n'y rencontre point de restes animaux et seulement des traces de carbonate de chaux.

Enfin, sur la côte orientale d'Islande, le sol sous-marin est jonché de blocs rocheux vers le sud, et d'une argile d'un gris foncé vers le nord.

En définitive, les dépôts de l'Océan du Nord, très pauvres en organismes et en débris volcaniques, sont principalement des matériaux d'érosion ou transportés par les glaces. Leurs différences de nuances sont dues au rapport $\frac{Fe^2O^3}{FeO}$, du sesquioxyde au protoxyde de fer existant dans la vase. La couleur sera d'autant plus rouge que ce rapport sera plus grand, c'est-à-dire que le peroxyde de fer prédominera et inversement; dans les variétés de vases brunes, il dépasse quelquefois 4; lorsqu'il est très petit, comme dans l'argile à rhabdamines, la couleur de l'échantillon s'altère et devient plus foncée au contact de l'air.

M. Schmelck a cru observer que la proportion du carbonate de chaux, particulièrement dans l'argile à biloculines, est en raison inverse de la proportion du fer, et il a tracé, pour une partie des régions visitées par le *Vöringen*, les courbes isocalcaires séparant les aires où la proportion de carbonate de chaux est inférieure à 15, comprise entre 15 et 45 et supérieure à 45 p. 100.

Géologie sous-marine de la portion nord-ouest de l'Atlantique septentrional. — La carte géologique [1] de l'Atlantique nord-occidental depuis le détroit de Cabot jusqu'à l'embouchure de l'Orénoque, commencée par M. de Pourtalès et complétée par les explorations du *Blake* et de l'*Albatross*, permet de connaître dans leurs traits généraux la nature et la disposition des fonds marins dans cette région de l'Océan.

Les dépôts dans le golfe et le long de la côte est des États-Unis, jusqu'au cap Hatteras, sont des boues et des sables colorés en bleu ou en gris, composés principalement de débris siliceux du continent nord-américain. Sur le parcours du courant froid descendant vers le

[1] A. Agassiz, *Three cruises of the U. S. Coast and Geodetic Survey steamer « Blake »* Bull. of the Museum of comparative Zoology at Harvard College in Cambridge, I, 260.

sud, on drague un grand nombre de fragments rocheux de quartz, de quartzite, de micaschiste, de serpentine et de calcaire compact de 6 à 7 cm de diamètre et certainement apportés par les glaces. Ils sont accompagnés d'une boue argileuse remplie de particules minérales de quartz, feldspath, magnétite, hornblende, augite, mica, tourmaline et parfois de glauconie résultant de la désagrégation des cailloux plus gros. Le carbonate de chaux de ces dépôts varie de 3 à 18 p. 100; il consiste en coccolithes, coccosphères, fragments d'échinodermes et autres; les foraminifères y sont d'autant plus abondants que la profondeur augmente. Les restes siliceux de diatomées, de radiolaires, d'éponges, de foraminifères et les moules glauconieux de foraminifères calcaires y atteignent parfois une proportion de 4 ou 5 p. 100.

Vers Block Island, à l'entrée du golfe ouvert entre la pointe septentrionale de Long Island et Newport, dans le Rhode Island, s'étend une aire triangulaire d'argile extrêmement riche en foraminifères.

Du cap Hatteras au sud de la Floride, la bande de dépôts siliceux de rivages, boues vertes et sables, commence par s'élargir en prenant son maximum de développement au sud de Charleston, puis elle s'amincit et disparaît au cap Sable. Ceux-ci contiennent alors 50 p. 100 de carbonate de chaux et se composent de coquilles mortes de foraminifères pélagiques d'espèces tropicales, de coquilles de mollusques, de fragments d'échinodermes, puis de 10 à 12 p. 100 d'organismes siliceux, diatomées, radiolaires, spicules d'éponge et moules glauconieux de foraminifères.

Le long du Gulf-Stream s'étendent des bancs de calcaire moderne couverts de coraux, dépouillés de tout sédiment meuble par la force du courant. On reconnaît ces mêmes dépôts le long du rivage ouest de la Floride, autour du Yucatan, surtout du côté du nord, du Honduras et de la côte des Mosquitos, enfin autour des Antilles, surtout de Cuba et des îles Bahama. Cette aire bordée de vases coralliennes est en outre semée de coraux et d'îlots de sable glauconieux.

Toute la côte du golfe du Mexique, du cap San-Blas en Floride jusqu'au fond du golfe de Vera-Cruz et la côte nord de l'Amérique du Sud sont bordées d'une ceinture de matériaux terrigènes devenant de plus en plus fins, et passant aux vases à ptéropodes qui occupent la majeure partie du sol sous-marin du golfe du Mexique et de la mer des Caraïbes; le carbonate de chaux y varie de 68 à 83 p. 100.

La vase à globigérines proprement dite ne pénètre pas dans le golfe du Mexique ni dans la mer des Caraïbes; elle se développe d'une façon continue en avant de la côte est des États-Unis, des Bahama et des Petites-Antilles, et elle passe à l'argile rouge pour reparaître de nouveau au large des Bermudes.

Géologie sous-marine des océans Indien et Antarctique. — M. John Murray [1] vient de publier une importante carte géologique de ces océans après analyse des échantillons de fonds rapportés par les navires *Flying-Fish*, *Egeria* et *Investigator*, qui ont exécuté 415 sondages atteignant et dépassant 1 800 mètres.

Les dépôts terrigènes remplissent les golfes Arabique et du Bengale, occupent le pourtour du continent glacial antarctique et bordent toutes les côtes, sauf un petit nombre d'exceptions près de Zanzibar, au nord de Madagascar, sur les côtes de la mer Rouge et des îles de la Sonde où ils sont remplacés par des boues coraillères; et en Afrique, entre le cap de Bonne-Espérance et Zanzibar, ainsi que sur les côtes occidentale et méridionale d'Australie par des boues vertes.

Les vases à diatomées sont distribuées en une large bande extérieure aux dépôts terrigènes antarctiques; l'argile rouge s'étend entre le pays des Somalis à l'ouest, les Laquedives et les Maldives à l'est, puis, sauf une aire centrale de vase à radiolaires, remplit toute la portion orientale de la mer des Indes. Le reste est de la vase à globigérines.

Géologie sous-marine de la Méditerranée. — La géologie sous-marine de la Méditerranée n'a pas jusqu'à présent été étudiée d'une façon systématique; cependant on possède des notions [2] sur la nature de ses fonds grâce aux explorations du *Porcupine* (1870), du *Shearwater* (1871), de la Commission de l'Adriatique résidant à Trieste (1870-72), de la frégate autrichienne *Hertha* (1874-1880), du

[1] John Murray, *On marine deposits in the Indian, Southern and Antarctic Oceans*, The Scot geogr. Magazine, t. V, p. 405, 1889 (with a map).

[2] A. Issel, *Note geologiche sugli alti fondi marini*, Bull. de la Société belge de géologie, II, 1888.

vaisseau américain *Gettysburg* (1878), du *Travailleur* (1881) et du *Washington*, commandant aujourd'hui amiral Magnaghi, de la marine italienne. Ce navire a exécuté de 1881 à 1887 un grand nombre de sondages et a recueilli des échantillons de la faune sous-marine qui ont été examinés par MM. E. Giglioli et G. Canestrini, naturalistes. On a étudié successivement les parages de la Sardaigne, la mer Tyrrhénienne, le golfe de Gênes, l'Adriatique entre la frontière d'Autriche et Ravenne, la Sicile, les eaux de Sciacca et Pantellaria, l'espace compris entre la Sicile et Candie, le détroit de Gibraltar, le Bosphore et les Dardanelles.

La Méditerranée est la réunion de quatre bassins qui se succèdent. Le premier, d'une profondeur maximum de 3 149 mètres est borné par l'Espagne, la France, la Corse, la Sardaigne et la côte d'Algérie; le second est la mer Tyrrhénienne avec une profondeur maximum de 3 741 mètres; le troisième la mer Ionienne où l'on a trouvé 4 067 mètres, la plus grande profondeur de toute la Méditerranée; enfin le quatrième bassin, avec 3 447 mètres de profondeur maximum est limité par Candie, l'Asie Mineure, la Syrie, l'Égypte et la côte d'Afrique jusqu'à Benghazi. La mer Adriatique, l'Archipel et la mer Noire ne sont que de simples annexes de profondeur généralement inférieure à 2 000 mètres.

Les conditions de la Méditerranée sont spéciales car cette mer, séparée de l'Océan par le seuil de Gibraltar qui arrive à 350 mètres environ de la surface, est privée de marées et ne suit pas les grandes lois qui régissent l'Océan. A partir d'une profondeur comprise entre 350 et 400 mètres, sa température de 12°,7 est uniforme. Aussi la vie, sans être absolument absente dans les profondeurs inférieures à 1000 mètres comme on l'avait cru d'abord, y est rare; la faune abyssale est celle des abîmes de l'Atlantique.

Les fonds les plus communs sont des dépôts côtiers et plus bas, des boues grises ou jaunâtres parfois ocreuses, ayant après dessiccation une densité de 1,65, imprégnées de matières organiques, ne faisant point pâte avec l'eau. Un échantillon de cette vase recueillie par 750 mètres de fond, à trois milles de terre, dans le golfe de Gênes, analysé par le professeur G. Foldi de Savone, contenait 37,77 p. 100 de sable extrêmement fin et seulement 4,86 de carbonate de chaux. On y trouve beaucoup de fragments de houille provenant des bateaux à vapeur, des ponces, des cailloux de roches diverses souvent recouverts d'un enduit d'oxyde de manganèse, surtout lorsqu'ils proviennent de grandes profondeurs et dans les fonds riches en produits volcaniques; ils sont particulièrement nombreux dans le détroit de Gibraltar.

Les radiolaires et les diatomées, fréquents dans l'Adriatique, sont rares dans la Méditerranée, mais les foraminifères y sont abondants, surtout les globigérines et les orbulines. Dans certains endroits, au sud-est de la Sardaigne, par exemple, par des fonds variant de 400 à 800 mètres, ces foraminifères, pour une cause inconnue, ne font plus d'effervescence aux acides. On rencontre aussi des nodules siliceux contenant des spicules d'éponges, des radiolaires, des foraminifères et dont la formation semble due à une action moléculaire, c'est-à-dire à une concentration autour d'un corps étranger de la silice d'origine organique disséminée au sein de la boue impalpable qui, dans un état intermédiaire entre l'état solide et l'état liquide recouvrirait, d'après M. Issel, le fond de la Méditerranée. Cette hypothèse d'une sorte de gelée ou de dilution de vase très étendue, énoncée par plusieurs auteurs, est assez douteuse surtout dans l'eau salée qui jouit précisément de la propriété de hâter la chute des argiles en suspension et de favoriser leur groupement sous forme de couche nettement délimitée.

[illegible]

[illegible] rentrant [illegible] des [illegible]

[illegible] rangées, des [illegible]

[illegible] date [illegible]

[illegible] d'un [illegible]

[illegible] sa soif [illegible]

[illegible] le fond de [illegible]

[illegible] de dignité [illegible]

[illegible] mais aussi [illegible]

[illegible] de la propriété [illegible]

[illegible]

CHIMIE DE LA MER

I

Appareils destinés à recueillir des échantillons d'eau.

Bouteille de la Commission de Kiel. — Pour recueillir des échantillons d'eau à de très faibles profondeurs, la Commission de Kiel conseille l'emploi de l'appareil suivant dont la simplicité est extrême.

Fig. 52.

Une bouteille ordinaire en verre (*fig.* 52) est attachée à la ligne de sonde immédiatement au-dessus du plomb; elle est descendue fermée par un bouchon peu enfoncé et quand elle est parvenue à la profondeur convenable, il suffit d'une secousse brusque pour la déboucher. Elle se remplit et on la remonte rapidement.

Bouteille de Meyer. — L'appareil de Meyer (*fig.* 53) s'emploie pour des profondeurs plus considérables. Il se compose d'un cylindre de laiton B ouvert à ses deux extrémités que viennent fermer deux obturateurs tronconiques *aa* en laiton, maintenus par quatre tiges rigides verticales. Un disque en fer C protège la bouteille contre le choc quand elle arrive au fond et l'empêche de s'ouvrir au milieu de la vase.

Si l'on veut recueillir de l'eau du fond, le cylindre est retenu en F par un système analogue à celui du sondeur Brooke qui se déclanche dès que le contact du sol soulève les obturateurs. On remonte la bouteille dans l'état indiqué sur le dessin. Si on désire fermer la bouteille au milieu d'une couche d'eau située à une profondeur déterminée, on installe le dispositif indiqué à droite. Un poids ou messager K qu'on laisse glisser le long de la ligne vient frapper la tête E, oblige à s'écarter les deux tiges métalliques élastiques G portant les appendices LL et ces derniers, à leur tour, chassent les crochets hors des deux chevilles *hh*. Le cylindre qui n'est plus soutenu tombe sur les obturateurs. Lorsque la bouteille est remontée, pour la vider, on ouvre la prise d'air N et le liquide coule alors par le robinet M.

Fig. 53.

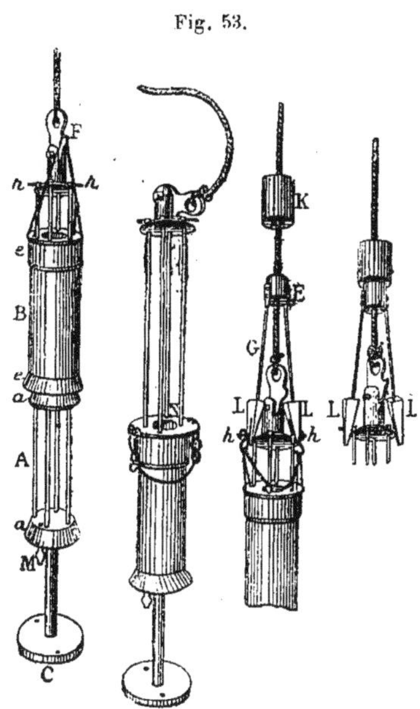

L'expédition de la *Pommerania* s'est servie de la bouteille de Meyer, mais l'obligation d'envoyer du bord un poids pour la fermer interdit de placer aucun appareil, un thermomètre par exemple, entre celle-ci et la surface. Cet inconvénient peut être, il est vrai, évité en adoptant un dispositif tel que le renversement d'un thermomètre Negretti et Zambra causé par un poids messager envoyé du bord qui détache un second messager placé au-dessous du thermomètre, lequel à son tour descend et ferme la bouteille.

Bouteille de Mill. — La bouteille de Mill employée à la Scottish marine Station de Granton, près d'Édimbourg, offre un exemple de ce mode de fermeture à une profondeur quelconque par un deuxième messager détaché d'un thermomètre attaché au dessus d'elle.

Elle se compose (*fig.* 54) d'un tube de laiton *ab* servant d'axe à l'appareil et à travers lequel passe la ligne de sonde; *cc* est un disque muni d'un anneau en caoutchouc *d*, *ee* une plaque servant à guider la chute du cylindre B, *f* un disque supérieur en laiton supportant une feuille de caoutchouc concave *g*, *h* un robinet de vidange, *k* un tube avec robinet pour laisser entrer l'air et permettre à l'eau de s'écouler.

Fig. 54.

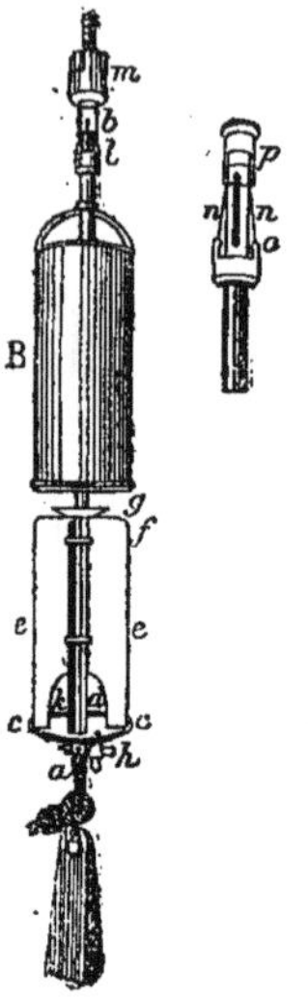

Le poids messager *m* du capitaine Rung, de l'Institut météorologique de Copenhague, tombe sur la tête aplatie d'un tube de laiton *p* qui presse les ressorts *n*, les serre et détache les crochets *o*; le cylindre B glisse alors tout entier, sa base va s'appuyer sur le disque *c* et emprisonne l'eau entre ce dernier et le disque *g*.

Bouteille du « Travailleur ». — Cette bouteille imaginée par MM. E. Richard, commandant du *Travailleur*, et Villegente, lieutenant de vaisseau, est descendue ouverte et est fermée à la profondeur convenable par un poids messager envoyé du bord et glissant le long de la ligne.

La bouteille[1] est un tube métallique (*fig.* 55) terminé à ses deux extrémités par un tronc de cône au-dessus duquel est placé un robinet s'ouvrant ou se fermant au moyen d'un assez long levier qui dans ses deux positions se place tantôt perpendiculairement, tantôt parallèlement au tube. Quand le robinet est ouvert, sa clef presse sur une tige intérieure centrale à laquelle est fixée une soupape en caoutchouc qui ferme l'ouverture d'une cloison intérieure située au-dessous du robinet; la soupape est alors relevée et permet à l'eau d'entrer librement. Quand au contraire le robinet est fermé, cette même tige se trouve libre parce que son extrémité se loge dans une excavation ménagée dans la clef du robinet; elle obéit alors à un ressort qui amène la fermeture de la soupape.

Fig. 55.

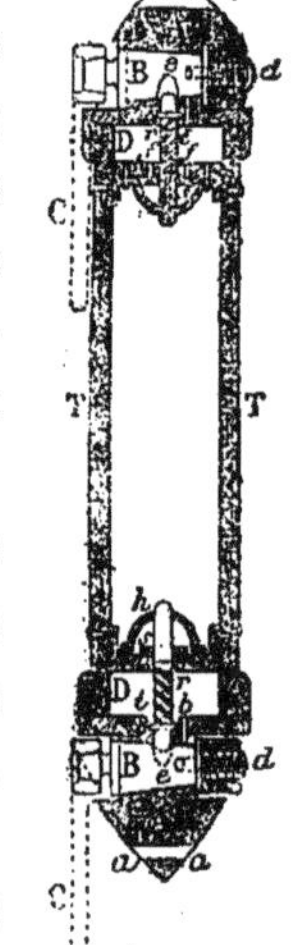

Pour employer cet appareil, on l'attache verticalement à une ligne de sonde, ses deux robinets sont ouverts et

1 *Rapport sur les travaux de la commission chargée d'étudier la faune sous-marine*, etc., par M Alphonse Milne-Edwards, p. 11.

son levier fait un angle droit avec le tube métallique. Pendant l'immersion, le mouvement de descente détermine un courant; l'eau entrant par l'orifice inférieur et sortant par l'orifice supérieur se renouvelle facilement et lorsque la bouteille, après avoir atteint la profondeur voulue, y a séjourné quelque temps, on laisse tomber du navire, le long de la corde, une lourde bague de fonte dont le vide central est suffisant pour que dans sa chute, le long de la ligne d'immersion, elle franchisse la bouteille en abaissant les leviers sans rester accrochée à l'appareil. Ce mouvement des leviers ferme les robinets et en même temps dégage les tiges des soupapes qui s'appliquent contre l'orifice intérieur de la bouteille; on a ainsi une double fermeture, celle du robinet et celle de la soupape qui non seulement empêche toute introduction du liquide ambiant mais est capable de résister avec beaucoup de force au mouvement d'expansion des gaz qui seraient contenus dans l'eau et qui tendraient à s'échapper par suite de la décompression rapide à laquelle ils seraient soumis. En effet, tout mouvement de dilatation qui se produit à l'intérieur de la bouteille apour résultat d'appuyer plus fortement sur les soupapes de caoutchouc et de fermer plus hermétiquement les ouvertures. En ouvrant ces bouteilles aussitôt après les avoir retirées de la mer, M. A. Milne-Edwards a vu s'en élancer un jet d'eau pouvant atteindre un mètre et demi de distance et l'eau versée ensuite dans un vase laissait dégager une grande quantité de bulles qu'on n'a pas recueillies ni analysées. Ce résultat et celui du *Vöringen* semblent contradictoires et le phénomène mériterait d'être étudié à nouveau.

Les pièces de la bouteille sont les suivantes : A partie ogivale vissée sur le tube T T. Elle renferme :

1° Un canal *aa* servant pour l'amarrage de l'appareil snr la ligne d'immersion.

2° Un logement pour la clef B d'un robinet. Cette clef est manœuvrée à l'aide d'un long levier C qui peut être mû de la position verticale, représentée sur le dessin jusqu'à l'horizontale, c'est-à-dire de 90° de bas en haut et inversement. Un petit arrêt fixé sur la partie ogivale A et qui n'est pas figuré ici, ne permet pas au levier C de dépasser la position horizontale.

3° Un conduit central pour le passage de la tige *t* de la soupape S.

4° Un petit canal *b* complétant le robinet et formant la continuation du canal de la clef B, lorsque le robinet est ouvert, c'est-à-dire lorsque le levier C est horizontal.

d est une crépine destinée à prévenir l'engorgement du robinet dans le cas où l'appareil reposerait sur le fond

La clef B est munie en *e* d'une cavité pratiquée dans le métal et formant une gorge dont les bords viennent se raccorder avec le corps de la clef par une légère courbure. Sans entrer dans les détails de construction, on peut dire que la cavité *e* est disposée de telle sorte que, dans le mouvement du robinet, elle se présente devant la tige *t* de la soupape *s* dès que la fermeture du robinet est déterminée par le levier C.

T, T, corps de la bouteille formé par un tube épais fermé à ses deux extrémités par les plaques métalliques DD. Chacune de ces plaques porte une soupape *s* et est percée en sa partie centrale d'un conduit pour la tige *t* et de petits canaux *ff* que la soupape *s*, dans son mouvement, obture ou laisse ouverts.

Cette soupape *s* comprend :

1° Un petit dôme *h* servant de guide à la tige *t*. Ce dôme est fixé sur la plaque D;

2° Tige *t*;

3° Une rondelle de caoutchouc vulcanisé souple appliquée avec une rondelle métallique faisant corps avec la tige *t*. Cette rondelle de caoutchouc, lorsqu'elle est appliquée fortement sur la plaque D, produit l'obturation des canaux *ff*;

4° Enfin, un ressort à boudin *r* est d'une part fixé à la tige *t* et d'autre part s'appuie sur la plaque D. On voit donc que l'effort du ressort *r* ferme la soupape *s* lorsque la tige *t* est libre, ce qui a lieu quand, le robinet étant fermé, la cavité *e* est vis-à-vis de la tige *t*; quand au contraire le robinet est ouvert, la tige *t* n'étant plus en regard de la cavité *e*, est repoussée par la clef du robinet et la soupape est ouverte malgré l'antagonisme du ressort *r*.

M. A. Milne-Edwards s'est servi de six de ces bouteilles et n'a eu qu'à se féliciter de leur usage.

Bouteille d'Ekmann. — Cet appareil permet de recueillir jusqu'à 200 mètres de profondeur des échantillons d'eau non seulement pour en doser la teneur en sel ou les gaz dissous, mais pour en prendre la température et la densité.

Fig. 56.

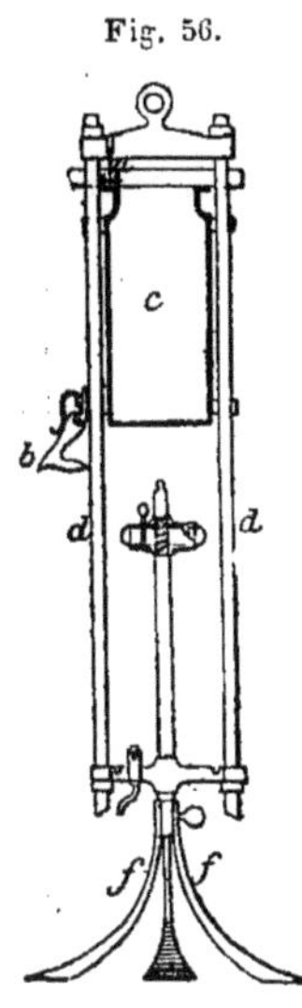

Il se compose (*fig.* 56) d'un cylindre de laiton *c* ouvert à ses deux extrémités et muni d'un rebord à sa partie supérieure. Ce cylindre est susceptible de glisser le long de trois tiges métalliques *dd* servant de guides et réunies à leur base autour d'un disque circulaire creusé d'un canal rempli de graisse ou de gutta-percha et dans lequel le cylindre vient tomber. Ce fond est muni d'un robinet et, s'élevant verticalement en son milieu, une forte tige porte un disque de métal entouré d'un rebord de gutta-percha pour obturer l'ouverture supérieure du cylindre après sa descente. Le disque est percé d'un trou bouché par une cheville pour la rentrée de l'air au moment de la vidange. Le cylindre est maintenu relevé avec un crochet *a*, mais en atteignant l'eau, la pression le soulève, le détache tout en retenant le cylindre. Dès qu'on cesse de filer ou que l'appareil touche le fond, le cylindre tombe, enferme un certain volume d'eau et est alors conservé dans sa position par le crochet *b*. Les branches en fer *ff* protègent l'instrument lorsqu'il atteint le fond et empêchent la vase de boucher le robinet; elles sont souvent remplacées par un anneau auquel on attache le plomb de sonde. L'ensemble est recouvert d'une feuille de gutta-percha épaisse de 2,5 cm et très mauvaise conductrice de la chaleur.

La bouteille d'Ekmann a été employée avec succès par Nordenskiöld et par Mohn; elle rapporte environ deux litres d'eau.

Bouteille de Buchanan. — Cet appareil (*fig.* 57) consiste en un solide récipient en laiton ouvert à ses deux extrémités et dont les ouvertures peuvent chacune s'ouvrir ou se fermer en même temps avec un robinet actionné par le levier AB. Quand on descend l'appareil, la plaque métallique C est redressée et les robinets sont ouverts. Aussitôt que le mouvement de descente s'arrête, la plaque tombe, devient horizontale, elle s'appuie contre le ressort en spirale E qui la maintient dans sa position pendant un certain temps; mais en remontant la ligne, la pression augmente sur C, le ressort E est vaincu, la plaque retombe verticale, le levier s'abaisse et les robinets se ferment. L'ouverture G sert à vider l'eau et l'ajutage F permet à l'excès d'eau contenue dans le récipient de s'échapper lorsque la pression des couches inférieures a cessé de se faire sentir.

Bouteille de Sigsbee. — Le principe de l'appareil, déjà utilisé d'ailleurs par Brooke, consiste à maintenir la fermeture d'un cylindre creux au moyen d'un moulinet à ailettes qui, inactif à la descente, ne commence à agir qu'au moment où l'on remonte.

Le cylindre A est en laiton (*fig.* 58) et se ferme par les deux obturateurs E et D, qui restent soulevés par la pression de l'eau pendant

Fig. 57. Fig. 58.

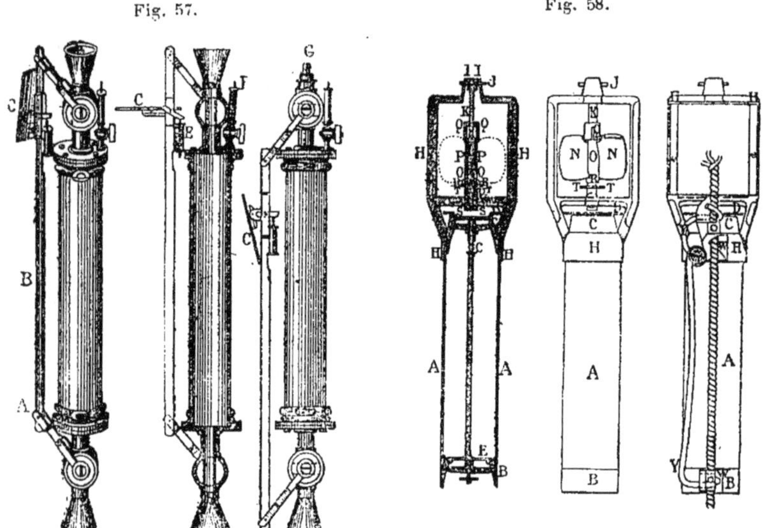

la descente. Tout l'appareil est du même alliage métallique pour que sa dilatation soit identique dans ses divers parties. Les ailettes N, N, en descendant, font tourner le pivot protégé contre le sable et la vase par diverses petites pièces accessoires, en l'appuyant contre le haut J du cadre H, et il ne se produit alors aucun effet. En remontant, les ailettes tournent en sens inverse, les pièces R et T s'engrènent l'une dans l'autre, la pièce S descend, vient s'appuyer fortement contre le plateau obturateur supérieur et, par l'intermédiaire de la tige longitudinale, contre le plateau inférieur, de façon à maintenir solidement la fermeture.

L'appareil est fixé à la ligne de sonde par des ressorts d'acier W, Y; la largeur du cylindre est de 63 mm, sa longueur est variable, selon la quantité d'eau que l'on désire recueillir. On en a construit contenant 367 cmcb, et d'autres contenant 952 cmcb; ces derniers pèsent 3 kilog.

Bouteille de Wille. — L'appareil du capitaine C. Wille, commandant du *Vöringen*, est composée de la manière suivante.

Fig. 59.

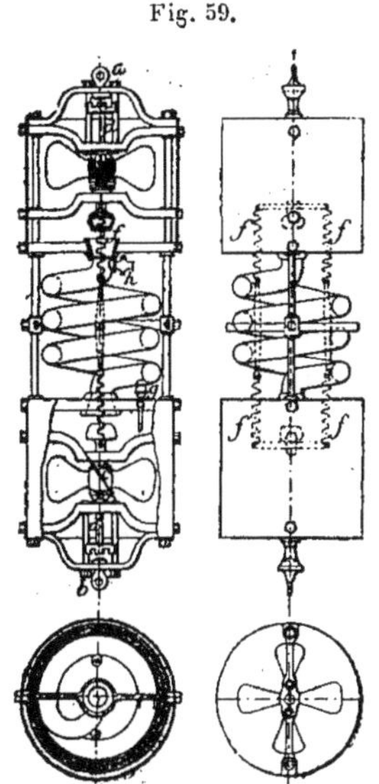

Le récipient à eau est un tube en spirale (*fig*. 59) maintenu ouvert aux deux extrémités pendant la descente. L'instrument étant à la profondeur voulue, il suffit de le relever quelque peu pour que deux soupapes viennent fermer les extrémités du tube et y emprisonner l'eau contenue.

La figure montre l'appareil à la descente ; la ligne de sonde est attachée en *a* et le plomb en *b*. Pendant la descente, la pression de l'eau soulève les deux hélices inférieure et supérieure qui tournent librement sans donner lieu à aucune action. Arrivé à la profondeur convenable, on relève l'instrument de cinq ou six brasses : les hélices tournent en sens inverse ; l'une, la supérieure, agit alors sur la tige *d* de la soupape en forme de vis sur une partie de sa longueur, celle-ci retombe et bouche l'ouverture supérieure du tube. En même temps l'hélice inférieure engrène une roue dentée qui la fait agir sur la tige de la soupape qui ferme l'orifice inférieur du tube. Des ressorts à boudin *ffff* contribuent encore à maintenir les soupapes hermétiquement closes.

Le robinet *g* communiquant avec un petit tube en verre fermé à une extrémité, a pour but de vérifier si la proportion d'air contenue dans l'eau est plus considérable dans les profondeurs qu'à la surface. A la descente, le tube de verre communiquant avec le tube-réservoir en spirale se remplit d'eau qui y demeure emprisonnée à la montée. La bouteille arrivée à la surface, avant de la déboucher, on la retourne et on l'agite d'un mouvement circulaire. Il est évident que s'il y a de l'air, celui-ci remontera le long de la spirale et arrivera dans le tube de verre où il deviendra visible. En opérant de cette façon pendant les diverses expéditions du *Vöringen*, on n'a jamais aperçu la moindre bulle d'air.

Le robinet *h* sert à vider l'instrument, qui ramène environ 5 litres d'eau.

Conservation des échantillons. — L'expérience a montré que les gaz contenus dans l'eau de mer devaient être recueillis à bord immédiatement après que l'échantillon était remonté à la surface. Les autres dosages, quels qu'ils soient, sont destinés à indiquer des différences de composition si faibles, et exigent par conséquent une précision si grande, qu'ils ne peuvent être faits dans les conditions défavorables où l'on se trouve sur un navire ; on les exécutera au retour, dans un laboratoire bien installé. Les échantillons se conservent parfaitement dans des flacons à l'émeri, dont le bouchon sera en outre hermétiquement fermé avec de la cire et, pour plus de sûreté, recouvert d'un capuchon en parchemin, mais on devra absolument rejeter l'emploi des bouchons en liège.

II

Composition et analyse de l'eau de mer.

CHAPITRE PREMIER

COMPOSITION DE L'EAU DE MER.

Composition qualitative de l'eau de mer. — On a jusqu'à présent reconnu dans l'eau de mer la présence de 32 corps simples [1].

1. *Oxygène.* Un des composants de l'eau, en combinaison avec les solides dissous et à l'état de gaz absorbé.

2. *Hydrogène.* Un des composants de l'eau, des substances organiques dissoutes et de l'ammoniaque.

3. *Chlore.* Ce corps est, après les éléments composants de l'eau, le plus abondant dans l'eau de l'Océan.

4. *Brome,* retiré des eaux mères d'évaporation.

5. *Iode,* contenu dans les cendres de plantes marines.

6. *Fluor,* trouvé dans les coraux par Dana, dans les résidus d'évaporation de 50 litres d'eau du Sund, près de Copenhague, par Forchhammer, et dans les incrustations des chaudières des bateaux à vapeur.

7. *Soufre,* à l'état d'acide sulfurique formant des sulfates de baryte, de strontiane, de chaux et de magnésie ; plus la quantité de matière organique contenue dans l'eau de mer est considérable et plus l'acide sulfhydrique s'y développe aisément. Ce phénomène a lieu près des côtes, dans le voisinage de l'embouchure des grands fleuves.

8. *Phosphore,* à l'état d'acide phosphorique combiné à la chaux.

9. *Azote,* l'un des éléments composants de l'ammoniaque et sous forme de gaz dissous.

10. *Carbone,* dissous à l'état d'acide carbonique libre, de bicarbonate ou de carbonate ; est aussi l'un des éléments des substances organiques dissoutes.

[1] Justus Roth, *Allgemeine und Chemische Geologie,* I, 490.

11. *Silicium*, à l'état d'acide silicique; constitue en outre la carapace des infusoires et les spicules des éponges siliceuses.

12. *Bore;* se reconnaît dans les produits d'évaporation des eaux marines, ainsi que dans les cendres de la *Zostera marina* et du *Fucus vesiculosus*.

13. *Argent*, reconnu dans les animaux marins inférieurs, et pour 1/3 000 000 dans le corail nommé *Pocillopora alcicornis;* ce métal se précipite sur le doublage en cuivre des navires qui ont longtemps navigué.

14. *Cuivre ;* n'a pas encore été reconnu directement dans l'eau de mer, mais *Pocillopora* en contient 1/500 000 et *Heterospora abrotanoïdes* 1/350 000 ; on l'a trouvé dans les cendres de *Fucus vesiculosus* et dans celles d'autres plantes marines.

15. *Plomb;* est plus abondant que le cuivre dans les organismes marins : *Heteropora abrotanoïdés* en renferme 1/50 000, et *Pocillopora alcicornis* contient huit fois plus de plomb que d'argent, c'est-à-dire 1/375 000.

16. *Zinc;* n'a pas été reconnu directement, mais il se rencontre en abondance dans les cendres des plantes marines : celles de *Zostera marina* contiennent pour 400 parties 0,139 ou 1/30 000 d'oxyde de zinc.

17. *Cobalt* et 18 *Nickel*, trouvés dans les cendres de plantes marines.

19. *Fer*, reconnu directement dans l'eau de mer ; est assez abondant dans les cendres des organismes marins.

20. *Manganèse;* reste comme résidu à l'état d'oxyde avec l'oxyde de fer, la silice, le phosphate et le carbonate de chaux, le fluorure de calcium, les sulfates de baryte et de strontiane et probablement le borate de chaux ou de magnésie lorsqu'on redissout dans l'eau le résidu d'évaporation de l'eau de mer. Dans 500 parties de *Zostera marina* desséchée, Forchhammer a trouvé 81,4 parties de cendre contenant 3,195, soit 4 pour 100 du poids des cendres de protoxyde de manganèse.

21. *Aluminium*. On reconnaît la présence de l'alumine dans l'eau de mer filtrée.

22. *Magnésium*. La magnésie est presque aussi abondante que l'acide sulfurique dans l'eau de mer ; le chlore et le sodium seuls y sont en plus grande quantité ; elle accompagne presque constam-

ment le carbonate de chaux dans les organismes marins; on a trouvé 1,349 p. 100 de carbonate de magnésie dans *Serpula filigrina*.

23. *Calcium*. La chaux est contenue dans l'eau de mer à l'état de carbonate, de phosphate et de fluorure de calcium, mais surtout à l'état de sulfate.

24. *Strontium;* se reconnaît directement dans l'eau de mer à l'état de carbonate et de sulfate; se trouve aussi dans les incrustations des chaudières de bateaux à vapeur, et dans les plantes marines, en particulier dans *Fucus vesiculosus* avec la baryte.

25. *Baryum;* existe plutôt dans les cendres des plantes marines que dans les coquilles et les coraux; ce métal peut se reconnaître directement dans l'eau de mer et dans les incrustations des chaudières.

26. *Sodium;* est après le chlore et à l'état de chlorure de sodium l'élément le plus abondant des sels contenus dans l'eau de mer.

27. *Potassium;* à l'état de chlorure de potassium se reconnaît directement dans l'eau de mer où il est en proportion moindre que le sodium.

En outre, on a pu déceler dans l'eau de l'Océan la présence de l'arsenic, du lithium, du cœsium, du rubidium et de l'or; il y a tout lieu de croire qu'on y trouvera aussi du cadmium, du thallium et de l'indium.

D'une façon générale, on peut dire que tous les corps simples se rencontrent ou doivent se rencontrer dans l'eau de mer. On s'explique aisément pourquoi cette composition est aussi complexe. Dès l'origine de l'histoire géologique, l'eau a lavé l'atmosphère de tous les éléments qu'elle contenait à l'état de vapeurs et plus tard, lorsque s'est établi le cycle qui par évaporation transforme incessamment l'eau salée en eau douce et ramène celle-ci à la mer sous forme de pluie ou d'eau fluviale, il s'est opéré un nouveau lavage des corps solubles de la croûte terrestre et une concentration dans le bassin océanique. L'opération s'exerçait au début avec beaucoup d'énergie, mais elle s'effectue encore aujourd'hui parce qu'il n'est pour ainsi dire aucun minéral terrestre qui ne soit soluble dans une quantité d'eau suffisante. La composition actuelle de l'Océan est une addition algébrique dont les termes positifs et négatifs sont l'apport des éléments solides dissous dans l'eau douce, la formation des coquilles et des carapaces de nombreux êtres marins ainsi que la création par des procédés divers de couches solides au sein des mers.

Les éléments contenus dans l'eau de mer y constituent probablement les combinaisons suivantes. On n'a pas néanmoins le droit d'affirmer cette composition d'une manière absolue, car la chimie ne peut le plus souvent que constater la présence des éléments, évaluer leur quantité et, lorsque l'analyse complète est achevée, elle s'efforce de grouper le mieux possible les éléments qu'elle a obtenus sous la forme des combinaisons les plus probables :

Chlorure de sodium.
Chlorure de magnésium.
Chlorure de potassium.
Chlorure de rubidium.
Sulfate de magnésie.
Sulfate de chaux.
Sulfate de potasse.
Bromure de sodium.
Bromure de magnésium.
Carbonate de chaux.
Carbonate de magnésie ?
Carbonate de soude ?
Carbonate de potasse ?
Carbonate de fer.
Bicarbonate de chaux ?
Bicarbonate de soude ?
Bicarbonate de potasse ?
Phosphate de chaux.
Silice.

CHAPITRE II.

DOSAGE DES ÉLÉMENTS SOLIDES CONTENUS DANS L'EAU DE MER.

Historique. — Nous diviserons en deux parties l'exposé des méthodes par lesquelles on dose les divers éléments contenus dans l'eau de mer. Nous parlerons d'abord de l'analyse quantitative des éléments solides ou sels et ensuite du dosage des gaz. Sans nous occuper du dosage des éléments rares, qu'on n'analyse le plus souvent qu'avec le spectroscope, nous décrirons celui du chlore, de l'acide sulfurique, de la chaux, de la magnésie, de la potasse, de la soude, du brome, des matières organiques, de la silice ainsi que la façon d'obtenir la somme des sels contenus dans un échantillon, c'est-à dire la salinité.

Les premières recherches sur ce sujet datent du siècle dernier ; elles ont été résumées par Bergmann [1]. Après lui Marcet [2] reconnut combien étaient faibles les variations constatées dans la composition qualitative et quantitative de l'eau des diverses mers. Mais si d'une part la science était alors trop peu avancée pour permettre des dosages précis, d'autre part on manquait encore d'appareils destinés à recueillir les échantillons. L'inconvénient peu grave pour des eaux superficielles devenait considérable lorsqu'il s'agissait d'eaux profondes. Forchhammer, de Copenhague, analysa 180 échantillons d'eau et publia les résultats qu'il avait obtenus dans un mémoire intitulé : *On the composition of sea water in the different parts of the Ocean* [3]. Cependant, ainsi que l'auteur lui-même le remarque, presque tous les échantillons avaient été apportés par des marins peu habitués à exécuter des manipulations de chimie, et l'on n'était point en mesure d'affirmer avec une complète certitude qu'ils avaient été récoltés et conservés avec le soin convenable. Quant aux échantillons profonds, Forchhammer les obtenait au moyen d'une bouteille fermée avec un bouchon et qu'il immergeait à une profondeur telle que la pression de l'eau sus-jacente enfonçait le bouchon à l'intérieur et laissait pénétrer l'eau. En remontant la bouteille, la pression diminuant ramenait le bouchon à sa position primitive dans le goulot. Le procédé, quoique ingénieux, était insuffisant.

Parmi les savants qui se sont livrés à l'étude chimique de l'eau de mer, nous citerons Bischof [4], Roth [5] et Dittmar [6]. Tornöe et Schmelck [7] prenaient leurs échantillons avec la bouteille de Wille et les conservaient jusqu'au moment de l'analyse dans des flacons en

[1] Bergmann, *Opuscula physica et chemica*, I, Upsalae 1779, p. 179 ff.
[2] Phil. Trans. 1822.
[3] Phil. Trans. 155, 1865, pages 203-262.
[4] Bischof, *Lehrbuch der chemischen und physikalischen Geologie*, 1863, 440-473.
[5] Roth, *Allgemeine und Chemische Geologie*, I, 1879, 490-532.
[6] Dittmar, *Physics and Chemistry*. Report on the scientific results of the voyage of H. M. S. Challenger during the years 1873-76, I, 1884.
[7] *The Norwegian North-Atlantic Expedition*, 1876-1878. Chemistry.

verre bouchés à l'émeri et d'une contenance de 2 à 5 litres. Les dosages d'air, d'acide carbonique, de chlore et la mesure de la densité étaient exécutés immédiatement à bord.

Dieulafait [1], dans le but de trouver une application immédiate de ses découvertes à la géologie, a imaginé des procédés extrêmement précis par lesquels il dose ou seulement constate dans les eaux de mer la présence de corps qui n'y existent qu'en traces infiniment faibles. L'analyse spectrale lui a permis de reconnaître vingt-cinq dix millionièmes de gramme de bore avec une approximation de 0,000 000 5 g, de la lithine dans le produit de l'évaporation d'une quantité inférieure à 1 cent. cube d'eau de la Méditerranée, 0,000 001 g de cuivre et 0,000 01 g de zinc.

Les gaz de l'eau de mer ont donné lieu à un grand nombre de travaux. Frémy a étudié les échantillons rapportés par la *Bonite* (1836-1837), et après lui des analyses ont été faites par Aimé en 1843, Moren en 1843, Léwy en 1846, Hayes en 1851, Pisani en 1855, Carpenter en 1869, Jacobsen [2], Tornöe [3] et Buchanan [4].

Dosage du chlore par la méthode Volhard-Dittmar. — La façon la plus précise de doser comme chlore tous les corps halogènes (chlore, brome, iode), consiste à employer la méthode de Volhard dont s'est servi M. Dittmar [5], en la modifiant quelque peu, pour les nombreuses analyses auxquelles il s'est livré des échantillons d'eau de mer rapportées par le *Challenger*. On précipite ensemble les corps halogènes par un excès d'azotate d'argent en solution titrée ; l'argent resté en dissolution est évalué à l'aide d'une solution normale de sulfocyanate d'ammoniaque $C^2 Az S. HS (Az H^3)$ en présence d'alun de fer. L'apparition d'une coloration rouge permanente due à une formation de sulfocyanate de fer $C^2 Az S Fe$ marque la fin de l'opération. Le fluor ne peut se doser ainsi parce que le fluorure d'argent est soluble.

On mesure dans une fiole tarée d'une capacité d'environ 200 cmcb, 10 cmcb d'eau de mer et on pèse ; on ajoute un peu d'eau distillée

[1] Dieulafait, *Annales de chimie et de physique*, 5e série. pass. de 1877 à 1880.
[2] Jacobsen, *Liebigs Ann.*, CLXVII, 1-39 ; *Ber. d. Kiel Korum*, II et III, 1875.
[3] The *Norwegian North-Atlantic Exped.*, 1876-1878. Chemistry.
[4] Buchanan, *Nature*, XVI, 255 ; *Journ. of the chemic. Soc. London.* N, 190. 1878.
[5] Dittmar *Physics et Chemistry*, Report of the scientific, etc., vol. I, p. 4.

puis un léger excès mesuré de solution normale d'argent dont on prend le poids. On ajoute ensuite assez d'eau pour amener le volume total à être à très peu près le double de celui de la solution normale d'argent employée; on secoue fortement le mélange et on abandonne au repos dans une armoire obscure. Après une demi-journée ou une nuit, le précipité s'est déposé si complètement que la liqueur surnageante peut être décantée dans un verre sans être filtrée, et il n'est nécessaire de faire une correction pour la portion restée adhérente au chlorure que si, par erreur, on avait ajouté un trop grand excès de solution normale d'argent. L'argent resté en solution est déterminé volumétriquement en titrant avec des solutions centésimales d'argent et de sulfocyanate, solutions contenant respectivement 1,08 g d'argent et le poids équivalent 0,76 g de sulfocyanate par 1 000 cmcb. On aura soin, pour faire la solution de sulfocyanate, de prendre un poids un peu supérieur à 0,76; on déterminera alors la force exacte de cette liqueur au moyen de la solution type d'argent et on étendra de façon à avoir exactement 0,76 g par litre. On prendra à plusieurs reprises le point final par ce qu'on nomme quelquefois une titration en zig-zag. Cette méthode consiste à évaluer le point final une première fois, puis à rajouter une quantité connue d'argent, reprendre le point final et ainsi de suite, trois ou quatre fois successivement de manière à calculer la moyenne.

Les solutions sont faites de la manière suivante :

On prépare du chlorure de potassium pur au moyen du chlorate de potasse purifié, on chasse l'oxygène par calcination, on dissout le résidu dans l'eau, on ajoute de l'acide chlorhydrique, on évapore à siccité dans une capsule de platine et on calcine doucement jusqu'à ce que le poids devienne constant. On prend $\frac{1}{10}$ (K Cl) = 7,459 g de ce chlorure de potassium, on les dissout dans de l'eau de manière à faire 1 litre et l'on pèse exactement cette solution. En supposant par exemple qu'elle pèse 1006,04 g, on considère ce poids comme le déci-équivalent exact de la solution sans oublier que le volume déci-équivalent approché était égal à 1 000 cmcb.

La solution d'azotate d'argent est généralement préparée en grande quantité, par 40 ou 50 litres à la fois, en dissolvant un poids connu d'azotate cristallisé pur contenant une proportion d'eau connue dans de l'acide azotique très étendu et en proportion telle que chaque litre de solution contienne aussi exactement que possible 17 g d'azotate et 20 cmcb d'acide azotique de densité 1,4. Pour déterminer le véritable titre, on mesure avec la même pipette des volumes égaux (50 cmcb de chaque pour les essais préliminaires et 100 cmcb pour les essais définitifs) des solutions d'argent et de chlorure de potassium, on les mélange et on les pèse ; on secoue, on laisse déposer et on titre l'excès d'argent au moyen de solutions centésimales d'argent et de sulfocyanate d'ammonium, ainsi qu'il a été dit plus haut. Lorsqu'il y a un excès de chlore, on y remédie aisément en neutralisant le sulfocyanate ajouté par son équivalent exact d'argent, on reverse la liqueur sur le chlorure dans la fiole à précipitation, on ajoute une quantité mesurée suffisante d'argent pour précipiter le chlore et on recommence à nouveau. M. Dittmar a toujours eu soin que la solution d'argent fût un peu au-dessus du titre désiré de manière à effectuer la correction en ajoutant la quantité d'eau calculée convenable. Lorsque la solution était aussi près que possible d'être volumétriquement correcte, il déterminait de nouveau le titre exact, à trois ou quatre reprises, calculait l'équivalent en poids et employait ensuite ce nombre pour calculer la proportion exacte de chlore dans l'eau de mer analysée.

La solution déci-normale de sulfocyanate est préparée au moyen du sulfocyanate ammoniacal pur et ajustée au moyen de la solution type d'argent. L'expérience a démontré qu'il était bon de conserver une solution normale de ce sel, de sorte que lorsqu'on désire une solution déci-normale, on la prépare en étendant d'eau le poids exact de cette solution concentrée. Le titre de la solution étendue est confirmé par une comparaison directe avec la solution normale d'argent.

Les solutions centésimales ont été préparées synthétiquement par M. Dittmar, au moyen des solutions déci-normales, et vérifiées l'une par l'autre volumétriquement. On a trouvé avantageux d'ajouter un peu d'alun de fer au sulfocyanate pour lui donner une coloration facile à distinguer. Quoique les solutions fussent toutes déci ou centi-normales volumétriquement, dans les analyses définitives rien ne dépendait de l'exactitude des mesures prises avec la burette ou avec la pipette, sauf la détermination du léger excès d'argent présent dans le mélange d'eau de mer *pesée* et de solution normale d'argent pesée.

Dans les analyses préliminaires, l'eau de mer (5 cmcb dans chaque cas) et les solutions normales étaient mesurées en volume, ces dernières avec une burette de Mohr.

M. Dittmar désigne par la lettre χ le nombre de grammes de corps halogènes (chlore, brome, iode) calculés comme chlore et contenus dans 1000 g d'eau de mer.

Dosage du chlore par la méthode de Mohr. — Pour doser rapidement les halogènes considérés comme chlore et contenus dans l'eau de mer, on peut employer le procédé des liqueurs titrées de Mohr perfectionné par M. Roux, pharmacien de la marine et sur lequel M. Bouquet de la Grye[1] a donné toutes les indications nécessaires pour permettre de l'appliquer même à bord d'un navire.

Le procédé consiste à précipiter le chlore par une solution titrée d'azotate d'argent aiguisée de quelques gouttes d'une solution de chromate neutre de potasse. L'azotate d'argent précipite le chlore à l'état de chlorure d'argent blanc insoluble et au moment seulement où tout le chlore est précipité, l'excès d'azotate d'argent ajouté décompose le chromate de potasse et donne lieu à une formation de chromate d'argent $AgO\,CrO^3$ qui produit une forte coloration rouge. On est donc averti par un changement de teinte très net du moment où tout le chlorure d'argent est précipité.

M. Bouquet de la Grye, qui a fait de nombreux essais de ce genre pendant son voyage à l'île Campbell, recommande le procédé suivant pour le titrage de la liqueur d'azotate d'argent :

Il emporte une série de flacons en verre, bouchés à l'émeri, contenant 23,943 g d'azotate d'argent cristallisé pesé très exactement après dessiccation complète à 100°. Ce poids est égal à la moitié de 47,887 g poids d'azotate d'argent nécessaire pour précipiter 10 g de chlore. Il fait deux liqueurs types, la première en dissolvant dans 1 litre d'eau distillée le contenu de deux flacons, soit 47,867 g d'azotate d'argent, la seconde en dissolvant dans la même quantité d'eau distillée (1 litre) le contenu d'un seul flacon, soit 23,943 g d'azotate d'argent.

Ces deux liqueurs s'emploient selon le degré d'exactitude qu'on

[1] Bouquet de la Grye, *Recherches sur la chloruration de l'eau de mer*, Annales de Chim. et de Phys., 5e série, t. XXV, 1882.

désire obtenir. En effet, 1 cmcb de la première (nº 1) saturera 0,01 g de chlore et 1 cmcb de la seconde (nº 2) en saturera moitié moins c'est-à-dire 0,005 g.

On prend dans une pipette graduée 10 cmcb d'eau de mer qui renferme en moyenne 20 g de chlore par litre, soit 0,02 g pour l'échantillon d'essai. Cette quantité de chlore, pour être précipitée, exigera environ 20 cmcb de la solution d'argent nº 1, dont 1 litre peut ainsi servir à une cinquantaine d'essais, soit 40 cmcb de la solution nº 2. On verse dans un verre et l'on ajoute quelques gouttes de chromate neutre de potasse qui donne à la liqueur une couleur jaune. Pour opérer plus rapidement, on verse d'un seul coup 18 cmcb de la solution nº 1 ou 36 cmcb de la solution nº 2, puis on ajoute le reste goutte à goutte avec une burette graduée jusqu'à apparition de la coloration rouge. Le volume écoulé donne le poids du chlore par litre.

Toutes les mesures doivent être corrigées de l'influence de la température, ce qui se fait aisément en ramenant tous les volumes à ce qu'ils seraient à une température déterminée que M. Bouquet de la Grye a choisie égale à 20°. La table suivante indique ce que serait le volume de 10 cmcb de liqueur d'argent à des températures différentes de 20°.

Tableaux de correction des volumes de liqueur titrée.

Liqueur titrée nº 1 (47,887 g par litre), pipette de 18 cmcb.

TEMPÉRATURE.	CORRECTION.	TEMPÉRATURE.	CORRECTION.	TEMPÉRATURE.	CORRECTION.	TEMPÉRATURE.	CORRECTION.
	cent. cub.		cent. cub.		cent. cub.		cent. cub.
0°	+ 0,038	9°	+ 0,032	18°	+ 0,008	27°	— 0,031
1	+ 0,038	10	+ 0,030	19	+ 0,004	28	— 0,036
2	+ 0,039	11	+ 0,028	20	0,000	29	— 0,041
3	+ 0,039	12	+ 0,026	21	— 0,004	30	— 0,047
4	+ 0,038	13	+ 0,023	22	— 0,008	31	— 0,053
5	+ 0,037	14	+ 0,020	23	— 0,012	32	— 0,060
6	+ 0,036	15	+ 0,017	24	— 0,017		
7	+ 0,034	16	+ 0,014	25	— 0,022		
8	+ 0,033	17	+ 0,011	26	— 0,026		

Liqueur titrée n° 2 (23,943 g par litre), pipette de 36 cmcb.

TEMPÉRATURE.	CORRECTION.	TEMPÉRATURE.	CORRECTION.	TEMPÉRATURE.	CORRECTION.	TEMPÉRATURE.	CORRECTION.
	cent. cub.		cent. cub.		cent. cub.		cent. cub.
0°	+ 0,057	9°	+ 0,053	18°	+ 0,015	27°	— 0,058
1	+ 0,059	10	+ 0,050	19	+ 0,007	28	— 0,068
2	+ 0,059	11	+ 0,047	20	0,000	29	— 0,077
3	+ 0,069	12	+ 0,044	21	— 0,007	30	— 0,087
4	+ 0,060	13	+ 0,040	22	— 0,015	31	— 0,097
5	+ 0,060	14	+ 0,035	23	— 0,023	32	— 0,107
6	+ 0,059	15	+ 0,030	24	— 0,031		
7	+ 0,058	16	+ 0,025	25	— 0,040		
8	+ 0,056	17	+ 0,019	26	— 0,049		

On néglige dans la mesure le brome et l'iode présents dans l'eau de mer, et si l'on veut obtenir le poids de sel marin, on le calcule comme si tout le chlore trouvé était à l'état de chlorure de sodium. Pour cela, il suffit de multiplier le poids de chlore par le nombre constant 1,6479 ; le produit est supposé exprimer le poids de chlorure de sodium.

Dosage de l'acide sulfurique. — M. Dittmar pèse 20 cmcb d'eau de mer et mélange avec 5 cmcb d'une solution de chlorure de baryum contenant environ, en milligrammes, un quart d'équivalent soit 17,12 mmg de baryum par centimètre cube et 2 cmcb ou 20 p. 100 d'acide chlorhydrique. On chauffe le mélange au bain-marie, on laisse reposer pendant une nuit, on rassemble le précipité sur un filtre, on lave à l'acide chlorhydrique très étendu chaud, puis à l'eau chaude, on calcine au creuset de platine et on pèse. On a soin de faire une expérience identique avec de l'eau distillée en employant la même quantité de réactif que précédemment, on filtre, on calcine et on se sert du poids trouvé pour corriger la valeur obtenue en analysant l'eau de mer. M. Dittmar s'est assuré expérimentalement qu'on pouvait négliger toute autre correction.

M. Schmelck a employé une méthode presque identique pour doser l'acide sulfurique dans les échantillons de l'expédition du *Vöringen*. Il pèse 100 g d'eau de mer, traite par 8 à 10 gouttes d'acide chlorhydrique concentré, porte à l'ébullition et précipite par une solution de chlorure de baryum ajoutée avec précaution pour éviter un excès de réactif. On laisse reposer douze heures dans une chambre froide et on filtre. La plus grande différence entre deux dosages d'un même échantillon a été 0,0019 p. 100.

Dosage de la chaux et de la magnésie. — Les réactifs employés pour l'analyse des échantillons du *Challenger*, sont :

Une solution d'acide chlorhydrique à 20 p. 100 d'acide ; on en évapore 50 cmcb, on calcine et on pèse le résidu dont il est tenu compte en correction. Dans les expériences de M. Dittmar, 50 cmcb ont laissé 0,8 mmg.

Une solution à 10 p. 100 d'ammoniaque ; 50 cmcb ont laissé 0,6 mmg de résidu fixe.

Une solution d'oxalate d'ammoniaque dont 1 cmcb peut précipiter 11,2 mmg de chaux ; 3 g des cristaux d'oxalate employés laissaient après calcination un résidu fixe de 4 mmg.

Les précipités d'oxalate étaient recueillis sur des filtres de 5 cm de rayon préalablement lavés avec une solution chaude à 10 p. 100 d'acide chlorhydrique, puis avec de l'eau distillée chaude. Dix de ces filtres ont donné par calcination un poids de cendre égal à 6,5 mmg ; chacun d'eux laissait donc 0,65 mmg de cendre.

On pèse exactement environ 500 g d'eau de mer, on mélange avec 15 cmcb d'acide chlorhydrique, on fait bouillir pendant 15 minutes pour chasser l'acide carbonique, on laisse refroidir, on sursature en ajoutant 100 cmcb d'ammoniaque mélangés à 180 cmcb d'oxalate d'ammoniaque et on abandonne pendant deux nuits dans un endroit frais. Le précipité d'oxalate de chaux est filtré, calciné et pesé à l'état de chaux que M. Dittmar désigne sous le nom de chaux brute (*crude lime*). On ne peut en effet adopter le poids trouvé comme représentant exactement la chaux contenue dans l'eau de mer, parce que l'oxalate de chaux précipité entraîne toujours avec lui une certaine quantité de soude à l'état d'oxalate de soude. Il est donc nécessaire d'exécuter une seconde précipitation.

On jette cette chaux brute dans un verre, on l'humecte et on la dissout dans 5 cmcb d'acide chlorhydrique ; on mélange à 7 cmcb d'ammoniaque, on fait bouillir pour chasser l'excès d'ammoniaque, puis on filtre et on lave le précipité qui contient la silice, l'alumine et l'oxyde de fer qui souillaient la chaux brute. On redissout ce précipité dans 2 cmcb d'acide chlorhydrique et on le reprécipite en ajoutant 4 cmcb d'ammoniaque dont on chasse ensuite l'excès par l'ébullition. On le rassemble sur un filtre et on pèse ces sesquioxydes.

Dans les liqueurs filtrées réunies, on précipite la chaux en ajoutant 20 cmcb d'ammoniaque et 40 cmcb d'oxalate d'ammoniaque et on laisse le mélange qui possède en tout un volume d'environ 300 cmcb se reposer au frais pendant une nuit. Le lendemain matin on chauffe au bain-marie, l'oxalate de chaux est recueilli sur un filtre, calciné et pesé. Cette dernière pesée doit se faire très rapidement afin d'éviter une absorption d'humidité. M. Dittmar a trouvé qu'il n'était pas possible d'obtenir jamais un poids bien constant mais il s'est assuré que l'erreur ne dépassait dans aucun cas 0,2 mmg.

La liqueur d'où a été précipitée la chaux est additionnée de 15 cmcb de la solution à 10 p. 100 d'ammoniaque dont 1 cmcb correspond à 20 mmg de magnésie. On laisse reposer au frais une nuit. on filtre le précipité, on le lave avec de l'ammoniaque étendue, on calcine et on pèse la magnésie à l'état de pyrophosphate.

M. Schmelck opère plus simplement. Il pèse 250 cmcb d'eau de mer, se précautionne contre la précipitation de la magnésie en ajoutant environ 25 cmcb d'acide chlorhydrique concentré, neutralise par une solution concentrée d'ammoniaque en léger excès et précipite à froid la chaux par un excès d'oxalate d'ammoniaque. Le lendemain, la liqueur est filtrée, le précipité est dissous dans l'acide chlorhydrique chaud et de nouveau précipité à l'ébullition par l'ammoniaque et quelques gouttes d'oxalate d'ammoniaque. Après douze heures, la solution est filtrée et le précipité pesé à l'état de chaux vive. Loin d'apporter un trouble dans le dosage de la chaux, la présence du chlorure de sodium donne lieu à une magnifique précipitation en cristaux de l'oxalate de chaux.

Une série de 9 déterminations expérimentales a prouvé que la différence entre deux dosages du même échantillon d'eau ne dépassait jamais par cette méthode 0,001 p. 100.

Afin de déterminer la magnésie, on réduit par évaporation dans une capsule de platine les deux solutions d'où l'on a précipité la chaux à un volume d'environ 150 cmcb puis on traite par le phosphate de soude avec une solution concentrée d'ammoniaque mesurant un tiers du volume de la liqueur. La présence de cet excès d'ammoniaque est absolument nécessaire.

Cependant, malgré toutes les précautions, le dosage de la magnésie dans l'eau de mer n'est jamais aussi précis que celui de la chaux et de l'acide sulfurique, la différence maximum entre deux déterminations de magnésie dans le même échantillon ayant été trouvée expérimentalement égale à 0,004 p. 100.

Dosage de la potasse. — Le dosage de la potasse, d'après M. Dittmar, s'effectue de la façon suivante. Mesurer 50 cmcb d'eau de mer dont on détermine le poids, traiter par l'acide sulfurique ainsi qu'il sera dit plus loin à propos de la soude, évaporer, calciner le résidu; toutes les bases sont alors transformées en sulfates. Dissoudre ceux-ci dans 10 à 20 cmcb d'eau distillée, filtrer, ajouter un excès de chlorure de platine, c'est-à-dire plus de 1,5 ($Pt\,Cl^4$) pour 1 ($K^2\,SO^4$), évaporer pour réduire à un volume très petit, laisser refroidir et ajouter d'abord 10 volumes d'alcool absolu puis 5 volumes d'éther. Laisser reposer quelques heures, laver le précipité qui contient du chloroplatinate de potassium et les sulfates avec un mélange d'éther et d'alcool (1 vol. alcool + 0,5 vol. d'éther), décanter sur un filtre, dessécher le précipité et le réduire à l'état métallique dans la capsule de porcelaine où il a été produit en plaçant un entonnoir pardessus et en faisant passer un courant d'hydrogène par l'ouverture puis chauffant jusqu'à environ 300 degrés. On extrait du résidu tout ce qui n'est pas du platine métallique par l'eau, puis par l'acide chlorhydrique, et on rassemble le métal sur un filtre. Mais comme on a remarqué que cet acide chlorhydrique employé pour le lavage dissolvait toujours un peu de platine réduit, il convient de le traiter par l'acide sulfhydrique, de le laisser reposer ensuite quelques heures, de recueillir le précipité et de le joindre au reste du platine. On calcine le tout et on pèse. Le poids trouvé multiplié par 0,4747 donne le poids de la potasse contenue dans l'eau de mer.

Dosage de la soude. — Comme il est impossible de déterminer exactement le total des sels contenus dans l'eau de mer en évaporant celle-ci à siccité et en pesant le résidu sec. M. Dittmar est obligé, pour obtenir la soude, de doser l'ensemble des bases à l'état de sulfates; il en retranche l'ensemble des sels autres que le chlorure de sodium connu par la détermination préalable de la chaux, de la magnésie, de la potasse, de l'acide sulfurique et du chlore et il a ainsi la proportion de soude.

On prend un poids connu d'eau de mer, 10 cmcb par exemple, on mélange dans une capsule en platine avec un peu moins d'acide sulfurique en solution concentrée pour transformer toutes les bases en sulfates, on concentre d'abord au bain-marie, puis dans l'air, on chauffe au rouge sombre, on ajoute un peu d'acide sulfurique et on recommence la dessiccation et la calcination jusqu'à ce que l'on soit averti de la fin de la réaction par l'apparition d'épaisses fumées d'acide sulfurique et par la constance du poids trouvé après nouvelle calcination au rouge sombre. L'expérience a montré que le sulfate de magnésie disséminé dans une grande quantité de sulfate de soude reste inaltéré à des températures où, s'il était seul, il perdrait son acide.

Pour rendre la méthode plus claire, nous donnerons l'exemple suivant :

On a dosé, dans 1000 g d'eau de mer :

CaO	= 0,655
MgO	= 2,156
KO	= 0,458
Total des sulfates	= 11,634
Acide sulfurique	= 2,228
Chlore	= 19,201

On veut calculer les proportions des divers sels à l'état de chlorure de sodium, chlorure de magnésium, sulfate de magnésie, sulfate de chaux et chlorure de potassium.

0,655 CaO correspondent à	....	1,591 $CaOSO^3$
2,156 MgO —	....	6,468 $MgOSO^3$
0,458 KO —	....	0,848 $KOSO^3$
	Total.....	8,907

Total général des sulfates............................	41,634
	8,907
	32,728

32,728 $NaOSO^3$ contiennent 14,289 NaO et correspondent à 26,965 NaCl contenant 16,363 Cl.

0,458 KO correspondent à 0,725 KCl et à 0,345 Cl
16,363 Cl appartenant à NaCl
0,345 — KCl

Total : 16,708

Retranchant ce nombre de 19,201 de chlore directement trouvé, il reste 2,493 Cl correspondant à 3,371 MgCl et à 1,440 MgO.

On a trouvé directement....	1,156 MgO
dont il faut retrancher...	1,440 dont le Mg formait MgCl
	0,716

Or ces 0,716 MgO correspondent à 2,113 $MgOSO^3$ et à 1,397 SO^3.

Retranchant ce nombre 1,397 de 2,228 quantité de SO^3 trouvée directement, il reste 0,831.

Or 0,831 SO^3 correspondent à 1,412 $CaOSO^3$ et à 0,582 CaO.

Mais on a trouvé directement 0,655 CaO, il reste donc 0,655 — 0,582 = 0,073 CaO non employés qui probablement représentent 0,130 $CaOCO^2$.

Les sels contenus dans les 1000 g d'eau de mer seront donc :

NaCl	26,965
MgCl..........................	3,371
$MgOSO^3$......................	2,113
$CaOSO^3$......................	1,412
KCl..........................	0,725
$CaOCO^2$......................	0,130
	34,716

La valeur de $CaOCO^3$ est hypothétique ; elle suppose d'abord que de la chaux se trouve à l'état de carbonate dans l'eau de mer, ce qui n'est pas prouvé, et en outre elle ressent l'influence des erreurs soit en plus, soit en moins, qui peuvent avoir été commises dans les dosages de MgO, de CaO et de SO^3.

Dosage du brome. — Pour déterminer quantitativement le brome dans l'eau de mer, on sépare ce corps par une précipitation fractionnée au moyen de l'azotate d'argent, puis dans le précipité qui se compose en majeure partie de chlorures, on dose le brome en chauffant le précipité mélangé dans un courant de chlore gazeux. Le bromure d'argent se transforme en chlorure d'argent et on détermine la perte de poids résultant de l'opération. Un simple calcul d'équivalents donne la proportion de brome.

Dosage de la silice. — M. Tornöe [1] a dosé la silice en ajoutant un peu d'acide chlorhydrique à un demi-litre d'eau de mer; il évapore à siccité dans une capsule de platine et dessèche entre 110° et 120°. Les sels sont recueillis, broyés au mortier d'agate, puis desséchés de nouveau à la même température. On les mélange alors à 200 cmcb environ d'eau contenant de l'acide chlorhydrique qui dissout le gypse. L'acide silicique est précipité.

Dans les expériences de M. Tornöe, le résidu pesait à peine quelques fractions de milligramme; il conviendrait donc d'opérer sur une quantité plus considérable d'eau de mer.

Salinité de l'eau de mer. — En supposant que l'eau de l'Océan ait partout la même composition quant aux proportions relatives des divers sels qu'elle contient et que la quantité totale de ces sels en un volume ou en un poids d'eau connu soit seule variable en des localités différentes, hypothèse à peu près exacte, deux procédés peuvent être employés pour obtenir la salinité de l'eau de mer.

A. Procédé direct par détermination du total des sels contenus dans un poids connu d'eau de mer.

B. Procédé par détermination du poids de chlore contenu dans un poids ou un volume connu d'eau de mer.

C. Procédé indirect par la mesure de la densité.

A. M. Tornöe a employé le premier procédé. On commence par introduire de 30 à 40 g d'eau dans un creuset de porcelaine épais préalablement taré et muni d'un couvercle fermant bien, on évapore au bain-marie. Si alors on se bornait à chauffer entre 150 et 180 degrés, comme l'ont conseillé divers chimistes, on ne déshydraterait pas le sulfate de magnésie qui ne se sépare de ses dernières molécules d'eau qu'au dessus de 200°, et d'autre part on sait que ce sel se décompose partiellement déjà à une température très inférieure à 200°. Il est donc nécessaire, lorsque l'eau est convenablement évaporée et les sels bien desséchés, de chauffer fortement le creuset fermé, pendant 5 minutes, sur un brûleur de Bunsen. On laisse refroidir et on pèse. La proportion de magnésie mise en liberté par la décomposition du chlorure de magnésium se détermine alors par le procédé alcalimétrique connu, en traitant par une solution type très étendue d'acide sulfurique ou d'acide chlorhydrique et en titrant ensuite par une solution de soude avec de l'acide rosolique comme réactif coloré. Il trouve que, pour cette correction, il suffit d'ajouter au poids du sel calciné 1,375 fois le poids de la magnésie libre déterminé par titration.

En procédant ainsi, M. Tornöe a trouvé que même après une calcination prolongée bien au delà qu'il n'est nécessaire pour obtenir un sel parfaitement exempt d'eau, aucune erreur sérieuse ne peut provenir de la volatilisation du chlorure de magnésium ou de la décomposition du sulfate de magnésie. Néanmoins M. Dittmar pense que la méthode exagère quelque peu la quantité totale de sel.

B. On peut évaluer la quantité totale des sels contenus dans l'eau de mer, en déterminant le poids de chlore présent dans un poids connu d'eau. En effet, le chlore est l'élément qui s'y rencontre en plus grande quantité et son dosage s'exécute avec facilité et précision. Forchhammer, qui a le premier appliqué cette méthode, a désigné sous le nom de coefficient du chlore le rapport entre la somme de tous les sels composants et le poids de chlore trouvé par kilog d'eau de telle sorte que

$$\frac{\text{Poids total des sels}}{\text{poids de chlore}} = \text{coefficient du chlore} = \chi$$

Ses analyses lui ont donné comme valeur moyenne du coefficient du chlore, pour l'Océan tout entier, la valeur 1,807. M. Dittmar, en se basant sur les résultats de 77 analyses complètes exécutées par lui, admet le chiffre 1,8058 avec une incertitude appliquée à un échantillon quelconque, pris au hasard, d'environ $\pm \frac{0,06}{55,42}$ de sa valeur ou $\pm$ 0,002.

Le poids du chlore permet même d'estimer la proportion relative de chaque sel ; en effet, si l'on admet que ceux-ci se trouvent dans l'eau de mer sous la forme des combinaisons et dans les proportions suivantes :

Chlorure de sodium	77,758
Chlorure de magnésium	10,878
Sulfate de magnésie	4,737
Sulfate de chaux	3,600
Sulfate de potasse	2,465
Bromure de magnésium	0,217
Carbonate de chaux	0,345
	100,000

on aura comme composition élémentaire en retranchant l'oxygène correspondant aux sels de soude et de magnésium dosés comme soude et magnésie alors qu'ils sont réellement à l'état de chlorure de sodium et de magnésium :

Chlore	55,292
Brome	0,188
Acide sulfurique SO^3	6,410
Acide carbonique CO^2	0,152
Chaux Ca O	1,676
Magnésie MgO	6,209
Potasse KO	1,332
Soude Na O	41,234
	112,493
Oxygène	12,493
	100,000

ou bien, ramené à 100 de chlore :

Chlore	100,000
Acide sulfurique	11,576
Chaux	3,053
Magnésie	11,212
Potasse	2,405
Soude	74,760
	203,006
Oxygène	22,561
	180,445

Les chiffres de M. Dittmar diffèrent très peu de ceux de Forchhammer; ils méritent cependant plus de confiance que ces derniers à cause des perfectionnements apportés aux méthodes de dosage et parce que les échantillons, ainsi que nous l'avons expliqué, ont été recueillis avec plus de précaution par le *Challenger*.

C. M. Tornöe, après avoir dosé le poids total Q des sels par calcination, ainsi qu'il a été dit précédemment, constate lui aussi, l'exactitude très approchée de la formule empirique :

$$\frac{\text{Poids total des sels}}{\text{Poids de chlore}} = \text{coefficient de chlore} = \chi,$$

ou

$$\chi = \frac{Q}{C}.$$

Il dose le chlore C par le procédé de Mohr à l'aide d'une solution d'azotate d'argent préalablement titrée sur un échantillon d'eau de mer type de composition connue, conservé dans le laboratoire et en se servant du chromate de potasse pour manifester la fin de la précipitation.

D'autre part, après avoir pris le poids spécifique $S_{\frac{17.5}{17.5}}$ * de l'eau de mer soumise à l'expérience, ramenée à la température normale de 17°,5 et par rapport à l'unité de volume d'eau distillée à 17°,5, il reconnaît l'exactitude très approchée de la seconde formule empirique :

$$\frac{\text{Poids total des sels}}{\text{Poids spécifique} - 1} = \text{coefficient de poids spécifique} = K,$$

ou

$$\frac{Q}{S_{\frac{17.5}{17.5}} - 1} = K.$$

Pour donner une idée de l'approximation obtenue, nous citerons les deux tableaux suivants tels qu'ils résultent des expériences de M. Tornöe :

C pour 100.	Q pour 100.	χ
1,947	3,521	1,808
1,271	2,301	1,810
1,868	3,386	1,813
1,956	3,532	1,806
1,809	3,278	1,812
1,947	3,515	1,805
1,938	3,503	1,808

* 17°5 C = 14° R = 63°5 F.

Pour la seconde formule, on a :

$S_{\frac{17.5}{17.5}}$.	Q pour 100.	K
1,02670	3,521	131,9
1 1739	2,301	132,3
1,02573	3,386	131,6
1,02676	3,532	132,0
1,02488	3,278	131,8
1,02669	3,515	131,7
1,02655	3,503	131,9

Résumant ces tableaux, M. Tornöe admet pour χ et K les valeurs

$$\text{Coefficient de chlore} = \chi = 1{,}809 \pm 0{,}00076,$$

avec une erreur probable de $\pm 0{,}002$ pour une seule détermination et

$$\text{Coefficient de poids spécifique} = K = 131{,}9 \pm 0{,}058,$$

avec une erreur probable de $\pm$ 0,15 pour une seule détermination.

La formule

$$Q = \left(S_{\frac{17.5}{17.5}} - 1\right) 131{,}9$$

est d'un usage général pour obtenir rapidement, quoique d'une manière approchée, la quantité de sel contenue dans une eau de mer par une simple mesure à l'aréomètre. Elle a servi à M. G. Karsten[1] pour calculer ses tables, mais il ne faut pas oublier que l'échantillon doit être ramené à la température de 17°,5. L'auteur a dressé ses tables par rapport à $S_{\frac{17.5}{17.5}}$; les valeurs de la colonne $S_{\frac{17.5}{4}}$ ont été calculées en multipliant celles de la première par le coefficient constant $\frac{V_4}{V_{17.5}} = 0{,}998740$.

[1] G. Karsten, *Tafeln zur Berechnung der Beobachtungen an den Küsten-Stationen und zur Verwandlung der angewendeten Maasse in metrisches Maass*, Kiel Universitäts-Buchhandlung 1874.

Tableau donnant la quantité Q de sel pour 100 correspondant à divers poids spécifiques $S_{\frac{17.5}{17.5}}$ de l'eau de mer.

$S_{\frac{17.5}{17.5}}$	$S_{\frac{17.5}{4}}$	Q	$S_{\frac{17.5}{17.5}}$	$S_{\frac{17.5}{4}}$	Q	$S_{\frac{17.5}{17.5}}$	$S_{\frac{17.5}{4}}$	Q
1.0001	0.9988	0.01	1.0051	1.0038	0.67	1.0101	1.0088	1.32
02	89	03	52	39	68	102	89	34
03	90	04	53	40	69	103	90	35
04	91	05	54	41	71	104	91	36
05	92	07	55	42	72	105	92	38
06	93	08	56	43	73	106	93	39
07	94	09	57	44	75	107	94	40
08	95	10	58	45	76	108	95	41
09	96	12	59	46	77	109	96	43
10	97	13	60	47	79	110	97	44
11	98	14	61	48	80	111	98	45
12	99	16	62	49	81	112	99	47
13	1.0000	17	63	50	83	113	1.0100	48
14	01	18	64	51	84	114	101	49
15	02	20	65	52	85	115	102	51
16	03	21	66	53	86	116	103	52
17	04	22	67	54	88	117	104	53
18	05	24	68	55	89	118	105	55
19	06	25	69	56	90	119	106	56
20	07	26	70	57	92	120	107	57
21	08	28	71	58	93	121	108	59
22	09	29	72	59	94	122	109	60
23	10	30	73	60	96	123	110	61
24	11	31	74	61	97	124	111	62
25	12	33	75	62	98	125	112	64
26	13	34	76	63	1.00	126	113	65
27	14	35	77	64	01	127	114	66
28	15	37	78	65	02	128	115	68
29	16	38	79	66	03	129	116	69
30	17	39	80	67	05	130	117	70
31	18	41	81	68	06	131	118	72
32	19	42	82	69	07	132	119	73
33	20	43	83	70	09	133	120	74
34	21	45	84	71	10	134	121	76
35	22	46	85	72	11	135	122	77
36	23	47	86	73	13	136	123	78
37	24	48	87	74	14	137	124	79
38	25	50	88	75	15	138	125	81
39	26	51	89	76	17	139	126	82
40	27	52	90	77	18	140	127	83
41	28	54	91	78	19	141	128	85
42	29	55	92	79	21	142	129	86
43	30	56	93	80	22	143	130	87
44	31	58	94	81	23	144	131	89
45	32	59	95	82	24	145	132	90
46	33	60	96	83	26	146	133	91
47	34	62	97	84	27	147	134	93
48	35	63	98	85	28	148	135	94
49	36	64	99	86	30	149	136	95
1.0050	1.0037	66	1.0100	1.0087	1.31	1.0150	1.0137	1.97

$S_{\frac{17.5}{17.5}}$.	$S_{\frac{17.5}{4}}$.	Q	$S_{\frac{17.5}{17.5}}$.	$S_{\frac{17.5}{4}}$.	Q	$S_{\frac{17.5}{17.5}}$.	$S_{\frac{17.5}{4}}$.	Q
1.0151	1.0138	1.98	1.0201	1.0188	2.63	2.0251	1.0238	3.29
152	139	99	202	189	65	252	239	30
153	140	2.00	203	190	66	253	240	31
154	141	02	204	191	67	254	241	33
155	142	03	205	192	69	255	242	34
156	143	04	206	193	70	256	243	35
157	144	06	207	194	71	257	244	37
158	145	07	208	195	72	258	245	38
159	146	08	209	196	74	259	246	39
160	147	10	210	197	75	260	247	41
161	148	11	211	198	76	261	248	42
162	149	12	212	199	78	262	249	43
163	150	14	213	200	79	263	250	45
164	151	15	214	201	80	264	251	46
165	152	16	215	202	82	265	252	47
166	153	17	216	203	83	266	253	48
167	154	19	217	204	84	267	254	50
168	155	20	218	205	86	268	255	51
169	156	21	219	206	87	269	256	52
170	157	23	220	207	88	270	257	54
171	158	24	221	208	90	271	258	55
172	159	25	222	209	91	272	259	56
173	160	27	223	210	92	273	260	58
174	161	28	224	211	93	274	261	59
175	162	29	225	212	95	275	262	60
176	163	31	226	213	96	276	263	62
177	164	32	227	214	97	277	264	63
178	165	33	228	215	99	278	265	64
179	166	34	229	216	3.00	279	266	65
180	167	36	230	217	01	280	267	67
181	168	37	231	218	03	281	268	68
182	169	38	232	219	04	282	269	69
183	170	40	233	220	05	283	270	71
184	171	41	234	221	07	284	271	72
185	172	42	235	222	08	285	272	73
186	173	44	236	223	09	286	273	75
187	174	45	237	224	10	287	274	76
188	175	46	238	225	12	288	275	77
189	176	48	239	226	13	289	276	79
190	177	49	240	227	14	290	277	80
191	178	50	241	228	16	291	278	81
192	179	52	242	229	17	292	279	83
193	180	53	243	230	18	293	280	84
194	181	54	244	231	20	294	281	85
195	182	55	245	232	21	295	282	86
196	183	57	246	233	22	296	283	88
197	184	58	247	234	24	297	284	89
198	185	59	248	235	25	298	285	90
199	186	61	249	236	26	299	286	92
1.0200	1.0187	2.62	2.0250	1.0237	3.28	1.0300	1.0287	3,93

Dosage des matières organiques. — On emploie la méthode de Forchhammer consistant à faire bouillir l'eau de mer avec une solution de permanganate de potasse de titre connu et suffisant pour lui communiquer après douze heures de repos une couleur rougeâtre. On détermine l'excès de permanganate ajouté en cherchant la proportion de ce corps nécessaire pour produire la même coloration dans un égal volume d'eau distillée.

M. Schmelck a trouvé ainsi que, en général, 100 cmcb d'eau suffisaient pour décolorer 0,0005 g de permanganate de potasse, ce qui correspond à environ 0,0025 g de matières organiques.

Résidus d'évaporation de l'eau de mer. — Lorsque l'eau de mer s'évapore lentement et régulièrement, elle se concentre de plus en plus et pour certains degrés déterminés de concentration, elle abandonne des sels dont il était important de connaître la nature et la proportion. Cette étude a été faite par Usiglio [1].

Dans 1000 parties d'eau de mer puisée à la profondeur de 1 m à une distance variant de 3 000 à 5 000 m au large du port de Cette, on a trouvé :

Na Cl	29,424
K Cl	0,505
Mg Cl	3,219
Na Br	0,556
$MgOSO^3$	2,447
$CaOSO^3$	1,357
$CaOCO^2$	0,114
Fe^2O^3	0,003
	37,655

A 21°, l'eau distillée à cette même température de 21° étant prise pour unité, le poids spécifique de cette eau de mer était 1,0258 = 3,5° Baumé. L'évaporation de 5 litres de cette eau, pesant 5 129 g a donné les résultats ramenés par le calcul à 1 litre = 1025,8 g et consignés dans le tableau suivant. Ils montrent que par évaporation, l'eau de mer abandonne d'abord son oxyde de fer et son carbonate de chaux, que le dépôt du sulfate de chaux ne s'effectue que lorsque la concentration est assez avancée ; le dépôt de chlorure de sodium commence ensuite, mais seulement lorsque le

[1] Annales de Chimie et de Physique (3) 27.104, 1849.

volume de l'eau de mer est réduit au dixième de ce qu'il était primitivement. La proportion absolue et relative du chlorure de potassium, du chlorure de magnésium, du bromure de sodium et du sulfate de magnésie déposés augmente ensuite régulièrement. Ces chiffres sont d'une très haute importance en géologie, car ils permettent de se rendre compte de la nature et de l'ordre des dépôts salins abandonnés par les mers anciennes et qu'on retrouve aujourd'hui au sein de la terre.

DENSITÉ APPROXIMATIVE.	DEGRÉS BAUMÉ.	VOLUME.	SELS DÉPOSÉS EN GRAMMES.							
			OXYDE de fer.	CARBONATE de chaux.	SULFATE de chaux à 2 aq.	CHLORURE de sodium.	SULFATE de magnésie.	CHLORURE de magnésium.	BROMURE de sodium.	CHLORURE de potassium.
1.0258	3.5	1000	»	»	»	»	»	»	»	»
1.0566	7.1	533	0.003	0.0642	»	»	»	»	»	»
1.0943	11.5	316	»	trace.	»	»	»	»	»	»
1.1157	14.0	245	»	trace.	»	»	»	»	»	»
1.1393	16.75	190	»	0.0530	0.560	»	»	»	»	»
1.1723	20.60	144.5	»	»	0.562	»	»	»	»	»
1.1843	22.00	131	»	»	0.184	»	»	»	»	»
1.2100	25.00	112	»	»	0.160	»	»	»	»	»
1.2235	26.25	95	»	»	0.0508	3.2614	0.004	0.0078	»	»
1.2316	27.00	64	»	»	0.1476	9.6500	0.013	0.0356	»	»
1.2478	28.50	39	»	»	0.070	7.8960	0.0262	0.0434	0.0728	»
1.2662	30.20	30.2	»	»	0.0144	2.6240	0.0174	0.0150	0.0358	»
1.2899	32.40	23	»	»	»	2.2720	0.0254	0.0240	0.0518	»
1.3200	35.00	16.2	»	»	»	1.4040	0.5382	0.0274	0.0620	»
TOTAL des sels déposés.....			0.003	0.1172	1.7488	27.1074	0.6242	0.1532	0.2224	»
Sels restés dissous.................			»	»	»	2.5885	1.8545	3.1640	0.3300	0.5339
Par litre..........................			0.003	0.1172	1.7488	2.96959	2.4787	3.3172	0.5524	0.5339
TOTAL par litre d'après l'analyse précédente................			0.003	0.1170	1.760	30.183	2.541	3.3020	0.570	0.518

Usiglio a analysé les trois eaux mères suivantes et y a trouvé pour 1000 g :

	A 25° B = 1.210 Densité.	B 30° B = 1.264 Densité.	C 35° B = 1.320 Densité.
Chlorure de sodium	222.230	168.30	121.05
Chlorure de potassium................	4.050	14 49	24.97
Chlorure de magnésium...............	24.420	80.41	147.96
Bromure de sodium....................	4.320	11,61	15.45
Sulfate de magnésie...................	18.714	62.31	86.76
Sulfate de chaux.......................	1.712	»	»
Total.....	275.446	337.12	396.19

En rapportant à 1000, on a :

	A	B	C
Chlorure de sodium........	80,68	49,93	30,55
Chlorure de potassium......	1,47	4,30	6,30
Chlorure de magnésium....	8,87	23,84	37,35
Bromure de sodium........	1,57	3,45	3,90
Sulfate de magnésie........	6,79	18,48	21,90
Sulfate de chaux...........	0,62	»	»
	100,00	100,00	100,00

Jusqu'à 30° B, ces chiffres concordent avec les analyses des eaux mères des marais salants ; pour des densités plus grandes, il se passe dans ces derniers des phénomènes divers et principalement des variations de températures diurne et nocturne qui modifient la composition des sels déposés.

CHAPITRE III.

DOSAGE DES GAZ CONTENUS DANS L'EAU DE MER.

Historique. Méthode de Jacobsen. — Dès 1838, Frémy analyse les échantillons d'eau rapportés plus d'un an auparavant par la *Bonite*[1]. Il chasse les gaz par l'ébullition, absorbe l'acide carbonique au moyen d'une lessive de potasse et brûle l'oxygène par le

[1] Comptes rendus de l'Académie des sciences, t. VI, p. 616.

phosphore. Ses résultats sont erronés par suite du mauvais état de conservation des échantillons.

En 1843, Morren[1] récolte de l'eau de surface à Saint-Malo, l'apporte à Rennes, la fait bouillir, recueille les gaz ainsi dégagés sur de l'eau, absorbe l'acide carbonique par une lessive de potasse et brûle l'oxygène par un excès d'hydrogène. Ses résultats sont encore inexacts à cause du transport auquel les échantillons ont été soumis et par suite de l'erreur inhérente à toute analyse endiométrique exécutée sur de l'eau.

L'expédition du *Porcupine* en 1869[2] pose en principe que toute analyse de gaz doit être faite à bord et immédiatement ; on porte l'eau à l'ébullition puis on absorbe l'acide carbonique par la potasse et l'oxygène par l'acide pyrogallique. Les chiffres obtenus sont considérés comme erronés par les chimistes du *Porcupine* à cause des défectuosités de l'appareil qui avait servi pour récolter les échantillons.

Jacobsen, membre de l'expédition allemande pour l'étude de la Baltique en 1871 et 1872, adopta la méthode d'analyse suivante[3]. Il divise l'opération en deux parties ; il recueille les gaz en faisant bouillir l'échantillon à bord immédiatement après la récolte, mais il n'exécute l'analyse complète qu'au retour, dans le laboratoire. Les échantillons sont recueillis avec la bouteille de Mayer. Pour chasser les gaz, Jacobsen emploie la méthode de Bunsen et imagine, en collaboration avec le Dr H. Behrens, un appareil dont l'exactitude ne laisse rien à désirer.

Fig. 60.

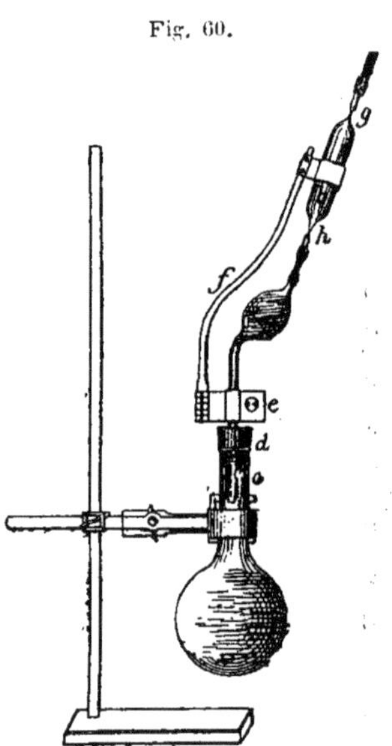

Un support *f* en métal (*fig.* 60) maintient bien serré par une vis *e* un tube étranglé en *g* et en *h*, raccordé par l'intermédiaire d'un tube en caoutchouc avec une boule *a* terminée inférieurement par un tube cylindrique portant

[1] Ann. chim. et phys., 3e série, t. XII, p. 5.
[2] Proc. Roy. Soc., 18, p. 397.
[3] Ann. Chem. Pharm., 187, p. 1 ; Jahresbericht der Commission zur Wissenschaftlichen Untersuchung der deutschen Meere in Kiel, 1872-73, p. 43.

une ouverture latérale *c* et qui passe à frottement dur dans le bouchon de caoutchouc *d*. Ce bouchon ferme très exactement le col d'un ballon de 500 à 1000 cmcb de capacité environ. Le volume de l'ampoule *a* est calculé de manière à contenir au moins deux fois la quantité de liquide résultant de la dilatation à 100° de l'eau remplissant le ballon.

On commence par soulever *f* jusqu'à ce que l'ouverture *c* soit obturée par le bouchon *d* et on remplit à moitié d'eau douce l'ampoule *a*. On remplit ensuite directement le ballon à la bouteille qui a récolté l'eau dans les profondeurs en laissant couler assez d'eau pour qu'il s'en échappe une notable portion par le col et on a soin d'éviter tout contact avec l'air en faisant descendre l'eau de la bouteille jusqu'au fond du ballon avec un tube en caoutchouc. On ferme le ballon avec le bouchon *d* sans enfermer de bulle d'air et on relève un peu encore *f* afin de produire un léger vide que viendra remplir l'eau du ballon si elle se dilate sous l'influence de la température extérieure. On chauffe l'ampoule avec une lampe à alcool, l'eau entre en ébullition, la vapeur remplit le tube *b* et s'échappe. Lorsque l'opération a duré assez longtemps pour que tout l'air soit chassé de *b* et remplacé par de la vapeur d'eau, on donne un coup de chalumeau en *g* pour le fermer hermétiquement d'un côté. On enfonce alors le système soutenu par *f* dans le ballon, de manière que l'ouverture *e* sorte du bouchon et mette ainsi en communication l'eau du ballon et celle de l'ampoule. On chauffe le ballon au bain-marie, on le fait bouillir vivement ce qui n'exige qu'une température considérablement inférieure à 100°. Les gaz se dégagent et montent se réunir en *b*. Quand l'opération a été suffisamment prolongée, c'est-à-dire au bout d'une heure ou deux, on donne un second coup de chalumeau en *h* et le tube *b*, hermétiquement clos, est conservé pour l'analyse subséquente des gaz contenus que Jacobsen exécutait en absorbant l'acide carbonique par la potasse et en brûlant l'oxygène par un excès d'hydrogène. Le résidu, déduction faite de l'excès d'hydrogène non brûlé, était de l'azote.

M. Buchanan, chimiste du *Challenger*, a employé la méthode de Jacobsen et il en a été de même des chimistes du *Vöringen* avec cette différence que les échantillons étaient recueillis par ces derniers avec la bouteille de Wille qui dès le début a permis de constater qu'aucune bulle d'air ne se dégageait en ramenant l'eau à la surface.

Alcalinité de l'eau de mer. — La réaction alcaline de l'eau de mer aux réactifs colorés a été signalée par von Bibra [1], E. Guignet et Telles [2], par Buchanan [3] et par Tornöe [4].

Il suffit en effet de préparer une solution de tournesol par la méthode de Gottlieb [5], d'en verser dans deux verres, d'ajouter dans l'un de l'eau distillée et dans l'autre de l'eau de mer, pour observer une notable différence de teinte.

On peut encore colorer de l'eau distillée par une solution alcoolique d'acide rosolique ou coralline qui possède une nuance jaune orangé, faire ensuite passer au jaune, teinte caractéristique des acides par l'addition d'une trace d'acide oxalique et rétablir la teinte primitive avec de l'eau de mer. Enfin, en versant dans de l'eau de mer pure une solution alcoolique de coralline, on voit apparaître immédiatement la teinte rouge caractéristique des alcalis.

M. Buchanan a essayé de doser l'alcalinité de l'eau de mer, à bord du *Challenger*, en déterminant à froid la quantité d'acide chlorhydrique nécessaire pour rétablir la teinte neutre de l'acide rosolique. Il a remarqué que tous les échantillons essayés par lui étaient alcalins et de plus, qu'après neutralisation par l'acide chlorhydrique, ils redevenaient alcalins par le repos.

M. Dittmar [6] conseille de traiter l'eau de mer par l'aurine qui prend une couleur jaune avec les acides et une couleur violette avec les alcalis. L'apparition de la nuance jaune prouverait la présence de l'acide carbonique libre, ce qui arrive dans quelques cas extrêmement rares.

Dosage de l'air atmosphérique. — M. Tornöe [7], pour étudier les gaz des échantillons obtenus pendant les trois campagnes du *Vöringen*, s'est borné à les recueillir ensemble, à bord, par la méthode de Jacobsen, et au retour seulement il a analysé le contenu des tubes scellés, opération impossible à exécuter à la mer.

[1] Ann. Chem. Pharm., 77, p. 90.
[2] Compte rendu de l'Académie des sciences, 83, p. 819.
[3] *Chemistry*, Report on the scient. results, etc. vol. I, p. 232.
[4] Tornöe, *Chemistry*, p. 27, the Norweg. North. Atl. Exped.
[5] Journ. für pract. Chemie., 107, p. 488.
[6] Dittmar, *Chemistry*, vol. 1, p. 228. Report on the scient. results, etc.
[7] H. Tornöe, *On the air in sea-water*, The Norweg, North-Atlantic Expedition 1876-78.

On ouvre ces tubes sous le mercure; on analyse les gaz par la méthode de Bunsen. Pour cela, on introduit leur mélange dans un tube gradué, sur le mercure; on le dessèche avec un fragment de chlorure de calcium et l'on mesure son volume. On absorbe alors l'acide carbonique par une balle de potasse caustique, puis l'oxygène par le phosphore, par l'acide pyrogallique additionné de potasse ou mieux encore en le brûlant au contact d'un excès mesuré d'hydrogène dans l'eudiomètre à mercure. Le reste du volume primitif est de l'azote.

M. Dittmar a essayé infructueusement de reconnaître dans l'eau de mer la présence de l'hydrogène protocarboné ou gaz des marais, et M. Tornöe celle de l'acide sulfhydrique.

M. Tornöe a formulé les conclusions suivantes :

Dans le dosage des gaz de l'eau de mer, on arriverait à des résultats inexacts en rapportant les volumes de l'oxygène ou de l'azote primitivement dissous au volume total des gaz expulsés par l'ébullition. En effet, l'acide carbonique fait toujours partie du mélange, mais à proportions variables. Il faut donc faire abstraction de ce gaz et le doser par des procédés spéciaux.

La proportion d'air dissous dans l'eau de mer, non compris l'acide carbonique, a été trouvée en moyenne en été, au sud de 70° lat. N. de 34,96 p. 100 d'oxygène, et entre 70° et 80° lat. N. de 35,64 p. 100. Le maximum a été de 36,7 et le minimum de 31,1. Ces chiffres, comparés à ceux de M. Buchanan pour l'Atlantique et le Pacifique donnent comme moyenne pour l'Océan en général 33,9 p. 100 d'oxygène et 66,1 p. 100 d'azote et montrent que la proportion d'oxygène est moindre dans les contrées chaudes que dans les contrées froides. Elle diminue donc à mesure que la température augmente. Elle dépend aussi de la pression barométrique s'exerçant à la surface de l'eau et même, selon M. Tornöe, d'autres causes encore inconnues. En revanche, la proportion d'azote ne dépend que de la température; elle diminue aussi à mesure que la température s'élève et sa proportion en centimètres cubes par litre d'eau de mer ramené à 0° et à la pression 760 mm s'exprime très exactement par la formule empirique :

$$Az = 14.4 - 0.23\,t,$$

t représentant des degrés centigrades.

La proportion d'oxygène est exprimée entre 0° et 10° par la formule empirique :

$$O = 7.79 - 0.2\,t + 0.005\,t^2.$$

Cette loi et les formules qui l'expriment ont été vérifiées synthétiquement par M. Tornöe. En règle générale, la proportion d'oxygène, qui à la surface dans les régions septentrionales est en moyenne de 35,3 p. 100, diminue de la surface au fond et en outre cette diminution est variable selon les localités. Elle se fait d'abord très rapidement puis plus lentement jusqu'à 32,5 p. 100 à la profondeur de 550 m, et ensuite la proportion d'oxygène demeure à peu près constante. Ce résultat est le même que celui qui a été trouvé par Buchanan dans les hautes latitudes des mers du Sud ; on l'attribue à l'influence de la vie animale très abondante dans la couche supérieure de la mer où elle fait une forte consommation d'oxygène.

L'eau de mer possède pour l'oxygène un coefficient d'absorption plus considérable que pour l'azote, et il en résulte que dans l'air qu'elle dissout les deux gaz ne se trouvent point dans les mêmes proportions que dans l'atmosphère. La proportion d'oxygène est plus grande et ce fait est éminemment favorable à la respiration des êtres marins.

La somme d'air, oxygène et azote, est plus considérable dans les profondeurs qu'à la surface, non par suite de l'augmentation de la pression mais à cause de l'abaissement de la température. En d'autres termes, la quantité d'air dissoute dans l'Océan est partout la même et correspond à la saturation maximum à la surface, correction faite de la température et de l'affaiblissement de la proportion d'oxygène, ou encore la proportion d'azote est constante à toutes les profondeurs, correction faite de la température d'après la formule indiquée précédemment.

La proportion d'oxygène varie pour un grand nombre de causes, par l'action du soleil sur les eaux de surface, par la respiration des êtres marins et par les autres combinaisons chimiques auxquelles il donne lieu au sein des océans. L'inertie chimique de l'azote explique l'uniformité de sa distribution.

Dosage de l'acide carbonique. — En recueillant l'acide carbonique obtenu par ébullition de l'eau de mer on est frappé des différences présentées par les résultats obtenus par les divers expérimentateurs. Ainsi, on a trouvé pour la quantité d'acide carbonique contenue dans 1 litre d'eau de mer de surface les valeurs suivantes :

Frémy	2,2 à 2,8	cent. cub.
Morren	1,6 à 3,9	—
Leidy	2,4 à 3,9	—
Pisani	6,0 à 8,1	—
Hunter	0,8 à 5,9	—
Bischof	39,0	—
Vogel	55,6 à 116,3	—

Jacobsen remarqua dans ses analyses les mêmes irrégularités. Dans le but d'en rechercher la cause, il fit bouillir de l'eau de mer dans un courant d'air privé d'acide carbonique jusqu'à ce qu'elle fût réduite à 1/10 environ de son volume primitif. Il recueillait l'acide carbonique dans une quantité connue d'eau de baryte préalablement titrée qu'il retitra ensuite par l'acide oxalique. Il fut ainsi amené à conclure que l'eau de la mer du Nord contenait environ 100 mmg d'acide carbonique par litre. Mais d'autre part, en calculant la proportion d'acide carbonique contenue dans les carbonates neutres provenant de l'évaporation de 10 litres de la même eau, il ne la trouvait égale en moyenne qu'à environ 10 mmg par litre. Dans l'impossibilité de découvrir une meilleure raison de cette anomalie, il l'attribua à une propriété particulière possédée par l'eau de l'Océan pour retenir l'acide carbonique de l'atmosphère, due au chlorure de magnésium présent dans la mer.

Cette opinion fut adoptée par M. Buchanan qui cependant, après une série d'expériences, fut amené à transférer cette propriété des chlorures aux sulfates. C'est pourquoi, dans ses dosages d'acide carbonique, il avait soin de précipiter préalablement l'acide sulfurique en ajoutant à l'eau une solution saturée de chlorure de baryum, afin de faciliter la mise en liberté de l'acide carbonique.

D'après M. Tornöe, la réaction alcaline de l'eau de mer au tournesol et à l'acide rosolique s'expliquerait difficilement si l'on admettait que cette eau contient de l'acide carbonique libre. Pour mieux étudier ce phénomène, il opéra par synthèse[1] et s'assura que le

[1] Tornöe, *The Norwegian North-Atlantic, etc.*; *Chemistry*, p. 28.

mélange des sels dans l'eau de mer portée à l'ébullition décompose les carbonates neutres, de sorte que toutes les déterminations d'acide carbonique faites antérieurement étaient inexactes. Jacobsen et Buchanan, par leur procédé, recueillaient non seulement l'acide carbonique qu'on croyait être contenu dans l'eau à l'état de gaz mais en outre celui des carbonates qu'ils décomposaient. Or cette décomposition résulte de l'action réciproque lente des carbonates et des sels de magnésie, tandis que les sulfates ne possèdent pas les propriétés qu'on leur avait attribuées. Pour expliquer la réaction alcaline, il supposa d'abord que les carbonates de l'eau de mer ou du moins une notable proportion de ceux-ci consistaient en carbonates de soude et de potasse ; il fut ensuite conduit à admettre que l'acide carbonique était combiné aux bases pour former non seulement des carbonates mais encore des bicarbonates en proportions variables.

Fig. 61.

Afin de mesurer l'exacte proportion d'acide carbonique contenue dans l'eau de mer sous quelque forme que ce soit, M. Tornöe emploie l'appareil (*fig.* 61) de Alex. Classen pour la détermination de l'acide carbonique dans les carbonates[1].

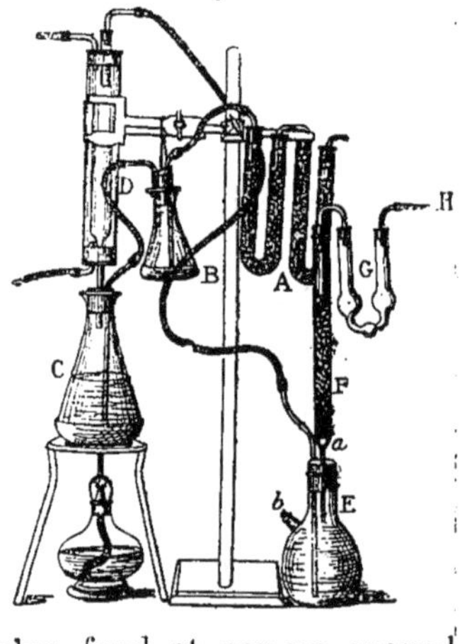

A, deux tubes de verre en U remplis de chaux sodée ;

B, flacon contenant de l'eau de baryte ;

C, matras à fond plat d'une capacité de 0,5 litre environ communiquant avec B par un tube descendant jusqu'au fond et par un second tube avec le condenseur D ;

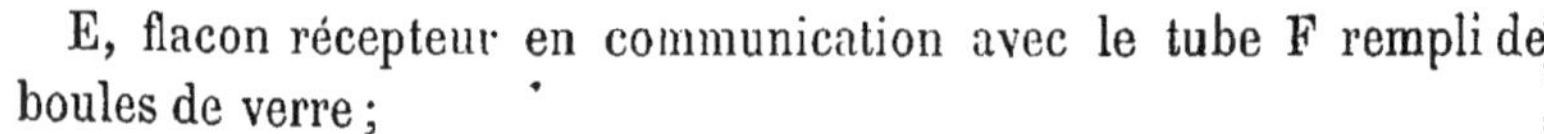

E, flacon récepteur en communication avec le tube F rempli de boules de verre ;

G est un tube rempli d'eau de baryte ;

H, tube de caoutchouc communiquant avec un aspirateur.

Après avoir chassé de l'appareil tout l'air qu'il contient et qui pourrait renfermer de l'acide carbonique, on introduit dans le flacon

[1] Fresenius *Zeitschrift*, XV, p. 288.

récepteur E, par le tube F, en ouvrant puis en refermant le bouchon *b*, 25 cmcb d'eau de baryte dont chaque centimètre cube représente 4,129 mmg d'acide carbonique; on verse 367,7 cmcb d'eau de mer dans le matras C avec 10 cmcb d'une solution d'acide sulfurique dont chaque centimètre cube représente 4,099 mmg de CO^2. On chauffe en faisant passer un courant d'air très lent jusqu'à l'ébullition. Après 15 minutes, on laisse refroidir et l'on augmente quelque peu la vitesse du courant d'air.

On verse dans le récepteur E les boules de verre de F, ainsi que l'eau de baryte adhérant aux parois du tube F, et on titre le tout avec de l'acide oxalique dont chaque cmcb représente 3,976 mmg de CO^2. Une solution alcoolique de curcuma sert d'index. On a également recueilli le liquide mouillant les parois du condenseur D, en le rinçant avec un peu d'eau distillée exempte d'acide carbonique, et en neutralisant l'acide en excès par l'addition d'une solution de potasse dont chaque cmcb correspond à 2,928 mmg de CO^2 avec de l'acide rosolique comme index.

En définitive le dosage de l'acide sulfurique donnait la somme des bases contenues dans l'échantillon, tandis que le dosage par l'acide oxalique de l'eau de baryte ayant absorbé l'acide carbonique dégagé fournissait la somme de l'acide carbonique contenu dans l'eau de mer.

M. Tornöe, en opérant ainsi qu'il vient d'être dit, trouva que la quantité totale d'acide carbonique recueilli dépasse celle qui est nécessaire pour saturer à l'état de carbonates les bases évaluées par le dosage à la soude. Comme d'autre part la réaction alcaline de l'eau de mer prouve qu'elle ne contient pas d'acide carbonique libre, on est forcé d'admettre que ce gaz est combiné à une portion des bases pour former des bicarbonates.

Après analyse de 78 échantillons, M. Tornöe reconnaît que la proportion d'acide carbonique afférente aux carbonates est remarquablement uniforme, mais que la proportion correspondant aux bicarbonates présente, au contraire, des irrégularités assez grandes, et qui atteignent 8 mmg par litre. Dans les régions visitées par le *Vöringen*, l'eau contient en moyenne par litre, 52,78 $\pm$ 0,083 mmg de CO^2 correspondant aux carbonates avec une erreur probable de $\pm$ 0,662 par litre pour une seule détermination, et 43,64 $\pm$ 0,16 mmg de CO^2 correspondant aux bicarbonates avec une erreur probable de $\pm$ 1,26 mmg par litre pour une seule détermination.

L'importance capitale du dosage de l'acide carbonique dans l'eau de mer nous engage à donner l'exposé de la méthode pratique employée à bord par M. Tornöe[1].

Dans un ballon mesurant environ 250 cmcb, on verse au moyen d'une pipette 150 cmcb de l'eau de mer à examiner ; on ajoute 10 cmcb d'acide sulfurique titré dont chaque centimètre cube correspond à 0,9386 mmg d'acide carbonique, c'est-à-dire renferme 1,7066 mmg de SO^3.

L'eau de mer contenant environ 52 mmg d'acide carbonique par litre, 150 cmcb en contiendront 7,8 mmg. L'acide sulfurique ajouté décomposera donc tous les carbonates présents, et il restera dans la liqueur un excès d'acide libre correspondant à environ 0,16 mmg d'acide carbonique. On ajoute quelques gouttes d'une solution alcoolique de coralline qui colore la liqueur en jaune et on fait bouillir pendant 3 ou 4 minutes. Tout l'acide carbonique étant ainsi expulsé, on verse avec la burette un volume de solution de soude titrée suffisant pour saturer l'acide sulfurique libre, ce dont on est averti par le changement de couleur de la liqueur qui passe subitement du jaune au rouge violet. Pour les eaux de mer ordinaires, on sera obligé d'ajouter environ 1,7 cmcb de solution de soude.

On prend de nouveau 10 cmcb d'acide sulfurique titré, et on mesure la quantité de solution de soude nécessaire pour les saturer. On trouvera ainsi que 10 cmcb d'acide sulfurique correspondent à 10,22 cmcb de la solution de soude ; ce chiffre indique le titre de cette solution (1,2941 mmg NaO par cmcb). La différence entre le nombre 10,22 et la quantité nécessaire pour saturer l'acide restant en liberté fournira le nombre de centimètres cubes de la solution de soude correspondant à l'acide carbonique qui se trouve dans 150 cmcb de l'eau de mer examinée et comme le titre de la solution de soude est tel que celle-ci donne la quantité d'acide carbonique correspondant à 1 cmcb, le calcul se fait immédiatement sans avoir besoin d'équivalents. Afin que la solution de soude n'absorbe pas l'acide carbonique de l'air, il importe de maintenir le flacon qui la renferme toujours bien fermé. Si on l'ouvre chaque fois qu'il est nécessaire de verser la solution dans la burette, on compromettra la pureté de la liqueur avant une ou deux semaines. Il est donc abso-

[1] Communication personnelle de M. Tornöe.

lument indispensable d'aspirer la soude dans la burette ainsi qu'il est indiqué sur la figure 62. On ouvre la pince A et l'on aspire par l'extrémité du tube en caoutchouc B. Les tubes C et D sont remplis de chaux sodée, granulée, supportée par des tampons de coton qui empêchent les grains de tomber dans la solution. Avant de commencer le titrage, on ouvre la pince E pour laisser tomber les gouttes de la solution de soude qui se trouvent au-dessous de cette pince, et qui pourraient avoir absorbé de l'acide carbonique.

Fig. 62.

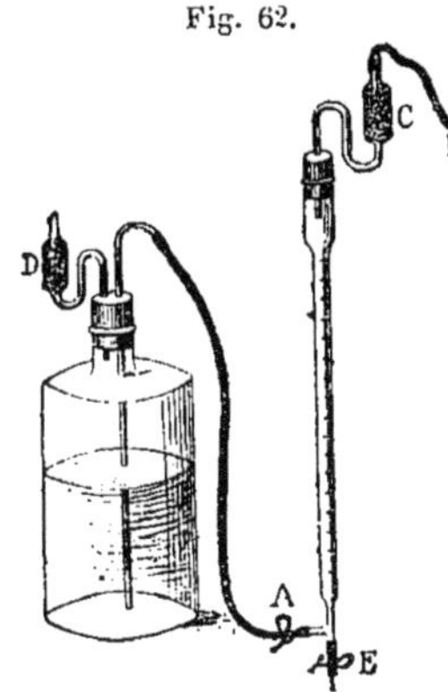

Pour éviter les erreurs, il faut de temps en temps répéter l'opération qui consiste à mesurer la quantité de la solution de soude correspondant à 10 cmcb d'acide sulfurique. On réduira toutes les mesures au titre de l'acide sulfurique pris comme type, parce que celui-ci change moins facilement de composition.

M. Dittmar[1] a un peu modifié l'appareil et la manière d'opérer de M. Tornöe, le principe de l'analyse restant, d'ailleurs, identiquement le même.

A est le flacon (*fig* 63) où se produit par l'ébullition la décompo-

Fig. 63.

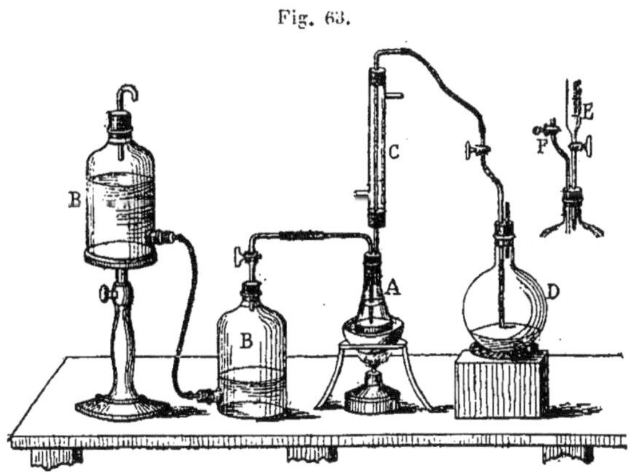

sition de l'eau de mer, BB, le gazomètre à air, C le condenseur, D un

[1] *Report of the Challenger, Physics and Chemistry,* I, p. 107.

flacon récepteur de 1,5 litre de capacité environ, contenant un volume connu d'eau de baryte titrée. D E F montre comment on fait couler dans le récepteur la solution titrée d'acide chlorhydrique de la burette à la fin de l'expérience. Le robinet F sert à régler l'arrivée du gaz. Le mercure du flacon A empêche l'eau de mer en ébulliton de remonter dans le tube servant à l'arrivée de l'air. On charge le gazomètre avec une solution étendue de soude caustique, et pour absorber l'acide carbonique de l'air des flacons, on a soin de les secouer vigoureusement avec le liquide alcalin.

Pour titrer dans le récepteur, on enlève le petit tube de verre bouchant le trou pratiqué dans le bouchon, on laisse tomber quelques gouttes de tournesol, et on introduit ensuite dans le trou l'orifice inférieur de la burette.

M. Buchanan a cru que la quantité d'acide carbonique contenu dans les mers chaudes était plus faible que dans les mers froides. Il est certain que la proportion de ce gaz n'augmente pas avec la profondeur. Le fait indiquerait que dans l'économie de l'Océan le rôle de l'acide carbonique, comme celui de l'azote, est sinon nul, du moins encore inconnu, et qu'il n'y a point lieu, par exemple, d'attribuer à ce gaz la disparition des dépôts calcaires signalée au-dessous de 5000 m. Ce résultat serait encore confirmé par les propriétés alcalines de l'immense majorité des eaux océaniques. M. Dittmar attribue, du reste, cette disparition des coquilles calcaires à des profondeurs déterminées qui est générale dans tout l'Océan, non pas à ce que l'eau profonde contient un excès d'acide carbonique libre, mais à ce que l'eau de mer alcaline finit par dissoudre le carbonate de chaux. Les coquilles de foraminifères disparaitraient, peut-être, dans les profondeurs parce que leur chute pour y descendre se prolonge assez longtemps pour qu'elles soient dissoutes auparavant.

Après les nombreuses analyses auxquelles il s'est livré sur les échantillons du *Challenger*, M. Dittmar[1] conclut que l'eau de l'Océan, quelles que soient la profondeur et la localité d'où elle provient, contient des bases en excès, c'est-à-dire en quantité plus grande que n'en peuvent saturer les acides dosés dans l'échantillon. Ces bases en excès sont à l'état de carbonates neutres, et en outre sont combi-

[1] Dittmar, *Physics and Chemistry*, vol. I, pp. 211-213. Report of the scientific results of the voyage of H. M. S. *Challenger*.

nées avec un excès d'acide carbonique qui, dans la majorité des cas, est inférieur, parfois égal et très rarement supérieur à la quantité exigée pour produire des bicarbonates.

A une température de 18° à 21°, la tension de dissociation des bicarbonates dans l'eau de mer est 0,0005 d'atmosphère ; aux températures de 1 à 2° inférieures ou supérieures à zéro qui règnent dans les zones glaciales, on peut l'estimer à 0,0003 d'atmosphère, valeur fort rapprochée de la tension de l'acide carbonique dans l'atmosphère. Dans ces conditions, l'eau de mer des tropiques donne de l'acide carbonique à l'atmosphère, et tend ainsi à élever la pression de l'acide carbonique aérien qui est de 0,0003 atmosphères jusqu'à la tension de dissociation correspondant pour l'Océan à la température ambiante. Le dégagement d'acide carbonique devient de moins en moins intense à mesure qu'on s'éloigne de l'équateur vers les pôles jusqu'à ce que dans une certaine zone de température pour laquelle la tension de dissociation prend la valeur 0,003, il devient nul. En continuant à s'avancer vers les pôles, l'eau absorbe une quantité d'acide carbonique de plus en plus considérable et tend à convertir en bicarbonates complètement saturés les bases en excès qu'elle renferme. Le nombre d'équivalents d'acide carbonique présent pour chaque équivalent des bases en excès devrait être fonction de la température de l'eau ou approximativement de la latitude. En réalité, ces relations sont beaucoup plus compliquées car l'excès d'acide carbonique pris dans les régions polaires est transporté dans les latitudes plus chaudes par les courants descendant des pôles et sert ainsi à compenser la perte en acide carbonique que l'eau y subit constamment. En admettant qu'il n'existe d'autre source que l'atmosphère pour l'acide carbonique, même au delà des cercles polaires, l'eau de mer ne pourrait contenir que des traces d'acide carbonique libre, les bicarbonates étant d'ailleurs complètement saturés. D'après Bunsen, un volume d'eau distillée à 0°, agité avec un excès d'acide carbonique pur sous une pression de 760 mm de gaz sec, n'absorbe que 1,8 volume du gaz mesuré sec à 0° et à 760 mm. Dans les régions polaires, la température de l'eau de mer liquide ne s'abaisse jamais plus bas que 2 ou 3 degrés au-dessous de zéro ; il en résulte que la proportion maximum d'acide carbonique, qu'une mer polaire a la possibilité de prendre à l'atmosphère peut être évaluée approximativement à $0,0003 \times 1800$ ou à 0,54 cmcb, soit 1 mmg par litre d'eau. Si on suppose qu'en une localité quelconque il s'en produise une plus grande quantité par suite d'un afflux de gaz arrivant du fond, cet excès d'acide carbonique au dessus de 0,5 cmcb ne tarderait pas à se dissiper dans l'air, et l'on voit combien on est en droit de dire que, d'une façon générale, l'Océan est le grand régulateur de l'acide carbonique dans l'atmosphère.

Mais l'acide carbonique ne tire pas son unique origine de l'atmosphère : une certaine quantité provient des animaux et des végétaux marins qui en dégagent après leur mort, et surtout des sources volcaniques sous-marines. Sous une pression de 2 000 à 6 000 m d'eau, l'acide carbonique se liquéfie et est enlevé par les courants. Il n'y aurait rien d'extraordinaire à ce qu'il existât dans les profondeurs de l'Océan des nappes d'eau contenant une forte proportion d'acide carbonique libre, les carbonates et bicarbonates étant saturés. M. Dittmar en a trouvé des exemples parmi les échantillons du *Challenger;* on en serait averti par la coloration acide jaune communiquée à la coralline.

CHAPITRE IV.

CONSIDÉRATIONS GÉNÉRALES SUR LA CONSTITUTION CHIMIQUE DE L'EAU DE MER.

Les chimistes ont exécuté une infinité d'analyses d'eaux de mer que rien n'empêcherait de réunir pour en former un tableau indiquant la composition des diverses mers ; mais l'utilité serait médiocre, et la rigueur apparente des chiffres tendrait plutôt à induire en erreur. L'analyse d'une eau de mer présente la plus extrême complication ; on n'est pas certain de la nature des combinaisons formées par les sels, et la présence simultanée de ceux-ci dans le même échantillon peut donner naissance, pendant l'analyse même, à des réactions multiples sur lesquelles on discute encore En outre, les procédés employés par les divers chimistes étant souvent différents, il en résulte une difficulté de plus dans la comparaison des résultats obtenus.

On a admis en principe que la composition de l'eau de mer ne différait que très peu, pourvu que l'échantillon fût pris en plein

Océan, et l'on s'est basé sur cette hypothèse pour évaluer les éléments composants uniquement d'après le dosage d'un seul d'entre eux, le chlore; on a supposé que l'unique variation provenait d'un mélange plus ou moins considérable d'eau douce. Une telle assertion est inexacte. En effet, s'il en était ainsi, les dosages directs et complets exécutés par un même auteur sur divers échantillons devraient donner des résultats identiques, c'est-à-dire que dans une analyse quelconque, les quantités de chaque sel devraient être les mêmes que dans une autre analyse, multipliées par un coefficient constant indiquant la proportion d'eau douce mélangée à l'ensemble invariable des sels. Or, il n'en est rien. Forchhammer[1] a remarqué l'existence de ces faibles variations dans la proportion des éléments composants. M. Schmelck[2], reprenant ensuite la question, a cherché, en répétant plusieurs fois l'analyse d'un même élément, chaux, magnésie et acide sulfurique, dans un même échantillon d'eau, la valeur de l'erreur expérimentale, et il a constaté qu'elle était toujours inférieure aux variations observées par lui dans les divers échantillons qu'il avait analysés par les mêmes procédés. Dans une masse d'eau vaste comme l'Océan, dont toutes les parties en communication mutuelle sont brassées par les courants et les vagues, les différences ne peuvent être considérables; mais elles existent néanmoins et, dans leur petitesse, elles sont précisément adéquates aux causes qui les ont provoquées et dont on veut rechercher la connaissance qu'on ignore.

La façon dont les auteurs énoncent les lois conclues à l'aide des résultats fournis par les analyses donne une preuve à l'appui de ces assertions[3].

I. La teneur en sel de la mer augmente, en général, à mesure qu'on s'avance des côtes vers la haute mer, par suite de l'afflux des eaux douces provenant des fleuves.

II. La teneur en sel de l'eau de mer est maximum dans les deux zones des vents alizés, minimum dans la région des calmes équatoriaux et, en général, elle augmente depuis les hautes latitudes jusqu'au milieu des zones des alizés.

[1] Justus Roth, *Allgemeine und chemische Geologie*, I, 492.

[2] L. Schmelck, *On the solid matter in sea-water*, The Norw., North-Atl. Exped. 1876-78.

[3] Boguslawski, *Handbuch der Ozeanographie*, I, 134.

III. La teneur en sel dans les océans et dans les mers isolées dépend du degré de l'évaporation et de la quantité des précipitations aqueuses; elle est en relation avec les courants régnant à la surface et dans les profondeurs; c'est un facteur important de la circulation océanique.

IV. La teneur en sel de l'Océan est un facteur considérable de l'existence, du développement et de la diffusion des êtres organisés marins.

Ces quatre lois sont tellement évidentes qu'elles ne pouvaient manquer d'être vérifiées; on aurait pu les énoncer *à priori*. Les nombreuses et laborieuses analyses qui en ont précédé l'énoncé ont donc négligé forcément les très minimes différences qui, par leurs variations, auraient conduit à la découverte de lois plus précises.

Il importerait aussi beaucoup de savoir si la composition de l'eau de mer a varié dans la suite des âges géologiques, ou même si elle varie de nos jours d'un siècle à l'autre. Or cette question ne peut avoir une solution, puisque la composition de l'Océan actuel est établie en comparant, chacune pour sa valeur, des analyses faites dans diverses mers, alors qu'il faudrait en totaliser les résultats supposés exacts proportionnellement aux aires ou aux volumes occupés par des eaux de composition différente. Du reste, M. Dittmar[1] le reconnaît lui-même, car, dit-il, « un peu de réflexion montre qu'un « nombre d'analyses, quelque grand qu'il soit, ne permettra jamais « de calculer, avec un degré quelconque de certitude, la salinité « moyenne de l'Océan, et il en est de même du rapport de l'eau à la « somme totale des sels qui y sont dissous. » Malgré cet aveu, il admet néanmoins que l'eau de l'Océan a partout, *pratiquement*, la même valeur.

Dans les différentes parties du globe, la mer est soumise à des influences diverses, évaporation très forte dans les zones tropicales, pluies des régions tempérées, fonte des glaces dans les contrées polaires, qui modifient la composition de l'eau, détruisent ainsi l'équilibre de sa surface et obligent les molécules mobiles de l'eau à chercher à rétablir cet équilibre en donnant naissance aux courants marins.

Un courant doit donc, sinon sur la totalité, du moins sur un

[1] Dittmar, *loc. cit.*, p. 201.

espace assez étendu de son parcours, être constitué par une eau ayant une composition à peu près semblable qui la distingue des eaux environnantes au milieu desquelles elle se fraye un passage. « Tracer sur une carte avec exactitude, comme le dit M. Dittmar[1], « les courants qui sillonnent l'Océan et déterminer leur vitesse est « le plus important problème de l'océanographie générale et, sans « aucun doute, la solution en serait grandement facilitée si l'on pos- « sédait une représentation correcte et complète des surfaces de « contour d'égale salinité. » Une telle carte serait impossible à tracer si chaque échantillon d'eau, dont il faudrait prendre des milliers non seulement dans toutes les mers du globe, mais encore au même point, à des époques différentes de l'année, devait être analysé d'une façon complète.

Heureusement, il n'en est pas ainsi ; il suffit d'une valeur approchée où l'erreur d'observation soit inférieure aux différences de composition qu'il s'agit de reconnaître. La formule $Q = \left(S_{\frac{17.5}{17.5}} - 1\right) 131.9$ n'exige que la mesure d'une densité et fournit une donnée, la salinité, caractéristique d'une eau déterminée. C'est ainsi que les savants de l'expédition norvégienne et M. Bouquet de la Grye, en France, ont tracé des cartes d'égale salinité de l'Océan. Il est vrai qu'il serait plus simple de construire des surfaces d'égal poids spécifique, $S_{\frac{17.5}{17.5}}$ ou, plus généralement, $S_{\frac{t}{T}}$, et en même temps, un peu plus exact, car on s'affranchirait de la légère incertitude qui règne sur la valeur précise de la constante 131.9.

CHAPITRE V.

LES EAUX DES LACS.

La chaux et l'acide carbonique dans l'eau des lacs. — La chaux dissoute dans l'eau d'un lac sert à constituer le squelette des poissons et des autres animaux aquatiques ; sa proportion renseigne sur la quantité d'acide carbonique dissous dont le dosage est une opération délicate et longue. Dans les conditions ordinaires, une eau

[1] Dittmar, *loc. cit.*, p. 200.

est d'autant plus riche en bicarbonate de chaux qu'elle renferme plus d'acide carbonique[1]. D'autre part, la teneur en acide carbonique exerce une influence considérable sur la flore et la faune d'un lac et il y a tout lieu de croire qu'il en en est de même pour la mer. On a en effet reconnu que les plantes aquatiques décomposent le bicarbonate de chaux dissous, s'emparent de la moitié de son acide carbonique et laissent précipiter le carbonate. Cet acide carbonique absorbé[2] joue à l'égard des plantes aquatiques le même rôle que l'acide carbonique de l'air à l'égard des plantes aériennes. Des expériences ont démontré que le carbone est employé à constituer leurs organes, tandis que l'oxygène est rendu à l'eau. Or les plantes servent directement à l'alimentation de certains poissons comme les carpes par exemple, ou indirectement en passant par l'intermédiaire d'autres animaux, tandis que l'oxygène sert à leur respiration. Alors que certains lacs des Alpes situés au-dessus de 2 000 m, par suite de leur altitude et de la faible pression qui en résulte, ne peuvent tirer de l'air la quantité d'oxygène indispensable à l'entretien de leur faune, ce manque est suppléé par l'oxygène résultant de la décomposition des bicarbonates. Plusieurs espèces de poissons déposent leurs œufs dans le voisinage des plantes parce que l'eau y est plus riche en oxygène et que l'œuf en se développant absorbe une certaine quantité de ce gaz et dégage de l'acide carbonique. Les expériences de M. Weith de Zurich prouvent que l'acide carbonique résultant de la respiration des poissons transforme en bicarbonate le carbonate de chaux du sol submergé.

Le même chimiste a reconnu encore que le carbonate de chaux contenu dans l'eau jouit de la propriété de permettre à l'acide carbonique de se maintenir en dissolution beaucoup plus longtemps que dans une eau exempte de chaux et même dans le vide, de ne s'en dégager qu'avec une grande lenteur.

Bien que la richesse en vie animale d'un lac soit la conséquence de nombreux facteurs physiques et climatériques, on comprend que,

[1] *Chemische Untersuchungen schweizerischer Gewässer mit Rücksicht auf deren Fauna* von Dr Weith, Professor der Chemie an der Universität Zürich *in* Internationale Fischerei-Ausstellung zu Berlin, 1880. Schweitz, I, Katalog der Schweizerischer Betheiligung, II, Ichthyologische Mittheilungen aus der Schweitz, Leipzig, Metzger und Wittig.

[2] Jaquelin, *Comptes rendus de l'Académie des sciences*, t. 53, p. 672 et *Jahrber Chemie*, 1861, p. 1116.

toutes choses égales d'ailleurs, entre des eaux différentes, la plus poissonneuse sera celle qui contiendra le plus de chaux.

Analyse d'un échantillon d'eau lacustre. — Une première méthode consiste à filtrer l'eau sur un disque de porcelaine poreuse. En opérant avec un litre d'eau, le dépôt laissé sur le filtre donne le poids des matières en suspension; après calcination le filtre préalablement taré laisse connaître la proportion de matière organique et une digestion dans l'acide chlorhydrique permet souvent, lorsque le dépôt est suffisamment abondant, de doser par les procédés ordinaires de l'analyse, au moins la chaux et le fer. Le liquide filtré est évaporé vers 105°, on pèse le résidu soluble et l'on en fait l'analyse surtout au point de vue de la chaux.

Souvent on se contente de peser le résidu d'évaporation puis de le calciner, ce qui brûle la matière organique et décompose les carbonates ; on reconstitue alors ces derniers par quelques gouttes d'une solution de carbonate d'ammoniaque ; on pèse et on obtient ainsi le poids de la matière organique et celui des carbonates.

M. Weith opère d'une façon plus rapide en se bornant à évaluer la quantité de carbonate de chaux contenu dans une eau au moyen d'acide chlorhydrique titré et en se servant d'alizarine comme index.

On verse dans une capsule d'argent 100 cmcb de l'eau à analyser; on lui communique une faible teinte violette par l'addition d'une goutte de solution alcoolique saturée d'alizarine, on porte à l'ébullition et, avec une burette, on ajoute de l'acide chlorhydrique titré centinormal, c'est-à-dire un liquide contenant exactement 0,36 g d'acide chlorhydrique pur par litre, jusqu'à ce que le liquide soit décoloré ou plutôt ait pris une teinte jaune clair. Le carbonate est alors complètement décomposé et l'on calcule sa quantité d'après la quantité d'acide employé. 1 cmcb d'acide centinormal correspond à 0,0005 g de carbonate de chaux ou à 0,00022 g d'acide carbonique chimiquement combiné sous forme de carbonate neutre. Comme il est facile d'observer le changement de couleur et qu'on peut l'obtenir avec une approximation de 0,1 cmcb correspondant à 0,000022 g d'acide carbonique chimiquement combiné, on comprend combien la méthode est précise.

Si l'eau contient du fer, la méthode devra être modifiée, car avec le fer l'alizarine forme un composé violet foncé qui ne se décolore pas avec l'acide étendu. On opère alors d'une manière inverse. On laisse, dans 100 cmcb d'eau, couler avec une burette de l'acide centinormal bouillant coloré avec de l'alizarine jusqu'à neutralité, ce qui se reconnaît à l'apparition d'une coloration violette dans l'eau primitivement incolore.

Il faut exécuter avec un grand soin la préparation de l'acide chlorhydrique normal. Il convient de contrôler la quantité de chlore qu'il contient par une analyse en poids, mais il suffit ensuite de conserver l'acide dans un flacon bien bouché pour que sa composition demeure constante. On prendra pour résultat d'une analyse le nombre de centimètres cubes d'acide chlorhydrique normal nécessaire pour neutraliser 100 cmcb de l'eau considérée et l'on calculera la quantité d'acide carbonique combiné sous forme de carbonate neutre dans 1 litre d'eau et par suite la quantité de carbonate de chaux correspondant à l'acide employé. Ce nombre est toujours un peu trop élevé, car l'acide carbonique des eaux naturelles n'est pas entièrement combiné avec la chaux, mais encore avec d'autres bases, principalement la magnésie dont le carbonate possède un équivalent plus petit que celui du carbonate de chaux.

M. Weith a étudié par cette méthode l'eau de la plupart des lacs de la Suisse. Ce tableau indique quelques-uns des résultats qu'il a obtenus :

NOMS DES LACS.	NOMBRE de centimètres cubes d'acide normal nécessaire pour neutraliser 100 cent. cubes d'eau.	ACIDE CARBONIQUE combiné par litre d'eau.	POIDS approximatif de carbonate de chaux par litre.
Lac Majeur	7.1	0.01562	0.0355
Lac de Brienz	13.6	0.02992	0.0680
Lac de Genève	17.3	0.03806	0.0865
Lac des Quatre-Cantons	17.3	0.03806	0.0865
Lac de Thoune	18.0	0.03960	0.0900
Lac de Walenstadt	19.0	0.04180	0.0950
Lac de Lugano	21.4	0.04708	0.1070
Lac de Constance	23.7	0.05214	0.1185
Lac de Zurich	24.0	0.05280	0.1200
Lac de Zug	24.5	0.05390	0.1225
Lac de Neuchâtel	26.2	0.05764	0.1310
Lac de Bienne	33.3	0.07326	0 1665
Lac de Morat	44.8	0.09856	0.2240

Ces analyses et un grand nombre d'autres exécutées par le même procédé sur l'eau de divers fleuves ont conduit à formuler les lois suivantes.

Depuis vingt-cinq ans, la composition de l'eau des lacs suisses n'a pas varié d'une manière sensible ; elle est la même pour les eaux de surface et pour celles des profondeurs. A tout le moins, les variations, s'il en existe, sont inférieures au degré d'approximation de la méthode employée.

On remarque une similitude frappante dans la faune et la flore des lacs dont l'eau possède la même teneur en chaux.

La glace des lacs est presque chimiquement pure. Il en résulte que l'eau restée liquide doit théoriquement posséder une plus grande quantité de chaux dissoute en hiver qu'en été. Cette différence est insensible dans les eaux lacustres. Pour le même motif, au printemps, à cause de la fusion des glaces et des neiges, on reconnaît que l'eau des fleuves, en masse plus considérable, est bien plus pauvre en carbonates. La composition de l'eau des fleuves varie donc avec la saison et, pour un même fleuve, avec l'endroit où l'échantillon est recueilli. Ces variations se font sentir dans l'eau des lacs au voisinage immédiat de l'embouchure des fleuves qui s'y jettent.

CHAPITRE VI.

FILTRATION DES EAUX.

Filtration des eaux. — Il n'a été fait jusqu'à présent que peu d'études physiques ou chimiques relativement à la filtration des eaux; la cause en est sans doute attribuable à la difficulté que présente cette opération pour être exécutée d'une manière assez délicate et assez rigoureuse, même dans un laboratoire muni d'appareils perfectionnés et à plus forte raison lorsque l'installation est défectueuse comme par exemple à bord d'un navire. Cependant ces filtrations rendraient probablement compte de bien des points controversés, particularités relatives à la pénétration de la lumière dans les eaux douces ou salées, à la variation de la limite de visibilité aux différentes saisons et peut-être même aux migrations des poissons à diverses périodes de leur existence.

M. Thoulet[1] a commencé une série d'expériences dans le but de doser les matières solides en suspension dans les eaux douces et a été amené à imaginer l'appareil suivant dont l'emploi s'est trouvé complètement satisfaisant.

Le filtre est une rondelle de biscuit de porcelaine épaisse d'un demi-millimètre environ et d'un diamètre de 3 cm. Après chaque filtration on l'use légèrement avec du quartz porphyrisé sur une plaque de verre dépoli, afin de faire disparaître toute trace du résidu laissé par l'opération précédente; l'épaisseur est quelque peu diminuée, mais l'unique conséquence qui en résulte est que les filtrations subséquentes, tout en s'effectuant avec autant d'exactitude, sont de plus en plus rapides. On peut même employer une simple rondelle de bon papier à filtre.

Le filtre F (*fig*. 64) repose sur un mince disque d'ébonite, de même diamètre, percé de trous, qui le soutient et l'empêche de se briser. L'ensemble est appuyé sur un rebord pratiqué dans un récipient en ébonite composé de deux parties cylindriques A et B, pénétrant l'une dans l'autre, à frottement dur. Une rondelle de caoutchouc déposée au-dessus du filtre empêche celui-ci d'être brisé par la compression de la portion inférieure de B et procure une fermeture bien étanche. Les deux parties A et B sont maintenues solidement entre elles à l'aide de deux anneaux métalliques plats *aa*, *bb* qu'on rapproche à volonté au moyen de trois vis de serrage, dont deux seulement MM sont visibles sur le dessin.

Fig. 64.

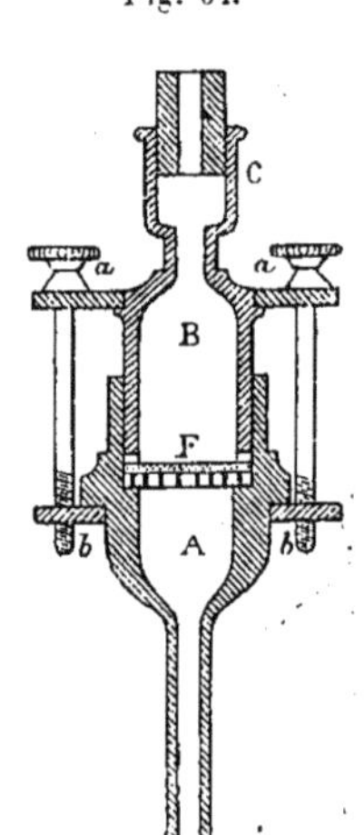

L'appareil étant ainsi disposé, on relie l'entonnoir C (*fig*. 64) par l'intermédiaire d'un bouchon de liège, avec un récipient R (*fig*. 65) à robinet, en communication avec l'air, à l'aide d'un tube en verre coudé fermé par un tampon de coton afin d'arrêter les poussières atmosphériques. On remplit avec l'eau à étudier. D'autre part, le filtre est relié par un tube en caoutchouc avec un flacon G à trois tubulures, dont l'une communique par un tube de caoutchouc H

[1] J. Thoulet, *Dosage des sédiments fins en suspension dans les eaux naturelles* Comptes rendus Acad. sc., t. CIX, p. 831, 1889.

avec une trompe à faire le vide et l'autre porte un orifice K destiné à la rentrée de l'air. Enfin un robinet L sert à l'écoulement de l'eau filtrée.

L'appareil marche très régulièrement : un litre d'eau filtre en une journée et demie environ, plus ou moins selon l'épaisseur et la porosité du filtre; les matières solides forment à la surface du filtre un enduit circulaire, d'épaisseur uniforme et de couleur brune tirant sur le rouge lorsque le sédiment est ferrugineux ou sur le noir quand les matières organiques y prédominent. Le filtre ayant été préalablement taré, on le sèche et on le pèse de nouveau après la filtration, ce qui donne le poids total des matières solides. On apprécie le dixième de milligramme, car le poids d'un filtre n'étant guère que de 0,75 g ne surcharge pas les balances de précision. En supposant qu'on ait opéré sur 1 litre d'eau, on reconnaîtra donc ainsi un dix-millionième de sédiment et même, dans le cas d'aussi faibles quantités, on sera renseigné sur leur nature par la coloration seule. Lorsque le résidu est plus abondant, on calcine le filtre et la différence avec la pesée précédente donne la quantité de matière organique. On peut même, dans certains cas, si les eaux analysées sont très chargées ou si on a filtré plusieurs litres d'une eau relativement pure, laisser digérer après calcination le filtre dans un acide et doser ensuite par les procédés ordinaires au moins le fer et la chaux. Le filtre lavé et pesé pour vérification est prêt à servir de nouveau. Pour plus de sécurité, on use légèrement la face qui a servi, car on n'a jamais constaté que le dépôt ait pénétré dans l'épaisseur de la porcelaine.

Fig. 65.

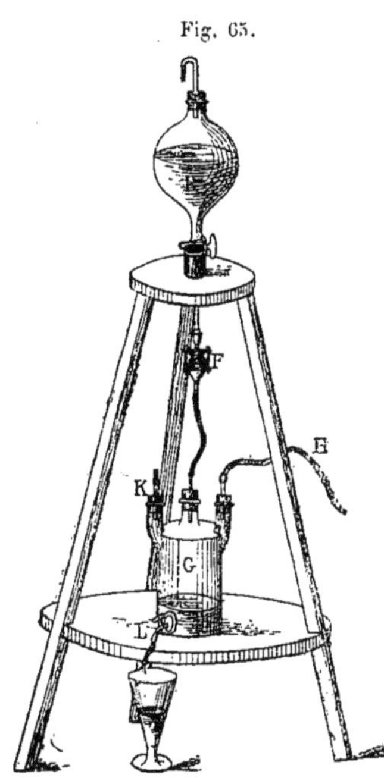

Le procédé est assez délicat pour qu'on puisse obtenir un résidu très appréciable d'un litre d'eau préalablement filtré au papier à filtre ordinaire.

III

La genèse chimique des dépôts marins.

Nous avons vu qu'au point de vue théorique, les phénomènes qui s'accomplissent au sein des mers sont physiques et chimiques. Les minéraux immergés se dissolvent dans le liquide qui les baigne et en même temps leurs éléments composants se combinent à ceux de l'eau de mer ; il se crée de nouveaux composés et, dans certains cas, il se produit une précipitation de matériaux solides. L'explication de ces phénomènes multiples est d'autant plus compliquée que l'on n'est pas encore absolument fixé sur la nature des sels de l'eau de mer. Dans les phénomènes moléculaires, l'action d'un corps en proportion infiniment petite est souvent considérable comme le savent par expérience les chimistes qui, par exemple, cherchent à obtenir des cristaux d'un même corps présentant des modifications différentes. On citerait encore à ce propos le rôle des minéralisateurs en chimie géologique, connu par les beaux travaux de H. Sainte-Claire Deville. On éprouve une peine extrême à déceler certains éléments de l'eau de mer qui ont une influence peut-être très grande sur le cycle des phénomènes. Dans l'état actuel de la science il est impossible d'étudier ces éléments séparément et de chercher à connaître la part qui revient à chacun d'eux dans l'économie de l'Océan. La divergence des résultats obtenus par les divers auteurs montre combien le problème est déjà délicat s'il ne s'agit que de déterminer la solubilité d'un minéral dans l'eau distillée pure, sans air ni acide carbonique, ni gaz d'aucune espèce. Pour étudier la genèse des dépôts marins, il faut donc se contenter d'évaluer en bloc la somme des phénomènes en mesurant directement la variation de poids éprouvée par divers minéraux ou roches de nature connue plongés dans l'eau de mer. On aura ainsi une notion qui, malgré sa généralité, sera directement applicable à l'océanographie.

En résumé, les dépôts marins tirent leur origine des solides de l'eau de mer, qui y existent en dissolution, y sont apportés par les fleuves ou enfin résultent des actions que l'eau salée exerce sur les corps qu'elle baigne.

Les dépôts marins sont formés mécaniquement, par évaporation, par précipitation chimique et sous l'influence des êtres vivants.

Solides en dissolution dans l'eau des fleuves. — Les eaux contenues dans l'atmosphère à l'état de vapeur retombent sur la mer ou sur les continents sous forme de pluie ou de neige. Ces eaux météoriques ne contiennent guère que des gaz, par conséquent celles qui tombent sur l'Océan n'y apportent avec elles aucune matière solide. Il en est autrement de celles qui tombent sur les continents. Au contact des minéraux qui couvrent le sol, grâce à l'acide carbonique qu'elles renferment, elles opèrent une décomposition, elles dissolvent certains éléments et les entraînent avec elles en outre des fragments rocheux qu'elles arrachent aux flancs des montagnes et charrient à travers les plaines jusqu'à la mer. Nous nous occuperons ailleurs de ce dernier phénomène qui est d'ordre purement mécanique.

Il est difficile de connaître même d'une façon approchée la quantité de matières solides en dissolution dans l'eau des fleuves et versée à l'Océan ; elle est variable avec la position géographique du cours d'eau, avec la nature géologique de son bassin et aussi avec la saison. Ces recherches sont peu avancées et même pour les fleuves des contrées les plus civilisées, on ignore le débit exact annuel et plus encore la quantité de matériaux solides transportés soit en dissolution, soit mécaniquement.

Néanmoins, Boguslawski[1] a cru pouvoir évaluer d'après Reclus, Guppy et Mellard, en mètres cubes par seconde, le débit moyen de quelques fleuves.

Amazone	70 000
Congo	51 000
Yang-tse-Kiang	22 000
La Plata	20 000
Mississipi	17 000
Danube	8 500
Gange	5 800
Indus	5 700
Nil	3 700
Hoang-ho	3 300

[1] Boguslawski, *Handbuch der Ozeanographie*, I, 131.

Rhône........................	2 400
Rhin..........................	2 000
Tamise........................	63

John Murray évalue à 27 191 kilomcb la quantité annuelle d'eau que les fleuves versent dans l'Océan.

D'autre part, Roth[1] a estimé la proportion de matières en dissolution à 1,8 ou 2,0 parties pour 1000 d'eau, soit 1/5000 à 1/6000 du volume total de cette eau et, en se basant sur des analyses d'eaux de la Vistule, du Rhin, du Rhône, de la Loire, de la Tamise, du Nil et du Saint-Laurent, il leur a donné la composition suivante :

Carbonates.....................	60,1
Sulfates........................	9,9
Chlorures......................	5,2
Silice, matières organiques, etc....	24,8
	100,0

Si l'on compare cette composition de l'eau douce arrivant dans la mer à celle de la mer elle-même, on voit que les carbonates prédominent dans l'eau douce, surtout celui de chaux, que les sulfates sont en proportion un peu inférieure, tandis que le chlorure de sodium est en très minime quantité.

Le chlorure de sodium demeure continuellement dans la mer où il reste toujours en dissolution, sans que vraisemblablement sa proportion y augmente. Il est probable que la faible quantité de sel trouvée dans les eaux douces résulte du lavage superficiel du sol sur lequel sont tombés des cristaux microscopiques provenant des embruns de la mer enlevés, puis évaporés par les vents qui les ont transportés sur tous les continents. Les chimistes qui font de la spectroscopie savent bien que la soude se trouve pour ainsi dire partout. Le cycle de chlorure de sodium qui ne cesse guère d'appartenir au règne inorganique serait donc assez limité.

Selon M. John Murray[2], les matières dissoutes dans 1 kilomcb d'eau de rivière de composition moyenne seraient constituées de la

[1] Roth, *Allgemeine und chemische Geologie*, 1, 494.

[2] John Murray, *On the total annual rainfall on the land of the globe and the relation of rainfall to the annual discharge of rivers*, the Scott. Geog. Magaz., III, 65. 1887.

façon suivante, les acides et les bases étant combinées d'après les principes indiqués par Bunsen.

	Tonnes de 1000 kilogr.
Carbonate de chaux............	79 644
Carbonate de magnésie.........	27 515
Phosphate de chaux............	710
Sulfate de chaux...............	8 376
Sulfate de soude...............	7 753
Sulfate de potasse.............	4 963
Azotate de soude...............	6 533
Chlorure de sodium.............	4 061
Chlorure de lithium............	600
Chlorhydrate d'ammoniaque.....	251
Silice........................	18 180
Sesquioxyde de fer.............	3 171
Alumine......................	3 490
Sesquioxyde de manganèse......	1 293
Matières organiques............	19 263
Total des matières en dissolution.	185 903

Les matières solides dissoutes dans 1 kilomcb d'eau de mer, les acides et les bases étant combinés, selon M. Dittmar, sont :

	Tonnes de 1000 kilogr.
Carbonate de magnésie.......	106 529
Sulfate de chaux............	1 498 496
Sulfate de potasse...........	907 582
Chlorure de sodium..........	2 8629 406
Chlorure de magnésium......	4 002 575
Sulfate de magnésie.........	1 591 020
Bromure de magnésium......	79 958
Total des matières en dissolution	36 816 166

Ainsi, chaque kilomcb d'eau de rivière atteignant la mer y apporte 185 903 tonnes de matières dissoutes, et comme on peut estimer à 27 191 kilomcb d'eau la quantité versée en une année par les fleuves à l'Océan, les matériaux en solution amenés pendant la même période forment un total de 5 054 815 811 tonnes.

D'autre part, M. Murray[1] après avoir pesé la quantité de carbonate de chaux sous forme de coccosphères, rhabdosphères, foraminifères, ptéropodes et autres mollusques, recueillie par lui sur un espace déterminé avec un filet fin, estime que 16 tonnes anglaises au minimum, soit 16 256 kilog de ce carbonate se trouvent en suspension dans une masse d'océan ayant une surface de 1 kilomq sur une profondeur de 100 brasses (182,90 m). Ce chiffre serait même, selon lui, très inférieur à la réalité.

C'est aux sulfates que les êtres marins vivants empruntent le soufre qui leur est indispensable pour constituer l'albumine de leurs tissus. L'acide sulfurique se combine avec les éléments de l'ammoniaque et de l'acide carbonique pour produire l'albumine composée de carbone, d'hydrogène, d'oxygène, d'azote et de soufre. Après la mort, le soufre passe à l'état d'acide sulfhydrique qui se recombine pour reformer du gypse avec l'oxygène dérivé de l'acide sulfurique des sulfates passés à l'état de sulfures sous des influences réductrices. Ce motif expliquerait pourquoi la présence de l'acide sulfhydrique libre dans l'eau de mer est encore douteuse. Ainsi se ferme le cycle des sulfates.

D'ingénieuses expériences dues à M. Daubrée[2] ont indiqué une source inattendue d'alcali dans l'eau.

En effet, les roches feldspathiques si abondantes à la surface du globe étant triturées dans l'eau douce, ne produisent pas seulement des galets, du sable et du limon, mais leur division mécanique est accompagnée d'une décomposition chimique qui se décèle par la présence de l'alcali dans le liquide où s'opère le mouvement.

M. Daubrée a commencé quelques recherches afin de se rendre compte des phénomènes analogues qui pourraient s'accomplir dans l'eau de mer, et dans ce but il a employé une eau contenant 3 p. 100 de chlorure de sodium au sein de laquelle il a fait se triturer par frottement des fragments de feldspath. Il n'a obtenu ainsi qu'une réaction alcaline très faible et incomparablement moindre que celle qui se manifeste dans l'eau distillée, de sorte que la présence du chlorure de sodium paraîtrait ralentir la décomposition. Cependant, comme l'auteur le remarque lui même, pour que l'expérience fût

[1] John Murray, *Structure, origin and distribution of coral Reefs and Islands*, Royal Institution of Great-Britain, March, 16, 1888.

[2] Daubrée, *Études synthétiques de géologie expérimentale*, p. 268.

concluante, il aurait fallu opérer avec de la véritable eau de mer dont les composants autres que le chlorure de sodium sont susceptibles d'exercer une action différente.

MM. Guignet et Telles[1] ont attribué à cette cause la teneur élevée en silice et en alumine, ainsi que la réaction particulièrement alcaline de l'eau de la baie de Rio de Janeiro dont le bassin est constitué par des roches feldspathiques qui se décomposent avec une grande énergie.

Dépôts chimiques; solubilité et précipitation.—Nous arrivons enfin aux dépôts chimiques, fonctions complexes de la solubilité et des réactions chimiques dans l'eau salée.

Cette solubilité et ces réactions sont, à leur tour, fonctions de la température, de la pression et de la nature du milieu dissolvant. On retrouve ici un nouvel exemple de cette concordance entre un phénomène naturel quel qu'il soit et une équation unique à un grand nombre d'inconnues dont les unes ou les autres deviennent prépondérantes, selon les circonstances.

Sauf peu d'exceptions, l'or, les métaux nobles, le diamant, le graphite, — exceptions même douteuses et d'ailleurs sans importance géologique — tous les corps se dissolvent dans l'eau; le quartz n'échappe pas à cette loi.

Tout minéral, dans des conditions physiques et chimiques identiques, possède une solubilité identique représentée par la quantité qui s'en dissout dans un poids fixe de liquide, c'est-à-dire par la valeur appelée coefficient de solubilité.

Lorsqu'une même substance se présente sous des états moléculaires différents, la variété amorphe ou demi-cristalline est toujours plus soluble que la variété cristallisée. C'est ainsi que la silice résultant de la décomposition des silicates ou chimiquement obtenue des combinaisons de silice, est plus soluble que l'opale, et celle-ci est, à son tour, plus soluble que le quartz. Le fait offre une grande importance dans la nature, car la silice des êtres marins, éponges ou diatomées, est justement à l'état d'opale[2] et, par conséquent, d'autant plus apte

[1] Guignet et Telles, Comptes rendus de l'Académie des Sciences, t. 83, p. 919.
[2] J. Thoulet, *Analyse de spicules d'éponges siliceuses recueillies dans les dragages du « Talisman »*, Comptes rendus de l'Académie des Sciences, XCVIII, 100, et Bulletin de la Société minéralogique de France, VII, 147.

à accomplir avec rapidité le cycle de composition et de décomposition. Les résultats de la décomposition des divers minéraux cristallisés constituant une partie des roches entraînées au sein des eaux par les fleuves ou par la mer elle-même, sont, en général, amorphes ; leur dissolution s'effectue donc plus facilement, et l'on peut en conclure que la rapidité de disparition des sédiments marins fragmentaires est en progression géométrique.

La solubilité, aussi bien que l'attaque chimique des minéraux, est proportionnelle à la surface de contact entre le solide et le liquide ; elles dépendront, par conséquent, de l'état d'agrégation, de la porosité de l'échantillon, de ses clivages. Des roches schisteuses ou poreuses comme des laves ou mélangées de grains minéraux facilement décomposables, comme celles qui contiennent de la pyrite de fer, sont attaquées et dissoutes plus rapidement le long des rivages ou au fond des océans, que des roches compactes comme les gneiss ou les granites.

La solubilité augmente, en général, avec la température, et la courbe qui la représente — qui, dans le cas de sels peu solubles, se rapproche beaucoup d'une ligne droite — est parfaitement régulière. Cependant, il peut arriver, comme pour le sulfate de soude, par exemple, qu'elle offre un maximum, c'est-à-dire que la solubilité augmente jusqu'à une température déterminée et diminue ensuite. Pour quelques corps, comme certains sels de chaux et le sulfate de cérium, la solubilité va en diminuant à mesure que la température augmente [1].

La pression agit, dans quelques cas au moins, pour augmenter la solubilité ; mais il ne paraît pas qu'une augmentation de pression puisse diminuer la quantité de matière dissoute. Il résulterait d'expériences de Sorby [2] que la solubilité des sels qui se dissolvent avec augmentation de volume diminue quand la pression augmente ; si la dissolution ne donne lieu à aucun changement de volume, l'élévation de la pression est sans influence sur la solubilité. Pfaff [3] a observé que, sous une pression de 20 atmosphères, 150 mmg de gypse plongés dans une solution saturée de ce minéral avaient perdu 7 mmg

[1] Ditte, *Exposé de quelques propriétés générales des corps*, p. 57.

[2] Will Jahresber, Chem. für 1863, 97, in Roth, *Allgemeine und chemische Geologie*, I, 60.

[3] Pfaff, *Allgemeine Geol. als eine exac. Wissensch*, 1873, 53 et 311.

en 24 heures, et 140 mmg de cristal de roche à 290 atmosphères avaient perdu 4 mmg en 4 jours. L'orthose avait aussi diminué de poids.

Il semble que l'affinité chimique soit très inégalement modifiée par la pression, ainsi que l'indiquerait la façon dont se comporte un mélange de carbonate de chaux et de carbonate de magnésie dans l'eau chargée d'acide carbonique. A la pression ordinaire de l'atmosphère, un pareil mélange (dolomie naturelle) donne toujours en solution un mélange de carbonate de chaux et de carbonate de magnésie, bien que les divers auteurs diffèrent d'opinion quant aux quantités relatives dissoutes des deux sels, tandis qu'au contraire, sous une pression de 6 à 8 atmosphères, il ne se dissout plus aucun carbonate de chaux, mais seulement du carbonate de magnésie. On comprend avec quelle énergie doivent s'effectuer ces sortes d'actions électives, soupçonnées plutôt que connues, sous les énormes pressions s'exerçant au fond des mers.

En général, l'eau chargée d'acide carbonique dissout plus activement les minéraux que celle qui en est privée. Cette observation expliquerait volontiers certaines réactions susceptibles de s'effectuer au fond de la mer, dans le voisinage des évents volcaniques sous-marins. Avec l'eau chargée d'acide carbonique, la pression augmente la solubilité des carbonates; mais, la température s'élevant, la quantité de carbonate dissous diminue, ce qui est facile à comprendre, parce qu'à une température élevée, le coefficient de solubilité de l'acide carbonique dans l'eau est moindre qu'à des températures basses et que, par conséquent, l'eau est moins acide à chaud qu'à froid.

Toute attaque naturelle par l'eau contenant de l'air et de l'acide carbonique tend à une formation de carbonates. En effet, il y a d'abord oxydation, puis combinaison des oxydes créés avec l'acide carbonique. Ainsi, les basaltes immergés ont leur feldspath décomposé et font une vive effervescence aux acides, et l'augite est transformée en carbonate de fer. Cette remarque explique l'abondance des carbonates sur la terre, dans l'eau des fleuves et par conséquent dans la mer; elle fait comprendre aussi comment, dans l'Océan, on ne trouve point d'acide carbonique libre, car ce gaz se combine immédiatement, quoique emprunté à l'état libre à l'atmosphère.

Lorsque deux corps sont solubles dans un même liquide, trois cas peuvent se présenter : les solubilités de tous deux sont augmentées, ou elles sont diminuées ou la solubilité d'un seul corps est modifiée dans un sens ou dans l'autre. En cas particulier, d'après Sterry Hunt, la solubilité des corps dans l'eau augmenterait en présence du sulfate de soude, du sulfate de magnésie et du chlorure de sodium. Un minéral se dissoudrait donc en plus grande quantité dans l'eau de mer que dans l'eau douce. M. Daubrée semblerait être arrivé à une conclusion précisément inverse.

M. Thoulet[1] s'est livré à des expériences synthétiques pour vérifier le fait, et les résultats qu'il a obtenus confirment l'opinion de M. Daubrée. Divers minéraux, du corail, de la pierre ponce et des coquilles, ces dernières recueillies au bord de la mer et ayant déjà quelque peu subi l'influence des agents atmosphériques, ont été réduits en grains uniformes, desséchés à l'étuve, pesés et mis en contact avec de l'eau de mer renouvelée chaque semaine pendant plusieurs semaines. L'eau salée a été alors remplacée par de l'eau distillée renouvelée également pendant plusieurs semaines et, pour servir de terme de comparaison, dans les mêmes conditions, pendant le même temps, d'autres portions des mêmes minéraux broyés, desséchés et pesés ont été laissées en contact avec de l'eau distillée. L'expérience était faite complètement à l'abri de la lumière afin d'éviter la formation d'algues ; les deux portions des grains ont été ensuite desséchées et pesées. On a obtenu les résultats suivants sur quatre échantillons immergés : I, ponce de Lipari ; II, coquilles de *Pectunculus pilosus* et de *Cardium edule* en portions à peu près égales, prises au bord de la mer et ayant déjà quelque peu subi l'influence des agents atmosphériques ; elles contiennent 92,72 p. 100 de carbonate de chaux ; III, corail mort de l'espèce *Cladocora* ; IV, globigérines recueillies par le prince de Monaco, par 1850 m, 40°,5' lat. nord et 29°,48' long. W.

[1] J. Thoulet, *De la Solubilité de divers minéraux dans l'eau de mer*, Comptes rendus de l'Académie des Sciences, t. CVIII, p. 753, 1889.

	I	II	III	IV
Durée de l'immersion dans l'eau de mer et dans l'eau douce, en jours.	127	119	119	119
Durée de l'immersion dans l'eau douce, en jours.	22	35	35	35
Température moyenne	20°5	12°4	12°4	12°4
Solubilité dans l'eau de mer, par gramme et par jour	0g,0000733	0g,0000142	0g,0000429	0g,0000405
Solubilité dans l'eau de mer, par jour et par décimètre carré	0,000105	0,000039	0,000201	0,000137
Solubilité dans l'eau douce, par jour et par décimètre carré	0,000832	0,001813	0,003014	0,003091

On voit que la solubilité dans l'eau de mer, très faible par elle même, est en outre notablement plus faible que la solubilité dans l'eau douce. Ces phénomènes, dus sans doute principalement à l'absence d'acide carbonique dans l'eau de mer, sont extrêmement complexes au point de vue théorique et le plus sûr moyen de se rendre compte de l'attaque des divers corps dans l'Océan est encore de se livrer à une mesure expérimentale directe.

Au sein d'un liquide, dans des circonstances données, la combinaison la moins soluble se précipite la première. A leur tour, les corps résultats de la précipitation sont ceux qui résistent le mieux à l'action dissolvante de l'eau et des solutions aqueuses. Bischof a donc été en droit de poser en principe que dans la croûte terrestre, on constatait toujours la présence des combinaisons les plus difficilement solubles.

Un dépôt formé dans une solution quelconque est insoluble dans cette solution, les circonstances restant d'ailleurs les mêmes. Il en résulte qu'un composé quelconque soluble dans une solution, dans des circonstances déterminées, ne peut pas avoir été formé dans les mêmes circonstances ou dans des circonstances moins favorables, au sein de ce dépôt.

Un corps ne se produit que lorsque le liquide ambiant est assez concentré pour que le point de saturation du corps formé soit dépassé ; si par exemple l'évaporation ou la perte de liquide l'emporte sur l'afflux de ce liquide. Cette loi, conséquence de la précédente, conduit à d'importantes conclusions. Si les minéraux des grands fonds, nodules manganésiens ou christianite, sont solubles dans l'eau de mer, c'est que l'eau qui les baigne en est saturée, ce qui serait inadmissible en supposant un mouvement si lent, qu'il soit, de cette eau, et l'on arriverait ainsi à mettre en doute la circulation profonde de l'Océan, à moins toutefois que l'insolubilité ne résulte des conditions spéciales ambiantes à ces grandes profondeurs, ce qui est peu probable, car on sait qu'en général la pression, condition prédominante, exalte au contraire la puissance dissolvante de l'eau.

Les matières organiques, restes d'animaux ou de plantes, jouent un rôle au sein des mers en opérant une réduction des sulfates en sulfures et du peroxyde de fer en protoxyde. Mais ces phénomènes sont nécessairement limités aux régions supérieures de l'Océan.

L'action corrosive et destructive de l'eau de mer sur les roches qui bordent ses rivages et sur celles qui sont entraînées dans son sein par une cause quelconque, s'exerce avec une grande rapidité. M. Mallet[1] a étudié des morceaux de fonte immergés; il a constaté la disparition au bout d'un siècle d'une épaisseur de 5 à 10 mm sur un morceau de fonte épais de 25,5 mm et d'environ 15 mm sur le fer forgé. M. Stevenson[2], rapportant ces expériences, remarque qu'au phare de Bell-Rock, on a exposé à l'action de l'eau salée 25 différentes sortes de fer qui toutes ont été corrodées. Quelques-uns des échantillons de fonte ont perdu 25 mm d'épaisseur par siècle : « une « des barres, exempte des cavités à air, eut sa densité réduite à 5,63 « et sa résistance transversale passa de 3 361 kilog à 2 176 kilog « sans qu'elle présentât extérieurement la moindre trace de destruc- « tion. Un autre spécimen, sain en apparence, eut sa résistance « réduite de 1 845 kilog à 1 067 kilog et perdit à peu près la moitié « de sa force en cinquante ans. De pareils résultats ont été observés « par M. Grothe au pont du Firth of Tay, qui s'écroula il y a peu « d'années au passage d'un train. Un cylindre de fonte immergé « depuis 16 mois seulement était tellement corrodé qu'on pouvait en « plusieurs endroits, le traverser avec un canif ».

En 1854, un schooner au service du *Coast Survey* des États-Unis sombra et ne fut relevé qu'après être resté submergé pendant trois semaines par cinq brasses de fond. M. Hilgard[3] examina les instru-

[1] Geikie, *Text-Book of Geology*, p. 410.
[2] T. Stevenson *on Harbours*, p. 47, *in* Geikie, *loc. cit.*
[3] Appendix nº 55, p. 192, *United States Coast Survey Report for* 1854.

ments restés à bord et reconnut que, seul, l'alliage de cuivre et de nickel (*german silver*) résistait parfaitement à l'action de l'eau de mer. On devra donc, autant que possible, employer ce métal pour la confection des appareils scientifiques destinés à être immergés.

Solubilité des gaz oxygène et azote dans l'eau de mer. — M. Tornöe[1] a cherché à obtenir les coefficients d'absorption de l'eau de mer pour les gaz oxygène et azote et à connaître la loi suivant laquelle ils varient avec la température en mesurant la quantité d'air absorbée par cette eau à des températures différentes.

Bunsen[2] faisait traverser de l'eau distillée maintenue à température constante par un courant d'air continu pendant plusieurs heures, puis il chassait l'air absorbé par l'ébullition et en mesurait la quantité. En appliquant ce procédé à de l'eau de mer, M. Tornöe trouva des nombres à peu près constants pour toutes les températures, preuve que la saturation n'avait pas été atteinte. C'est pourquoi il adopta une autre méthode. Il prend de l'eau de mer et la secoue violemment dans un gros ballon avec de l'air pendant une ou deux heures, en ayant soin de renouveler fréquemment l'air du ballon ; il laisse ensuite reposer quelques heures en conservant toujours la même température qu'au moment de l'agitation. Il note la pression barométrique et ramène les gaz recueillis avec l'appareil Jacobsen à 760 mm en supposant que les volumes absorbés sont proportionnels à la pression.

M. Tornöe a reconnu que la formule empirique suivante représente d'une façon très précise le poids d'azote absorbé par 1 litre d'eau de mer.

$$Az = 14,4 - 0,23\,t.$$

Quant à l'oxygène, la courbe indiquant la variation avec la température n'est plus une ligne droite mais une ligne légèrement courbe qui de 0 à 10° peut s'exprimer par la formule

$$O = 7.79 - 0.2\,t + 0,005\,t^2.$$

La composition relative de l'air absorbé n'est donc pas, comme

[1] Tornöe, *On the air in sea-water*, p. 17. The Norweg. North-Atlantic Exped., 1876-78.

[2] Bunsen, *Gasom. Methoden*, p. 165

Bunsen l'avait pensé pour l'eau distillée, indépendante de la température, mais, pour l'eau de mer, elle varie avec ce facteur.

M. Dittmar[1] a procédé comme M. Tornöe pour l'absorption de l'air et a commencé par agiter violemment dans un ballon de l'eau de mer au contact d'air privé d'acide carbonique. Mais ayant remarqué quelques irrégularités dans les résultats obtenus avec l'appareil Jacobsen où, après l'opération, on recueille par l'ébullition les gaz absorbés, il a été amené à se servir d'un autre appareil. En effet, avec le système de Jacobsen, le vide qui existe primitivement ne tarde pas à disparaître, et à la fin de l'opération, l'eau bouillant sous une pression de 1/3 ou 1/4 d'atmosphère possède une température pour laquelle l'un ou l'autre des deux coefficients d'absorption de l'oxygène et de l'azote est encore susceptible d'avoir une certaine valeur.

Le flacon A est rempli de l'eau (*fig.* 66) dont on veut extraire les gaz par l'ébullition ; il est fermé par un tube de Jacobsen *a* et communique avec un condenseur C entouré d'un réfrigérant à eau D. Ce condenseur est lui-même en communication avec une trompe à mercure. Celle-ci consiste en deux réservoirs cylindriques en verre E et K réunis par le tube *m*. Le réservoir E reçoit les gaz dégagés du ballon qui s'accumulent à la partie supérieure et passent à travers le robinet *f* dans le tube collecteur *h* placé sur une petite cuve à mercure H. Le réservoir inférieur K communique à volonté soit par *l* avec une trompe de Bunsen pour faire le vide, soit par *n* avec un réservoir en cuivre M où l'on peut condenser de l'air et donner une pression mesurée au manomètre P.

Fig. 66.

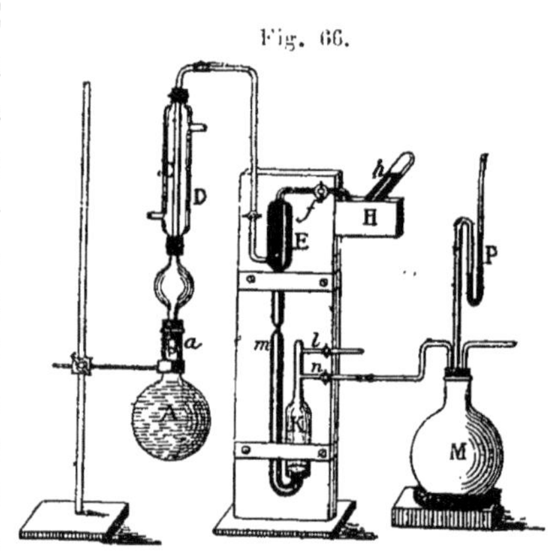

Les nombreuses analyses que M. Dittmar a faites par ce procédé, l'ont amené aux conclusions suivantes :

Le volume d'air dissous dans 1 litre d'eau de mer à la tempéra-

[1] Dittmar, *loc. cit.*, p. 160.

ture t est une quantité λ fonction de t et de la pression de l'atmosphère; ce volume λ d'air dissous pris comme unité contenant n_1 cmcb d'oxygène et n_2 cmcb d'azote; n_1 et n_2 ne dépendent que de t et changent très lentement avec celle ci.

Pour l'eau distillée, les formules empiriques concordant le mieux avec l'expérience sont :

$$1000 \times \lambda = \frac{1119,4}{37,9 + t},$$

et

$$100 \times n_1 = 34,693 - 0,04545\, t,$$

ce qui donne pour coefficient d'absorption de l'oxygène β_1,

$$1000\, \beta_1 = \frac{1119,4 \times n_1}{(37,9 + t)\, 0,209},$$

ou

$$1000\, \beta_1 = \frac{1858,1}{37,9 + t}\left(1 - 0,00131\, t\right),$$

et pour l'azote

$$1000\, \beta_2 = \frac{924,3}{37,9 + t}\left(1 + 0,000696\, t\right).$$

Les résultats ont été assez variables pour l'eau de mer, néanmoins ils s'expriment assez exactement par les formules empiriques

$$1000\, \lambda = \frac{927,31}{39,00 + t}$$

et

$$100 \times n^1 = 34,40 - 0,031\, t.$$

M. Dittmar reconnaît n'avoir pu résumer sous forme de lois les résultats qu'il a obtenus. Il ne serait pas éloigné de croire que les différences constatées entre la teneur en gaz réelle et celle indiquée par la théorie proviennent d'imperfections dans la construction des bouteilles à recueillir les échantillons, dont la fermeture n'est pas assez parfaite pour empêcher le mélange d'eaux de couches différentes.

L'eau de surface de l'Océan ne peut jamais contenir par litre plus de 15,6 et moins de 8,55 cmcb d'azote, ni plus de 8,18 cmcb d'oxygène; les phénomènes sont plus complexes pour les eaux des profondeurs, cependant on peut affirmer que l'Océan fournit de l'oxygène à l'atmosphère sous les tropiques et au contraire lui en emprunte sous les latitudes froides; mais ces différences, indiquées par la théorie, sont tellement faibles qu'il n'est pas possible de les mesurer directement.

Évaporation et induration. — Outre la solubilité et la précipitation chimique, deux autres phénomènes, l'évaporation et l'induration prennent part à la formation des fonds marins. Nous avons déjà parlé des phénomènes d'évaporation et de la nature des résidus abandonnés par l'eau de mer lorsqu'elle se concentre de plus en plus.

Les géologues ont beaucoup discuté à propos de l'induration des roches : un dépôt se durcit-il tout en demeurant au fond de l'eau ou bien émerge-t-il à l'état plus ou moins mou et incohérent et durcit-il ensuite. La question trouve son application immédiate en géologie. Il est évident que certaines roches se durcissent à l'air postérieurement à leur émersion, mais s'il se produit au fond des eaux des roches molles, il semble démontré qu'elles durcissent sur place. M. Thoulet [1] a reconnu qu'une attraction moléculaire s'exerçait entre un solide à l'état solide et un solide dissous dans un liquide. Ce phénomène expliquerait comment les grains incohérents, attirant et fixant à leur surface pour s'en envelopper un solide dissous dans l'eau qui les baigne, carbonate de chaux ou silice, selon le cas, finissent par s'agglutiner entre eux et constituer ainsi une masse compacte.

Il serait intéressant de compléter, en les répétant sous l'eau, les expériences de M. Spring [2] sur l'induration de diverses substances soumises à l'état de poudres à l'action de pression considérable. On y trouverait sans doute l'explication de phénomènes s'accomplissant au fond des mers.

Genèse des roches calcaires. — L'origine des roches calcaires,

[1] J. Thoulet, *Attraction s'exerçant entre les corps en dissolution et les corps solides immergés*, Comptes rendus de l'Académie des Sciences, t. LXXXXIX, p. 1072 et t. C., p. 1002.

[2] Spring, Ann. de Chim. et de Phys., 5e série, XXII, 170, 1881 ; *Soudure et agglomération par pression*, les Mondes (3), 642, 170, et *Bildung von Legirungen durch Drück*, Ber. d. chem. Ges., XV, 595.

elle aussi, a donné lieu à de longues discussions. Quelques géologues comme Mohr ont affirmé que tout carbonate de chaux, dans le passé aussi bien que dans le présent, provenait d'un être vivant, animal ou plante; d'autres ont soutenu son origine exclusivement chimique, physique ou mécanique. En ce point comme en beaucoup d'autres, la vérité ne se trouve entière ni dans un camp ni dans l'autre, et chacun des adversaires en possède une portion parce que, dans la nature, rien ne s'accomplit par un phénomène absolument unique.

Les calcaires se produisent par évaporation, par précipitation chimique, par l'intermédiaire d'organismes et même mécaniquement. Ces divers modes se combinent entre eux en toutes proportions, quoiqu'il puisse arriver que l'un d'eux prédomine. Tout dépend des circonstances. Cependant, il faut bien l'avouer, la science est encore loin de posséder des documents suffisants, fruits d'observations ou de recherches expérimentales, pour établir exactement le rôle de ces circonstances.

Pfaff admet que les fleuves amènent à la mer des particules de calcaire à l'état solide, qui, entraînées par les courants, mais sans s'éloigner beaucoup des côtes, vont se déposer en certains points et s'y accumulent parce que la quantité qui en arrive dépasse celle qui entre en dissolution et disparaît. Il en résulte un sable calcaire que l'induration peut ensuite transformer en masse compacte. Cette explication est plausible quoiqu'elle ne perdrait rien à être appuyée par une mesure directe de la solubilité du carbonate de chaux dans l'eau de mer, ainsi que par l'étude d'un delta sous-marin formé de calcaire, comme celui du Rhône, accompagnée de dosages de chaux dans les eaux marines sus-jacentes à diverses profondeurs et dans celles du fleuve.

D'autres dépôts de calcaire se font par évaporation sur les bords de l'Océan dans des conditions de formation, il est vrai, assez exceptionnelles puisque l'eau doit avoir été réduite au quart de son volume avant de commencer à déposer du carbonate de chaux. On en voit des exemples au golfe de Kara-Boghaz dans la Caspienne, qui est une mine de sel gemme en train de se créer, dans les enduits de carbonate de chaux qui recouvrent comme d'un vernis certains rochers des rivages, dans la cimentation des fragments de calcaire corailler qui passent ainsi à l'état de roche compacte autour des atolls, aux

Bermudes, aux Canaries ou dans les tufs dits de pierre maçonne-bon-Dieu à la Guadeloupe.

En effet, certaines matières comme l'oxyde de fer ou même des matières organiques peuvent servir de ciment à des grains solides plus ou moins fins qui sans elles resteraient simplement juxtaposés et sans cohérence. M. Cloëz[1] a analysé l'enduit noirâtre en couche irrégulière, d'épaisseur variable et présentant de nombreuses saillies mamelonnées peu volumineuses, qui recouvre des calcaires magnésiens au cap Ferrat près de Nice. Il y a déterminé la proportion de la matière organique en traitant l'enduit préalablement pulvérisé par une dissolution aqueuse saturée d'acide sulfureux, de manière à déplacer l'acide carbonique du carbonate de chaux sans altérer la matière organique. La liqueur soumise à l'ébullition, puis évaporée à siccité, a fourni un résidu qui a été brûlé dans un tube à combustion. Le poids d'acide carbonique produit a servi à évaluer approximativement la proportion de matière organique dont le poids s'est élevé à peine à quelques millièmes. La matière minérale avait pour composition :

Carbonate de chaux	91,80
Carbonate de magnésie	90
Oxyde de fer	25
Silice	1,22
Chlorure de sodium	49
Matière organique	71
Eau	4,56
	99,93

M. Cloëz suppose que cet enduit vitreux a pour origine le carbonate de chaux dissous dans l'eau de mer qui se dépose mêlé à la matière organique sous forme d'écume sur les rochers mouillés par les embruns. Pareil enduit a été observé sur les roches feldspathiques de la Corse par M. Des Cloizeaux et sur les roches schisteuses du littoral de la province d'Oran, ainsi que sur des laves basaltiques de l'île de la Réunion, par M. Vélain qui lui attribue la même origine. A la rigueur, on n'aurait pas besoin d'en appeler à

[1] S. Cloëz, *Note sur une matière minérale d'apparence vitreuse qui se dépose sur les rochers du littoral de la Méditerranée*, Bulletin de la Société géologique de France, 3e Série, VI, 84, 1877-78.

une matière organique dont la présence en si faible proportion est toujours discutable ou attribuable à une végétation d'algues, et il suffirait de faire intervenir la décomposition à l'air des bicarbonates contenus dans l'eau de la mer et leur précipitation à l'état de carbonates solides.

On rangera encore dans la catégorie des dépôts par évaporation les calcaires cristallins qui s'accumulent à l'embouchure du Rhône, enveloppant les débris qui jonchent le sol sous-marin, et dont Lyell explique la formation en supposant que l'eau du fleuve chargée de calcaire s'étend en nappe à la surface de la mer par suite de sa moindre densité, y subit une évaporation rapide qui la concentre et laisse précipiter une proportion considérable de carbonate de chaux. Il faudrait supposer, pour admettre cette explication, que les grains descendent assez promptement et en assez grande quantité pour que leur apport compense la dissolution qui ne peut manquer de s'en effectuer.

Le calcaire peut être précipité par voie chimique à la suite d'une double décomposition. En mettant en présence une solution de sulfate de chaux et une solution de carbonate alcalin, il se produit du sulfate alcalin soluble et du carbonate de chaux qui se précipite. Ces circonstances sont susceptibles d'exister dans la mer, à l'embouchure des fleuves; mais il est douteux qu'une notable proportion de calcaire ait cette origine à cause de la finesse des sédiments produits, de la lenteur de leur chute à travers l'eau, et par conséquent des chances nombreuses qu'auraient ces petits grains d'être dissous avant d'arriver au fond.

La majeure partie des calcaires déposés dans la mer actuelle provient d'organismes. Le carbonate de chaux en dissolution est fixé par certaines algues, par les coquilles, les coraux et les foraminifères. Après la mort de ces êtres, le carbonate constituant leur dépouille s'accumule sur le fond et y forme des dépôts.

Les algues calcaires sont des Nullipores et des Corallines; ces dernières sont communes sur les côtes de la Floride. L'analyse d'une Nullipore (*Lithothamnium nodosum*) a fourni environ 84 p. 100 de carbonate de chaux, 5,5 de carbonate de magnésie avec de l'acide phosphorique, de l'alumine, des oxydes de fer et de manganèse.

Les huîtres, les coquilles plus ou moins brisées s'étendent parfois en bancs dans les eaux peu profondes. Verrill en signale sur la côte nord-est des États-Unis qui résultent d'un amoncellement d'excréments de poissons qui ont dévoré les mollusques et en ont rejeté les coquilles. On en trouve aussi le long des rivages de la Floride, et elles forment même le sous-sol de cet État, quelques-unes y conservent encore leur couleur. Cette roche, en couches variant de 3 à 40 cm d'épaisseur, porte dans le pays le nom de *coquina;* elle est tendre, mais durcit par l'exposition à l'air[1].

Bischof a cherché expérimentalement le motif pour lequel les coquilles ne disparaissent point par dissolution dans l'eau de mer immédiatement après la mort de l'animal qui les a secrétées et il a attribué leur résistance à la matière animale qu'elles contiennent. En effet, à peu près seule des matières animales, la chitine est sinon insoluble, du moins presque insoluble dans les solutions alcalines.

Autour de certaines îles des mers tropicales, sur le parcours de courants chauds, dans des conditions particulières de profondeur et de salure, dans le Pacifique, sur la côte nord-est d'Australie, dans l'Océan indien, aux Bermudes, en Floride, au Brésil, vivent des animaux, polypes, hydroïdes et bryozoaires, qui ont le pouvoir de sécréter d'énormes quantités de calcaire.

Les polypes sont constitués par un sac s'ouvrant à l'extérieur en une ouverture servant de bouche et munie de tentacules; ce sac est divisé par des cloisons; la peau qui l'entoure sécrète le calcaire sous forme de corail. Ces êtres, réunis en colonies, sont tous enveloppés dans une peau commune, de sorte que lorsque les individus meurent, leur squelette reste et sert de support aux vivants. La masse s'accroît donc par le haut et son développement n'est arrêté que par la rencontre de la surface de l'eau, hors de laquelle les polypes ne peuvent vivre.

Les hydroïdes et les bryozoaires, qui ne se distinguent des polypiers qu'au point de vue zoologique, donnent également naissance à du corail.

Le corail vivant possède la composition chimique suivante[2] :

Carbonate de chaux....................	82	à	95,5 °/°
Carbonate de magnésie.................	traces	à	7,24
Sulfate de chaux......................	traces	à	2,76

[1] Geikie, *loc. cit.*, p. 448.
[2] Bischof, *loc. cit.*, t. I, p. 614.

Matières organiques....................	3 à 8,27 0/0
Silice, alumine, fer, phosphates et fluorures..............................	traces.

Lorsque les calcaires coralliens viennent d'être sécrétés, ils offrent une structure uniquement organique, bien reconnaissable au microscope; les fragments brisés par les vagues sont réduits en poussière fine qui comble les interstices et transforme la roche en roche compacte. Les fragments rejetés sur le rivage durcissent par les eaux météoriques qui dissolvent une partie du calcaire pour cimenter le reste; ceux du fond se durcissent par les phénomènes d'induration dont il a été parlé. Ainsi tombe l'objection que l'on avait tirée de la présence de quelques rares restes organiques bien conservés au milieu d'une masse compacte de carbonate de chaux, pour refuser aux calcaires anciens une origine analogue à celle des calcaires qui se forment dans nos mers actuelles.

Les polypiers coralligènes ne pouvant vivre au-dessous d'une vingtaine de brasses ou 37 m d'eau et les bryozoaires ne dépassant pas 185 m, les calcaires formés par ces organismes ne se rencontreront que dans les localités où la profondeur est faible. Cependant les îles de corail, les atolls s'élèvent le plus souvent du fond de l'Océan par des pentes abruptes. Mais il faut remarquer que le corail est sans cesse détruit par la mer et que les fragments descendant de plus en plus couvrent le fond à des distances assez éloignées de leur véritable point d'origine. Ces dépôts ont été reconnus jusque par 4 570 m autour des Bermudes.

Les dépôts calcaires profonds sont dus aux ptéropodes et aux foraminifères; leur distribution dépend de la position géographique des aires d'habitabilité des organismes à la surface de l'Océan, des courants qui transportent leur dépouille après leur mort, de la durée de leur chute verticale avant de parvenir au fond; nous connaissons leur succession bathymétrique et le fait de leur disparition à peu près complète vers 5 000 m. M. Murray[1], en évaluant à 16 tonnes anglaises ou 16 236 kilog le carbonate de chaux en suspension dans un volume d'eau de mer ayant une surface de 1 kilom carré sur une profondeur de 100 fathoms (182,90 m) et sous forme de cocco-

[1] John Murray, *Structure, origin and distribution of coral Reefs and Islands*, Royal Institution of Great Britain, March, 16, 1888.

sphères, rhabdosphères, coquilles de foraminifères, ptéropodes et autres mollusques, puis supposant que chaque jour, 1/16 de ces organismes meurent et atteignent le fond, calcule qu'il faudrait un intervalle de 400 à 500 ans pour constituer sur le fond une couche épaisse de 1 pouce soit 25,4 mm.

Deux questions importantes sont à résoudre relativement à ces dépôts, les causes de leur disparition et leur analogie avec la craie ancienne.

Quand on observe des dépôts marins retirés des profondeurs de plus en plus grandes, on voit que les coquilles de mollusques et de ptéropodes disparaissent les premières, puis celles de foraminifères brunissent et s'émoussent, une croûte se détache de la surface des orbulines, il ne reste plus de ces organismes qu'une sphérule très mince d'abord, parfaitement transparente, mais qui devient bientôt opaque et tombe en poussière; le bord des coccolithes s'amincit et se détache, les rhabdolithes perdent leurs bâtonnets, tout ce qui est calcaire disparaît progressivement.

Or il est certain que l'eau de mer dissout le carbonate de chaux. Si l'on dépose sur une lame de verre une goutte d'eau de mer et une goutte d'acide sulfurique très étendu, qu'on laisse évaporer et qu'on examine au microscope, on reconnaît la présence des cristaux en houppes caractéristiques du sulfate de chaux. Si on répète l'expérience avec une goutte d'eau de mer restée pendant quelques heures en contact avec du marbre ou de la craie et filtrée, le nombre des cristaux de gypse aura notablement augmenté. Le fait de la solubilité étant hors de doute, l'explication en reste encore douteuse. Quelques savants l'attribuent à l'acide carbonique libre en solution dans l'eau; d'autres, comme Tornöe, Schmelck, Dittmar, niant la présence de l'acide carbonique, reconnaissent simplement que l'eau de mer, qui est alcaline, jouit de cette propriété. La disparition des coquilles calcaires est fonction de la quantité de matière animale qu'elles contiennent et qui retarde la dissolution ou l'attaque, de leur épaisseur moyenne car les coquilles de ptéropodes très minces disparaissent avant les autres, enfin de la durée du contact avec l'eau de mer, c'est-à-dire de la vitesse de descente verticale à travers l'Océan. Ainsi, de deux coquilles contenant la même quantité de carbonate de chaux, tombant en même temps sur la même verticale mais dont l'une descendra rapidement tandis que l'autre le fera au contraire lentement à cause de sa forme ou pour toute autre cause, il se pourra que la première seule parvienne au fond tandis que la seconde aura disparu avant d'y arriver. L'amoncellement du calcaire étant la somme algébrique de deux actions antagonistes, l'attaque ou la solubilité d'une part, l'afflux de nouveaux matériaux de l'autre, rien n'empêche d'admettre que les calcaires disparaissent au-dessous de 5 000 m parce que, vu la solubilité, la quantité des êtres qui parvient dans ces profondeurs est trop petite pour compenser la perte qui s'accomplit continuellement. Il ne faut pas oublier qu'on n'a jamais trouvé d'argile rouge ne faisant absolument aucune effervescence aux acides.

L'analogie entre les dépôts calcaires actuels dus aux foraminifères et la craie à l'époque crétacée est aujourd'hui admise par beaucoup de savants. La ressemblance entre deux échantillons recueillis, l'un dans l'Atlantique, l'autre dans un terrain crétacé, est tellement grande qu'on ne les distingue souvent pas au microscope. La craie ancienne laisse reconnaître des coquilles de foraminifères, des coccolithes que Gümbel a trouvés dans des calcaires de toutes les époques géologiques. La composition chimique est la même dans les deux cas. Dans les uns il y a du carbonate de chaux et de la silice sous forme de frustules de diatomées, de squelettes de radiolaires ou de spicules d'éponges en proportion variée selon la position géographique et bathymétrique du dépôt; dans la craie le carbonate de chaux et la silice sont aussi en proportion variable selon la localité et cette silice se rencontre moulant les coquilles ou en rognons de silex. Cette différence de forme de la même substance s'explique par cette attraction si générale des solides sur les solides dissous et qui s'exerce le plus énergiquement entre corps de même nature chimique.

Ainsi les découvertes océanographiques en démontrant l'identité de deux roches, l'une qui se dépose en ce moment, l'autre qui s'est déposée il y a des milliers d'années, ont établi que le globe a toujours été soumis aux mêmes lois et que les variétés des formations inorganisées ou organisées dépendent uniquement du milieu ambiant.

MM. Munier-Chalmas et Schlumberger[1] n'admettent pas qu'une mer crétacée se continue encore de nos jours dans certaines parties de l'Océan. D'après ces savants, si, ce qui est hors de doute, quel-

[1] Munier-Chalmas et Schlumberger, *les Miliolidées trématophorées*, Bulletin de la Société géologique de France, XIII, 274, 1885.

ques-uns des foraminifères jurassiques ont des représentants dans les mers actuelles, cela tient à ce que les uns et les autres sont construits sur un plan très élémentaire insuffisant pour laisser établir entre eux une distinction. Mais pour des types plus compliqués, il est probable qu'une étude plus approfondie fera découvrir des caractères qui permettront de séparer les espèces. Contrairement à l'opinion de Wyville Thomson [1], qui a publié une liste d'espèces de foraminifères communs à la craie sénonienne et aux mers actuelles, on ne pourrait établir de points de comparaison certains qu'entre les foraminifères actuels et les espèces du pliocène et du miocène moyen.

Ammoniaque dans l'eau de mer; son rôle dans la nature. — Dieulafait [2] a étudié la distribution de l'ammoniaque dans la mer et en a déduit d'intéressantes conséquences au point de vue de la géologie ancienne. Déjà M. Marchand, en 1855, avait signalé la présence de ce corps, et M. Boussingault l'avait dosé.

Le procédé de dosage est celui de Boussingault. Dans un volume donné d'eau, on déplace l'ammoniaque par la chaux ou mieux par la magnésie caustique calcinée au moment de s'en servir; on porte à l'ébullition, l'ammoniaque se dégage dans les premières portions volatilisées, on la recueille dans une solution acide titrée (acide chlorhydrique ou sulfurique) que l'on retitre de nouveau après l'expérience par une solution de soude titrée.

M. Schlœsing s'est également occupé de la question et il a reconnu que la quantité d'ammoniaque contenue dans l'eau de mer se rattachait à la circulation générale de l'azote dans la nature.

En effet [3], l'ammoniaque prend naissance dans l'atmosphère sous l'influence des phénomènes électriques. La surface des continents étant un milieu essentiellement oxydant, l'ammoniaque s'y transforme en nitrates dont une partie rentre dans le cycle de la vie des végétaux et des animaux, tandis que l'autre est emportée à la mer par l'eau des fleuves, où elle sert au développement des plantes marines. Mais M. Schlœsing a trouvé dans l'eau de mer 0,2 à

[1] *Les abîmes de la mer*, trad. Lortet, p. 405.

[2] Dieulafait, *Sels ammoniacaux dans les mers actuelles et anciennes*, Annales de Chimie et de Physique, 5e série, XIV, 1878.

[3] L. Grandeau, *Cours d'agriculture à l'École forestière*, t. I, p. 527.

0,3 mmg d'acide azotique et de 0,4 à 0,5 mmg d'ammoniaque par litre ; il existe donc dans l'Océan plus d'ammoniaque que d'azote. C'est le contraire dans les eaux terrestres ; par conséquent la décomposition des êtres organisés, source active de nitre sur les continents, devient une source d'ammoniaque dans la mer.

Les nitrates des continents une fois convertis en ammoniaque par les êtres organisés marins, cette dernière passe dans l'atmosphère où elle se répand et, marchant pour ainsi dire à la rencontre des êtres organisés terrestres privés de moyen de locomotion, elle contribue à leur nutrition, se retransforme en nitrates et ainsi de suite. A la surface d'un monde sans soleil et sans vie, l'équilibre s'établirait bientôt entre les quantités d'ammoniaque contenues dans l'eau des mers, dans l'atmosphère et dans les sols ; la vie seule détruit l'équilibre et transforme cette immobilité en un cycle fermé de mouvement.

Entre les mers et l'atmosphère, l'atmosphère et la pluie, les sols et les plantes, il se fait constamment des échanges d'ammoniaque qui obéissent aux lois physico-chimiques des échanges entre les divers milieux et les gaz en contact avec eux. Ainsi, par exemple, le mouvement de l'ammoniaque s'effectuera toujours du milieu où la tension est la plus forte dans celui où elle est la plus faible.

Les échanges d'ammoniaque qui ont lieu spécialement entre les eaux naturelles et l'atmosphère sont réglés par les lois suivantes :

1° Pour une même tension d'ammoniaque dans l'air, la quantité d'alcali dissoute dans une eau naturelle, jusqu'à équilibre de tension, décroît rapidement à mesure que la température augmente ;

2° Par conséquent, si deux nappes d'eau, l'une tiède et l'autre froide, contiennent une même proportion d'ammoniaque, l'air qui repose sur la première nappe est beaucoup plus riche en alcali que celui qui repose sur la seconde ; il est donc présumable que l'atmosphère entre les tropiques est plus riche en ammoniaque que dans les zones tempérées ou froides ;

3° Les résultats fournis par l'eau de mer et l'eau distillée sont presque identiques ; cependant, pour un même titre ammoniacal, la tension est un peu plus forte dans l'eau de mer ;

4° Il est démontré expérimentalement qu'une très petite quantité d'ammoniaque dans l'eau de mer y possède une tension comme dans l'eau pure, et peut par conséquent se diffuser dans l'air.

Dans des séries d'expériences faites sur de l'eau de mer au contact d'une atmosphère contenant de l'air et des quantités d'ammoniaque très petites mais connues et comparables à celles qui existent normalement dans l'atmosphère, M. Schlœsing a trouvé les valeurs suivantes. La quantité d'ammoniaque contenue dans l'air varie de 1/2 centième à 10 centièmes de milligramme par mètre cube.

AMMONIAQUE dans 1 mèt. cube d'eau.	TEMPÉRATURE.		AMMONIAQUE dans 1 litre d'eau.	AMMONIAQUE dans 1 mèt. cube d'eau.	TEMPÉRATURE.		AMMONIAQUE dans 1 litre d'eau.
milligr.			milligr.	milligr.			milligr.
0.06	5°.3	eau de mer.	11.76	0.03	— 0°.1	eau de mer.	7.37
»	13°.2		4.21	»	+ 1°.1		7.17
»	20°.2		2.45	»	6°.0		5.46
»	26°.7		1.35	»	11°.8		2.45
»	5°.8	eau distillée.	11.58	»	15°.4		1.69
»	7°.6		7.41	»	23°.4		0.81
»	12°.7		5.03	0.015	0°.2		3.76
»	20°.0		2.56	»	6°.6		2.69
0.06	— 0°.8	eau de mer.	14.06	»	9°.0		1.63
»	+ 5°.4		10.86	»	14°.8		0.96
»	13°.2		4.21	»	19°.6		0.56
»	20°.2		2.45				
»	26°.7		1.35				

Les dosages d'ammoniaque de Dieulafait sont toujours inférieurs à ceux de M. Schlœsing; en effet, il a trouvé :

	Ammoniaque par litre.
	—
Ismaïlia................................	0,204 milligr.
Mer Rouge : long. E. 33° 54'; lat. N. 24° 40'....	0,176 —
Cap Gardafui : long. E. 49° 42'; lat. N. 12° 44'.	0,176 —
Socotora (mer de lait), nord de l'île...........	0,176 —
Golfe du Bengale : long. E. 87° 55'; lat. N. 5° 34'.	0,136 —
Côtes de Cochinchine : long. E. 107° 22'; lat. N. 14° 37'..............................	0,340 —

Le fait n'a rien d'extraordinaire. En outre que Dieulafait ne donne pas la température de l'eau au moment de l'analyse et celle de la mer quand on a recueilli l'eau, tous les échantillons étudiés proviennent de mers chaudes.

PHYSIQUE DE LA MER

I

CHALEUR.

Historique. — Dès 1720, le comte Marsigli étudiait dans le golfe de Lion les variations de la température en profondeur et cherchait à vérifier l'opinion d'Aristote qui avait affirmé que la mer était plus chaude à la surface que dans ses couches profondes. Buffon, en 1750, avait appuyé cette opinion en remarquant qu'un plomb de sonde remonté rapidement, même sous les tropiques, communiquait à la main une vive sensation de froid. L'Anglais Ellis, en 1749, essaya de mesurer des températures sous-marines dans le voisinage de la côte nord-ouest d'Afrique et laissa descendre jusqu'à 1 170 et 1 630 m une bouteille métallique construite sur un principe assez analogue à celui des bouteilles servant à recueillir des échantillons d'eau, c'est-à-dire se laissant traverser par l'eau à la descente, se refermant automatiquement aussitôt qu'on la remontait et contenant un thermomètre. Le même appareil servit à Hales[1] et après son perfectionnement par Parrot, à Forster (1772), à Cook (1772-75), à Irving et à lord Mulgrave (1773).

[1] Siegmund Günther, *Lehrbuch der Geophyzik und physikalischen Geographie*, t. II, p. 349.

De Saussure (1780) et Péron (1800) eurent l'idée d'envelopper leur instrument avec une matière mauvaise conductrice; le premier observa que dans la Méditerranée, la température est constante entre 300 et 600 m. Krusenstern (1803) et John Ross firent usage d'un thermomètre à maxima et à minima de Six. Dupetit-Thouars (1832) protégea le sien contre les effets de la pression en l'enfermant dans un cylindre de métal; Bravais et Martins (1839), puis l'amiral Fitz-Roy, adoptèrent le même système de protection mais choisirent un thermomètre Walferdin. Pendant ce temps, de nombreuses mesures directes étaient prises à la mer par Horner (1803-1806), Scoresby (1810-1822), Kotzebue (1815), Wenchope (1816), Franklin et Buchan (1818), Dumont d'Urville (1826-1829) et enfin Lenz (1823). Prestwich réunit la plupart des résultats obtenus et construisit les premières cartes par courbes isothermes.

Les mesures de température à la surface de l'eau sont correctes et ont pu servir à Franklin en 1790 pour étudier le cours du Gulfstream et baser sur l'emploi du thermomètre la navigation dans ces parages. Mais les températures de profondeur étaient toutes entachées d'erreur. On en savait la cause, quoiqu'on ignorât le moyen d'y remédier. En effet, soumis à la pression des couches d'eau qui le surmontent, un thermomètre immergé est fortement comprimé, de sorte que la colonne mercurielle monte beaucoup plus haut qu'elle ne l'aurait fait sous l'unique influence de la température. Lenz, Arago et Humboldt admirent que le fond de la mer était recouvert d'une couche à une température uniforme de $+4°$, maximum de densité supposé de l'eau de mer, glissant lentement à la façon d'un fleuve depuis les pôles jusqu'à l'équateur, puis remontant verticalement afin de compenser par un afflux froid les masses d'eau chaude sans cesse entraînées de l'équateur aux pôles par les courants de surface. Cette théorie ne fut pas ébranlée par les travaux d'Ermann, de Despretz, de Karsten et de Zöppritz qui démontrèrent cependant que le maximum de densité de l'eau de mer a lieu à des températures diverses, même inférieures à zéro et d'autant plus basses que la salure est plus considérable.

La construction des appareils destinés à mesurer avec précision la température des couches profondes ne fut sérieusement étudiée qu'avant le départ du *Porcupine*, en 1869, après que l'on eut été obligé de rejeter toutes les mesures thermométriques obtenues par des instruments défectueux pendant la campagne du *Lightning*[1]. L'Américain Joseph Paxton proposa alors le thermomètre Bréguet; mais M. Miller soumit à la commission instituée au sein de la Société royale de Londres sous le nom de *Deep sea Committee*, un thermomètre fabriqué et plus tard perfectionné par Casella, qui fut adopté. Les savants du *Challenger* ont fait usage pendant toute la campagne de thermomètres Miller-Casella. Néanmoins l'instrument de Negretti et Zambra, inventé en 1878, est certainement celui qui offre le plus d'avantages.

CHAPITRE PREMIER.

MESURE ET REPRÉSENTATION DES TEMPÉRATURES.

Obtenir la température de la surface de la mer ne présente aucune difficulté. On met à l'eau un seau en bois, de préférence à l'avant du navire, afin d'éviter le mélange des couches plus profondes résultant des remous; on l'abandonne à la traîne pendant quelques instants pour lui laisser prendre la température de la mer; on le remonte et on y plonge aussitôt un thermomètre qu'on lit dès que la colonne de mercure est devenue bien stationnaire.

Dans la marine française, pour avoir la température de couches d'eau situées un peu au-dessous de la surface, on emploie un thermomètre placé à l'intérieur d'un manchon en verre ouvert aux deux bouts et protégé contre les chocs par une armature en cuivre. On immerge l'instrument attaché à une ligne; pendant la descente, l'eau entre d'une façon continue par une ouverture inférieure que ferme une soupape s'ouvrant de dehors en dedans, remplit le manchon et sort par une ouverture supérieure munie d'une soupape s'ouvrant de dedans en dehors. Quand on est parvenu à la profondeur voulue, on arrête; les soupapes se ferment et un certain volume d'eau reste emprisonné dans le manchon autour du thermomètre. On laisse s'établir l'équilibre de température et en remontant, cette masse d'eau toujours emprisonnée à cause du jeu des soupapes, garantit le ther-

[1] C. Wyville Thomson, *les Abîmes de la mer*, traduction française du Dr Lortet, p. 245.

momètre de toute influence nouvelle pendant un temps suffisant pour permettre de lire son indication.

Thermomètre de Meyer.— La Commission d'études scientifiques des mers allemandes a adopté le système suivant pour la mesure des températures de l'eau à des profondeurs ne dépassant pas 50 m.

L'instrument (*fig.* 67) est un thermomètre ordinaire[1] enfermé dans un étui de caoutchouc durci, corps très mauvais conducteur, épais de 25 mm près du réservoir et de 10 mm partout ailleurs, sauf le long d'une fente étroite. Une fenêtre fermée par une glace épaisse permet de faire la lecture; la glace elle-même est protégée au moyen d'un manchon en laiton fixé par un mouvement à baïonnette. L'échelle n'est pas tracée sur le verre.

Fig. 67.

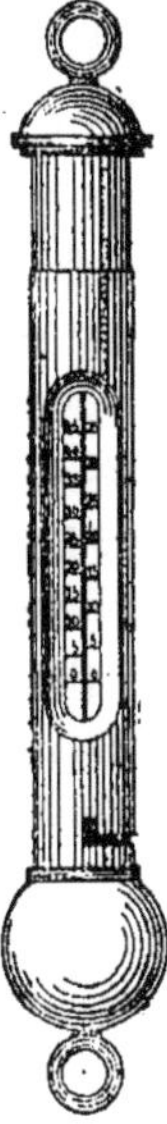

Dans une expérience de vérification faite par la Commission, l'instrument ayant la température de l'air à 26°, plongé dans de l'eau à 4°,5 est resté 85 minutes avant de se mettre en équilibre de température. Il faut donc laisser le thermomètre immergé pendant au moins 90 minutes et le retirer ensuite rapidement. La nécessité d'une aussi longue durée d'immersion est un sérieux obstacle à l'emploi de cet instrument. En outre, quoique le thermomètre soit muni d'une double enveloppe en verre comme la plupart des instruments allemands, son réservoir n'est pas garanti contre les effets de la pression.

On s'est servi de l'appareil de Meyer pour prendre des températures du fond dans la Baltique et la mer du Nord, mais on l'emploie surtout dans les observatoires fixes tels que les stations maritimes et à bord des bateaux-feux. Il possède le grand avantage de n'être pas fragile. On l'introduit dans un étui en cuivre, on l'immerge et on le laisse au moins une heure en observation avant de le remonter. Il serait absolument défectueux à bord d'un navire en marche.

Thermomètre Miller-Casella. — Un appareil comme ceux que nous venons de décrire ne peut servir pour les grandes profondeurs;

[1] *Handbuch der nautischen Instrumente;* Hydrographisches Amt der Admiralität, Berlin, 1882, p. 162.

sous les effroyables pressions qui s'exercent alors, la plupart d'entre eux se briseraient et les indications de ceux qui resteraient seraient complètement faussées. Le verre comprimé éprouve une déformation, l'intérieur du réservoir et du tube capillaire diminue de volume et le thermomètre indique une température plus élevée que celle à laquelle il a été réellement soumis. Cette différence entre la température lue et la température véritable augmente évidemment avec la profondeur ; elle peut atteindre et même dépasser 5° pour 3 658 m.

Afin d'éviter ces inconvénients, Joseph Paxton fabriqua une sorte de thermomètre de Bréguet. Son instrument se compose d'un ruban de platine et d'un ruban d'argent réunis par une soudure d'argent à un ruban intermédiaire d'or et enroulés, l'argent en dessous, autour d'un axe en cuivre. L'ensemble est doré afin d'éviter toute attaque par l'eau salée. Les variations de température agissant sur les rubans dont la dilatation est variable font tourner sur lui-même l'axe en cuivre. Ce mouvement est traduit et amplifié par des rouages multiplicateurs et il est enregistré sur un cadran à l'aide d'un index poussant devant lui une aiguille dont le frottement contre le cadran suffit pour la maintenir à l'endroit où elle a été poussée. Le thermomètre est gradué par comparaison. A 1 097 m (600 brasses) son écart ne dépasse pas 0°,5 ; à 2 743 m (1 500 brasses), il atteint 5° et en outre il n'est pas régulier. Ses défauts sont communs à tous les instruments composés de rouages métalliques et destinés à être immergés ; les divers métaux subissent des compressions et des contractions différentes selon leur nature, les ajustements se faussent et le système ne tarde pas à être mis hors d'usage.

Lorsqu'il s'agit de préparer les instruments que devait emporter le *Porcupine* dans sa campagne océanographique, le *Deep sea Committee*, dans son rapport de 1869, ne dissimula aucun des inconvénients des thermomètres *à maxima* et *à minima* dont un grand nombre d'observateurs avaient déjà fait usage. Pour y obvier, sir Ch. Wheatstone proposa un thermomètre de Bréguet immergé et lu du bord à l'aide d'un dispositif électrique ; l'instrument fut rejeté comme trop coûteux. M. Siemens imagina sa sonde électrique. Néanmoins, pour diverses raisons, le thermomètre Miller-Casella *à maxima* et *à minima* fut définitivement adopté [1].

[1] Wyville Thomson, *les Abîmes de la mer*, trad. Lortet, p. 117.

Le thermomètre Miller-Casella (*fig.* 68) se compose d'un tube creux en verre replié en U et dont chaque branche se termine par un réservoir. Le plus grand de ces deux réservoirs A est muni d'une seconde enveloppe en verre laissant entre elle et la première un espace qu'on remplit aux trois quarts d'alcool ayant un point d'ébullition élevé, d'alcool amylique par exemple et qui est destiné à amortir les effets de la compression. Le réservoir A contient un mélange de créosote, d'alcool et d'eau reposant sur du mercure occupant environ la moitié du volume de chacune des deux branches de part et d'autre de la courbure. Cette colonne de mercure est surmontée par une nouvelle quantité du mélange de créosote, d'alcool et d'eau qui remplit en partie le réservoir C. Le reste de l'espace est pris par de l'air introduit tandis que l'appareil est plongé dans un mélange réfrigérant très froid afin d'augmenter sa densité. L'air mélangé de vapeur d'alcool joue le rôle d'un coussin élastique pour régulariser le frottement des liquides contre les parois internes du tube et permet au mercure d'obéir aisément au mouvement qui lui est communiqué dans l'une et l'autre branche. Quand la température s'élève, le liquide du réservoir A se dilate, pousse le mercure dans la seconde branche et lui fait entraîner un petit index en acier entouré d'un fil fin de verre ou d'un crin en guise de ressort; lorsque la température diminue, le liquide A se contracte et attire le mercure dans la première branche. Ce mouvement est suivi et indiqué par un second index semblable au premier. Avant d'immerger l'appareil, on ramène au moyen d'un aimant les deux index en contact avec les extrémités de la colonne mercurielle. Le tube du thermomètre est fixé sur une plaque d'ébonite ce qui évite les déformations que l'eau fait subir au

Fig. 68.

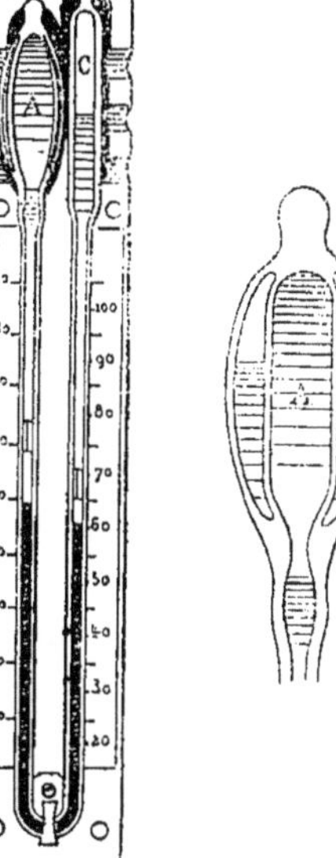

bois et l'échelle est en porcelaine blanche. On l'enferme dans un cylindre ou lanterne en cuivre dont le couvercle et le fond sont percés de nombreuses ouvertures pour laisser l'eau circuler librement à l'intérieur.

Avant d'être employé, chaque thermomètre est soumis à une vérification à la presse hydraulique sous une pression variant de 157 à 628 kilog par cmq et l'erreur est indiquée sur l'instrument. A bord du *Challenger*, ils ont été descendus à 7 316 m mais beaucoup sont revenus brisés. Le tube thermométrique seul avec ses réservoirs possède une surface de 95 à 100 cmq, de sorte qu'à une profondeur de 8 000 m il supporte une pression d'environ 800 kilog par cmq.

Les thermomètres Miller-Casella offrent de sérieux inconvénients. Ils sont *à maxima* et *à minima*, c'est-à-dire ils se bornent à indiquer la température la plus haute et la plus basse des couches rencontrées sur leur parcours et non pas la température de la couche où ils ont été arrêtés. Or on a souvent constaté l'existence en profondeur de couches chaudes intercalées entre deux couches froides. Ils ne sont point gradués sur tige. De plus il arrive que même à l'air, en les maniant, la colonne de mercure se brise, accident assez difficile à réparer, ou les index s'engagent dans le mercure, ou ils restent immobiles ou encore ils passent dans l'intérieur des réservoirs et dans tous ces cas l'instrument devient hors d'usage. Cet accident est bien plus fréquent pendant l'immersion malgré le soin que l'on a de rattacher les thermomètres à la ligne de sonde par des bandes de caoutchouc et même par des ressorts d'acier comme à bord du *Blake* parce que le navire donne au tangage de violentes secousses et que d'ailleurs on est dans l'obligation d'arrêter à de nombreuses reprises la descente de la ligne pour y attacher des thermomètres en série. Malgré toutes les précautions et les vérifications avant le départ, la pratique a démontré qu'avec ces thermomètres, il était impossible d'être jamais assuré du demi-degré, même à de faibles profondeurs.

Pour étudier la distribution de la température en profondeur, on dispose plusieurs de ces thermomètres en série à des distances différentes sur la même ligne de sonde. Il faut les laisser de 8 à 12 minutes immobiles pour qu'ils se mettent en équilibre de température. On saura le nombre de thermomètres à employer en se basant sur ce fait d'expérience qu'au-dessous de 1 800 m à 2 700 m la température de l'Océan décroît avec une grande lenteur, souvent de 0°,1 par 183 m. Au-dessus de cette limite, il suffit de prendre des observations espacées de 180, 360 ou 450 m. A bord du *Challenger*, on échelonnait les thermomètres de la manière suivante : un à chaque 18 m (10 fath.) jusqu'à 180 m (100 fath.), un à chaque 45 m (25 fath.) jusqu'à 550 m (300 fath.) et un chaque 183 m (100 fath.) jusqu'à 1829 ou 2 740 m (1 000 ou 1 500 fath.), enfin un dernier sur le fond même. Pendant sa campagne de trois ans et demi, le *Challenger* a pris 260 séries verticales de températures dont 120 dans l'Atlantique et 140 dans le Pacifique. Chaque observation est longue et ne peut être exécutée que dans des conditions de beau temps exceptionnelles; ainsi une seule série prise à 1 463 m (800 fath.) dans le golfe de Gascogne, s'est prolongée pendant une journée entière; la température était relevée pour chaque 90 m (50 fath.), ce qui ne nécessitait que 16 lectures. A bord de la *Gazelle*, les températures étaient prises à 1 500, 1 200, 900, 700 et 500 brasses, ensuite de 100 en 100 brasses jusqu'à 200 brasses de la surface, enfin de 50 en 50 brasses. On n'attachait jamais plus de huit thermomètres à la ligne afin de ne pas perdre trop d'instruments en cas de rupture.

Dans sa campagne de 1889, le schooner de l'*U. S. Fish Commission*, le *Grampus* avait embarqué 25 thermomètres Negretti et Zambra; il en fixait 17 à une ligne de sonde de 500 brasses, dont 8 étaient placés dans les 50 premières brasses et 2 dans les 50 brasses suivantes.

Thermomètre Negretti et Zambra. — Le thermomètre de Negretti et Zambra donne la température de l'eau à la profondeur à laquelle on le descend, grâce à un retournement de l'instrument s'effectuant à volonté et qui brise en un point fixe la colonne mercurielle dans l'état de dilatation où elle se trouve au moment de ce retournement. La quantité de mercure isolé est égale à celle qui dépassait alors le réservoir du thermomètre et l'on peut, par sa mesure, connaître la température.

La colonne mercurielle ainsi séparée est assez petite pour qu'on puisse négliger la dilatation due à l'action de la température ambiante au moment de la lecture.

Le thermomètre (*fig.* 69) présente au-dessus de son réservoir un étranglement A suivi d'une portion élargie ou ampoule B à double courbure, puis du tube calibré et gradué, et il se termine par un second réservoir plus petit E. Lorsque le gros réservoir est maintenu en bas, le mercure remplit l'instrument d'une façon continue jusqu'en un certain point compris entre B et E; quand on le retourne, la secousse brise la colonne en A, le mercure descend à cause de son poids, remplit complètement E et s'élève jusqu'à une certaine hauteur de l'échelle gravée sur la tige à partir du réservoir E. La graduation est marquée de bas en haut, le réservoir E étant en bas.

Fig. 69.

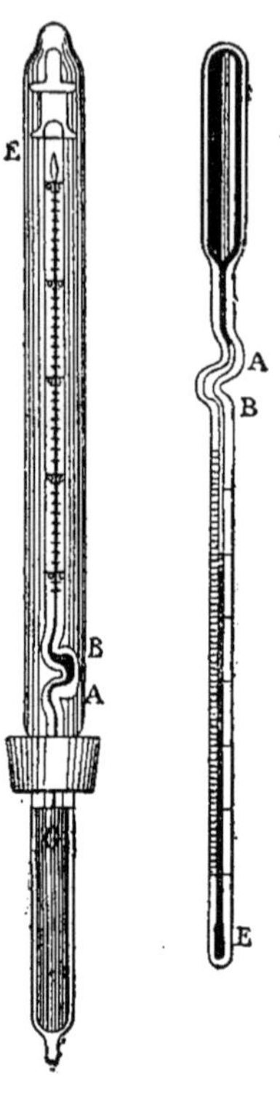

Afin de protéger ce thermomètre contre la pression, on lui applique le système du double réservoir décrit précédemment, à propos du thermomètre Miller-Casella. Jusqu'à 1 800 m on se borne à l'enfermer dans une boîte en bois, mais s'il doit descendre plus bas, on le place dans une boîte métallique remplie de paraffine.

Pour le retourner à volonté, on fait usage du dispositif imaginé par le contre-amiral Magnaghi, de la marine italienne. Une armature métallique (*fig.* 70) entoure la boîte L qui contient le thermomètre. Cette boîte est susceptible de pivoter autour d'un axe H ne passant pas par son centre de gravité. C est une hélice fixée à un axe dont une extrémité tourne sur un coussinet D et dont l'autre filetée porte une goupille F. M est une pièce sur laquelle vient buter la goupille quand le thermomètre est mis en expérience. La vis pénètre dans l'extrémité de la boîte L. Le nombre de tours dont la vis peut s'enfoncer dans la boîte est réglé par la goupille et par la pièce M. Le thermomètre maintenu dans sa position par la vis F est immergé. L'hélice C reste inactive pendant la descente parce qu'elle est arrêtée par F. Dès qu'on remonte, l'hélice tourne en sens inverse, fait monter la vis et lâche le thermomètre. Chaque tour d'hélice représente environ dix pieds de mouvement ascendant, de sorte que pour détacher le thermomètre, il faut remonter le système de 78 ou 80 pieds. D'ailleurs on règle d'avance cet espace. Si l'instrument remonte accidentellement de quelques pieds ou cesse de descendre à cause de la manœuvre nécessaire pour attacher en série d'autres thermomètres à la ligne ou par le mouvement du navire, la descente subséquente fera tourner l'hélice qui ramènera la goupille à sa position initiale et ces arrêts pourront se répéter un nombre quelconque de fois pourvu que la ligne ne remonte pas l'espace nécessaire pour relâcher complètement la vis. Lorsqu'on est parvenu à la profondeur voulue, on s'arrête un temps suffisant pour laisser prendre l'équilibre de température, on remonte, l'hélice tourne, le thermomètre chavire et un ressort latéral K agit sur une cheville R qui le conserve dans cette position.

Fig. 70.

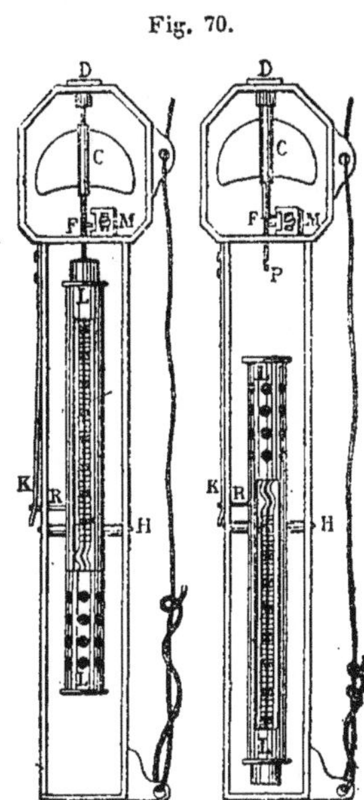

Il suffit de 3 minutes seulement pour que les thermomètres Negretti et Zambra prennent l'équilibre de température, tandis qu'il en faut de 8 à 12 aux thermomètres Miller-Casella. A tous les points de vue, les premiers sont préférables aux seconds, et ils sont aujourd'hui exclusivement adoptés.

Negretti et Zambra fabriquent un autre appareil destiné aux sondages peu profonds. Le thermomètre est le même, mais il est simplement fixé sur une planchette lestée de plomb du côté du gros réservoir et attaché au-dessus d'un plomb de sonde d'un poids de 25 à 40 kilog. Quand la ligne descend, la vitesse maintient le réservoir en bas; aussitôt qu'il se produit un arrêt, la planchette retourne et reste dans la même position pendant toute la montée. L'instrument est défectueux, car tout arrêt accidentel pendant la descente le renverse avant le moment voulu et même, arrivé convenablement à destination, il chavire avant de s'être mis en équilibre de température.

Lorsqu'on opère à des profondeurs qui ne sont pas très considérables, il est préférable de produire le retournement à l'aide d'un messager envoyé de la surface qui vient frapper et relever un ressort soutenant le thermomètre. Le mode d'arrangement est variable à l'infini. C'est ainsi que le prince de Monaco se sert de deux thermomètres accouplés au même point de la ligne de sonde et dont chacun, entouré d'une armature en fer, est retenu à la descente par un levier assez long. Ce système oblige à employer un messager volumineux et par conséquent lourd et incommode à manœuvrer.

Fig. 71.

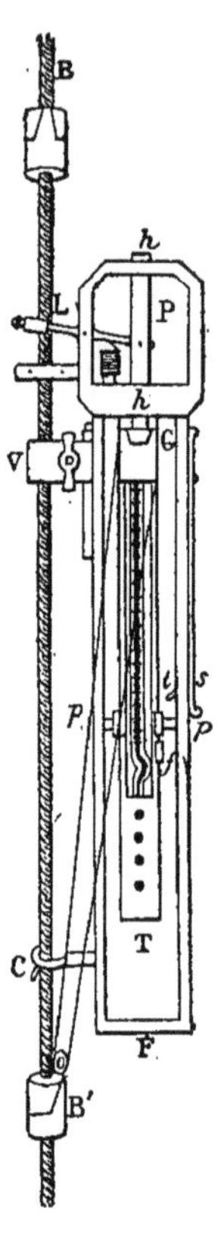

Le système de la *Scottish marine Station* de Granton est plus simple. L'instrument (*fig.* 71) est fixé à la ligne par la pince V qui se serre à volonté et par le double crochet C ; la tige P pénètre dans une cavité pratiquée à l'extrémité de la boîte du thermomètre. Le messager B, modèle du capitaine Rung, de l'Institut météorologique de Copenhague, est composé (*fig.* 72) de deux parties s'emboîtant l'une dans l'autre ; lorsqu'il vient frapper le levier L appuyé sur un ressort, la tige P se soulève à travers l'ouverture *h* et dégage le thermomètre. Celui-ci chavire autour de l'axe *pp*, l'encoche *f* est saisie par la dent *t*, qui fait corps avec la tige élastique *s*, et l'instrument reste maintenu fixe dans sa seconde position.

Fig. 72.

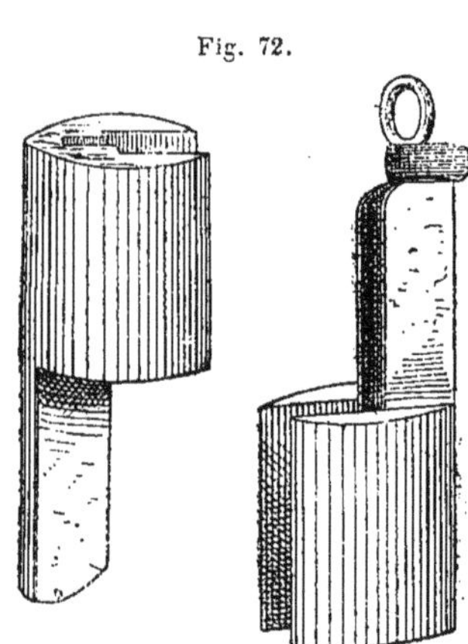

Si on a soin de soutenir un second messager B' par un fil s'appuyant sur le sommet du thermomètre[1], celui-ci se détachera au moment de la chute et ira faire chavirer un autre thermomètre placé plus bas ou fermer une bouteille à recueillir l'eau, et l'on pourra ainsi

[1] *The Scottisch marine Station for scientific research. Granton, Edinburgh. Its work and prospect.*, Edinburgh, 1885, et J. Thoulet, *Des études d'océanographie en Norvège et en Ecosse ; Rapport sur une mission du Ministère de l'Instruction publique*, Archives des missions, 3e série, t. XV, 1889.

superposer les thermomètres en nombre quelconque les uns au-dessus des autres.

Thermomètre enregistreur du Dr Regnard. — Le docteur Regnard[1] a appliqué aux mesures de températures son dispositif d'un ballon élastique en caoutchouc rempli d'air et équilibrant à l'intérieur la pression subie extérieurement par un espace clos, rigide, immergé à de grandes profondeurs. L'appareil consiste en une boîte métallique étanche en communication avec le ballon régulateur de pression, contenant un cylindre mû par un mouvement d'horlogerie et à la surface duquel s'inscrivent les mouvements de l'extrémité de l'aiguille d'un thermomètre métallique. Cet instrument serait précieux pour enregistrer d'une façon continue les variations de températures d'une couche déterminée relativement peu profonde.

Thermomètre électrique de Siemens. — Pendant l'automne de 1881, le commander Bartlett, du *Blake*, a essayé un sondeur thermomètre électrique, construit d'après les indications de sir William Siemens[2].

Fig. 73.

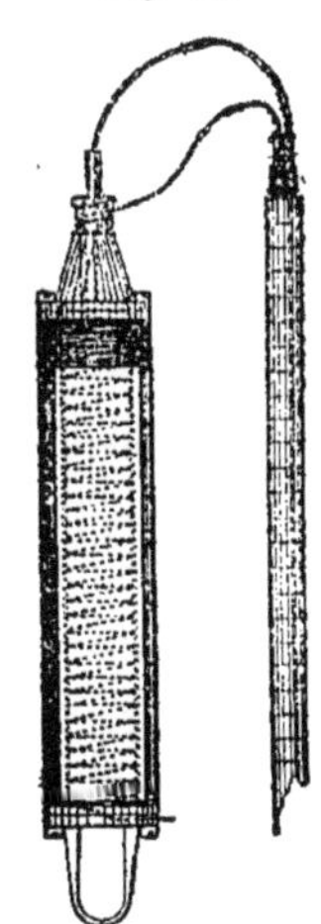

L'appareil est basé sur le principe du pont de Wheatstone et sur la variation de résistance d'un fil avec la température. Une bobine est descendue à la mer attachée à un câble (*fig.* 73) formé d'une âme double en fil de cuivre isolé protégée par des fils d'acier qui constituent le circuit de retour. L'autre branche du pont est une seconde bobine identique à la première et d'égale résistance. Les deux bobines employées étaient en fil de fer couvert de soie, d'un diamètre de 15 mm, et chacune d'elles avait une résistance de 432 ohms à 20 degrés. Afin de les rendre plus sensibles aux changements de température, elles étaient enroulées sur des tubes de laiton ouverts aux deux bouts pour laisser l'eau circuler libre-

[1] Principauté de Monaco. Résultats des campagnes scientifiques du yacht l'*Hirondelle*, p. 16, Paris 1889.

[2] Commander Bartlett, *Report to Prof. J.-E. Hilgard, superintendant of the U. S. Coast and Geodetic Survey*, 1881.

ment. On plongeait la seconde bobine B (*fig.* 74) dans un vase de cuivre rempli d'eau dont on faisait varier la température par des additions convenables de glace ou d'eau chaude, on compensait donc exactement ainsi la résistance de la première bobine et l'on était averti que la température des deux bobines était la même lorsque le miroir d'un galvanomètre marin de William Thomson G était ramené au zéro. Or, comme celle du vase est indiquée par un thermomètre, on connaît dès lors la température de la mer à l'extrémité de la sonde.

Fig. 74.

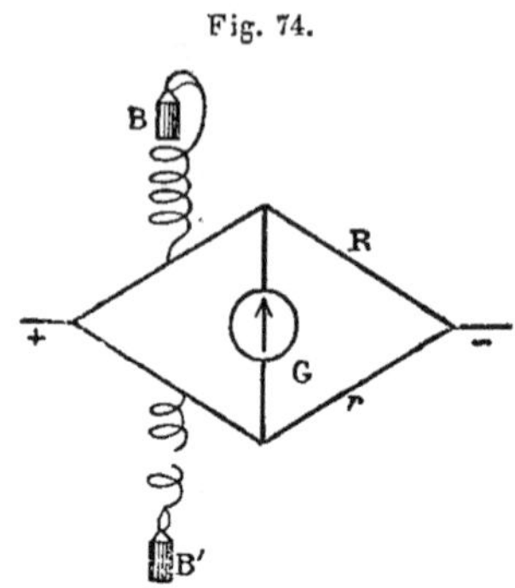

L'emploi d'une sonde thermo-électrique semble devoir difficilement réussir. En effet, pour que les différences de températures entre la soudure immergée et la soudure conservée sur le pont puissent produire un courant appréciable, il faut que la résistance du circuit total soit très petite. Or cette condition n'est pas aisée à réaliser surtout si le fil de sonde est un peu long, car pour diminuer son poids, il sera nécessaire de le prendre très fin. Il y aurait, en outre, lieu de compter avec les variations du coefficient de résistance de ce fil aux diverses températures des couches de la mer, la résistance n'intervient pas ici directement, mais indirectement, en rendant moins sensibles les indications du galvanomètre pour une différence de température donnée. L'usage d'un galvanomètre ultra-sensible serait donc absolument exigé.

Quoique un appareil électrique possède une très grande précision, il oblige à employer des instruments coûteux, délicats à manier, et faciles à se détériorer surtout à bord d'un navire ; il est par suite douteux qu'il remplace jamais les thermomètres si simples et si commodes du système Negretti et Zambra.

Représentation des mesures de températures. — Les températures mesurées sont rapportées de plusieurs façons.

S'il s'agit de représenter la distribution des températures sur une surface plane ou plus ou moins irrégulière, comme par exemple, la distribution de la température à la surface de la mer, dans un plan situé à une profondeur quelconque ou sur le fond, on trace des isothermes, c'est-à-dire qu'on entoure par une ligne courbe les aires de même température. La disposition des courbes montre d'un seul coup d'œil certaines particularités remarquables. Ainsi qu'on le voit sur la carte (*fig.* 75) dressée par Krummel des températures de sur-

Fig. 75.

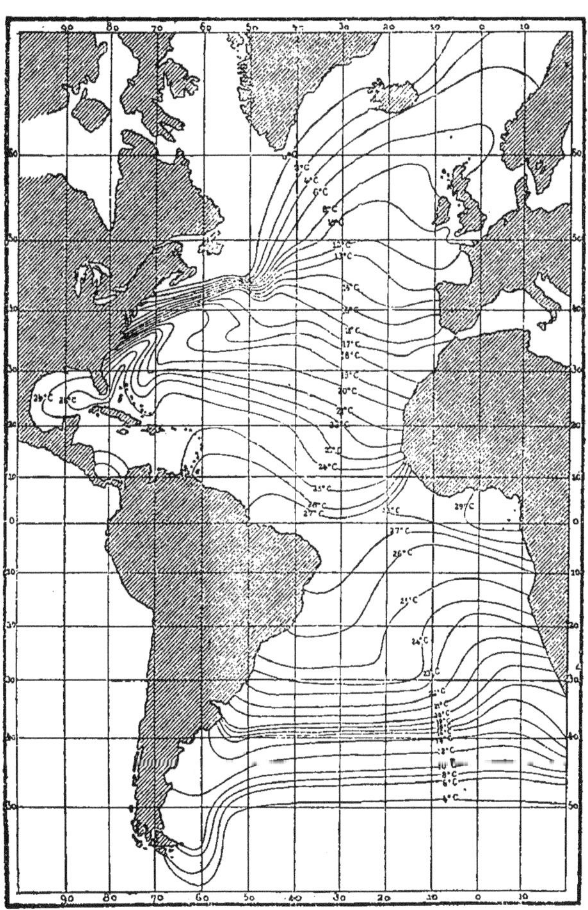

face de l'Altantique pendant le mois de mars, la marche des courants chauds venus du sud se traduit par un gonflement des isothermes vers le nord, tandis que celle des courants froids venus du nord se manifeste par une courbure en sens inverse. M. Mohn a figuré les isothermobathes de l'Océan du Nord, c'est-à-dire les intersections des surfaces d'égale température par des plans situés à 100, 200, 300, 400, 500, 600, 1000 et 1500 brasses de profondeur, et par le fond lui-même. On pourra construire de cette façon des cartes de moyennes mensuelles ou annuelles.

Quand les températures sont mesurées en séries verticales, on représente chaque série par une courbe (*fig.* 76) tracée en prenant pour abscisses les profondeurs et pour ordonnées les températures. Le seul

Fig. 76.

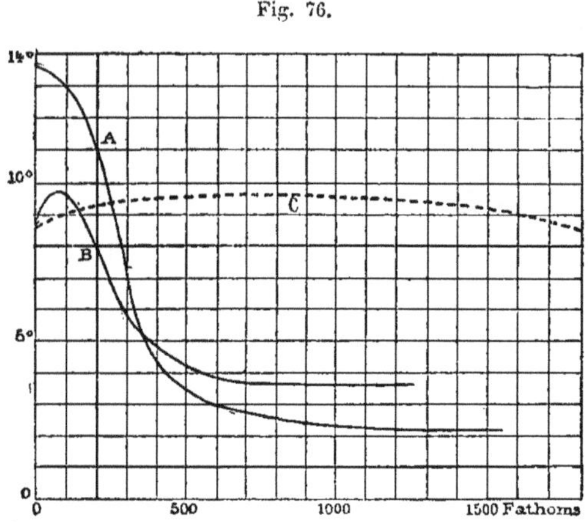

aspect de la courbe A montre que la température décroît d'abord lentement de 13°,4 à 13° entre la surface et 100 brasses, puis rapidement jusqu'à 300 brasses où elle atteint 6°,5, et enfin très lentement encore jusqu'au fond par 1530 brasses. La courbe B indique par un renflement que la température de l'eau commence par augmenter depuis la surface avec 8°,6, jusqu'à 70 brasses avec 9°,8, mais qu'elle décroît ensuite jusqu'au fond. Les courbes ont le plus souvent la forme d'une sorte de branche d'hyperbole. La température décroît plus ou moins rapidement depuis la surface, mais ensuite elle diminue jusqu'au fond avec une telle lenteur que la courbe devient presque horizontale; les inflexions indiquent la présence d'un courant chaud ou froid. Les *Reports* [1] du *Challenger* donnent une collection de 258 planches dont chacune contient le diagramme d'un sondage thermométrique en brasses (fathoms) et degrés Fahrenheit à une

[1] *Reports of the scientific results of the voyage of H. M. S. Challenger*, Physics and Chemistry, vol. I.

échelle correspondant à environ 5 mm pour 100 brasses, et 3,4 mm pour 1°.

Lorsqu'une portion de la courbe est particulièrement intéressante, ce qui arrive en général dans le voisinage de la surface, on convient que les abcisses auront une valeur dix fois moindre, de sorte que l'on peut représenter sur la même figure, la courbe à une échelle dix fois plus grande.

M. Mohn[1] marque les températures (*fig.* 77) en abcisses et les profondeurs en ordonnées.

Quelquefois encore, on se borne à tracer une sorte de coupe thermique de l'Océan en un point particulier et l'on distingue les tranches

Fig. 77.

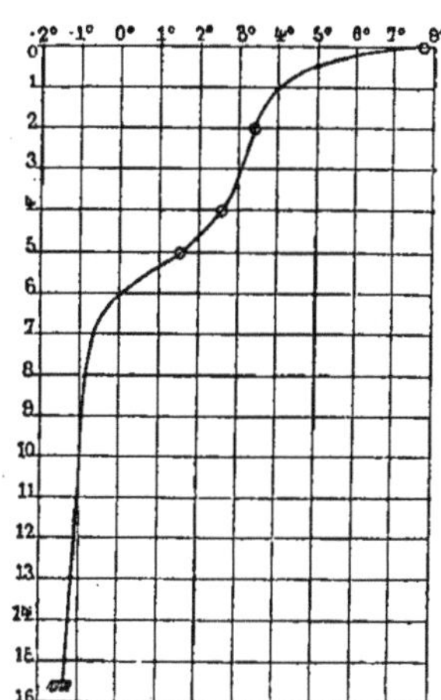

Fig. 78.

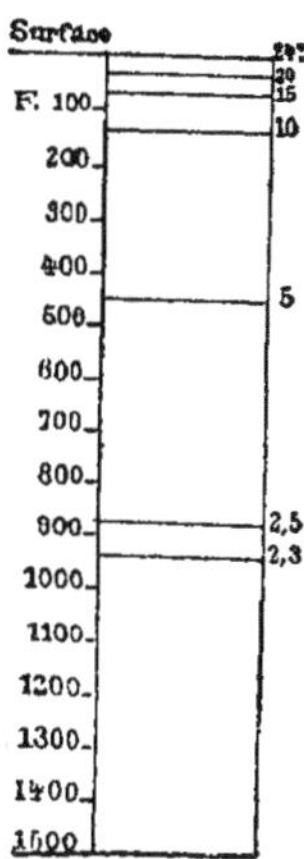

successives par des dessins particuliers ou par des teintes, ou simplement par l'indication, en chiffres, de la température. La fig. 78 montre un sondage thermique exécuté par le *Challenger* le 8 janvier 1873 dans la mer de Chine.

Diverses coupes thermiques d'un même océan peuvent être réunies. Sur des verticales espacées des distances qui séparent les localités où ont été pratiqués les sondages, ou bien d'une quantité constante égale, par exemple, à 1° de latitude ou de longitude et au-dessous

[1] H. Mohn, *The North Ocean, its depths, temperature and circulation*, the Norwegian North-Atlantic Exped., 1876-78, t. XVIII.

d'une ligne horizontale supposée être la surface de l'Océan, on prend des distances proportionnelles aux profondeurs où existent certaines températures fixes, de 5 en 5 degrés, par exemple. On joint par une ligne les points d'égale température qui donnent ainsi les isothermobathes.

Toutes ces figures gagnent beaucoup en netteté si on a soin de colorier, par exemple[1], en rose d'autant plus foncé que la température est plus élevée, les aires où la température est supérieure à 10°, en bleu d'autant plus foncé que la température est plus basse, celles comprises entre 10° et 0°, enfin en jaune celles au-dessous de 0°.

CHAPITRE II.

CHALEUR SPÉCIFIQUE ET COEFFICIENT DE DILATATION DE L'EAU DE MER.

Chaleur spécifique de l'eau de mer. — On appelle chaleur spécifique d'un liquide la quantité de chaleur nécessaire pour élever de 0° à 1° un poids de 1 kilog de ce liquide.

La mesure de la chaleur spécifique de l'eau de mer a été exécutée d'après la méthode de M. Berthelot[2] et à l'aide des instruments dont il a indiqué l'emploi. L'eau de mer recueillie au large de Fécamp a été expérimentée tantôt pure, tantôt additionnée d'eau distillée et tantôt concentrée par évaporation, sans toutefois que cette concentration ait jamais dépassé la réduction à moitié du volume primitif, de façon à être assuré, ainsi que l'ont prouvé les travaux d'Usiglio, qu'aucun sel ne s'était déposé. La mesure des densités et celle des chaleurs spécifiques ont été prises à la température de 17°,5.

On plaçait l'eau de mer rigoureusement cubée (500 cmcb) dans un calorimètre en platine; on y introduisait 50 cmcb d'eau distillée préalablement échauffée et enfermée dans une bouteille en platine. Les températures étaient prises dans le calorimètre avec un thermomètre Baudin divisé en 1/50 de degré, dans la bouteille en platine avec un

[1] John James Wild, *Thalassa*, an essay on the depth, temperature and currents of the Ocean, London, 1877.

[2] J. Thoulet et Chevallier, *Sur la chaleur spécifique de l'eau de mer à divers degrés de dilution et de concentration*, Comptes rendus de l'Académie des Sciences, CVIII, 794, 1889.

thermomètre Alvergniat divisé en 1/10 de degré. La correction de refroidissement a été faite par le procédé connu.

Les valeurs obtenues ont été réunies par une courbe sur laquelle on a ensuite mesuré les chaleurs spécifiques pour des intervalles de densité de 0,0025. Les valeurs trouvées expérimentalement sont marquées d'un astérique.

DENSITÉ.	CHALEUR spécifique.	DENSITÉ.	CHALEUR spécifique.	DENSITÉ.	CHALEUR spécifique.
1,0000	1,000	1,0175	0,949	1,0325	0,924
1,0025	0,986	1,0176	0,948 *	1,0350	0,921
1,0043	0,980 *	1,0200	0,944	1,0357	0,921 *
1,0050	0,977	1,0225	0,940	1,0375	0,917
1,0073	0,968 *	1,0232	0,939 *	1,0400	0,913
1,0075	0,968	1,0235	0,938	1,0425	0,910
1,0100	0,963	1,0250	0,935	1,0450	0,907
1,0125	0,957	1,0275	0,931	1,0463	0,903 *
1,0150	0,952	1,0290	0,927 *	1,0475	0,903
1,0153	0,951 *	1,0300	0,926	1,0500	0,900

En prenant pour densité moyenne de l'eau de mer 1,0232 correspondant à une chaleur spécifique égale à 0,939 et pour chaleur spécifique de l'air à pression invariable, c'est-à-dire en laissant celui-ci se dilater librement, la valeur 0,2374, un calcul très simple montre qu'en abaissant sa température de 1°, 1 cmcb d'eau de mer élève de 1° un volume de 3129 cmcb ou 3,1 litres d'air. Ces chiffres expliquent le rôle si puissant exercé par la mer comme régulateur des climats du globe car la chaleur que l'Océan a accumulée pendant le jour et pendant l'été est rendue à l'atmosphère pendant la nuit et pendant l'hiver.

M. F.-A. Forel[1] a calculé d'après le refroidissement du Léman en décembre 1879 la quantité de chaleur dégagée dans l'air, et il est arrivé pour la surface totale du lac, en 24 heures, à la restitution à l'air d'une quantité de chaleur égale à celle que produirait la combustion de 250000 tonnes de 1000 kilog de houille.

Coefficient de dilatation de l'eau de mer. — Le coefficient de dilatation de l'eau de mer est l'augmentation de volume que subit ce

[1] F.-A. Forel, *Le lac Léman*, 1886, p. 36.

liquide pour une augmentation de température de 1°. Ce coefficient n'est pas le même à toutes les températures, en d'autres termes, un liquide se dilate d'une façon différente entre 10° et 20°, par exemple, et 50° et 60°; en outre, le coefficient de dilatation de l'eau de mer est plus grand que celui de l'eau douce; il croît avec la quantité de sel contenue, ou en d'autres termes avec la chloruration ou avec la densité puisque les deux données sont fonctions de la teneur en sel. On le mesure en remplissant jusqu'à un repère fixe un flacon de

Fig. 79.

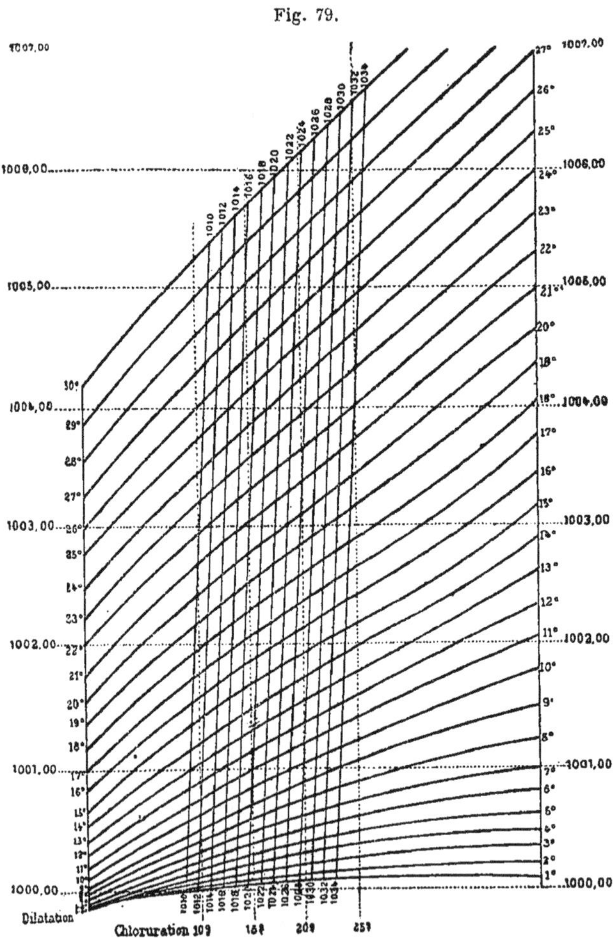

Regnault de volume connu, d'eau de mer à des températures différentes bien déterminées et en le pesant ensuite.

M. Bouquet de la Grye[1] a construit pour chaque température, de degré en degré, depuis 0° jusqu'à 30° et par rapport au volume à 0° considéré comme unité, la courbe de dilatation de l'eau de mer en prenant pour ordonnées les volumes, et pour abscisses la chloruration, c'est-à-dire le poids de chlore par litre d'eau de mer. Cette courbe (*fig.* 79) est à double courbure et la partie correspondante à la salure moyenne de la mer est à peu près droite. Il en résulte un faisceau de courbes coupées par une série de lignes droites parallèles entre elles, mais inclinées sur les axes de coordonnées, et dont chacune correspond à une même densité.

Dans des expériences faites à l'observatoire naval de Washington, en 1858, Hubbard[2] a mesuré la dilatation pour une différence de 1°, et il a trouvé les nombres suivants :

de 0° à 5°	0,00004
5° à 10°	0,00009
10° à 15°	0,00015
15° à 20°	0,00022
20° à 25°	0,00027
25° à 30°	0,00033
30°	0,00035

Le coefficient de dilatation moyen entre 0° et t° serait dès lors représenté par l'expression

$$0{,}00004 + 0{,}000006\, t. \qquad (1)$$

Le tableau précédent ne donnant que des augmentations de volume, on peut exprimer par la formule le volume de l'eau de mer à une température t en fonction du volume qu'aurait cette même eau de mer à une autre température quelconque prise comme unité. Hubbard a construit ainsi des tables pour t variant de—5°,6 à 93°,3, en prenant pour unité le volume de l'eau de mer à 15°,56 = 60° F. On lui a reproché d'avoir employé des volumes d'eau trop considérables, difficiles à maintenir en parfait équilibre de température et de s'être servi dans ses calculs du coefficient de dilatation du mercure un peu inexact de Dulong et Petit.

[1] Bouquet de la Grye, *Recherches sur la chloruration de l'eau de mer*, Annales de Chimie et de Physique, 5, t. XXV, 1882, p. 30.
[2] Maury's, *Sailing Directions*, 1858.

Les océanographes allemands, autrichiens et norvégiens ont préféré comme unité de volume celui de l'eau de mer à la température de 17°,5 = 14° R = 63°,5 F. M. Karsten[1] a exécuté de nouvelles expériences d'après cette donnée et calculé une table adoptée par la Commission d'études des mers allemandes, par la marine et par les observatoires maritimes allemands. Il admet que par rapport au volume de l'eau de mer à 17°,5 pris comme unité, le volume à t est exprimé par la formule empirique

$$V_t = 0{,}99746 + 0{,}00004\,t + 0{,}000006\,t^2. \qquad (2)$$

Thorpe et Rücker[2], en 1876, ont fait de nouvelles expériences sur une eau de mer ayant une densité de 1,02867 à 0° et en adoptant pour unité le volume de cette eau à 0°, sont arrivés à la formule suivante, applicable entre 0° et 36°.

$$V_{\frac{t}{0}} = 1 + 0{,}000057682\,t + 0{,}0000060715\,t^2 - 0{,}000000032983\,t^3. \quad (3)$$

Rosetti[3] admet la formule :

$$V_{\frac{t}{0}} = 1 + 0{,}00000837991\,(t - 4^{\circ})^2 - 0{,}000000378702\,(t - 4^{\circ})^{2,6} + 0{,}0000000224329\,(t - 4^{\circ})^3.$$

M. Tornöe[4], après avoir constaté les différences existant dans les valeurs fournies par les tables de Hubbard, Ekmann[5], Karsten, Thorpe et Rücker, différences qui dans certains cas dépassent 0,00004, a dressé lui-même de nouvelles tables en déterminant avec les précautions les plus grandes le coefficient de dilatation de divers échantillons d'eau de mer recueillis par lui pendant l'expédition du *Vöringen* et ayant un poids spécifique de 1,027 environ. Il arrive à

[1] G. Karsten, *Tafeln für Berechnung der Beobachtungen an den Küstenstationen*, u. s. w., Kiel, 1874.

[2] Proc. Roy Society, t. XXIV.

[3] Siegm. Günther, *Lehrbuch der Geophysik*, etc., II, 352.

[4] H. Tornöe, *Chemistry*, den Norske nordhavs Expedition 1876-78. The Norwegian North-Atlantic Expedition 1876-78.

[5] Kong-Svenska Vetenskapsak Handlingar, 1870. 1.

l'expression suivante pour le volume $V_{\frac{t}{0}}$ de l'eau de mer à t^o en représentant par 1 le volume de cette eau à 0°

$$V_{\frac{t}{0}} = 1 + 0,000052733\, t + 0,0000061738\, t^2 - 0,00000003752\, t^3. \quad (4)$$

Cette formule a servi à dresser la table suivante donnant le rapport $V_{\frac{t}{0}}$ de l'unité de volume d'eau de mer à la température t, au même volume d'eau de mer à la température de 0°.

Tableau donnant le rapport $\frac{V_t}{V_0}$ d'un volume d'eau de mer à la température t au même volume d'eau de mer à la température de 0°.

	0.0	0.1	0.2	0.3	0.4	0.5	0.6	0.7	0.8	0.9
— 4	0.99989	0.99989	0.99989	0.99989	0.99989	0.99989	0.99989	0.99989	0.99989	0.99989
— 3	0.99990	0.99990	0.99990	0.99990	0.99990	0.99991	0.99991	0.99991	0.99991	0.99991
— 2	0.99992	0.99992	0.99993	0.99993	0.99993	0.99993	0.99994	0.99994	0.99994	0.99995
— 1	0.99995	0.99995	0.99996	0.99996	0.99997	0.99997	0.99998	0.99998	0.99999	0.99999
0	1.00000	1.00001	1.00001	1.00002	1.00002	1.00002	1.00003	1.00004	1.00004	1.00005
1	1.00006	1.00007	1.00007	1.00008	1.00009	1.00009	1.00010	1.00011	1.00012	1.00012
2	1.00013	1.00014	1.00015	1.00015	1.00016	1.00017	1.00018	1.00019	1.00019	1.00020
3	1.00021	1.00022	1.00023	1.00024	1.00025	1.00026	1.00027	1.00028	1.00029	1.00030
4	1.00031	1.00032	1.00033	1.00034	1.00035	1.00036	1.00037	1.00038	1.00039	1.00040
5	1.00041	1.00042	1.00043	1.00045	1.00046	1.00047	1.00048	1.00049	1.00051	1.00052
6	1.00053	1.00054	1.00056	1.00057	1.00058	1.00059	1.00061	1.00062	1.00063	1.00065
7	1.00066	1.00067	1.00069	1.00070	1.00072	1.00073	1.00074	1.00076	1.00077	1.00079
8	1.00080	1.00081	1.00083	1.00084	1.00086	1.00087	1.00089	1.00090	1.00092	1.00093
9	1.00095	1.00097	1.00098	1.00100	1.00101	1.00103	1.00105	1.00106	1.00108	1.00109
10	1.00111	1.00113	1.00114	1.00116	1.00118	1.00119	1.00120	1.00123	1.00125	1.00127
11	1.00128	1.00130	1.00132	1.00133	1.00135	1.00137	1.00139	1.00141	1.00142	1.00144
12	1.00146	1.00148	1.00150	1.00152	1.00154	1.00155	1.00157	1.00159	1.00161	1.00163
13	1.00165	1.00167	1.00169	1.00171	1.00173	1.00175	1.00177	1.00179	1.00181	1.00183
14	1.00185	1.00187	1.00189	1.00191	1.00193	1.00195	1.00197	1.00199	1.00201	1.00203
15	1.00205	1.00207	1.00209	1.00212	1.00214	1.00216	1.00218	1.00220	1.00223	1.00225
16	1.00227	1.00229	1.00232	1.00234	1.00236	1.00238	1.00241	1.00243	1.00245	1.00248
17	1.00250	1.00252	1.00255	1.00257	1.00259	1.00261	1.00264	1.00266	1.00268	1.00271
18	1.00273	1.00275	1.00278	1.00280	1.00283	1.00285	1.00287	1.00290	1.00292	1.00295
19	1.00297	1.00299	1.00302	1.00304	1.00307	1.00309	1.00312	1.00314	1.00317	1.00319
20	1.00322									

CHAPITRE III.

DISTRIBUTION DES TEMPÉRATURES.

Température de surface de l'Océan. — La température de surface de la mer dépend d'un nombre considérable de conditions parmi lesquelles la latitude, le climat, les vents, la conductibilité de l'eau, les vents dominants, la communication plus ou moins libre avec les mers glaciales et surtout les courants.

Les rayons du soleil ne pénètrent guère dans l'eau au delà d'une centaine de mètres et comme l'eau est très mauvaise conductrice de la chaleur, si la mer était absolument immobile, il est probable que cette épaisseur serait celle de la zone à température variable selon la saison. En réalité il en est autrement, et la chaleur est distribuée dans une portion beaucoup plus importante de la masse océanique. Les vagues dont le mouvement se fait sentir à une profondeur assez grande brassent sans cesse les eaux froides et les eaux chaudes; en outre les particules d'eau échauffées et évaporées à la surface deviennent plus riches en sel, c'est-à-dire plus lourdes, et tendent à descendre en transportant avec elles une certaine quantité de chaleur.

La température diminue de l'équateur aux pôles d'abord assez lentement entre les tropiques et ensuite plus rapidement à mesure qu'on s'élève en latitude, mais la diminution est loin d'être régulière et elle subit des variations se rapportant à la climatologie générale, aux différences existant entre les températures du jour et de la nuit, de l'été et de l'hiver, ainsi qu'à la durée des vents réguliers dont la température est à peu près constante.

La température moyenne d'un océan, à la surface, sera d'autant plus basse que celui-ci sera en communication plus ouverte avec les mers glaciales. C'est ainsi que les portions de l'Atlantique et du Pacifique situées dans l'hémisphère nord sont protégées contre un mélange d'eaux glacées par le rapprochement des continents américain et asiatique et le peu de largeur du détroit de Behring; la présence d'un seuil sous-marin comme celui qui rejoint par une ligne continue le nord de l'Écosse, les Shetland, les Faeröer et l'Islande agit de la même façon.

La température dépend surtout des courants marins; on pourrait presque dire que le phénomène est le même. Les isothermes se relèvent vers les pôles le long des courants chauds et se rapprochent de l'équateur le long des courants froids. Leur tracé est variable selon qu'elles représentent des moyennes de températures mensuelles ou annuelles, car en ces saisons différentes, les courants subissent aussi des variations considérables de volume, de vitesse et de direction ; les courants chauds acquièrent la prépondérance vers la fin de l'été et les courants froids vers la fin de l'hiver.

Les deux régions où la surface de la mer possède la température la plus élevée sont situées l'une sur la côte est de l'Amérique du Sud, entre Cayenne et le Para, et l'autre sur la côte occidentale d'Afrique, entre Freetown et Cape-Coast-Castle, toutes deux au nord de l'équateur avec une température moyenne annuelle de 28°. La température moyenne de surface de tout l'Atlantique est de 20°,7, celle de l'Atlantique sud de 17°,5 seulement. La température est donc plus élevée dans la partie nord que dans la partie sud, et il en est de même pour le Pacifique et l'océan Indien.

Pour ces deux derniers océans, on est moins bien renseigné que pour l'Atlantique si étudié depuis les travaux de Koldewey, Toynbee, Cornelissen, Andrau, Robert H. Scott et l'*Atlas des Atlantischen Ozeans* du *Deutsche Seewarte*. Cependant, on peut affirmer que la surface de l'Atlantique nord est plus chaude que celle du Pacifique nord, et celle de l'Atlantique sud plus froide que celle du Pacifique sud. Dans la zone tropicale, l'océan Indien est la mer la plus chaude et l'Atlantique la mer la plus froide.

Les températures de la mer à la surface et sur tout l'espace océanique du globe sont comprises entre — 3°,67 environ, point de congélation moyen de l'eau salée et 32° ; l'intervalle est donc de 36°. Les plus fortes températures se rencontrent, en outre des localités citées précédemment, dans la mer des Antilles, le golfe du Mexique, la mer Rouge, le golfe Persique, le golfe du Bengale, la mer de Chine, les petites mers de la Malaisie et le vaste bassin qui s'étend à l'est des Philippines. La plus haute température enregistrée par le *Challenger* est 31°,1, le 21 octobre 1874, dans la mer de Célèbes, et la plus basse — 2°,8 vers 65° latitude sud, dans le voisinage d'icebergs.

Température comparée de la mer et de l'air. — La chaleur solaire qui arrive à la surface des continents n'y pénètre qu'à une très faible profondeur. On a calculé qu'à Paris la chaleur mettait 38 jours à traverser une épaisseur de 1 mètre de sol ; à 10 mètres de profondeur, la température est absolument constante. Cette épaisseur sensible aux variations de la température est si faible que la terre s'échauffe et se refroidit rapidement.

Les propriétés physiques de l'eau font qu'il en est tout autrement pour l'Océan. La chaleur spécifique de l'eau, si considérable par rapport à celle de l'air, a pour conséquence l'échauffement lent et le refroidissement lent de la mer. La surface de l'Océan réfléchit une grande partie de la chaleur incidente ; de plus, la vapeur d'eau étant opaque aux radiations obscures, la chaleur réfléchie se maintient dans les couches d'air les plus inférieures et les plus saturées d'humidité. Une portion notable de la chaleur reçue sert à produire une évaporation et, par conséquent, n'est pas employée à élever la température de la masse liquide. L'eau dont une partie est évaporée devient plus lourde et, par suite, tend à descendre à un niveau inférieur. Par contre, à cause de sa mauvaise conductibilité et par ce motif que l'eau s'étant échauffée elle est devenue plus légère, il se produit un effet inverse du précédent ; enfin, l'eau de surface refroidie au contact de l'air, et par conséquent alourdie, rencontre en descendant des couches d'eau moins froide qui la réchauffent, ralentissent et même arrêtent son mouvement de descente ; ces actions se compensent et en définitive la chaleur ne pénètre pas très profondément dans la mer. L'évaporation pendant le jour et pendant l'été empêche la température de s'élever beaucoup, les couches refroidies pendant la nuit et pendant l'hiver s'enfoncent, sont remplacées par des couches plus chaudes et de la sorte l'Océan ne subit jamais un bien grand refroidissement. Les variations du climat sont très atténuées au sein de la masse d'eau et la couche à température constante s'y rencontre à une profondeur plus grande il est vrai qu'à la surface des continents mais encore relativement faible.

L'air, au contraire, possède une extrême mobilité ; toute portion dont la température est devenue plus haute pour une cause quelconque, se déplace aussitôt et est remplacée par des portions plus froides. Le brassage opéré par les vents est très rapide et très intime. La majorité des circonstances tend donc à faire de la mer l'agent régulateur de la climatologie du globe. Entre la surface de l'eau et la couche d'air immédiatement sus-jacente il ne peut exister de différences de température considérables et si elles venaient à se produire, elles ne sauraient persister. L'équilibre de la température est bien plus stable au-dessus des mers qu'au-dessus des continents.

D'une façon générale, les continents sont plus froids que la mer en hiver et plus chauds en été; il en résulte que pendant l'été, l'air dilaté au-dessus des continents, surtout dans le voisinage des tropiques, s'élève et il se produit ainsi trois centres de dépression barométrique continentaux, au Mexique, dans le Sahara et dans le désert de Gobi en Asie, vers lesquels se dirigent les vents. Le phénomène inverse a lieu en hiver et les vents convergent alors des continents froids vers les centres océaniques de dépression situés dans le Pacifique et au voisinage des Açores.

La température de surface de la mer se mesure très exactement et très aisément tandis qu'à bord d'un navire, lorsqu'on veut déterminer la température de l'air, il est difficile de trouver une place où le thermomètre ne soit pas influencé par un rayonnement.

La relation entre la température de l'air et celle de la surface de l'Océan dépend de la latitude et de la saison. Horner et Langsdorf[1], à bord de la *Neva* (1802-1804), ont fait d'heure en heure des observations de température de l'air dans le Pacifique; ils ont reconnu que le maximum thermométrique a lieu à 1 heure de l'après-midi, le minimum à 5 heures du matin avec une amplitude de variation égale à 0°,9.

Ed. Lenz sur l'*Achta* et von Schrenck sur l' *Aurora* (1853-1854), dans les régions tropicales de l'Atlantique et du Pacifique, ont trouvé le maximum diurne un quart d'heure ou une demi-heure avant midi, le minimum vers 4 heures du matin, avec une amplitude de 1° à 1°,5; entre 28° et 52° latitude nord, le maximum avait lieu à 1 heure de l'après-midi, le minimum à 5 heures du matin avec une amplitude de 1°,8.

Toynbee, pour l'Atlantique, entre 0° et 10° latitude nord, 20° et 30° longitude W (Greenwich, carré 3) fixe pendant tous les mois de l'année le maximum à 1 heure de l'après-midi et le minimum à 4 heures du matin avec une amplitude de 2°.

Sur les continents, le maximum thermométrique a lieu entre

[1] Georg von Boguslawski, *Handbuch der Ozeanographie*, t. I, p. 222.

2 et 3 heures de l'après-midi, c'est-à-dire après l'heure du maximum sur l'Océan et le minimum presque aussitôt après le lever du soleil, c'est-à-dire plus tard encore que sur mer où il précède toujours le lever du soleil. L'amplitude des variations, qui n'atteint jamais 2° sur les océans, varie entre 5° et 17° sur les continents où la moyenne annuelle de température de l'air est toujours plus basse que sur la mer.

Les courbes isothermes à la surface terrestre, en hiver, s'élèvent plus vers les pôles et en été se rapprochent davantage de l'équateur au-dessus des continents qu'au-dessus des océans.

L'eau de surface est en général plus chaude de 1° environ que la couche d'air qui la recouvre immédiatement. On n'a guère de données précises à ce sujet que pour l'Atlantique dans sa partie équatoriale entre 20° nord et 10° sud et aux environs du cap de Bonne-Espérance par les travaux du *Meteorological Office* de Londres, dans sa partie nord entre la Manche et les Açores, par ceux du *Deutsche Seewarte* de Hambourg ; enfin, pour la partie sud, par ceux de l'Institut météorologique des Pays-Bas à Utrecht. Les observations relatives à l'océan Indien et aux mers polaires, quoique nombreuses, ne sont pas suffisamment dignes de foi. On peut dire qu'entre les latitudes de 50° nord et 50° sud, dans les océans ouverts, l'eau est plus chaude que l'air, mais l'inverse a lieu dans certaines circonstances, au-dessus des courants froids, par exemple, ou bien dans le voisinage d'icebergs. Les saisons exercent aussi une influence ; car, d'après Toynbee, qui a recueilli et discuté 25000 observations se rapportant à l'Atlantique nord, dans cette portion d'océan, l'air est plus froid que la mer en automne, plus chaud en été et de température égale au printemps.

Distribution de la température dans une nappe d'eau douce. — Le régime thermique des nappes d'eau douce est tout entier la conséquence de ce fait que l'eau qui se congèle à zéro présente vers 4° son maximum de densité, c'est-à-dire devient alors plus pesante qu'aux températures plus hautes ou plus basses. Comme une masse liquide se stratifie toujours par ordre de densités croissantes de haut en bas, les lacs pourront présenter deux sortes de stratifications, l'une directe quand la température tendant vers 4° diminuera avec la profondeur, l'autre inverse lorsque la température comprise entre 4° et le point de congélation, augmentera avec la profondeur.

Dans les considérations qui vont suivre, nous prendrons surtout comme exemple le lac de Genève, le plus grand et de beaucoup le plus étudié et le mieux connu des lacs d'Europe.

Un lac profond possède trois régions thermiques distinctes : une région profonde, une région moyenne et une région superficielle.

La région profonde commençant à une distance de 100 ou 150 m de la surface est à une température très voisine de 4°, les variations y sont très faibles et de périodicité longue et irrégulière. Dans le Léman[1] dont la profondeur atteint 344 m, les extrêmes de température profonde de 1879 à 1886 ont été de 4°,6 à 5°,6, soit une variation maximum de 1°.

La région moyenne comprise dans le Léman entre 10 m et 100 ou 150 m subit des variations annuelles. L'eau est échauffée par l'air en été, la chaleur se propage de haut en bas et le lac se stratifie en couches d'autant plus chaudes qu'elles sont plus rapprochées de la surface. Pendant l'automne, tant que la température, quoique se refroidissant, reste supérieure à 4°, l'eau superficielle refroidie et par conséquent alourdie, descend, fait place à des couches plus chaudes qui se refroidissent à leur tour, descendent et le mouvement se continue jusqu'à formation entre la surface et le fond d'une couche à température uniforme de 4°.

La couche superficielle de 10 à 15 m d'épaisseur, dans le Léman, se refroidit la nuit, se réchauffe le jour ; elle subit donc des variations annuelles et diurnes ; ces dernières, pendant l'été, ne dépassent guère 2 ou 3 degrés. L'étude des variations de cette couche se rattache étroitement à la météorologie.

Les couches isothermes ne sont pas toujours horizontales[2] : elles se relèvent par exemple de Villeneuve à Yvoire, c'est-à-dire qu'à profondeur égale l'eau est plus chaude à l'extrémité orientale du lac de Genève qu'à l'extrémité occidentale, ce que M. Forel attribue à l'excès de densité des eaux rendues troubles par les alluvions du Rhône et qui, à même température, descendent plus bas que les eaux pures du lac. D'autres causes encore peuvent donner lieu à une

[1] F.-A. Forel, *La température des eaux profondes du lac Léman*, Comptes rendus de l'Académie des Sciences du 5 juillet 1886.

[2] F.-A. Forel, *Sur l'inclinaison des couches isothermes dans les eaux profondes du lac Léman*, Comptes rendus de l'Académie des Sciences du 22 mars 1886.

forme ondulée des surfaces isothermes constatée par M. Thoulet[1] au lac de Longemer, dans les Vosges, où elle est due à l'eau d'un affluent, la Vologne. Cette eau n'est pas chargée de sédiments, mais elle arrive à l'une des extrémités du lac, se déverse sans s'y mélanger immédiatement sur la couche d'eau lacustre à même température qu'elle, la fait osciller sous son poids et le mouvement ondulatoire se communique quoique en s'affaiblissant aux couches sous-jacentes plus froides. La vérification synthétique expérimentale du phénomène s'exécute avec une grande facilité.

Fig. 80.

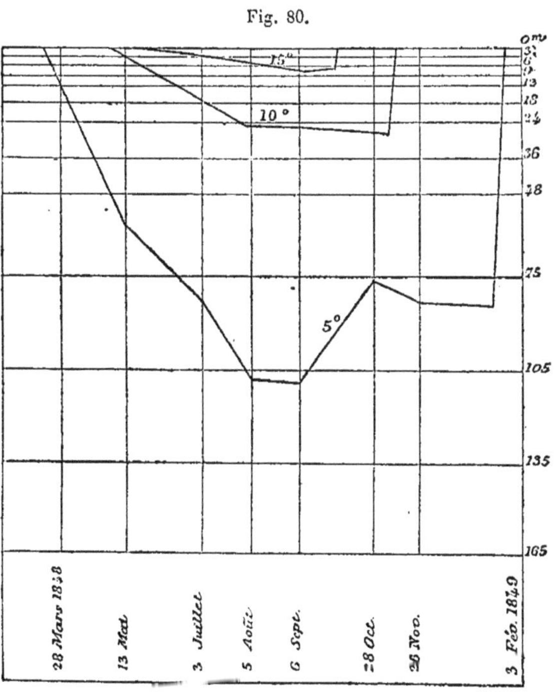

Le mélange thermique des eaux d'un lac se fait aussi mécaniquement sous l'action des vents qui créent une dénivellation des eaux supérieures tendant à s'équilibrer par un afflux d'eau profonde apparaissant à la surface. M. John Murray a reconnu le phénomène dans les lacs d'Écosse et même dans l'Atlantique[2].

[1] J. Thoulet, *Distribution des températures profondes dans le lac de Longemer (Vosges)*, Comptes rend. Acad. sc., CX, p. 58, 1890.

[2] F.-A. Forel, *Le lac Léman, précis scientifique*, 1 vol. in-8. Genève 1880, et John

Pour représenter graphiquement les variations annuelles des isothermes on prend au même endroit du lac à diverses reprises, pendant toute l'année et au moins une fois par mois, la série verticale des températures de 5 en 5 m ou de 10 en 10 m. On porte en ordonnées les profondeurs tandis que les jours sont comptés en abscisses à raison d'une longueur constante pour chacun d'eux. Sur l'ordonnée correspondant à la date de l'expérience et à des distances verticales proportionnelles aux profondeurs, on marque les températures mesurées. On joint les points d'égale température et l'on a ainsi le tableau des variations annuelles en profondeur. L'inclinaison des courbes montre la rapidité relative avec laquelle se déplacent les couches isothermes dans le sens vertical. La figure 80 représente les variations isothermes annuelles du lac de Thoune en 1848-49 mesurées par MM. Fischer-Ooster et C. Brunner [1].

Les couches superficielles d'un lac subissent des variations de températures différentes selon qu'il s'agit de la région voisine des bords ou de la région pélagique. Dans ce dernier cas, la stratification thermique se fait en hauteur, par ordre de densités croissantes de haut en bas sous l'influence des variations de température de l'air, l'eau plus lourde descendant tandis que l'eau plus légère remonte. Or, sur les bords du lac, la faible profondeur s'oppose au mouvement vertical et en été, l'eau restant relativement stagnante s'y échauffe davantage tandis qu'en hiver elle s'y refroidit davantage. La congélation commence toujours sur les bords. Il en résulte un phénomène intéressant sur lequel M. Forel a appelé l'attention [2], celui de la barre thermique des lacs.

Supposons que l'air possède une température de 0°, inférieure par conséquent à 4°. Dans la région littorale, l'eau aura 0°,5 immédiatement contre la rive et 7°, par exemple, au large. En s'avançant du bord au centre du lac, on trouvera nécessairement à la surface les températures distribuées dans l'ordre successif 0°,5, 1°, 2°, 3°, 4° de

Murray, *On the effects of winds on the distribution of temperature in the sea and fresh water lochs of the west of Scotland*, the Scot. Geogr. Mag. July, 1888.

[1] F.-A. Forel, *Températures lacustres; recherches sur la température du lac Léman et d'autres lacs d'eau douce*, Archives des Sciences physiques et naturelles de Genève, 3e période, t. IV, 15 août 1880.

[2] F.-A. Forel, *La faune profonde des lacs suisses*, Mémoire couronné par la Société helvétique des Sciences naturelles, vol. XXIX, 2e livre, p. 19, 1885.

A en B (*fig.* 81), mais ensuite cette dernière, à 4°, devra s'infléchir en profondeur à la fois du côté de la côte et du côté du large, de B en C, où les couches offriront de la surface au fond l'ordre 7°, 6°, 5°, 4°. L'eau à 4°, à l'état de barre thermique, s'écoulera par un courant descendant le long des talus du lac et gagnera les grands fonds par

Fig. 81.

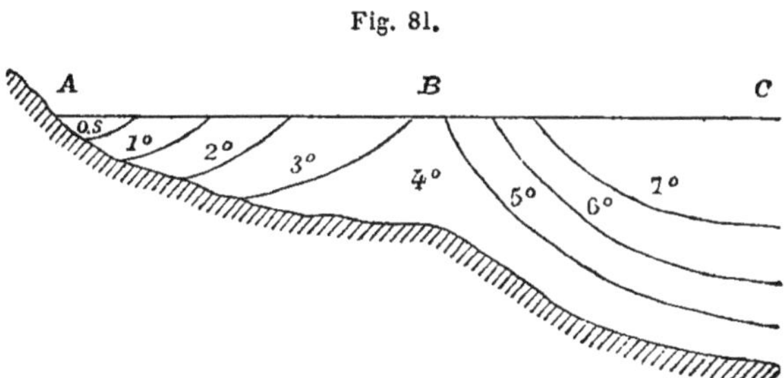

dessous lesquels elle s'étalera. Dans le Léman, M. Forel lui a trouvé, le 23 mars 1880, une épaisseur de 50 m avec une température de 4°,4. Le fait d'avoir constaté en été au fond du lac une température de 4°,6 prouverait que cette eau se réchauffe au contact du sol sous-jacent ou de l'eau sus-jacente, l'un et l'autre plus chauds.

En plein hiver, lorsque la température de l'air s'abaisse au-dessous de zéro, après que la masse totale du lac est parvenue à 4°, le refroidissement de l'eau se continue par les couches supérieures tout en ne se propageant dans les profondeurs que par convection, c'est-à-dire d'une façon extrêmement lente[1]. En effet, l'eau devient alors plus légère en se refroidissant et il ne se produit plus aucun mouvement dans le sens vertical. La stratification thermique d'hiver est inverse de la stratification d'été : dans le premier cas, les couches sont de plus en plus chaudes à mesure qu'on descend ; dans le second, les couches sont de plus en plus froides.

Dès que l'eau est parvenue à une température un peu inférieure à zéro, elle se congèle et nous avons vu pourquoi le phénomène commence toujours par les bords ; la croûte glacée se développe, gagne progressivement le centre, de grands radeaux de glace apparaissent, se soudent, se disloquent, augmentent d'épaisseur, se superposent, et le lac finit par se prendre dans toute son étendue.

[1] F.-A. Forel, *La congélation des lacs suisses et savoyards pendant l'hiver* 1879-1880, Écho des Alpes, n°ˢ 2 et 3, 1880.

En Europe, certains lacs se congèlent entièrement chaque année, d'autres se congèlent rarement, soit partiellement comme les lacs des Quatre-Cantons et le Léman, soit totalement comme les lacs de Morat, de Bienne, de Zurich, de Zug, de Neuchâtel, de Constance, d'Annecy, de Thoune et de Brienz ; d'autres enfin comme les lacs de Walenstadt et du Bourget, sont réfractaires à toute congélation. La congélation d'un lac sera d'autant plus hâtive ou plus fréquente que le lac est moins profond, que ses talus sont moins inclinés, que son altitude est plus élevée, que sa latitude est plus éloignée de l'équateur, qu'il est dans une région moins protégée contre les vents, que ses bords sont encaissés dans une vallée à parois moins abruptes contre les flancs de laquelle l'air atmosphérique se refroidit davantage, qu'il a emmagasiné moins de chaleur dans l'été précédent, qu'il s'est écoulé moins d'années depuis le dernier hiver froid et enfin qu'il y a eu durant l'hiver moins de soleil pendant le jour et moins de nuages pendant la nuit.

Le cas de stratification thermique le plus compliqué a été observé par M. Forel[1] sur le lac de Genève les 14 et 15 février 1888. Pendant une abondante chute de neige, l'eau se recouvrit de flocons de neige en masse pressée, formant de grands radeaux inconsistants, mous, flexibles, accumulés en certains points par le jeu des vagues et des courants et qui persistèrent environ 14 heures. L'eau de surface était en ce moment à 5° et par conséquent au-dessus de la température du maximum de densité. Entre les flocons à zéro et la couche à 5°, l'eau devait présenter de haut en bas l'ordre de stratification 0°, 1°, 2°, 3°, 4°, 5°, 4°, c'est-à-dire une stratification inverse recouvrant une stratification directe. Dans ces conditions, l'équilibre est évidemment instable, mais d'après M. Forel, il est maintenu d'une manière permanente par l'entretien, grâce à la fusion continue de la neige, de la mince couche d'eau à 4° séparant les deux stratifications.

En résumé et d'une façon générale, l'économie thermique d'une masse d'eau douce est le reflet, atténué il est vrai, de l'économie thermique de l'atmosphère qui la recouvre ; elle est instable. Les nappes isothermes n'existent pas en réalité et ne sont que des

[1] F.-A. Forel, *Glaçons de neige tenant sur l'eau du lac Léman*, Bulletin de la Société Vaudoise des Sciences naturelles, XXIV, 98.

moyennes de variations à un certain moment; il n'y a donc rien d'étonnant à ce qu'elles ne soient ni horizontales ni à une profondeur constante en un même point. L'eau ne serait immobile que sous un climat absolument uniforme et qui n'existe nulle part à la surface du globe; sous un climat variable, l'eau est continuellement en mouvement; il en est par conséquent de même des isothermes. Le mouvement de celles-ci sera différent dans chaque lac particulier parce qu'il est fonction complexe d'éléments divers, le climat, les affluents, les vents, la configuration topographique, car, à supposer toutes choses égales d'ailleurs et à même volume d'eau, un lac profond et un lac plat ne se comporteront évidemment pas d'une façon identique. Le fait du maximum de densité à 4° apporte une nouvelle complication à cet état perpétuel d'instabilité des eaux douces et la distribution verticale de la chaleur, en un point déterminé, est beaucoup plus régulière dans l'Océan que dans un lac.

En se basant sur le mode de stratification thermique et sur les variations annuelles de température, M. Forel classe les lacs de la façon suivante[1] :

1er *type :* **Lacs tropicaux.** — Stratification thermique directe.

1re *classe. — Lacs de grande profondeur.* — Eaux inférieures de température invariable au-dessus de 4°. Ex. : lac Léman.

2e *classe. — Lacs de faible profondeur.* — Eaux inférieures de température variable au-dessus de 4°.

2e *type :* **Lacs tempérés.** — Stratification thermique alternante.

1re *classe. — Lacs de grande profondeur.* — Eaux inférieures invariables à 4°. Ex. : lac de Constance.

2e *classe. — Lacs de faible profondeur.* — Eaux inférieures variables au-dessus et au-dessous de 4°. Ex. : lac de Morat.

3e *type :* **Lacs polaires.** — Stratification thermique inverse.

1re *classe. — Lacs de grande profondeur.* — Eaux inférieures invariables, au-dessous de 4°.

[1] F.-A. Forel, *Classification thermique des lacs d'eau douce*, Comptes rendus de l'Académie des Sciences du 18 mars 1889.

2e *classe*. — *Lacs de faible profondeur*. — Eaux inférieures variables, au-dessous de 4°.

Distribution verticale de la température au sein des océans. — Dans la pensée que l'eau salée possédait comme l'eau douce une densité maximum à + 4°, on avait d'abord admis que le fond de l'Océan avait partout cette température. Mais cette supposition énoncée par James Ross en 1840-43 et soutenue par Herschell tomba lorsque les physiciens eurent reconnu que l'eau de mer avait un maximum de densité à des températures plus basses que l'eau douce et d'autant plus basses que la proportion du sel contenu était plus considérable. Le véritable début des études exactes de thermométrie sous-marine date de l'invention des instruments précis et protégés contre la pression de Miller-Casella et Negretti et Zambra.

Boguslawski [1] formule de la façon suivante les lois qui règlent la distribution de la température dans les profondeurs :

I. La température de l'eau de mer diminue en général de la surface au fond, d'abord assez rapidement ensuite très lentement jusqu'à une profondeur commençant selon les localités de 700 à 1 100 m et où règne une température de + 4°. De là elle s'abaisse encore plus lentement jusqu'au fond. Au fond, sous les zones tempérées aussi bien que sous les zones tropicales, dans les grandes profondeurs atteignant 5 500 m, elle est généralement comprise entre 0° et + 2°, dans les régions polaires elle descend jusqu'à — 2°,5.

II. La température de chaque portion du sol sous-marin et de la couche d'eau plus ou moins épaisse qui la recouvre immédiatement et est en libre communication avec l'une ou l'autre des mers polaires est inférieure à celle qui résulterait de la température moyenne d'hiver la plus basse à la surface; elle est à peine plus élevée que celle du fond dans les mers polaires.

III. L'abaissement général de la température dans les grandes profondeurs ne peut résulter des courants froids de surface relativement peu puissants qui, sortant des mers polaires, coulent vers

[1] Georg von Boguslawski, *Handbuch der Ozeanographie*, I, 243.

l'équateur pour compenser les courants chauds de dérive arrivant des latitudes basses. Cet abaissement est la conséquence d'un mouvement des pôles à l'équateur, puissant mais lent, de toutes les couches d'eau inférieures dont l'épaisseur à partir du fond est d'environ 3 660 m. Les eaux profondes froides, aux latitudes basses et même à l'équateur, sont ainsi soulevées jusqu'à la surface.

IV. Plus la communication avec les mers polaires est considérable et libre et plus les températures des profondeurs et du fond sont basses. Dans le Pacifique et l'océan Indien, à latitude et à profondeur égales, elles sont en général inférieures à celles de l'Atlantique en communication moins libre avec l'Océan antarctique. De même les portions méridionales des océans sont plus froides que les portions septentrionales parce que la communication avec la mer Polaire du nord, quand elle n'est pas nulle comme pour l'océan Indien, est beaucoup moins libre que celle avec la mer Polaire du sud.

V. La température du fond, dans les mers polaires, est de — 2° à — 3°, dans leur voisinage 0 à — 1°,5; aux latitudes septentrionales moyennes et inférieures, à une profondeur variant de 3 650 à 5 500 m, de + 1° à + 2°; sous l'équateur et aux latitudes méridionales, elle est fréquemment inférieure car elle ne dépasse guère 0° et est même souvent plus basse.

VI. Par suite de circonstances physico-géographiques locales et de la forme du relief sous-marin, on constate dans certaines parties des océans des phénomènes différents de ceux énoncés plus haut.

a) Dans les mers polaires et sur leurs rivages, la température à la surface et aux faibles profondeurs est quelquefois inférieure à celle des couches plus profondes; souvent aussi une couche plus froide est intercalée entre deux autres couches plus chaudes.

b) Dans les mers intérieures profondes qui sont comme la Méditerranée, par exemple, isolées de l'Océan par un seuil sous-marin, la distribution de la température depuis la surface jusqu'au fond offre des conditions spéciales. La température diminue depuis la surface jusqu'à la nappe d'eau commune à l'Océan et à la Méditerranée, mais de là jusqu'au fond, elle demeure invariable et égale à la température d'hiver la plus basse. La figure 82 montre une coupe longitudinale du détroit de Gibraltar [1]. Telle est la raison pour laquelle les grandes profondeurs de la Méditerranée et de la mer Rouge sont chaudes tandis que celles de la mer d'Okhotsk sont froides.

Fig. 82.

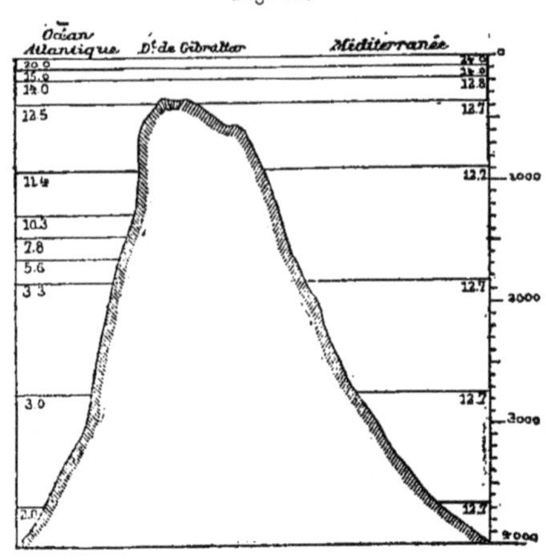

c) On observe les mêmes phénomènes dans la portion occidentale de l'océan Pacifique et dans l'archipel des Indes orientales dont le fond, à partir d'une profondeur déterminée est isolé de la communication avec l'Océan par des récifs ou des élévations sous-marines. Depuis cette profondeur jusqu'au fond, on trouve en effet une température égale à celle de l'Océan à la même profondeur.

Ces lois de Boguslawski et en particulier les lois n° III et IV ne sont point acceptées par tous les océanographes. Personne ne doute que la température basse des portions du sol sous-marin en communication libre avec les mers glaciales ne résulte du froid des régions polaires et surtout des régions polaires antarctiques qu'aucune barrière n'isole des océans; cependant les températures profondes actuelles sont la résultante d'un équilibre général climatérique moyen à la surface du globe datant d'un âge si reculé qu'on pourrait presque en comparer la durée à celle d'une période géologique. Rien n'oblige à supposer l'existence dont on n'a d'ailleurs aucune preuve directe, d'un courant de fond ramenant continuellement les eaux de fond vers les tropiques et les forçant à remonter verticalement à l'équateur malgré leur basse température et malgré l'énorme pression des couches sus-jacentes. Il ne faut pas oublier que le fond de l'Océan est une succession de cuvettes de formes variables, séparées les unes des autres par des seuils. Si donc un courant froid de fond se dirigeait d'un pôle vers l'équateur, ses eaux ne tarderaient

[1] Berghaus physikal. Atlas, II Abt. Hydrographie n° IX, n° 24.

pas à remplir les parties profondes du lit océanique et ces cavités une fois remplies, il n'existe aucune raison pour que leurs eaux enfermées, en équilibre parfait de température, se mettent en mouvement. Tout au plus le courant passerait-il par-dessus la nappe d'eau immobile à une profondeur maximum au-dessous de la surface indiquée par la hauteur au-dessus du fond de la crête montagneuse la plus élevée. En outre, certains faits de solubilité tendraient à ne faire admettre qu'avec la plus extrême réserve ce que l'on a nommé la circulation verticale de l'Océan car, si faible que soit sa vitesse, on a peine à comprendre la formation au sein d'une eau courante de minéraux tels que la christianite ou celle de nodules manganésiens qui sont justement solubles dans l'eau de mer. Leur présence constatée dans les abîmes, sur un sol absolument nivelé ne s'explique qu'en supposant qu'ils se trouvent dans un milieu liquide immobile et saturé des éléments qui se déposent à l'état solide, cristallisé ou amorphe. L'hypothèse d'une circulation verticale profonde est en contradiction avec la succession régulière et par ordre de densités décroissantes du fond à la surface établie par les mesures directes du *Challenger*, après qu'on a eu soin de mesurer les densités à la température de l'eau *in situ* et de leur faire subir la correction de compressibilité, fonction de la profondeur. Cette hypothèse ne paraît d'ailleurs pas indispensable pour expliquer l'économie générale d'une circulation à laquelle doivent suffire les phénomènes sinon de surface, tout au moins de profondeur relativement faible [1].

La répartition de la température dans les couches intérieures de l'Océan est profondément modifiée lorsqu'une nappe d'eau en mouvement rencontre un seuil. Ainsi l'eau chaude de l'Atlantique, provenant de la dérive du Gulfstream, heurte la grande chaîne sous-marine qui, de l'Écosse au Groënland, en passant par les Shetland, les Faeroer et l'Islande, barre l'entrée de l'Océan du Nord par la crête Wyrille Thomson qui, en certains endroits, se rapproche à 567 m de la surface [2]. Elle est alors forcée de remonter au-dessus des

[1] Thoulet, *De quelques objections à la théorie de la circulation verticale profonde de l'Océan.* Comptes rendus Acad. sc., t. CX, p. 324, et Revue générale des sciences pures et appliquées, juin 1890.

[2] John Murray, *The physical and biological conditions of the seas and estuaries about North-Britain,* Philos. Society of Glascow, March 1886.

couches froides venant de la mer Glaciale et qui, du côté opposé, sont arrêtées dans leur marche vers le sud-ouest par la même chaîne comme on le voit sur la fig. 83 qui représente une section du sud-ouest au nord-est de la crête Wyrille Thomson. Le fond en cuvette des fjords de Norvège empêche l'eau d'y geler et fait que la tempé-

Fig. 83.

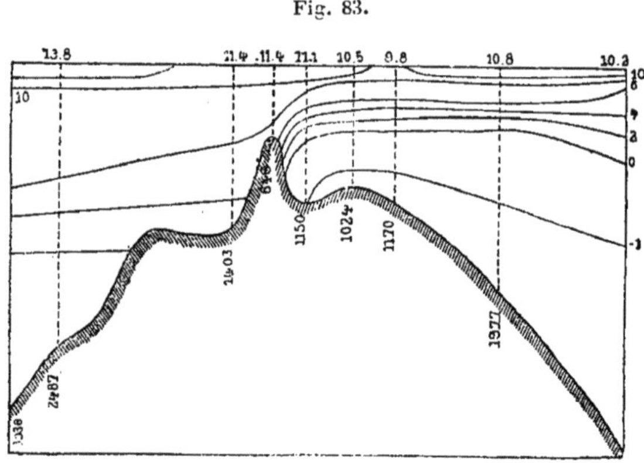

rature en est, au sud du 62e parallèle, de 8°,7 plus élevée que la température moyenne de janvier dans l'air et, au nord de ce parallèle, de 2°,2 environ plus haute que la température moyenne de l'année.

Si l'on examine la série des courbes de températures en séries verticales recueillies par le *Challenger*, on remarque que toutes ont l'une de leurs extrémités presque en ligne droite. Le point d'inflexion de chacune d'elles marque la profondeur et la température à partir desquelles l'eau se refroidit avec une extrême lenteur. Si, sur une coupe isothermobathe, on marque pour chaque sondage ce point d'inflexion à l'échelle des profondeurs et que l'on joigne ensuite ces points, on obtiendra une courbe de variation lente et celles-ci, par leur ensemble sur toutes les coupes faites sur tous les océans, formeront une surface de variation lente dont tous les points pourront d'ailleurs ne pas être à la même température, mais dont la considération possédera quelque importance pour l'étude de la distribution de la température dans les mers.

En effet, de même que dans l'atmosphère presque tous les phénomènes météorologiques s'accomplissent dans la portion contiguë à la surface terrestre, la plupart des phénomènes intéressant l'économie générale de la température océanique semblent avoir lieu dans la zone située au-dessus de la surface de variation lente. L'étude de température paraît avoir donné ce qu'elle était susceptible de donner; d'ailleurs elle est incapable d'arriver à aucun résultat définitif, car elle ne s'occupe que d'une variable en quelque sorte au second degré. Si en effet la densité, fonction complexe de la température et de la salinité de l'eau de mer constitue l'individualité de celle-ci, il n'en est pas de même pour la température considérée isolément qui dépend, en outre du climat, des variations de composition subies par l'Océan par évaporation ou par un mélange d'eau douce en proportions diverses. Il importerait de posséder plus de sondages thermométriques exécutés aux mêmes points, mais à des époques différentes, afin d'en déduire des notions relatives aux oscillations de cette surface de variation lente. Il serait aisé de comparer la profondeur de cette surface avec l'écart des isothermes et des isochimènes au même point et l'on parviendrait ainsi à voir plus clair dans le problème controversé des courants; mais il faudrait surtout y joindre l'étude des densités. En échappant à l'hypothèse peu vraisemblable d'une circulation continue des pôles à l'équateur d'une nappe d'eau véritablement énorme, rampant le long du sol, gravissant et descendant les pentes, indifférente aux obstacles, remplissant et abandonnant tour à tour les moindres creux du relief sous-marin, puis se décidant ensuite à remonter verticalement, on pourrait espérer analyser l'importance du rôle des véritables causes des courants et démontrer que la circulation superficielle océanique suffit pour former un cycle complet. Peut-être même la surface de variation lente coïncide-t-elle avec la nappe à température constante au delà de laquelle ne se font plus sentir lès différences de température de l'été et de l'hiver. L'Océan serait alors partagé verticalement en deux zones superposées, l'inférieure, région de calme absolu et au dessus de la nappe à température constante jusqu'à la surface, une zone de mouvement au sein de laquelle s'accomplissent et ferment leur cycle tous les phénomènes de la circulation océanique.

Il serait désirable de posséder des coupes isothermobathes disposées à intervalles réguliers à travers les océans, parallèlement aux méridiens ou parallèlement aux petits cercles de latitude et montrant en même temps le profil du sol sous-marin. Jusqu'à présent, les coupes nombreuses qui ont été tracées ont été disposées d'une manière arbitraire et il est difficile de se reconnaître au milieu de cette confusion.

Distribution de la température dans les estuaires. — La distribution de la température dans les estuaires a été étudiée par M. Hugh Robert Mill[1], de la Scottish Marine Station de Granton, pour l'embouchure des rivières écossaises Forth, Tay, Clyde, Spey et Derwent. Dans le Firth of Forth, par exemple, les conditions de température de l'eau varient selon les saisons. En hiver, la température est plus basse en rivière et elle s'élève graduellement à mesure qu'on s'approche de la mer, l'eau de surface étant toujours plus froide que celle située en-dessous. En été, au contraire, l'eau de la rivière possède une température beaucoup plus élevée, de sorte que l'estuaire devient de plus en plus froid en approchant de la mer; mais alors l'eau de surface est toujours plus chaude que celle du dessous. Deux fois par an, pendant une courte période, la température est constante, à quelques dixièmes de degré près, sur toute la longueur et la profondeur du Forth et l'on a ainsi la transition très nette du régime d'hiver au régime d'été et réciproquement.

II.

ÉVAPORATION.

L'évaporation est le phénomène par lequel un liquide exposé à l'air se transforme en vapeur et disparaît.

La rapidité avec laquelle un liquide s'évapore dépend de plusieurs conditions :

1. L'état hygrométrique de l'air situé au-dessus de la couche liquide; cet état est lui-même fonction de la température; l'évaporation a lieu d'autant plus rapidement que l'état hygrométrique de l'air sera plus bas et sa température plus élevée.
2. La température du liquide lui-même. On sait, en effet, que la force élastique de la vapeur augmente avec cette température.

[1] Hugh Robert Mill, *Physical condition of water in estuaries*, The Scottish Geogr. Magazine, January 1886, II, 20.

3. L'agitation de l'air qui entraîne les vapeurs déjà produites et permet ainsi la formation de nouvelles vapeurs. Le vent active donc l'évaporation à la condition toutefois qu'il ne soit pas trop violent, car dans ce cas, la couche d'air n'a plus le temps de se saturer[1]; l'évaporation augmente alors jusqu'à un maximum pour diminuer ensuite.

4. La pression barométrique qui d'ailleurs entre comme la température dans la valeur de l'état hygrométrique. L'évaporation aura lieu d'autant plus rapidement que le baromètre sera plus bas, c'est-à-dire que l'atmosphère se rapprochera davantage des conditions du vide dans lequel la vaporisation a lieu instantanément.

5. L'état électrique accélère l'évaporation.

6. La nature et la quantité des sels dissous dans le liquide. Toutes choses égales d'ailleurs, un liquide s'évapore d'autant plus lentement qu'il contient une plus grande quantité de sel en solution. Cette loi offre un intérêt particulier relativement à l'eau de mer.

L'étude de la vaporisation de l'eau douce dans l'air est une question de physique et de météorologie; nous la supposerons connue au point de vue de la théorie et de l'expérience, et nous nous occuperons simplement de la relation qui existe entre l'évaporation de l'eau de mer et celle de l'eau douce.

Ce rapport n'est pas un coefficient constant R. En effet, l'évaporation de l'eau de mer varie avec sa salinité et inversement cette salinité varie avec l'évaporation puisque tout en s'évaporant l'eau se concentre de plus en plus. On se bornera donc à laisser s'évaporer dans les mêmes conditions de l'eau de mer et de l'eau douce et à prendre le rapport des quantités de liquide disparues à un instant donné. H étant la hauteur de l'eau douce et h la hauteur de l'eau salée évaporée, la valeur moyenne de R pour la période considérée sera $R = \frac{h}{H}$. Or H reste sensiblement constant tandis que h diminue jusqu'à atteindre zéro dans le cas des eaux mères à 38°. Le rapport R tendra par conséquent à diminuer à mesure que l'évaporation se faisant sur une quantité restreinte d'eau de mer, celle-ci se concentrera davantage.

[1] Jamin, Comptes rendus de l'Académie des Sciences, LXXXXVI, 1658, 1883.

Dieulafait[1] a laissé s'évaporer à l'air libre dans des conditions identiques 1 litre d'eau douce et 1 litre d'eau de mer contenus respectivement dans des cristallisoirs en verre mince, et il s'est rendu compte de l'évaporation par des séries de pesées, L'expérience a duré 43 jours au bout desquels l'eau de mer avait perdu 1/5 de son volume primitif. Le rapport R n'est jamais descendu au-dessous de 0,920 et quand l'eau de mer n'avait perdu que 0,01 à 0,02 de son volume primitif, le rapport devenait 0,965.

Lorsque la surface d'évaporation est très considérable comme s'il s'agit d'un lac et à plus forte raison d'une mer, le problème se complique beaucoup par suite des différents éléments qui influent alors sur l'évaporation. Le vent qui se sature de plus en plus enlève d'autant moins d'humidité aux espaces océaniques sur lesquels il passe qu'il en a plus enlevé à ceux sur lesquels il a déjà passé. L'évaporation n'est donc pas proportionnelle à la largeur de la mer traversée; elle ne l'est pas davantage à la vitesse du courant d'air.

Dieulafait[2], reprenant son expérience d'une autre façon, a mesuré ensuite les rapports entre la force élastique de la valeur d'eau pure et celle de l'eau de mer normale et à divers degrés de concentration. A 20°, la différence entre la force élastique de la vapeur d'eau pure et celle de l'eau de mer normale est inférieure à 0,5 mm; à 40° elle est d'environ 1 mm; à 60° elle n'atteint pas 3 mm. Si, par exemple, on prend de l'eau de mer et de l'eau douce à 40°, le rapport des forces élastiques sera $\frac{53,906}{54,906} = 0,980$, en d'autres termes, quand l'eau douce perdra une hauteur de 100 mm, l'eau de mer dans les mêmes conditions en perdra 98, ce qui confirme les résultats obtenus précédemment.

Des expériences en grand ont été faites sur les marais salants de l'embouchure du Rhône, en recueillant dans un même bassin fermé, à deux époques différentes, deux prises d'essai, et en mesurant sur un même volume de chacune d'elles, le poids total, le poids des

[1] Dieulafait, *Évaporation comparée des eaux douces et des eaux de mer à divers degrés de concentration. Conséquences relatives à la mer intérieure de l'Algérie*, Comptes rendus de l'Académie des Sciences, LXXXXVI, 1655, 1883.

[2] Dieulafait, *Évaporation de l'eau de mer dans le sud de la France et en particulier dans le delta du Rhône*, Comptes rendus de l'Académie des Sciences, LXXXXVI, 1787, 1883.

substances salines obtenues par évaporation avec les précautions voulues, notamment à cause du chlorure de magnésium, et enfin la quantité de chlore dosée par le nitrate d'argent et le bichromate de potasse. La connaissance d'une seule de ces trois quantités suffit pour déterminer l'épaisseur de la couche d'eau évaporée pendant l'intervalle de temps qui s'est écoulé. On opère sur environ 120 cmcb d'eau.

Dieulafait est arrivé à cette conclusion que sur la côte française de la Méditerranée, dans la région du delta du Rhône, même en des points séparés de la terre ferme par plus de vingt kilomètres d'eau et de marais, avec la grande mer s'étendant du côté opposé, l'évaporation moyenne de l'année pour l'eau de mer est au moins de 6 mm par jour.

III.

POIDS SPÉCIFIQUE.

Poids spécifique et densité de l'eau de mer. — On nomme poids spécifique d'une eau de mer le rapport entre le poids de l'unité de volume de cette eau à la température t et le poids de l'unité de volume d'eau distillée à la température t', ce qu'on exprime par le symbole $S_{\frac{t}{t'}}$. Dans le cas particulier où $t' = 4°$, c'est-à-dire quand on a choisi pour dénominateur du rapport le poids de l'unité de volume de l'eau distillée à $+ 4°$, le poids spécifique porte le nom de densité.

Cette distinction est importante. En effet, s'il s'agit de doser la quantité de sel contenu dans un échantillon, il faut, pour pouvoir appliquer les formules trouvées empiriquement et déjà indiquées, ramener cet échantillon à ce qu'il serait s'il se trouvait dans les mêmes conditions de température que les échantillons qui ont servi à dresser les tables, c'est-à-dire prendre son poids spécifique dans ces conditions. Au contraire, s'il s'agit, comme dans les questions de courants, de connaître le poids de l'unité de volume d'eau de mer à un moment et en un point déterminés de l'Océan pour le comparer au poids de l'unité de volume en une autre localité, il y a tout avantage à rentrer dans les conditions de généralisation que comporte l'emploi du système métrique, d'adopter l'étalon accepté par tous les physiciens, de prendre comme unité le poids de l'unité de volume de l'eau distillée à + 4° ou, en d'autres termes, la densité $S_{\frac{t}{4}}$ de l'échantillon.

Il aurait certainement mieux valu que tous les savants qui se sont occupés d'océanographie eussent calculé leurs tableaux par rapport à la température de + 4° ; la simplification eût été considérable ; malheureusement, ces tableaux montrent le plus grand désaccord dans le choix, arbitraire d'ailleurs, d'une température type. C'est ainsi que dans les *Reports* du *Challenger*, le mot « poids spécifique » signifie le rapport $S_{\frac{15.56}{4}}$ (15°,56 C = 60° F) ; le *Meteorological Office* de Londres prend $S_{\frac{15.56}{15.56}}$; le Dr John Gibson, dans son *Report on the water of the Moray Firth*, préfère $S_{\frac{0}{0}}$; le *Board of Trade* réduit à 16°,7 C = 62° F; M. Bouquet de la Grye a pris $S_{\frac{20}{4}}$; les savants allemands du *Drache* et de la *Pommerania*, qui ont exploré la mer du Nord, et les savants norvégiens du *Vöringen*, ont choisi $S_{\frac{17,5}{17,5}}$ (17°,5 C = 14 R = 63°,5 F). En outre, les Allemands nomment poids spécifique absolu la valeur $S_{\frac{t}{4}}$, t étant la température de l'eau de mer *in situ*, c'est-à-dire la densité. Cette confusion ne possède que des inconvénients, car, en outre de l'ambiguïté qu'elle jette dans l'interprétation d'un chiffre cité par un auteur, elle oblige, pour traduire une expérience, à des calculs dont l'exactitude n'est qu'approchée puisqu'ils se basent sur la valeur du coefficient de dilatation de l'eau de mer, coefficient qui est lui-même variable avec la densité de l'échantillon. Puisque, sous le nom de densité ou sous celui de poids spécifique absolu, les Français, les Norvégiens et les Allemands étaient d'accord pour admettre $S_{\frac{t}{4}}$, rien ne s'opposait à ce qu'on calculât les tables d'après $t' = + 4°$ et en se bornant à s'entendre sur la valeur à donner à t.

Formule de transformation des poids spécifiques. — La formule sert à passer d'un système de notation représenté par le symbole $S_{\frac{t}{t'}}$, à un autre système représenté par le symbole $S_{\frac{t_1}{t'_1}}$.

En appelant v le poids de l'unité de volume d'eau de mer, V le poids de l'unité de volume d'eau douce à des températures représentées par l'indice dont ces lettres sont affectées, on a :

$$S_{\frac{t}{t'}} = S_{\frac{t}{0}} \frac{V_{t'}}{V_0},$$

$$S_{\frac{t}{0}} = S_{\frac{t_1}{0}} \times \frac{v_{t_1}}{v_0} \times \frac{v_0}{v_t},$$

$$S_{\frac{t_1}{0}} = S_{\frac{t_1}{t'_1}} \times \frac{V_0}{V_{t'_1}},$$

d'où :

$$S_{\frac{t}{t'}} = S_{\frac{t_1}{t'_1}} \times \frac{V_0}{V_{t'_1}} \times \frac{v_{t_1}}{v_0} \times \frac{v_0}{v_t} \times \frac{V_{t'}}{V_0} = S_{\frac{t_1}{t'_1}} \left(\frac{v_{t_1}}{v_0} \times \frac{v_0}{v_t} \times \frac{V_{t'}}{V_{t'_1}} \right).$$

M. Broch[1] a établi sur des expériences très précises la valeur particulière $\frac{V_4}{V_{17.5}} = 0{,}998740$. Le tableau des valeurs de $\frac{v_0}{v_t}$ et, par conséquent, de $\frac{v_{t_1}}{v_0}$, a été calculé par M. Tornöe.

Exemples I. — On donne :

$$S_{\frac{17,5}{17,5}} = 1{,}02670,$$

on demande :

$$S_{\frac{13,6}{4}}.$$

On a :

$$t = 13{,}6, \qquad t' = 4, \qquad t_1 = 17{,}5, \qquad t'_1 = 17{,}5.$$

La formule devient :

$$S_{\frac{13,6}{4}} = S_{\frac{17,5}{17,5}} \left(\frac{v_{17,5}}{v_0} \times \frac{v_0}{v_{13,6}} \times \frac{V_4}{V_{17,5}} \right).$$

[1] *Volume et poids spécifique de l'eau pure*, Travaux et Mémoires du Bureau international des Poids et Mesures.

Or,

$$\frac{V_4}{V_{17,5}} = 0,998740,$$

$$\frac{v_{17,5}}{v_0} = 1,00261,$$

$$\frac{v_0}{v_{13,6}} = \frac{1}{1,00177}.$$

$$\begin{aligned}
\log.\ 1,02670 &= 0,0114436 \\
\log.\ 1,00261 &= 0,0011320 \\
\log.\ \frac{1}{1,00177} &= \bar{1},9992320 \\
\log.\ 0,998740 &= \bar{1},9994524 \\
\hline
& \ 0,0112600
\end{aligned}$$

$$S_{\frac{17,6}{4}} = 1,02627.$$

II. On donne :

$$S_{\frac{10,2}{4}} = 1,02691,$$

on demande :

$$S_{\frac{13,6}{17,5}}.$$

$$t = 13,6, \qquad t' = 17,5, \qquad t_1 = 10,2, \qquad t'_1 = 4.$$

$$S_{\frac{13,6}{17,5}} = S_{\frac{10,2}{4}} \left(\frac{v_{10,2}}{v_0} \times \frac{v_0}{v_{13,6}} \times \frac{V_{17,5}}{V_4} \right).$$

$$\frac{v_{10,2}}{v_0} = 1,00144,$$

$$\frac{v_0}{v_{13,6}} = \frac{1}{1,00177},$$

$$\frac{V_{17,5}}{V_4} = \frac{1}{0,998740}.$$

$$\begin{aligned}
\log.\ 1,02691 &= 0,0115324 \\
\log.\ 1,00114 &= 0,0004948 \\
\log.\ \frac{1}{1,00177} &= \bar{1},9992320 \\
\log.\ \frac{1}{0,998740} &= 0,0005476 \\
\hline
& \ 0,0118068
\end{aligned}$$

$$S_{\frac{13,6}{17,5}} = 1,02755.$$

Instruments destinés à mesurer le poids spécifique. — Les seuls instruments qu'il soit possible d'utiliser en mer pour mesurer le poids spécifique de l'eau, sont des aréomètres en verre.

Les aréomètres sont des instruments qui, plongés dans le liquide dont on veut mesurer le poids spécifique, y enfoncent plus ou moins tout en restant flottants. Plus le liquide est pesant, moins l'aréomètre y enfoncera et inversement, de sorte que le point d'affleurement marque précisément le poids de ce liquide.

Les aréomètres précis sont en verre qui est absolument inaltérable; ils ont la forme d'un cylindre creux lesté à sa partie inférieure par du plomb ou du mercure et surmonté d'une tige fine. Plus la tige sera mince, plus l'instrument sera délicat; mais en même temps, pour mesurer un intervalle donné de poids spécifiques, il faudra une tige d'autant plus longue et par conséquent fragile. On parviendra de deux façons à obtenir des instruments commodes à manier et suffisamment sensibles. On préparera une suite d'instruments se succédant les uns aux autres de manière que les divisions du bas de la tige de chacun d'eux correspondent aux divisions supérieures de celui qui suit; ou bien encore, on n'emploiera qu'un seul instrument très léger, qu'une série de surcharges rendra capable d'enfoncer jusqu'à la limite supérieure de densité des liquides à observer. Les instruments allemands et norvégiens appartiennent à la première catégorie, ceux d'Angleterre à la seconde; dans un cas, les aréomètres sont plus simples à manier par une personne peu habituée à expérimenter, mais la boîte les contenant est lourde et incommode, surtout à bord d'un navire; dans l'autre, la boîte a le grand avantage d'être légère et facile à arrimer.

α **Aréomètres allemands** [1]. — Ces aréomètres sont construits sous le contrôle de la Commission d'études scientifiques des mers allemandes à Kiel. La série complète comprend cinq instruments renfermés ainsi qu'une éprouvette et un thermomètre dans une solide boîte en bois doublée en peau de daim, qui leur permet de supporter des chocs assez rudes sans être brisés. Ils sont accompagnés d'une attestation officielle qui constate leur erreur [2].

[1] J. Thoulet, *Sur la mesure de la densité des eaux de mer; considérations générales sur le régime des courants marins qui entourent l'île de Terre-Neuve*, Annales de Chimie et de Physique, 1888.

[2] Dans la série que je possède, l'erreur est de 0,0002.

L'éprouvette en verre a une hauteur de 345 mm et un diamètre de 55 mm ; remplie jusqu'au bord, elle cube environ 635 cmcb, mais en expérience, on ne la remplit guère que de 500 à 550 cmcb d'eau.

Le thermomètre dont la tige est renfermée dans un tube de verre plus large et dont l'échelle est marquée sur une bande de papier intérieure, est divisé en cinquièmes de degré centigrade de — 8° à + 45° ; chaque cinquième de degré possède une longueur de 0,6 mm environ.

Les aréomètres en verre ont la forme ordinaire. La boule inférieure, d'une capacité de 14,8 cmcb environ, est lestée avec de la fine grenaille de plomb ; le corps cylindrique terminé par deux demi-ellipsoïdes est long de 155 mm avec un diamètre de 30 mm ; son volume est de 107,9 cmcb. La tige longue de 92 mm avec un diamètre de 4,37 mm, c'est-à-dire ayant un volume de 1,372 cmcb, porte dans son intérieur une graduation sur papier où chaque division est longue de 1,65 mm. Le poids total de l'instrument est de 127,9 g environ.

Le 1er aréomètre	indique les densités	comprises entre	1,0240 et 1,0300
2e	—	—	1,0180—1,0250
3e	—	—	1,0120—1,0190
4e	—	—	1,0060—1,0130
5e	—	—	1,0000—1,0070

Chaque division de la tige correspond à une variation de 0,0002 dans le poids spécifique.

L'indication du numéro de l'aréomètre est donnée sur une mince bande de papier flottante dans le corps de l'instrument et portant du côté opposé le nom du fabricant, Dr R. Küchler, Ilmenau in Thüringen. Les indications doivent être correctes à la température de 17°,5, et elles se rapportent au poids de l'unité de volume de l'eau distillée à 17°,5.

Les tables calculées par Karsten permettent de ramener la densité trouvée à une température *t* à ce qu'elle serait à la température de 17°,5 et de déduire la teneur en sel. Ces instruments pourraient être plus sensibles ; la boîte qui les renferme est volumineuse et pesante. Ils sont employés dans les stations maritimes allemandes de la Baltique et de la mer du Nord ainsi qu'en Suède, en Danemark, en

Hollande, en Russie, en Italie et en France au laboratoire de M. Pouchet, à Concarneau, et à la station aquicole de Boulogne-sur-Mer.

β. **Aréomètres norvégiens.** — Les aréomètres norvégiens dont s'est servi M. Tornöe à bord du *Vöringen* ont été fabriqués chez le constructeur des aréomètres allemands, le Dr Küchler d'Ilmenau. Ils sont en verre et indiquent le poids spécifique exact de l'eau de mer $S\frac{17,5}{17,5}$. La série comprend cinq instruments donnant respectivement les poids spécifiques de 1,0000 à 1,0070, de 1,0060 à 1,0130, de 1,0120 à 1,0190, de 1,0180 à 1,0250 et enfin de 1,0240 à 1,0310. Chaque aréomètre est gradué en divisions dont chacune possède une longueur de 1,5 mm environ et correspond à une différence de 0,00002. Comme il n'est pas impossible, même à bord, de lire la demi-division, on peut obtenir la cinquième décimale. L'éprouvette en verre contenant l'eau, et qu'on suspend de façon qu'elle reste verticale malgré les mouvements du vaisseau, a un diamètre intérieur triple de celui de l'aréomètre. Un thermomètre gradué en cinquièmes de degré fournit la température de l'eau.

Les corrections sont de deux sortes : on ramène d'abord la température de l'eau au moment de l'opération à ce qu'elle aurait été à 17°,5 par la formule indiquée précédemment et on élimine ensuite l'erreur constante de l'aréomètre déterminée expérimentalement en comparant la lecture fournie par l'instrument dans une eau de mer maintenue à la température de 17°.5 et la densité de cette eau prise directement par la méthode du flacon.

γ. **Aréomètre du « Challenger ».** — L'aréomètre le plus précis est celui qui a servi à M. Buchanan pendant toute la campagne du *Challenger*. Il est à volume variable et à poids variable entre certaines limites; il donne la densité d'un liquide avec quatre décimales exactes et est combiné de telle sorte qu'un seul instrument peu volumineux laisse reconnaître des densités comprises entre 0,9939 et 1.1214 environ, à 0°, ce qui est un très grand avantage en voyage. Il n'indique cependant pas immédiatement la densité, mais dans chaque expérience, comme il permet d'évaluer très exactement le volume qui en est immergé et que d'autre part on connaît son poids, la densité cherchée s'obtient en divisant ce poids par le volume d'après la formule $D = \frac{P}{V}$.

Je décrirai ici l'instrument que j'emploie, numéroté n° 1 et qui a été fabriqué par M. Alvergniat, à Paris. Chaque aréomètre devant être étalonné directement, les indications données pourront servir à en fabriquer d'autres sans qu'il soit nécessaire de s'astreindre à obtenir des dimensions absolument identiques à celles qui seront citées.

L'aréomètre est en verre; sa tige cylindrique parfaitement calibrée a un diamètre d'environ 3 mm et une longueur de 12 à 13 cm; le volume de sa portion renflée est de 150 cmcb environ. On charge l'instrument de mercure jusqu'à ce que, plongé dans de l'eau distillée récemment bouillie, à 16°, le liquide affleure jusqu'au bas de la tige (*fig.* 84). On introduit alors dans celle-ci une échelle en papier longue de 10 cm divisée en millimètres, on la fixe et on ferme au chalumeau la portion supérieure de la tige. On fabrique un plateau en laiton d'un poids tel que placé sur le sommet de la tige comme une sorte de capuchon, il oblige l'aréomètre qui sans lui enfonçait dans l'eau à 16° jusque vers la division 100, au bas de la tige, à enfoncer jusque vers la division 0, au haut de la tige. Enfin six poids additionnels, en forme d'anneaux, peuvent s'enfiler sur le plateau isolément ou plusieurs à la fois et leur série est combinée de telle sorte que chacun d'eux fait enfoncer jusqu'au haut de la tige l'aréomètre dans un liquide où, avec le poids immédiatement inférieur, il n'enfonçait que jusqu'au bas de cette tige.

Fig. 84.

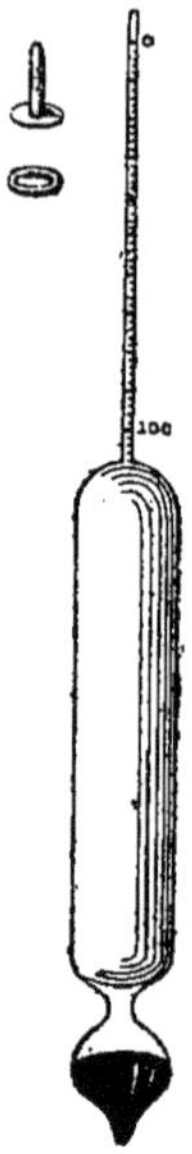

L'instrument étant ainsi construit, il faut l'étalonner. L'importance de cette opération nous engage à l'exposer en détail. On n'oubliera pas que les tableaux ne sont applicables qu'à l'aréomètre portant le n° 1 ; nous ne les donnons ici que pour servir de types.

A. *Déterminer le volume de 1 division de la tige.* — On met l'aréomètre en flottaison dans de l'eau distillée récemment bouillie, on note la division d'affleurement avec et sans plateau ainsi que la température du liquide au dixième de degré. On recommence deux autres fois l'opération à des températures différentes. On obtient le volume de 1 division de la tige, moyenne de trois valeurs, à l'aide de la formule $V_1 \text{ div} = \dfrac{p}{S_{\frac{t}{4}} \times a}$ dans laquelle p est le poids du plateau, $S_{\frac{t}{4}}$ la densité à t^o de l'eau par rapport à l'eau distillée à $+ 4^o$, et a la différence des lectures avec et sans le plateau.

Poids du plateau......................	0,8598 g.
à 9°,2 { avec plateau....................	11,0 divisions.
à 9°,2 { sans plateau....................	99,5 —
à 9°,2 la densité de l'eau distillée $S_{\frac{9,2}{4}}$ =	0,99980.

$$V_1 \text{ div} = \frac{0,8598}{0,99980 \times 88,5} = 0,00972 \text{ cmcb};$$

en répétant la même mesure

à 13° on trouve pour le volume de 1 division......	0,00972
à 17° — —	0,00972

Le volume moyen de 1 division est donc de 0,00972 cmcb.

B. *Déterminer le volume du corps de l'instrument à diverses températures.* — On pèse l'aréomètre au dixième de milligramme en ayant soin de réduire la pesée au vide. On note l'affleurement à six températures différentes, trois l'instrument étant chargé du plateau et trois sans plateau. En retranchant le volume des divisions immergées tellement faible qu'on le suppose invariable à toutes les températures, on a le volume du corps de l'instrument à six températures. Sur du papier quadrillé, on marque ces températures en abscisses, les volumes en ordonnées, on trace la courbe qui est une droite. On en conclut le volume du corps de l'instrument à 0°, son augmentation de volume pour 1°, enfin son coefficient de dilatation $k = \dfrac{V_{100} - V_0}{V_0 \times 100}$.

		AVEC PLATEAU.			SANS PLATEAU.		
Température de l'eau ...	t	9.2	13.0	17.0	15.0	23.0	30.0
Poids de l'aréomètre....	W		153.2683			152.4085	
Lecture..............	r	11.0	6.5	0.0	92.5	73.0	47.0
Volume (cmcb) de tige immergée (100-r) 0,00972	v	0.8651	0 9088	0.9720	0.0729	0.2624	0.5152
Volume de Wg d'eau à t.	V	153.2989	153.3557	153.4463	152.5381	152.7736	152.0544
Volume du corps de l'aréomètre à t (V—v)....	V_t	152.4338	152.4469	152.4743	152.4652	152.5112	152.5392

t	V_t (expérimental).	V_t (sur la droite).	DIFFÉRENCE.
9,2	152.4348	152.4282	— 0.0066
13,0	152.4469	152.4502	+ 0.0033
15,0	152.4652	152.4618	— 0.0034
17,0	152.4743	152.4732	— 0.0011
23,0	152.5112	152.5078	— 0.0034
30,0	152.5392	152.5479	+ 0.0087

$$V_0 = 152,3750.$$
$$V_{30} = 152,5479.$$
$$V_{100} = 142,9480.$$

Différence de volume pour 1° = 0.00579 cmcb.

Coefficient de dilatation $k = \frac{V_{100} - V_0}{V_0 \times 100} = \frac{0.579}{15237.5} = 0,000038.$

C. *Déterminer le volume immergé* V *à la température* 0° *pour chaque division* R *de la tige.* — Au volume à 0° du corps de l'instrument, on ajoute le volume de 1, 2, 3... 100 divisions.

R	V	R	V	R	V	R	V	R	V
100	152.3750	79	152.5791	59	152.7735	39	152.9679	19	153.1623
99	3847	78	5888	58	7832	38	9776	18	1720
98	3944	77	5986	57	7930	37	9874	17	1818
97	4042	76	6083	56	8027	36	9971	16	1915
96	4139	75	6180	55	8124	35	153.0068	15	2012
95	4236	74	6277	54	8221	34	0165	14	2109
94	4333	73	6374	53	8318	33	0262	13	2206
93	4330	72	6472	52	8416	32	0360	12	2304
92	4528	71	6569	51	8513	31	0457	11	2401
91	4625	70	6666	50	8610	30	0554	10	2498
90	4722	69	6763	49	8707	29	0651	9	2595
89	4819	68	6860	48	8804	28	0748	8	2692
88	4916	67	6958	47	8902	27	0846	7	2790
87	5014	66	7055	46	8999	26	0943	6	2887
86	5111	65	7152	45	9096	25	1040	5	2984
85	5208	64	7249	44	9193	24	1137	4	3081
84	5305	63	7346	43	9290	23	1234	3	3178
83	5402	62	7444	42	9388	22	1332	2	3276
82	5500	61	7541	41	9188	21	1429	1	3373
81	5597	60	152.7638	40	152.9582	20	153.1526	0	153.3470
80	152.5694								

D. *Correction à ajouter au volume immergé à* 0° *pour chaque degré centigrade de* 1° *à* 30°. — Comme $V_t = V_o + V_o kt$, le tableau est celui des valeurs $V_0 k t$ pour les valeurs de t comprises entre 1° et 30°, V_0 et k étant connus (calcul B), on ajoutera un tableau des parties proportionnelles pour les dixièmes de degré.

TEMPÉRATURE.	VOLUME.	TEMPÉRATURE.	VOLUME.	TEMPÉRATURE.	VOLUME.	PARTIES proportionnelles pour les dixièmes de degrés.	
	cmcb.		cmcb.		cmcb.		
1°	0.0058	11	0.0637	21	0.1216	0°1	0.0006
2	0116	12	0695	22	1274	2	0012
3	0174	13	0753	23	1332	3	0017
4	0232	14	0811	24	1390	4	0023
5	0289	15	0868	25	1447	5	0029
6	0347	16	0926	26	1505	6	0035
7	0405	17	0984	27	1563	7	0040
8	0463	18	1042	28	1621	8	0046
9	0521	19	1100	29	1679	9	0052
10	0579	20	1158	30	1737		

E. *Valeur des poids additionnels.* — Ces pesées n'ont pas besoin, comme celle du corps de l'instrument, d'être ramenés au vide puisque les poids additionnels restent toujours dans l'air.

Poids I.........	0.8796	Poids IV.........	3.3894
Poids II.........	1.6696	Poids V.........	4.2199
Poids III.........	2.5298	Poids VI.........	4.9290

Poids de l'aréomètre (dans le vide) π............	152.4085
π + plateau..................................	153.2683
π + plateau + I.............................	154.1479
π + plateau + II............................	154.9379
π + plateau + III...........................	155.7981
π + plateau + IV............................	156.6587
π + plateau + V.............................	157.4882
π + plateau + VI............................	158.1973

Rien n'empêche de charger l'aréomètre d'une combinaison quelconque des poids additionnels. La surcharge s'évaluera par une simple addition.

Exemple. — Connaître la densité $S_{\frac{14,3}{4}}$ d'un liquide à 14°,3 dans lequel l'aréomètre chargé du plateau et du poids IV enfonce jusqu'à la 65e division.

Poids aréomètre + plateau + IV = 156.6587.

Volume à 0° jusqu'à la division 65	152.7152
Correction pour 14°	0.0811
Correction pour 0°.3	0.0017
	152.7980

$$S_{\frac{14.3}{4}} = \frac{156.6587}{152.7980} = 1.0253.$$

On ne doit pas s'étonner de l'approximation avec laquelle, dans le type de calcul qui vient d'être donné, les poids sont appréciés au dixième de milligramme, limite de précision des balances de laboratoire et les volumes avec quatre décimales. Dans les mesures de densité de l'eau de mer, dont l'importance considérable en océanographie ne tardera pas à être expliquée, il faut être sûr de la quatrième décimale à une ou deux unités près au plus, car avec une approximation moindre une foule de phénomènes passeront inaperçus. Si les mesures ne sont pas très précises, elles seront inutiles ou dangereuses parce qu'elles n'apprendront rien ou risqueront d'induire en erreur ; il serait certainement préférable qu'elles ne fussent pas faites. L'aréomètre comme instrument de nivellement est sur mer l'équivalent du baromètre sur terre et l'on sait que lorsqu'on emploie ce dernier à mesurer des altitudes, il est indispensable de prendre la hauteur de la colonne mercurielle au 1/20 de millimètre et d'exécuter toutes les corrections de température, de dilatation de l'échelle, de la dépression capillaire dans le tube, de la force élastique de la vapeur de mercure, de la variation de l'intensité de la pesanteur avec la latitude et enfin, de l'état hygrométrique de l'air. Sans toutes ces précautions, les chiffres obtenus sont à peu près sans valeur. Or, le nivellement marin porte sur des différences de niveau beaucoup plus faibles que les différences d'altitude dans les montagnes.

Aréomètres à immersion totale. — Le professeur Pisati [1] a imaginé des aréomètres à immersion totale qui ont servi à M. Reggiani pour mesurer la densité d'eaux de mer recueillies en 1883 dans la Méditerranée, par le *Washington*, de la marine italienne.

[1] N. Reggiani, *La densita dell' acqua del Mediterraneo* et *Gli areometri a totale immersione* (*sistema Pisati*), Rendiconti della R. Accademia dei Lincei, vol. VI, sem. 1, fasc. 3, febbraio 1890.

Ces aréomètres sont à densité constante pour une même température, ou à densité variable. Avec les premiers, on ramènera la densité de l'eau de mer à être égale à celle de l'aréomètre par une addition d'eau distillée, et on déduit la densité primitive du volume occupé par le mélange. Avec les seconds, la méthode est inverse : à l'aide de poids supplémentaires, on ramène la densité de l'aréomètre à être égale à celle de l'eau de mer et on obtient la densité de celle-ci en divisant le poids de l'aréomètre avec sa surcharge par son volume.

Les aréomètres immergés à densité constante évitent l'erreur due à la tension superficielle du liquide; en revanche, ils exigent l'emploi encombrant des burettes, de vases de verre et d'agitateurs métalliques. Ils consistent en une sphère creuse de laiton fortement dorée, ayant un diamètre extérieur de 58 mm et un diamètre intérieur de 48 mm environ. A un volume connu d'eau de mer, on ajoute de l'eau distillée provenant d'une burette graduée; la quantité nécessaire pour que la sphère cesse de flotter dans le liquide et tombe au fond, donne la densité d'après une table dressée empiriquement.

L'auteur prétend obtenir la quatrième décimale exacte. On peut avoir cette approximation beaucoup plus rapidement, plus commodément et plus simplement avec l'appareil de Buchanan.

Les aréomètres à densité variable sont en verre et de la forme ordinaire; leur tige effilée est cependant très courte et ne sert qu'à supporter les poids supplémentaires représentés par des anneaux en platine. On ajoute ces poids jusqu'à ce que l'instrument complètement immergé reste immobile au sein du liquide.

Les densités prises par M. Reggiani sont malheureusement ramenées à la température normale de 20° sans indication de la température *in situ*.

Mesure des densités. — On puise l'eau, de préférence sur l'avant du navire, avec un seau qu'on a laissé pendant quelques instants à la traîne afin qu'il soit en équilibre de température. On prend cette température au dixième de degré, on verse l'eau dans une éprouvette suspendue par des cordelettes qu'on remplit de nouveau après l'avoir vidée une première fois, on immerge l'aréomètre, on lit l'affleurement. L'opération peut s'exécuter par tous les temps.

Si l'on doit mesurer des densités d'eau profonde, on prendra leur température *in situ* avec un thermomètre plongeur et, comme la température de l'eau au moment de la mesure sera forcément différente, on cherchera à rendre cette différence aussi faible que possible en recueillant l'eau avec une bouteille d'Ekmann entourée de matière mauvaise conductrice de la chaleur, en opérant rapidement et immédiatement après la récolte, puis en faisant, par le calcul, la réduction inévitable de $S_{\frac{t}{4}}$ à $S_{\frac{t'}{4}}$; on fera, en outre, la correction relative à la pression. On n'oubliera pas que le problème proposé est de connaître exactement le nombre de grammes et de fractions de grammes que pèserait, sur une balance, 1 litre d'eau *in situ* au moment de l'expérience. Peut-être, au moyen de flotteurs, parviendra-t-on un jour à évaluer la densité par des phénomènes s'accomplissant dans la profondeur même des couches marines et possibles à constater ensuite à la surface. Aucune tentative n'a été faite jusqu'à présent dans cet ordre d'idées.

Influence des particules en suspension sur la densité de l'eau. — M. Forel, en cherchant à expliquer la genèse du ravin lacustre existant au débouché d'un fleuve dans un lac et, en particulier, celui du Rhône dans le lac Léman, et du Rhin dans le lac de Constance, a démontré que les particules solides en suspension dans l'eau avaient une influence importante sur la densité de celle-ci [1].

Un aréomètre plongé dans une eau limpide émerge d'une certaine quantité lorsqu'on agite les sédiments qui au début reposaient sur le fond de l'éprouvette. Une sphère de verre lestée de plomb suspendue sous une balance hydrostatique pèse moins dans l'eau trouble que dans l'eau limpide, quoiqu'un vase plein d'eau chargée d'alluvion et placé sur une balance pèse exactement le même poids, soit que l'alluvion repose au fond du vase, soit qu'on la mette en suspension par l'agitation.

Leibnitz avait déjà mis un flotteur dans un vase rempli d'eau déposé sur une balance et suspendu sous celui-ci une balle de plomb en équilibre avec des poids; il coupait alors le fil et laissait tomber

[1] F.-A. Forel, *Le ravin sous-lacustre du Rhône dans le lac Léman*, Bulletin de la Société Vaudoise des Sciences naturelles, t. XXIII, 1887.

la balle à travers l'eau. Pendant tout le temps de la chute, la balance s'inclinait et montrait que le poids total du vase, de l'eau et du plomb, s'était allégé; l'équilibre ne se rétablissait qu'au moment où la balle reposait sur le fond du vase. Ces résultats différents de ceux de M. Forel, ont été attribués par le savant professeur à la différence existant dans le caractère du mouvement dans le cas de la balle et dans celui des sédiments.

Pour le démontrer, on place sur une balance une longue éprouvette pleine d'eau. On dépose sur le même plateau une boule de cire alourdie avec du plomb jusqu'à lui donner une densité légèrement supérieure à celle de l'eau; on équilibre exactement avec des poids, puis on jette dans l'eau la boule de cire qui descend lentement à cause de sa faible densité et qui, au lieu du mouvement accéléré de la balle de plomb de Leibnitz, ne tarde pas à prendre un mouvement uniforme. Au même moment, la balance qui avait fléchi pendant qu'on soutenait la boule de cire se remet en équilibre longtemps avant que le solide ait atteint le fond du vase. On peut varier cette expérience en employant au lieu d'une boule de cire de faible densité, une sphère lourde dont le diamètre atteint presque le diamètre intérieur de l'éprouvette. Dans sa chute à travers l'eau, la sphère lourde refoule l'eau située au-dessous d'elle, et la fait passer au-dessus d'elle en la forçant dans l'espace annulaire libre, très étroit, voisin des parois de l'éprouvette. La chute est ainsi très ralentie et le mouvement de la boule devient uniforme. Dans ces conditions aussi l'équilibre de la balance est immédiatement rétabli.

M. le Dr A.-A. Odin a traité la question par voie mathématique en cherchant à savoir, lorsqu'un corps tombe verticalement dans un liquide, quelle est à un moment donné la pression exercée par ce corps sur le fond du vase ou sur une paroi horizontale quelconque du liquide. Si C est le corps solide, m sa masse, P son poids, v sa vitesse de haut en bas, r la résistance du liquide produite par des forces résultant soit de la pression des molécules du liquide les unes sur les autres, soit de leur frottement, t représentant le temps à partir du moment où C commence à se mouvoir, c'est-à-dire quand $v = o$, l'équation du mouvement du corps C est :

$$P - r = m\frac{dv}{dt}.$$

Lorsque le corps commence à tomber, $v = o$ et $r = p$, poids d'un volume d'eau égal au volume de C, puis la vitesse augmente ainsi que r parce que à la pression hydrostatique p s'ajoute une pression hydrodynamique provenant du frottement de l'eau ; cette augmentation doit durer tant que $\frac{dv}{dt}$ ne sera pas nul, c'est-à-dire tant que r ne sera pas égal à P. Dès que cet état sera atteint, le mouvement de C sera devenu uniforme et la pression r exercée par C sur le fond du vase égalera son poids. Mais il n'en sera ainsi que pour les particules solides en suspension dans un liquide et se mouvant de haut en bas et non pour celles qui se meuvent obliquement, horizontalement ou verticalement de bas en haut. On peut donc affirmer que :

« Lorsqu'un liquide contient une matière solide en suspension, on peut calculer directement sa densité en ajoutant le poids des particules solides au poids du liquide, à la condition que l'on soit en droit d'admettre que la presque totalité des particules solides se meuvent verticalement de haut en bas. »

Cette conclusion est identique à celle à laquelle M. Forel était parvenu expérimentalement, et cette propriété des eaux limoneuses devra être prise en considération lorsqu'on s'occupera par exemple des phénomènes qui s'accomplissent en avant de l'embouchure des fleuves dans la mer.

Température de densité maximum de l'eau de mer. — Despretz, en 1837, a, le premier, cherché la température du maximum de densité des solutions salines en général et de l'eau de mer en particulier. Dans ce but, il enfermait le liquide dans un tube en verre étroit, gradué, terminé par un réservoir, sorte de thermomètre dont il avait préalablement évalué la capacité avec du mercure ainsi que le coefficient de dilatation. Il plongeait le tube dans des bains à diverses températures t, t', t''..., qui pouvaient même être inférieures à la température de congélation grâce à cette propriété des liquides enfermés dans des tubes capillaires de rester liquides au-dessous de leur point de solidification. Il mesurait le volume occupé par le liquide à t, t', t''..., corrigeait la valeur trouvée du changement de volume éprouvé par l'enveloppe de verre et traçait la courbe en prenant pour abscisses les températures et comme ordonnées les volumes correspondants. Il était alors facile de trouver le volume minimum, c'est-à-dire le maximum de densité et sa température.

Les expériences de Despretz ont été reprises et modifiées par Weber, Rosetti, Zöppritz et divers autres savants. Elles ont donné les résultats suivants :

L'eau de mer et les dissolutions salines aqueuses possèdent un maximum de densité.

La température de ce maximum s'abaisse à mesure que la proportion de sel augmente et plus rapidement que le point de congélation.

L'abaissement du point de congélation au-dessous de 0° et l'abaissement de la température du maximum de densité au-dessous de + 4, sont presque en raison directe de la quantité de sel dissoute dans l'eau.

La température du maximum de densité de l'eau de mer étant toujours inférieure à sa température de congélation, l'eau de mer, quelle que soit d'ailleurs la proportion de sel qu'elle contient, augmente de densité jusqu'au moment de sa congélation.

Les valeurs ci-après permettront de se rendre compte des variations de la température du maximum de densité de l'eau de mer et de sa température de congélation selon l'échantillon expérimenté.

Eau de mer $S_{\frac{20}{4}} = 1{,}0273$; maximum de densité $= -3°{,}67$; température de congélation $= -1°{,}84$ (Despretz).

Mélange d'eau provenant d'Héligoland, de Trieste et de Gênes, $S_{\frac{0}{4}} = 1{,}0281$; maximum de densité $= -4°{,}74$; température de congélation $= -2°{,}6$ (C. von Neumann)[1].

Eau de l'Adriatique $S_{\frac{20}{4}} = 1{,}0267$; maximum de densité $= -3°21$; température de congélation $= -1°{,}90$. Pour $S_{\frac{20}{4}} = 1.0281$, maximum de densité $= -3°{,}90$; température de congélation $= -2°{,}10$ (Rosetti)[2].

Wyville Thomson admet que lorsque l'eau de mer est en mouvement, la température de son maximum de densité remonte jusqu'à $-2°55$.

[1] Boguslawski, *Handbuch der Ozeanographie*, I, 236.

[2] S. Günther, *Lehrbuch der Geophysik und physik. Geographie*, II, 352.

MM. R. Lenz et Reszow[1] ont étudié expérimentalement la dilatation de l'eau de mer, la variation qu'elle éprouve selon sa teneur en sel et, par conséquent, sa température de densité maximum. La méthode consistait à enfermer dans un pycnomètre à long col calibré et gradué, sorte de thermomètre, des eaux de densités diverses, à les soumettre à une température connue et à mesurer l'augmentation de volume. Les eaux de mer étaient fabriquées artificiellement en dissolvant dans de l'eau distillée les divers sels composants en proportions convenables. On modifiait ensuite la densité en ajoutant de l'eau distillée. La densité était calculée par rapport à celle de l'eau distillée à 0°.

Huit séries d'expériences exécutées avec une très grande précision ont permis de dresser un tableau donnant, pour huit échantillons d'eaux de densités comprises entre 1,00710 et 1,03812, la variation de densité éprouvée de degré en degré entre 0° et 30°. On a ainsi reconnu que pour chaque échantillon, la température t de densité maximum était :

d_0	t
$d_0 = 1{,}03812$	$t = -5°{,}3$.
1,03352	$-4°{,}6$.
1,02928	$-4°{,}2$.
1,02621	$-3°{,}7$.
1,02045	$-1°{,}2$.
1,01579	$-0°{,}8$.
1,01392	$-0°{,}4$.
1,00710	$+2°{,}2$.

Relation entre le volume d'une eau de mer, sa température et son poids spécifique. — On a vu que M. Karsten[2], en prenant pour unité l'unité de volume d'eau de mer à 17°,5, a exprimé le volume de celle-ci à la température t par la formule :

$$V_{\frac{t}{17.5}} = 0.99746 + 0.00004\,t + 0.000006\,t^2.$$

Le même observateur a relié empiriquement le poids spécifique

[1] R. Lenz, *Über die thermische Ausdehnung des Meerwassers aus den Beobachtungen des Herrn Res'zow berechnet*, Mémoires de l'Académie impériale des sciences de Saint-Pétersbourg, VIIe série, t. XXIX, n° 4, 1881.

[2] G. Karsten, *Tafeln für Berechnung der Beobachtungen an den Küstenstationen*, u. s. w., Kiel, 1874.

$S_{\frac{t}{17.5}}$, c'est-à-dire le poids du volume d'une eau de mer à t^o divisé par le poids du même volume d'eau distillée à 17°,5, au poids du sel contenu Q par litre au moyen de la formule :

$$\frac{Q}{S_{\frac{t}{17.5}} - 1} = 131 = K,$$

ou :

$$S_{\frac{t}{17.5}} = 1 + 0{,}0077\,Q.$$

La valeur constante 131 de Karsten est le coefficient de poids spécifique ; Ermann la prend égale à 129.

Hann[1] a reconnu que la formule de Karsten ne donnait pas d'une façon sûre le 0.1 p. 100 de la quantité de sel ; il s'est arrêté à la formule suivante pour représenter empiriquement la relation entre le poids spécifique, la salinité et la température de l'eau de mer :

$$S_{\frac{t}{0}} = 1.02946 - 0.000006\,(6.7 + t)\,t + 0.0077\,(Q - 3.5),$$

dans laquelle le poids spécifique est pris par rapport à l'eau à 0° et la constante 1.02946 est le poids spécifique à 0° de l'eau de mer ayant une salinité moyenne de 3,5 p. 100.

Thorpe et Rücker[2] ont préféré la formule

$$V_{\frac{t}{0}} = 1 + 0.000057682\,t + 0.0000060715\,t^2 - 0.000000032983\,t^3,$$

applicable entre 0° et 36° pour une eau de mer ayant une densité de 1,02867 à 0°.

D'après cette formule, et à l'aide de cette même eau de mer étendue jusqu'à posséder la densité 1,020 et concentrée par évaporation jusqu'à la densité 1,033, ils ont dressé une table servant à réduire à la température normale de 0° toute densité observée à des températures variant entre 0° et 36°. En ramenant par le calcul la

[1] J. Hann, *Das specifische Gewicht des Meereswassers in Beziehung auf die Theorie der Meeresströmungen*, Wien. Ber. (2) 1875 et Mittheil, d. k. k. geogr. ges. in Wien 1875, XVIII, 351-357.

[2] *Proc. Roy. Society*, XXIV.

table de Hubbard, pour les coefficients de dilatation de l'eau de mer à la température de 0°, et en la comparant à celle de Thorpe et Rücker, on constate qu'elles sont mieux d'accord, pour les températures basses et les températures élevées, que pour les températures moyennes. Cette dernière offre certainement une précision plus grande. D'autre part, il résulte des expériences mêmes de Thorpe et Rücker que la loi de dilatation trouvée par eux n'est pas applicable à toutes les eaux de mer, quelle que soit leur salinité, et, que lorsqu'on tient à obtenir une quatrième décimale exacte, il faut prendre en considération la teneur en sel.

M. Tornöe[1] a admis pour le coefficient de poids spécifique K la valeur 131,9 ± 0,058 avec une erreur probable de ± 0,15 pour une seule détermination.

Emploi du poids spécifique pour la détermination de la salinité de l'eau de mer. — En s'appuyant sur la formule $\frac{Q}{S_{\frac{17.5}{17.5}}-1} = K$ ou $Q = K(S_{\frac{17.5}{17.5}} - 1)$, on fait usage de l'aréomètre pour avoir le poids d'une unité de volume d'eau de mer et en déduire la proportion de sel contenue dans cette unité de volume. Dans ce but, on réduit par le calcul l'indication fournie par l'aréomètre $S_{\frac{t}{t'}}$ à une température normale $S_{\frac{t_1}{t'_1}}$, de manière à permettre de comparer le poids de l'unité de volume ramenée à cette température normale et sa teneur en sel aux résultats expérimentaux obtenus sur un ou plusieurs échantillons particuliers pris à la température normale.

Ce mode de procéder laisse prise à quelques objections.

1. Les formules de passage de $S_{\frac{t}{t'}}$ à $S_{\frac{t_1}{t'_1}}$ sont basées sur la dilatation par la chaleur mesurée expérimentalement d'un échantillon déterminé; cette dilatation variant avec la teneur en sel et la teneur en sel de l'échantillon en expérience étant actuellement inconnue puisqu'on la cherche, on n'a pas strictement le droit d'appliquer à cet échantillon les formules empiriques mesurées sur un type différent.

[1] H. Tornöe, *Chemistry*, The Norwegian North-Atlantic Expedition, 1876-78, II.

2. L'eau de mer, ainsi que l'a prouvé M. Schmelck [1] n'est pas une dissolution dans des proportions variables d'eau douce, d'un mélange de divers sels à proportions mutuelles fixes. En d'autres termes, deux échantillons, chacun contenant une même proportion pour cent de sel A, sont susceptibles d'avoir respectivement cette quantité A composée d'une façon différente. Or on ignore l'influence que peut exercer cette différence sur les données physiques ayant servi à établir les formules de transformation de $S_{\frac{t}{t'}}$ à $S_{\frac{t_1}{t'_1}}$. On ne peut donc pas affirmer l'exactitude physique absolue de ces formules.

3. En admettant même l'homogénéité de composition de la proportion variable de sel contenue dans l'eau de mer, les différences des quantités de sel dans des échantillons divers sont tellement faibles que M. Tornöe [2], d'une si haute compétence dans ces sortes de questions, conseille de ne jamais faire ces dosages de sel dans les conditions défavorables d'une installation à bord, mais de conserver les échantillons dans des flacons bouchés à l'émeri et mastiqués afin de les analyser à terre avec toutes les ressources d'un laboratoire. Ces différences presque insensibles correspondent à des variations considérables des conditions extérieures. Le but définitif que l'on se propose en étudiant la salure de la mer consiste à rechercher les relations qui existent entre cette salure et les conditions extérieures, et ces relations sont celles de grandes causes à petits effets. L'analyse chimique, même directe, est déjà un instrument peu délicat pour de si légères différences; en lui substituant une approximation calculée et par voie indirecte, on introduit encore de nouvelles incertitudes et on remplace en quelque sorte un instrument à peine suffisant par un autre moins suffisant encore.

Il semble donc nécessaire pour avoir des données à l'abri de toute objection, d'analyser directement et complètement chaque échantillon, en se rapportant non à des volumes mais à des poids, et comme il faut en définitive en revenir à des volumes, on devra par une expérience subséquente, mesurer directement le changement de volume apporté à un certain poids d'eau de l'échantillon en passant

[1] L. Schmelck, *On the solid matter in sea water,* The Norw. North-Atl. Exped., IX.
[2] H. Tornöe, *On the amount of salt in the water of the Norwegian sea,* The Norw. North-Atl. Exped., I, 75.

de la température *t* au moment de la pesée à la température *t'* notée *in situ.*

Relation entre la densité de l'eau de mer et son niveau. — M. Bouquet de la Grye a fait servir la connaissance de la salinité et de la température de la mer, c'est-à-dire son poids spécifique au calcul de son niveau et à l'étude des courants qui la sillonnent.

« On peut [1], d'une façon générale, rechercher la forme que prend la surface de l'Océan suivant la salure et la température de toutes les parties qui le composent. Pour envisager d'abord un premier côté de cette question, doit-on continuer à appeler niveau moyen dans un port, le niveau obtenu par la moyenne d'un certain nombre de hauteurs prises dans toutes les saisons ? Évidemment non, parce qu'il n'y a ni équilibre de hauteur ni comparaison possible entre des eaux saturées différemment et ayant des densités variables suivant cette salure et leur température. On ne peut faire entrer dans la même moyenne les eaux douces qui au printemps s'étendent sur nos rivages et les eaux salées des autres saisons. En été, une onde marée dont la puissance est représentée par un poids et non par une hauteur, conduira à des chiffres différents de ceux de l'hiver. Et que l'on ne pense point que les corrections afférentes à différentes chlorurations soient insignifiantes. Lorsqu'on recherche aujourd'hui un niveau moyen pour des opérations de nivellement, sa valeur doit être donnée au millimètre près, lorsqu'on veut mesurer la stabilité d'une côte, c'est encore cette approximation que l'on a en vue. Eh bien, pour une différence de 15°, on a avec la salure moyenne 0,004 m de différence par mètre de hauteur. Si la marée a 5 m, la seule correction due à la température donne des différences de 0,02 m; c'est la valeur entière de l'une des dernières ondes dont l'on tient compte.

« Quant à la correction due à la différence de salure, elle est beaucoup plus grande : à Honfleur, au Havre et surtout à Saint-Nazaire, la chloruration de l'eau peut faire passer la densité de 1,028 à 1,012 ; pour 5 m de marée, la correction est de 8 cm.

« Ce sont ces différences qui rendent si peu comparables les

[1] Bouquet de la Grye, *Recherches sur la chloruration de l'eau de mer*, Annales de Chimie et de Physique, 5ᵉ série, XXV, 36, 1882.

moyennes des hauteurs de la marée obtenues pour de longues périodes. A Brest, où le marégraphe fonctionne à l'embouchure de la Penfeld, les moyennes annuelles sont discordantes.

« Ajoutons que lorsqu'il s'agit du niveau d'équilibre[1], il faut faire encore une correction qui est comme l'étiage du port, car ce dernier niveau reste le même pour une grande étendue de la mer, tandis que le bord de la côte, par suite de circonstances locales, des étranglements qui empêchent le jeu des marées, etc., présente des surélévations diverses, mais cette correction ne s'applique ni aux mers sans marées ni aux pointes qui s'avancent dans l'Océan.

« Lorsqu'il s'agit de la recherche du niveau d'équilibre de la mer, il faut donc tenir compte de la densité et de l'étiage du lieu, et il y a lieu, dès à présent, de compléter les indications fournies par les marégraphes en y joignant pour chaque jour la température de la mer et le poids du chlore qu'elle contient au moment de la haute et de la basse mer. Si l'on trouve que les observateurs des marégraphes ne peuvent employer le dosage chimique, au moins doit-on leur donner un densimètre assez sensible pour arriver à une quatrième décimale exacte.

« Les résultats obtenus pourront être réduits ensuite au moyen d'un tableau de conversion à la densité correspondant à une même température.

..... « La mer n'est point partout une surface de niveau, si nous appelons de ce nom celle qui serait indiquée par un nivellement géométrique ou celle que prendrait la mer elle-même si elle avait partout la même densité, abstraction faite de l'influence due à l'attraction des continents.

« On sait déjà que les mers qui ne communiquent pas largement avec les grands océans accusent des différences de niveau assez fortes; le nivellement de M. Bourdaloué partant de la Méditerranée et allant au golfe de Gascogne a donné des différences variables, car les sources d'informations dans les ports étaient peu précises; mais en somme, les chiffres obtenus accusent tous une surélévation de l'Océan.

« On a trouvé aussi par un nivellement que la mer de Suez était

[1] Il importe de bien distinguer le niveau moyen de la surface d'équilibre, le premier est égal au second augmenté de la force vive moyenne due aux lames, au vent, etc. (Bouquet de la Grye, *loc. cit.*).

plus élevée que celle de la Méditerranée et on suppose également que le golfe des Antilles l'est davantage que l'océan Pacifique.

« Des différences dans les hauteurs de la mer sont donc plus que soupçonnées; mais comme la mesure directe de ces différences est très difficile et que des doutes se sont élevés même sur des résultats obtenus par un ingénieur éminent, on ne doit point s'étonner qu'un moyen de mesurage indirect n'ait point encore été abordé.

« Il est pourtant beaucoup plus simple que le premier, car il n'a à tenir compte ni de la hauteur des lames, ni de la force vive due au déplacement des ondes marées, ni des marées elles-mêmes; il part de ce principe que les différences de niveau proviennent des poids variables d'une même hauteur d'eau.

« Il y a en effet dans toutes les mers équilibre de poids et tendance seulement à l'équilibre de niveau; il se passe partout en grand ce que l'on observe dans les îlots de sable clairsemés au milieu de l'océan Pacifique et reposant sur des récifs madréporiques fendillés de toutes parts. Lorsqu'on y creuse un trou dans le sable, on trouve de l'eau douce avant d'arriver au niveau du Pacifique, eau qui monte et descend suivant la marée mais qui conserve si bien sa surélévation qu'on peut la faire écouler à la mer en lui ouvrant une issue. Cette eau cernée de tous côtés par des eaux salées est surélevée à cause de sa moindre densité et elle ne se mêle à l'Océan que lentement, précisément à cause de cette différence de densité et du frottement à travers les couches de sable qui est considérable. Il y a équilibre de poids et tendance seulement à l'équilibre des liquides en couches horizontales de même densité.

« Dans les grands océans, l'arrêt causé par le filtrage à travers quelques mètres de sable est remplacé par le frottement des molécules les unes sur les autres pendant des centaines de lieues; la tendance au nivellement reste, mais les différences de hauteur sont constantes car les causes qui les produisent agissent d'une façon continue. Chaque molécule d'eau, en réalité, court continuellement vers le point précis qu'indiquerait sa densité en suivant le chemin de la ligne de plus grande pente qui est celui des plus grandes différences de densité relative.

« Si donc on pèse en différents endroits d'un océan des files de molécules liquides sur une hauteur assez grande pour qu'on puisse considérer la partie négligée comme ayant une densité uniforme, on aura un élément des plus sérieux pour donner une idée de la forme de la surface de la mer.

« En examinant dans les grands océans l'échelle décroissante des températures suivant la profondeur, on voit de suite une circonstance qui doit augmenter la précision des résultats; le fond de la mer y est partout caractérisé par une température presque invariable et très basse. Or à une température basse, l'eau est proche de son point de contraction maximum; une différence de 1° vers 0° ne produit que le quart environ de la variation qu'on trouverait de 19° à 20°; si la chloruration est donc uniforme, on pourra considérer ce qui existe d'eau au-dessous d'une certaine profondeur comme n'ayant point d'influence directe sur les mouvements. C'est une masse qui participe au mouvement, mais qui ne le produit point. »

Comme application de cette théorie, M. Bouquet de la Grye a trouvé 1,02 m pour différence de niveau entre Brest et Marseille confirmant ainsi les résultats directs (1,08 m) du nivellement de Bourdaloué.

Plan initial de nivellement marin. — On voit, par ce qui précède, que la différence de niveau de deux localités marines est en raison inverse des densités respectives de l'eau en ces deux localités. On objectera qu'en assimilant ainsi l'eau de mer en ces deux localités à des liquides de densités différentes contenus dans deux vases communiquants, on ignore à quelle profondeur se trouve le plan de communication initial. Bien qu'on puisse affirmer que ce plan est situé à une faible profondeur, s'il s'agit de fixer un point de repère absolu, l'objection est à discuter en tenant compte de diverses circonstances et, en particulier, de l'augmentation de densité qu'éprouve, par compressibilité, l'eau en profondeur ; elle n'existe plus s'il ne s'agit que de différences de hauteur, données en relation immédiate avec la marche des courants marins.

Pour exprimer par un graphique le résultat de mesures directes, pour tracer, comme en topographie terrestre, le profil entre deux points quelconques de la surface de la mer, dresser la carte orographique de l'Océan et obtenir ainsi une notion sur les lignes de plus grande pente suivies par l'eau des courants marins comme le fait sur terre l'eau des fleuves et des rivières, il importe cependant d'avoir un plan initial. Or, rien n'empêche de prendre un plan situé non pas au-dessous, mais au-dessus de la surface de l'eau. On choisira dans ce but le plan de densité 1,0000. On rapportera à ce plan les densités mesurées en comptant sur les perpendiculaires à ce plan et, au-dessous de lui, des longueurs proportionnelles aux valeurs des densités. L'ensemble des points ainsi obtenus constituera la surface plus ou moins accidentée de l'Océan. Sur le profil, découpé par une section quelconque de la surface, on ne pourra pas, il est vrai, déterminer en valeur absolue la différence de hauteur entre deux points, mais on sera sûr que le profil représenté sera semblable, dans l'acception mathématique du mot, au profil véritable de l'Océan, quant à la densité. En d'autres termes, on aura un profil dont l'échelle seule sera inconnue.

Il ne faut pas oublier que la surface de l'Océan, loin d'être immuable, varie à chaque instant ; qu'à strictement parler, un nivellement marin n'est exact que si les cotes sont prises à la même époque ; on ne devra donc employer que les densités mesurées en une même saison ou pendant un même mois. Plus les cotes se rapprocheront de cette condition idéale d'être prises simultanément et plus la carte orographique résultante sera précise et, par suite, rendra mieux compte des phénomènes.

La densité, c'est-à-dire le poids en grammes du litre d'eau de mer au point et au moment même où on l'observe, est une fonction complexe de la température et de la salinité. Ces deux éléments, variables à chaque mesure, sont inséparables, car, par exemple, une eau très chaude et très salée pourra posséder la même densité et être, par conséquent, absolument de niveau avec une eau fort peu salée mais très froide. En définitive, on compare $S_{\frac{t}{4}}$ en un point de l'Océan avec $S_{\frac{t'}{4}}$ au même moment et en un autre point de l'Océan. L'aréomètre fournit, dans les deux cas, la densité par rapport à l'eau distillée à $+ 4^{\circ}$. L'instrument est facile à manier et permet d'opérer avec une rapidité et une précision incomparablement supérieure à celles d'un dosage de sel, quelle que soit la méthode choisie. Son unique correction est celle relative à sa propre dilatation, car il est plongé dans une eau à une température différente de celle qu'il possédait au moment où on l'a gradué. Cette correction est aisée pour un aréomètre ordinaire, elle entre dans le calcul nécessité par un instrument du modèle de celui du *Challenger* qui, à proprement parler, ne fournit pas la densité elle-même mais seulement des données suffisantes pour l'évaluer. L'aréomètre pour les nivellements à la surface de la mer correspond donc bien au baromètre pour les nivellements à la surface des continents.

Application au courant du Gulfstream. — Maury avait supposé que les bancs de Terre-Neuve étaient composés de débris apportés des régions polaires par les icebergs descendus du nord sous l'impulsion du courant du Labrador et qui, après avoir contourné la côte est de Terre-Neuve, s'étaient fondus au contact des eaux chaudes du Gulfstream en laissant tomber sur le fond les détritus minéraux qui les chargeaient. On admettait en outre que le courant froid coulant du nord au sud plongeait par-dessous le Gulfstream coulant de l'ouest à l'est et allait se mêler aux eaux profondes de l'Atlantique. L'étude océanographique et géologique des parages sous-marins qui entourent Terre-Neuve aussi bien que de l'île elle-même, a prouvé que les débris minéraux provenaient en majeure partie de ces rivages voisins d'où ils étaient arrachés par la gelée. Chargés par les glaces côtières, ils descendent la côte est et surtout la côte ouest de l'île sous l'impulsion du courant du fleuve Cabot en comprenant sous ce nom la masse des eaux qui provient de la mer du Saint-Laurent et débouche dans l'Océan par le détroit de Cabot, et ils viennent fondre au contact des eaux chaudes du Gulfstream. Mais les densités prises en divers points [1] ont prouvé que ni ce courant du fleuve Cabot, ni celui du Labrador ne plongent au dessous du Gulfstream [2]; leurs eaux quoiques froides sont peu salées à cause de la fusion des glaces polaires, du mélange des eaux douces du Saint-Laurent et des eaux de l'île de Terre-Neuve tout entière que sa constitution et son climat rendent comparable à une énorme éponge; leur densité est la même

[1] J. Thoulet, *Sur la mesure de la densité de l'eau de mer; considérations sur le régime des courants marins qui entourent l'île de Terre-Neuve,* Annales de Chimie et de Physique.

[2] L'exploration du courant de Labrador et du Gulfstream faite en juillet 1889 par le schooner *Grampus* de l'*U.-S. Fish Commission,* semble avoir démontré le passage des eaux froides du courant descendant du nord au sud par dessous les eaux chaudes du Gulfstream s'effectuant progressivement jusque vers le détroit de la Floride. Ces eaux froides iraient ainsi rejoindre dans les profondeurs celles du milieu de l'Atlantique et expliqueraient, entre autres particularités, la pente en sens inverse qui limite au sein de l'Océan les eaux du Gulfstream.

que celle des eaux du Gulfstream. Il en résulte que les eaux du courant du Labrador se confondent avec celles du Gulfstream, les attiédissent, arrêtent en partie leur impulsion, les obligent à s'éparpiller en éventail et à dégager l'immense quantité de chaleur qu'elles ont emmagasinée non pas en un seul point de l'Europe qu'elles transforformeraient en une vaste étuve, mais sur toute l'Europe occidentale dont elles adoucissent le climat.

Les densités trouvées pendant les mois d'été par le *Challenger* et par M. Thoulet à bord de la *Clorinde*, en 1886, ont permis (*fig.* 85) de dresser un profil en long ABCDEFG et trois profils en travers du Gulfstream *abCcde*, *a'b'c'Bd'e'f'* et *a''b''Af'*. Ces figures montrent le cours

Fig. 85.

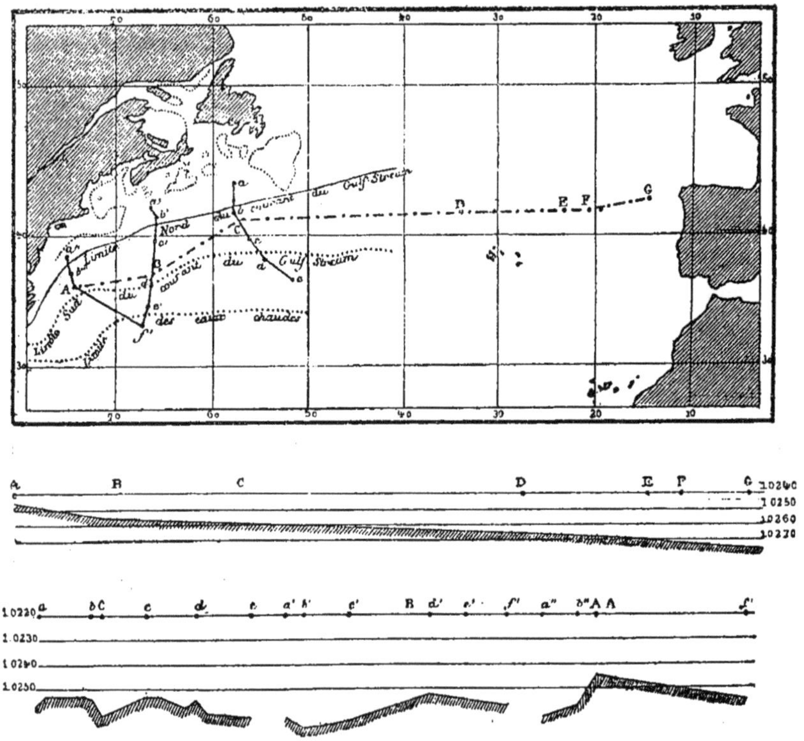

du fleuve marin qui descend des hauteurs du côté de l'Amérique jusqu'aux plaines représentées par les eaux des régions centrales de l'Atlantique, l'existence du courant longeant du nord au sud la côte nord américaine, la limite appelée *cold-wall*, la crête servant d'arête médiane au fleuve et enfin la pente latérale vers l'est et le centre de l'Atlantique qui entraîne de ce côté et jusqu'aux latitudes septentrionales de l'Islande et du Spitzberg les objets flottants provenant du golfe du Mexique, de la mer des Caraïbes et de l'Amérique équatoriale.

Cartes de poids spécifiques. — On a dressé des cartes des aires d'égale densité de l'eau de mer soit à la surface soit dans les profondeurs. On en trouve plusieurs dans les *Reports* du *Challenger*[1]. Le mode de représentation adopté semble donner prise à quelques objections.

Les poids spécifiques mesurés à la surface de l'Océan pendant toute la campagne du *Challenger*, en été et en hiver, et durant trois années, sont inscrits sur une même feuille; cependant, il est évident que la densité en un point étant fonction de la température, varie selon les saisons, c'est-à-dire continuellement, et qu'elle n'est point comparable à une densité prise en un autre point, même voisin, et à une époque différente. Pour être vraiment utile, une carte de ce genre doit être faite pour un seul mois. Les poids spécifiques sont ramenés à une température normale (15°,56); d'une façon générale, rien n'est plus susceptible de diminuer l'utilité d'une telle carte que la réduction des chiffres qu'elle représente à une moyenne quelconque. En supposant même que les densités soient prises simultanément sur le globe entier, alors qu'on désire découvrir les causes ou les lois de la variation d'une variable, il ne faut pas rendre artificiellement cette variable aussi constante que possible, c'est-à-dire supprimer d'avance la variation. Une carte doit exprimer des résultats d'observation, ce qui existe en réalité, et quand elle est dressée dans les conditions énoncées plus haut, elle représente ce qui n'est pas, ce qui ne sera jamais, parce que ce serait l'immobilité et qu'il s'agit au contraire de figurer et d'étudier des mouvements.

Les cartes des densités en profondeur par courbes isopycnes méritent les mêmes critiques : trop souvent elles contiennent des données se rapportant à des époques trop espacées les unes des

[1] J.-Y. Buchanan, *Report on the specific gravity of samples of Ocean water*, Report on the scient. results of the voy. of H. M. S. Challenger, Physics et Chemistry, I, Diagr. I et III.

autres, les chiffres y sont ramenés à la température normale et ne sont pas corrigés de la pression. Aussi constate-t-on avec étonnement la superposition de couches dont la densité croît de bas en haut, des espaces isolés, des enclaves d'une eau pesante au milieu d'une eau légère ou inversement. La correction de pression est indispensable car l'eau, à une profondeur de 1000 m par exemple, n'a pas la densité qu'indique un aréomètre plongée dans cette eau à bord d'un navire, mais cette densité augmentée de la compression qu'éprouve l'eau de la part des 1000 m qui pèsent sur elle. L'eau mesurée sur le pont est inerte, tandis que celle du fond joue un rôle dans la nature. Si l'on a soin de prendre pour densité des eaux la valeur $S_{\frac{t}{4}}$, t étant la température en place, et si on corrige de la pression, on obtient des diagrammes d'une remarquable simplicité qui sont l'expression de la vérité, d'un fait réel qu'elles ne font que rendre sensible à l'œil, la

Fig. 86.

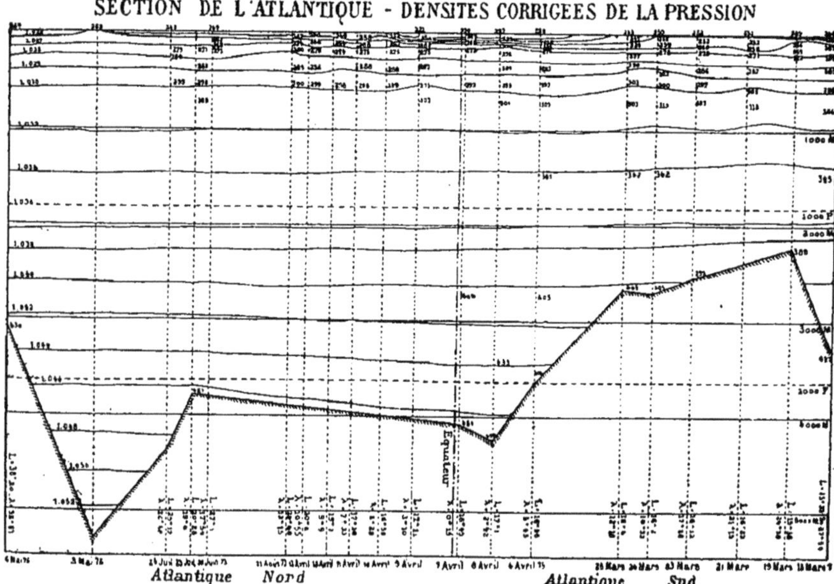

manière dont varie avec la profondeur le poids d'un litre d'eau pris à une profondeur quelconque.

Le diagramme (*fig.* 86) montre la distribution de la densité en profondeur du nord au sud, à travers l'Atlantique; les chiffres sont ceux du *Challenger* corrigés toutefois comme il a été dit. Cette carte diffère singulièrement de celles qui ont été publiées. On voit combien les lignes sont régulières, même en leur faisant représenter des variations de une unité du quatrième ordre dans la valeur des densités; les nappes d'égale densité ou isopycnes offrent encore quelques ondulations superficielles et ensuite elles s'égalisent et se superposent régulièrement par ordre de densités croissantes de la surface au fond. Parmi les 125 valeurs qui ont servi à dresser le diagramme, trois fois seulement une densité plus faible a succédé à une densité plus forte placée au-dessus et la différence a été de 0,00041, 0,0005 et 0,0007, c'est-à-dire n'a porté que sur la quatrième décimale dont la rigueur est toujours discutable en admettant même qu'il n'y ait pas eu une erreur de lecture. Les couches profondes sont donc remarquablement calmes[1]; les variations n'ont lieu qu'à une faible profondeur, ce qui rend d'autant plus aisées à exécuter les mesures de densité qu'il serait nécessaire de prendre pour élucider les lois de l'évaporation et de la chute en profondeur des molécules d'eau alourdies par suite de leur concentration en sel. Bien que cette descente doive s'accomplir, il est très probable qu'elle a une importance beaucoup moindre que celle qu'on lui a attribuée et que ses effets sont fortement masqués par les courants et l'agitation superficielle due aux vents.

En résumé, des cartes d'égale densité seraient d'un extrême intérêt à la condition d'être faites pour chacun des douze mois de l'année et d'être l'expression rigoureuse de la vérité, c'est-à-dire de

[1] Si l'on compare la carte (*fig.* 86) avec la carte des isothermes pour la même section de l'Atlantique, on constate que sur cette dernière les courbes ne sont point horizontales et présentent de notables anomalies dans le voisinage du fond aux points correspondant aux observations du 3 mai 1876 et du 6 avril 1875. Or ces anomalies disparaissent sur la carte parfaitement régulière des densités et comme d'autre part, la densité est fonction de la température et de la composition, il en résulte qu'en ces points, l'eau de mer doit avoir une composition différente de celle qu'elle possède dans les couches susjacentes. Ce fait semblerait corroborer les expériences de Dittmar et de Buchanan qui ont trouvé que certains échantillons d'eaux recueillis à de grandes profondeurs par le *Challenger* manifestaient une réaction acide. Il y aurait alors mélange d'eau salée et d'acide carbonique provenant d'émanations volcaniques sous-marines et liquéfié par la pression. Voir à ce sujet le travail de M. Thoulet : *De quelques objections à la théorie de la circulation verticale océanique*, Revue générale des sciences pures et appliquées juillet 1890.

représenter avec quatre décimales les densités *in situ* à la surface et *in situ* en profondeur ou en d'autres termes ramenées à la température indiquée par le thermomètre descendu en même temps que la bouteille et corrigées de la pression.

IV.

PRESSION.

Compressibilité de l'eau de mer. — L'étude de la compressibilité de l'eau de mer a été faite à la même époque, en 1851, par Wertheim, dans ses mesures de la vitesse de propagation du son dans les liquides, et par M. Grassi[1]. Celui-ci a opéré au moyen du même piézomètre qui avait déjà servi à Regnault dans des études analogues. L'instrument consiste en un réservoir en cristal ou en verre, de forme régulière, sphérique ou en un cylindre terminé par des demi-sphères, soudé à un tube fin en verre et plongé dans l'eau d'un récipient en cuivre rouge, à couvercle solidement mastiqué. On peut à volonté exercer la pression à l'intérieur ou à l'extérieur du piézomètre ou en même temps à l'extérieur et à l'intérieur, et on mesure chaque fois le déplacement subi par le niveau du liquide remplissant le piézomètre.

La compressibilité étant la diminution éprouvée par l'unité de volume, une eau de mer artificielle de densité de 1,0264 à 20° avait pour compressibilité 0,000 043 6 par atmosphère de pression. Wertheim a trouvé 0,000 046 7. D'après le chiffre de M. Grassi, comme une eau de densité égale à 1,026 supporte déjà une pression de 1 atmosphère à la profondeur de 10,07 m, la contraction de volume sera $\frac{0,0000436}{10,07} = 0,00000432$ à 1 m de profondeur et à n mètres elle sera $0,00000432\ n$.

M. Grassi a trouvé en outre que la compressibilité d'une solution saline — et l'eau de mer est dans ce cas — augmente avec la tempé-

[1] Grassi, *Recherches sur la compressibilité des liquides*, Ann. de physique et de chimie, 3e série, XXXI, 437.

rature contrairement à ce qui a lieu pour l'eau distillée. La compressibilité correspondant à 1 atmosphère est constante, quelle que soit la pression; enfin pour les diverses solutions d'un même sel; la compressibilité est d'autant plus faible que la quantité de sel est plus grande, en d'autres termes, la compressibilité est d'autant plus considérable que la solution est plus éloignée de son point de saturation [1].

Le professeur Tait [2] a repris l'étude de cette question et est arrivé à conclure que la véritable compressibilité de l'eau de mer à 12° était donnée par la formule

$$0,00666\,(1 - 0,034\,p),$$

dans laquelle p est le nombre de tonnes anglaises par pouce carré de surface comprimant l'eau, c'est-à-dire représente d'une façon très approchée la profondeur en milles au-dessous de la surface.

Ainsi pour une tonne anglaise équivalant à 1 016,048 kilog, un cube de 1 pouce cube à la surface devient

$$1 - [0,00666\,(1 - 0,034)] = 0,993567.$$

La densité étant encore supposée égale à 1,026 à la surface, sera à la profondeur où la pression est de 1 tonne, c'est-à-dire à 1535 m, égale à 1,0326.

D'où, par mètre de profondeur, la compressibilité sera 0,00000430.

Les valeurs de la compressibilité de l'eau de mer, données par Wertheim, Grassi et Tait sont donc très rapprochées les unes des autres.

En 1875, à bord du *Challenger*, M. J. Y. Buchanan a fait quelques expériences sur la compressibilité de l'eau; il s'est dans ce but servi de son piézomètre rempli d'eau distillée et attaché à la ligne de sonde à côté d'un thermomètre. Connaissant la profondeur atteinte par la longueur de la ligne filée, la pression d'après la profondeur

[1] M. Cailletet a mesuré le coefficient de compressibilité de l'eau distillée privée d'air de densité égale à 1000 ; il l'a trouvé égal à 0,0000451 à + 8°, et avec une pression de 705 atmosphères, valeur non corrigée de la contraction de l'enveloppe (Comptes rendus, Acad. Sciences, t. 75, p. 77, 1872).

[2] Proced, of the Roy. Soc. of Edinburgh, n° 114.

et la température par le thermomètre, il comparait avec l'indication fournie par l'index du piézomètre et pouvait chercher à évaluer la relation existant entre ces trois quantités. Vingt expériences exécutées dans le Pacifique sud à des profondeurs variant entre 500 et 2 300 fathoms et avec des températures comprises entre 1°,4 et 4°,03 ont fixé la compressibilité moyenne de l'eau à 0,0008986 pour 100 fathoms, soit 0,000004913 pour 1 mètre. Dans le Pacifique nord, pour des profondeurs comprises entre 2 740 et 3 125 fathoms, cette compressibilité n'a été que de 0,000878, soit 0,000004801 pour 1 mètre et par conséquent un peu plus faible que la précédente.

Pression s'exerçant dans les couches profondes de l'Océan[1]. — Une atmosphère étant la pression exercée au niveau de la mer et à la latitude de 45° par une colonne de mercure à la température de 0° et d'une hauteur de 76 cm, en admettant que 1 fathom égale 1,82876694 m et que la densité du mercure à 0° soit 13,5959, si S représente la densité de l'eau prise par rapport à l'eau distillée à $+4°$, la pression exercée par 1 fathom d'eau de mer sera

$$\frac{1,82876694}{13,5959} \cdot \frac{S}{0,76} = 0,1769851 \text{ S atmosphères.}$$

au niveau de la mer et à 45° lat.

En représentant par $a_0 = 0,1769851$ le facteur constant, 1 atmosphère équivaudra à une pression en fathoms de

$$\frac{1}{a_0 S} \quad \text{ou} \quad \frac{5,6502}{S}.$$

La pression exercée par 1 fathom d'eau de mer est proportionnelle à la force de la pesanteur qui varie avec la latitude et la profondeur au-dessous de la surface de l'eau. Or cette variation de la force de la pesanteur avec la latitude est exprimée par la formule[2]

$$g_\varphi = g_{45}\,(1 - \beta \cos 2\varphi).$$

[1] H. Mohn. *The North Ocean, its depths, temperature and circulation.* The Norweg. North. Atlant. Exped., XVIII, p. 144.

[2] J.-J. Broch, *Accélération de la pesanteur, etc.* Mémoires et travaux du Bureau international des poids et mesures.

g_φ étant l'intensité de la pesanteur au niveau de la mer et à la latitude φ, g_{45} cette intensité au niveau de la mer et à la latitude de 45° et $\beta = 0{,}00259$ une constante.

Mais la force de la pesanteur varie avec la profondeur à laquelle au sein de l'Océan se trouve la couche d'eau considérée ; car, par suite de la compressibilité, la densité de cette couche augmente, elle aussi, avec la profondeur. De sorte que cette force de la pesanteur, à la latitude φ et à la profondeur h, sera représentée par l'expression

$$g_{\varphi h} = g_{45}\,(1 + \beta \cos 2\varphi)\,(1 + bh),$$

en posant le coefficient constant $b = \frac{1}{R}\left(2 - 3\,\frac{d_0}{D}\right)$ où $R = 3476982$ fathoms à la latitude 70° est le rayon terrestre, $d_0 = 5{,}6$ la densité moyenne de la terre, ou en d'autres termes $b = 0{,}00000041698$.

La densité de l'eau de mer dans les profondeurs est nécessairement plus grande qu'à la surface puisque cette eau est comprimée par le poids des couches qui la recouvrent. Si la pression en un certain point de la profondeur est de p atmosphères, $S_0 \left(= S_{\frac{t^o}{4}}\right)$ la densité à la pression de 1 atmosphère, la valeur de la densité S_p à la pression de p atmosphères, c'est-à-dire à la profondeur h, sera

$$S_p = \frac{S_0}{1 - \eta p}.$$

Le coefficient de compressibilité de l'eau pure dépend de la température et de la pression ; en admettant que l'eau de mer soit soumise aux mêmes lois, on peut poser

$$\eta = (\eta_0 - 0{,}159\,t - 0{,}000314\,t^2)\,(1 - 0{,}00009325\,p),$$

t étant la température de l'eau, p la pression qu'elle supporte en atmosphères et η_0 le coefficient de compressibilité à 0° et sous la pression atmosphérique ordinaire qui est, selon Regnault, à 17°,5 et pour de l'eau de mer de densité 1,0264 de $46{,}4787 \times 10^{-6}$, selon

Buchanan $46{,}291 \times 10^{-6}$ et selon Tait[1] $46{,}392 \times 10^{-6}$, soit en moyenne $46{,}387 \times 10^{-6}$.

Dans ces conditions, la pression dp qu'exerce sous l'action de la pesanteur une colonne d'eau verticale de hauteur dh étant proportionnelle à la force de la pesanteur, on a

$$dp = a_0 \frac{S_0}{1 - \eta p} dh \frac{g_{\varphi h}}{g_{45}} = a_0 \frac{S_0}{1 - \eta p} (1 - \beta \cos 2\varphi)(1 + bh)\, dh.$$

Si on intègre cette équation entre les limites $h = o$ et $h = h$ en adoptant pour la densité de l'eau une valeur constante Σ égale à la moyenne des densités des couches d'eau sus-jacentes, on a

$$p_{\varphi h} = \frac{a_0 \Sigma (1 - \beta \cos 2\varphi)\left(1 + \frac{1}{2} bh\right)}{1 - \frac{1}{2} \eta p_{\varphi h}} h.$$

On peut, pour simplifier l'expression, la ramener à la latitude normale de 45°, ce qui donnera

$$p_{45\,H} = \frac{a_0 \Sigma \left(1 + \frac{1}{2} bH\right)}{1 - \frac{1}{2} \eta p_{45\,H}} H,$$

où H représentera la profondeur dans ces conditions de simplification.

L'intérieur de l'Océan est évidemment partagé en tranches d'égale pression, et il sera aisé de comparer la profondeur de l'une de ces tranches à une latitude quelconque du globe à la profondeur où elle se trouve à la latitude 45° en posant

$$p_{\varphi h} = p_{45\,H}$$

ou

$$(1 - \beta \cos \varphi)\left(1 + \frac{1}{2} bh\right) h = \left(1 + \frac{1}{2} bH\right) H,$$

[1] Tait, Proceed of the Roy. Soc. of Edinburgh, 1883, p. 224.

d'où

$$h = \frac{H}{1 - \beta \cos 2\varphi}.$$

Le dénominateur étant plus grand que l'unité pour des latitudes supérieures à 45°, il en résulte que la profondeur d'une même surface d'égale pression ou d'égal niveau sera d'autant moindre que la latitude sera plus élevée. C'est ce qu'on voit sur le tableau suivant qui indique en fathoms la profondeur des diverses surfaces de niveau à divers parallèles.

LAT. 45°.	LAT. 60°.		LAT. 70°.		LAT. 80°.	
H	h	H - h	h	H - h	h	H - h
100 f.	99.87	0.13	99.80	0.20	99.76	0.24
500	499.35	0.65	499.01	0.99	498.78	1.22
1000	998.91	1.29	998.02	1.98	997.57	2.43
1500	1498.06	1.94	1497.03	2.97	1496.35	3.65
2000	1997.41	2.59	1996.03	3.97	1995.14	4.86

La densité de l'eau de mer à la profondeur H et à la pression de p atmosphères étant comme nous l'avons vu

$$S_H = \frac{S_0}{1 - \eta p},$$

on peut la mettre sous la forme

$$S_H = S(1 + \varepsilon H),$$

ou bien

$$S_H = S(1 + 0{,}0000085248\,H).$$

Toutes ces formules devront être divisées par le nombre constant 1,82876694 pour exprimer des mètres, de sorte que si n représente la profondeur en mètres, la dernière formule deviendra

$$S_H = S\left(1 + \frac{0{,}0000085248}{1{,}82876694}\,n\right).$$

ou encore

$$S_H = S(1 + 0{,}0000046614\,n).$$

Correction de pression pour les densités. — La formule a servi à calculer le tableau suivant qui donne la correction de pression, c'est-à-dire le nombre par lequel on devra multiplier la densité trouvée pour une eau prise à la profondeur de n mètres, afin de tenir compte de la pression exercée par les couches sus-jacentes.

MÈTRES.	FATHOMS.	CORRECTION.	MÈTRES.	FATHOMS.	CORRECTION.	MÈTRES.	FATHOMS.	CORRECTION.
20	10.94	1.00009	220	120.30	1.00102	1 400	765.54	1.00652
25	13.67	1.00012	240	131.23	1.00112	1 500	820.22	1.00699
30	16.40	1.00014	250	136.70	1.00116	1 600	874.92	1.00746
35	19.14	1.00016	260	142.17	1.00121	1 700	929.59	1.00792
40	21.87	1.00019	280	153.11	1.00130	1 800	984.27	1.00839
45	24.61	1.00021	300	164.04	1.00140	1 900	1038.95	1.00886
50	27.34	1.00023	320	174.98	1.00149	2 000	1093.63	1.00932
55	30.07	1.00026	340	185.91	1.00158	2 200	1203.00	1.01025
60	32.81	1.00028	350	191.38	1.00163	2 400	1312.36	1.01119
65	35.54	1.00030	360	196.85	1.00168	2 500	1367.04	1.01165
70	38.28	1.00033	380	207.79	1.00177	2 600	1421.72	1.01212
75	41.01	1.00035	400	218.73	1.00186	2 800	1531.09	1.01305
80	43.75	1.00037	450	246.07	1.00210	3 000	1640.45	1.01398
85	46.48	1.00040	500	273.41	1.00233	3 200	1749.81	1.01491
90	49.21	1.00042	550	300.75	1.00256	3 400	1859.18	1.01585
95	51.95	1.00044	600	328.09	1.00280	3 500	1913.86	1.01631
100	54.68	1.00047	650	355.43	1.00303	3 600	1968.54	1.01678
110	60.15	1.00051	700	382.77	1.00326	3 800	2077.90	1.01771
120	65.62	1.00056	750	410.11	1.00350	4 000	2187.27	1.01864
130	71.08	1.00060	800	437.45	1.00373	4 500	2460.68	1.02098
140	76.55	1.00065	850	464.79	1.00396	5 000	2734.08	1.02331
150	82.02	1.00070	900	492.13	1.00419	5 500	3007.49	1.02564
160	87.49	1.00074	950	519.47	1.00443	6 000	3280.90	1.02797
170	92.96	1.00079	1 000	546.82	1.00466	6 500	3554.31	1.03030
180	98.43	1.00084	1 100	601.50	1.00513	7 000	3827.72	1.03263
190	103.89	1.00088	1 200	656.18	1.00559	7 500	4101.13	1.03496
200	109.36	1.00093	1 300	710.86	1.00606	8 000	4374.53	1.03729

Piézomètre de Buchanan. — M. Buchanan a imaginé un piézomètre dont M. Mohn[1] s'est servi avec avantage en 1877 et en 1878, pendant les deux dernières campagnes du *Vöringen*, soit comme thermomètre de profondeur, soit pour contrôler les corrections de pression à faire subir aux thermomètres Miller-Casella.

Cet instrument (*fig.* 87) est un thermomètre à mercure dont le réservoir A, d'un volume assez considérable, n'est pas protégé contre

[1] H. Mohn. *The North Ocean, its depths, temperature and circulation.* The Norweg. North. Atlant. Exped. 1876-78, XVIII, pages 10, 197.

la pression extérieure; la tige, divisée en millimètres et deux fois recourbée sur elle-même, est remplie d'eau pure de B en C et ensuite de mercure; son extrémité, restée ouverte, plonge dans l'ampoule D, remplie de mercure. Cette dernière est sphérique et son col entoure l'extrémité de la tige. Un morceau de tube en caoutchouc E la relie à cette tige et, pour que l'eau puisse pénétrer librement et exercer sa pression sur le mercure de l'ampoule, on intercale le tube de verre H entre la tige du thermomètre et le tube de caoutchouc. Un index I, attirable à l'aimant, suit les mouvements de montée de la colonne mercurielle, mais reste immobile pendant sa descente; les chiffres indiquent des centimètres. L'instrument est fixé à une plaque d'ébonite et, quand on l'emploie à la mer, on l'enferme dans un étui en cuivre.

Fig. 87.

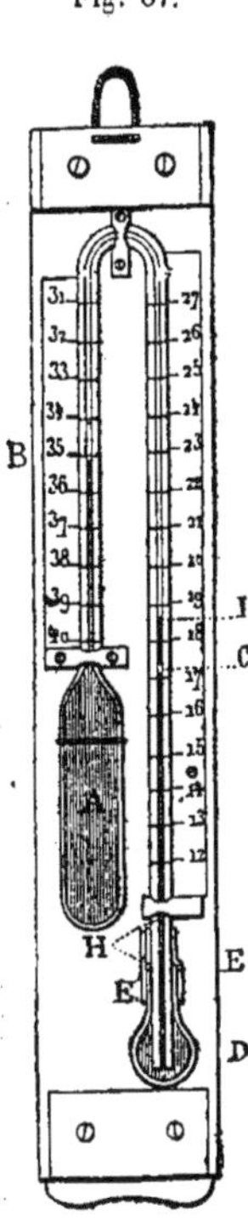

La division à laquelle s'arrête le sommet de la colonne mercurielle C dépend de la température et de la pression. On détermine les chiffres indiqués à diverses températures, sous la pression atmosphérique, en comparant le piézomètre à un thermomètre étalon. Sur l'instrument de M. Mohn, une variation de 1° C correspondait à 3 mm environ. Quand on l'immerge à une certaine profondeur, la pression comprime le verre, l'eau pure du tube et le mercure, de sorte qu'à une température donnée, le sommet C de la colonne mercurielle indique des valeurs plus grandes, c'est-à-dire montre une température plus basse que dans l'air parce que l'effet dû à la compressibilité de l'eau prédomine. Pour 100 fath de profondeur, la correction de température positive était de 0°,15, soit 0,4 mm de l'échelle. Comme à la mer la température décroît généralement avec la profondeur, la lecture de la division marquée par l'extrémité inférieure de l'index convertie en température et corrigée de l'influence de la pression, donnera la température cherchée de la couche profonde.

La correction relative à la pression est évaluée de la manière suivante :

La comparaison du piézomètre avec un thermomètre étalon a permis d'établir une formule dans laquelle on représente par

C le volume intérieur du piézomètre à 0° et à partir de la division 0 mm sur le tube capillaire,

c le volume compris entre deux divisions ou celui correspondant à la hauteur de 1 mm de tube capillaire,

m_0 la lecture du piézomètre (sommet du mercure) à 0°,

m_t la lecture du piézomètre à t°,

α et β des constantes relatives à la dilatation cubique de l'enveloppe en verre,

v_0 le volume de l'eau à 0°, à la pression atmosphérique,

v_t le volume de l'eau à t° à la pression atmosphérique,

$$\frac{v_t}{v_0} = \frac{(C - cm_t)(1 + \alpha t + \beta t^2)}{C - cm_0},$$

ou bien

$$m_0 + \left(\frac{C}{c} - m_t\right)\frac{v_0}{v_t}\,.\,t\,.\,\alpha + \left(\frac{C}{c} - m_t\right)\frac{v_0}{v_t}\,t^2\beta = \frac{C}{c} - \left(\frac{C}{c} - m_t\right)\frac{v_0}{v_t}.$$

D'apres cette formule et les données fournies par l'expérience, on a trouvé les valeurs

$$m_0 = 11{,}398018,$$
$$\alpha = 0{,}000025813,$$
$$\beta = -\,0{,}0000003603,$$

on peut donc évaluer m_t par la formule

$$m_t = \frac{C}{c} - \left(\frac{C}{c} - m_0\right)\frac{v_t}{v_0}\cdot\frac{1}{1 + \alpha t + \beta t^2},$$

et comme, d'après Broch,

$$\frac{v_t}{v_0} = \begin{cases} 1 - 0{,}000060306\,t + 0{,}0000079279\,t^2 - 0{,}000000042604\,t^3, \\ 1 - at + bt^2 - ct^3 \end{cases}$$

on a

$$m_t = \frac{C}{c} - \left(\frac{C}{c} - m_0\right)\left[1 - (a + \alpha)t + (b - \beta + \alpha^2)\,t^2 - ct^3\right].$$

Cherchons maintenant à évaluer la pression en fonction de la profondeur.

Si on représente par

h la profondeur en fathoms (1 fath = 1,82876694 m),
b l'accroissement d'intensité de la pesanteur par fathom, soit la valeur constante 0,00000041698,
φ la latitude,
β une constante = 0,00259,
S la densité de l'eau de mer à la profondeur h (rapportée à l'eau distillée à + 4°),
Σ la densité moyenne de l'eau dans l'étendue de la colonne d'eau exerçant sa pression,
a_0 une constante = 0,1769851,
η' et ε' des constantes exprimant la compressibilité de l'eau de mer,
p la pression en atmosphères à la profondeur h,

nous avons

$$d_p = \frac{a_0 S (1 - \beta \cos 2\varphi)(1 + bh)\, dh}{1 - \eta' p + \varepsilon' p^2},$$

intégrant, il vient

$$p = \frac{a_0 \Sigma (1 - \beta \cos 2\varphi)\left(1 + \frac{b}{2} h\right)}{1 - \frac{\eta'}{2}\left(1 - \frac{2}{3}\frac{\varepsilon'}{\eta'} p\right) p}\, h$$

or, d'après Regnault et Buchanan,

$$\eta' = 46,385 - 0,1590\, T - 0,000314\, T^2,$$
ε pour l'eau pure = 0,006107 millionièmes,

d'où

$$\frac{\varepsilon'}{\eta'} = \frac{\varepsilon}{\eta_0} = 0,0001218,$$

et

$$\frac{2}{3} \cdot \frac{\varepsilon'}{\eta'} = 0,00008118.$$

M. Mohn, par des expériences directes à la mer, mesure η' et p par des approximations successives et obtient ainsi la table suivante :

h	φ	Σ	T	η' en millionièmes.	p en atmosphères.
93	78° 2′	1.02694	2°8	45.937	16.95
416	78 2	760	2,0	46.066	75.97
1216	74 58	786	0,26	46.344	222.89
1280	72 36	786	— 1,07	46.555	234.66
1333	77 58	781	— 0,66	46.490	244.48
1343	78 1	781	— 0,66	46.490	246.55
1487	76 30	782	— 1,20	46.575	272.90
1590	75 1	787	— 0,78	46.500	291.93
1686	76 25	774	— 1,36	46.602	309.66
1985	75 16	1.02765	— 1,40	46.607	365.01

Détermination de la compressibilité de l'eau dans le piézomètre. — En représentant par

t la température au fond de la mer,

m la lecture du piézomètre (température t) à la pression atmosphérique,

m' la lecture du piézomètre (température t) au fond indiqué par la position de l'index,

η_t, ε et $\varkappa$ des constantes ($\varkappa$ = coefficient de compressibilité du verre),

C, c, α, β, p les mêmes quantités que précédemment, on a

$$\left(\frac{C}{c} - m\right)\eta_t p - \left(\frac{C}{c} - m\right)\varepsilon p^2 - \left(\frac{C}{c} - m'\right)\varkappa p = m' - m.$$

or,

$$\eta_t = 50{,}153 - 0{,}1590\, t - 0{,}000314\, t^2 \text{ millionièmes.}$$
$$\varepsilon = 0{,}00623600 \times 10^{-6}.$$
$$\varkappa = 0{,}7963205 \times 10^{-6}.$$

d'après des observations faites par M. Mohn directement sur le piézomètre plongé dans la mer à côté d'un thermomètre, de sorte que l'observation du piézomètre donne la pression par la formule :

$$p = \frac{m' - m}{\left(\frac{C}{c} - m\right)\left(\eta_t - \varepsilon p\right) - \left(\frac{C}{c} - m'\right)\varkappa}$$

et, quand la pression est connue, on obtient la profondeur en fathoms par la formule

$$h = \frac{1 - \frac{\eta'}{2}\left(1 - \frac{2}{3}\frac{\varepsilon}{\eta} p\right) p}{a_0 \Sigma (1 - \beta \cos 2\varphi)\left(1 + \frac{b}{2} h\right)} p.$$

On remarque combien ces calculs sont longs et laborieux ; la plupart des constantes ne s'appliquent qu'à un seul instrument et il est nécessaire de les calculer de nouveau pour un autre piézomètre ; de plus, l'instrument semble être difficile à construire, car, sur trois essayés par M. Mohn, un seul fonctionnait convenablement. Le piézomètre pourra rendre des services pour contrôler des sondages exécutés avec une ligne de chanvre qui présente toujours, sous l'influence des courants, une courbure notable, ce qui est une cause d'incertitude sur la profondeur atteinte, mais on ne saurait faire le même reproche aux sondages exécutés avec un fil d'acier, les seuls en usage aujourd'hui pour des profondeurs considérables.

Surface limite, surface de densité[1]. — Supposons un océan constitué par une multitude de tubes rigides verticaux s'étendant depuis la surface jusqu'au fond ; si l'eau est à la même densité dans tout cet océan, la hauteur sera la même dans tous les tubes, mais si la densité est différente, ce qui en réalité existe toujours, la hauteur dans chaque tube sera inversement proportionnelle à la densité moyenne de la colonne d'eau s'étendant depuis le fond jusqu'à la surface.

L'eau de mer est plus légère le long des côtes, plus lourde au large ; il en résulte que le niveau sera plus élevé dans le voisinage de la terre, de sorte que (*fig.* 88) si NNN est une surface de niveau, la surface de l'eau dans l'ensemble des tubes coïncidera avec OOO et, comme la pression au point le plus profond doit être la même dans tous les tubes, les hauteurs OB et OB′ seront dans le même rapport que celui de la densité en OB′, à la densité en OB.

OOO est une surface d'égale pression ; au point le plus profond B,

[1] H. Mohn, *The North Ocean, its depths, temperature and circulation*. The Norweg. North. Atlant. Exped. 1876-78, XVIII, p. 155.

la surface B'B B' coïncidera avec la surface de niveau, tandis qu'à une profondeur intermédiaire, une surface d'égale pression aura une

Fig. 88.

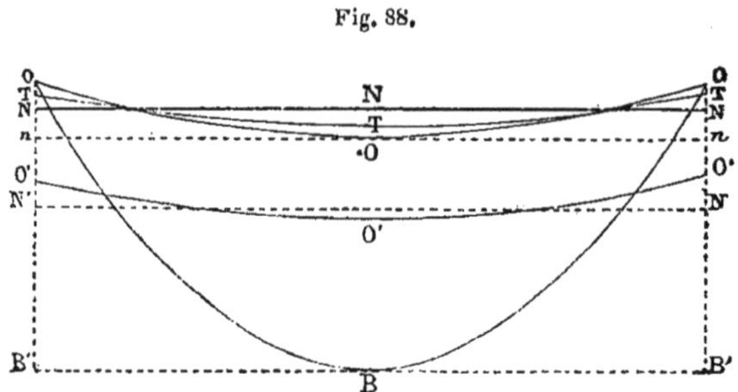

courbure intermédiaire entre celle de la surface O O O et la surface de niveau. Toutes les surfaces d'égale pression seront creusées au centre et se relèveront sur les bords.

Supposons que toutes les parois des tubes se transforment en eau ayant même densité que celle de la couche la plus voisine, la surface O O O ne pourra plus demeurer fixe, mais, par suite de la pente, les molécules d'eau étant mobiles, glisseront vers le centre du bassin sur toutes les couches d'égale pression, ce qui donnera lieu à un courant qui aura pour effet de diminuer la dépression de la mer et la surface O O O sera remplacée par la surface concave T T T.

Mais alors la pression dans la profondeur sera modifiée. La pression qui était précédemment constante sur la surface de niveau B'B B', ne le sera plus maintenant ; elle aura augmenté en B puisque la masse d'eau sus-jacente aura elle-même augmenté et elle diminuera en B' puisque la colonne d'eau qui surmonte ce point aura elle-même diminué. Il se produira donc un maximum de pression en B et un minimum en B' ; la disposition de la pression sera inverse de ce qu'elle est à la surface de l'eau, la surface d'égale pression sera convexe au lieu d'être concave. Entre les deux, on devra trouver une surface de transition N'N' qui sera de niveau et à laquelle on donne le nom de surface limite.

Le gradient, ou la différence de pression, augmente depuis la surface de niveau N'N' jusqu'à la surface extérieure dans la direction du centre ; il augmente depuis N'N' jusqu'au fond, quoique dans une direction excentrique, c'est-à-dire du centre vers les bords.

Un courant se manifestera donc (*fig.* 89) dans le sens des flèches. Il sera cependant modifié par la déflexion causée par la rotation de la terre, la force centrifuge, l'inertie et le frottement. Comme le mouvement est uniforme, on peut négliger l'inertie; la déflexion causée

Fig. 89.

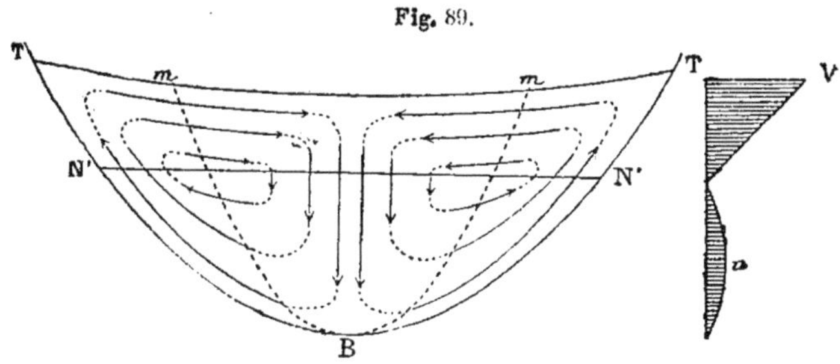

par le mouvement de la terre et la force centrifuge agissent dans le même sens dans les couches supérieures, mais elles sont opposées dans les couches inférieures. Enfin le frottement, qui est faible au sein de l'eau, devient plus important le long des côtes et au fond. Il en résulte qu'à la surface et dans les couches supérieures à la surface limite, le mouvement est cyclonique en spirale et transporte l'eau avec une vitesse tangentielle relativement assez grande et une vitesse centripète relativement faible. La vitesse horizontale est nulle à la surface limite, au point central de pression minimum et au bord; elle sera maximum à la surface et diminuera avec la profondeur pour devenir nulle à la surface limite. Pour une même surface de niveau, il existe un maximum de vitesse quelque part entre le minimum de pression du centre et le bord. Le maximum absolu se trouvera donc à la surface, entre le milieu et le bord, plus près de ce dernier.

Dans les couches inférieures à la surface limite, le mouvement est anticyclonique en spirale et l'eau est entraînée du centre vers les bords; comme le gradient est moins rapide, que la force centrifuge agit en opposition avec la force résultant du mouvement terrestre, que le frottement est plus grand, le mouvement horizontal est plus lent. La vitesse est nulle à la surface limite, au maximum de pression central et au fond. Sur une même surface de niveau, elle est plus grande quelque part entre le centre et le bord; son maximum absolu se trouve entre le centre et le bord et à une certaine profondeur au-dessous de la surface limite. La ligne ponctuée mB représente le lieu des vitesses horizontales maximum et les ordonnées horizontales de la courbe Vv, leur grandeur relative.

Le mouvement horizontal est accompagné de mouvements verticaux qui obligent l'eau à descendre vers le minimum de pression central et à remonter le long des bords du bassin ; ces mouvements verticaux ont beaucoup plus de frottements à vaincre que le mouvement horizontal.

On voit qu'en se bornant à prendre en considération la différence de densité entre l'eau des bords plus légère et l'eau du centre, plus lourde, on obtient le système de courant qui vient d'être décrit. Cette inégalité est évidemment modifiée par les courants marins dus à l'influence du vent et à d'autres causes encore. Mais au total, les différences de densité forment une surface différente de la surface de niveau et qu'on nomme surface de densité. On connaîtra sa forme quand on saura la profondeur à laquelle se trouve la surface limite, car on prendra alors au-dessous et au-dessus de la surface limite, qui est une surface de niveau, des distances inversement proportionnelles aux densités mesurées. D'autre part, la profondeur de la surface limite sera déterminée par la position du point à partir duquel les mouvements de l'eau ont lieu dans des directions opposées, il suffira donc de connaître la vitesse moyenne au-dessus et au-dessous de ce point.

En admettant que la section du bassin océanique soit parabolique, M. Mohn trouve que les profondeurs de la surface limite sont :

Pour $\frac{V}{v} = 1$	....	740 fathoms.
$= 2$	....	474 »
$= 3$	....	349 »
$= 4$	....	276 »
$= 5$	....	229 »

Des considérations tirées d'expériences exécutées pendant la campagne du *Vöringen* conduisent M. Mohn à donner à cette surface limite la profondeur de 300 fath correspondant au rapport des vitesses $\frac{V}{v} = \frac{3,622}{1}$. On remarquera que plus la surface limite est élevée et plus est considérable l'importance à attacher aux différences de densité comme forces productrices de courants.

M. H. Mohn a calculé pour l'océan du Nord et, en se basant sur les densités mesurées pendant l'expédition, la forme de la surface de densité, c'est-à-dire ses coordonnées verticales par rapport à la surface de niveau et il l'a représentée par des courbes d'égal niveau espacées de 10 cm l'une de l'autre au-dessus et au-dessous de la surface de niveau.

V.

PROPRIÉTÉS OPTIQUES.

L'étude des propriétés optiques de la mer et de l'eau de mer est compliquée ; les divers phénomènes, tels qu'on les observe dans la nature, dépendent d'un grand nombre de facteurs différents dont aucun n'est facile et dont beaucoup sont impossibles à évaluer isolément. Comme on essaye vainement de faire la part exacte de chacun, leur action commune se refuse à l'analyse. Le phénomène total lui-même est très difficile à représenter par un chiffre, ce qui supprime la véritable base d'une investigation scientifique. Après avoir rappelé quelques principes d'optique, nous considérerons les propriétés mesurables telles que l'absorption des rayons lumineux et l'indice de réfraction, et nous aborderons ensuite l'étude de la coloration et de la transparence optique et actinique de l'Océan et des lacs.

Principes généraux d'optique. — La lumière est un mouvement vibratoire de l'éther. Ces vibrations ou ondulations ont lieu sur toute la longueur de la ligne de propagation de la lumière ou rayon lumineux, perpendiculairement à cette ligne de propagation et dans tous les azimuts dans le cas de la lumière dite naturelle, mais dans un seul plan dans le cas de la lumière polarisée. L'œil humain est incapable, sans l'aide d'instruments spéciaux, de percevoir la différence qui existe entre la lumière naturelle et la lumière polarisée.

Lorsqu'un corps transparent est frappé par la lumière, une portion de celle-ci est réfléchie et diffusée, une autre portion pénètre dans l'intérieur du corps en subissant dans sa route une déviation appelée réfraction, une dernière portion est absorbée en quantité plus ou moins considérable.

Dans une lumière, on distingue la couleur caractérisée par la longueur particulière de l'ondulation et l'intensité. La lumière blanche, telle qu'elle arrive du soleil, se compose de rayons d'une infinité de couleurs différentes depuis le rouge, dont la longueur d'onde est relativement grande (671 millionièmes de millimètre environ), jusqu'au violet, dont la longueur d'onde est au contraire courte (406 millionièmes de millimètre environ). Un faisceau de lumière blanche pénétrant dans un prisme en sort étalé : chacun des rayons simples dont il se compose est ainsi isolé ; leur succession est le spectre solaire.

Le spectre solaire offre le maximum d'intensité lumineuse dans le jaune. A ce spectre lumineux, sont superposés deux autres spectres invisibles, l'un composé de rayons calorifiques s'étendant du côté du rouge et au delà, l'autre composé de rayons chimiques ou actiniques, c'est-à-dire capables de produire certaines actions chimiques telles que le noircissement du chlorure d'argent. Ce dernier s'étale du côté violet et ne s'éteint qu'à une distance égale à trois fois au moins la longueur du spectre lumineux.

Si un rayon de lumière passe d'un certain milieu dans un autre milieu, de l'eau dans l'air, par exemple, ou réciproquement, le rapport entre le sinus de l'angle d'incidence, c'est-à-dire l'angle que, dans le premier milieu, fait ce rayon avec la normale à la surface de séparation des deux milieux et le sinus de l'angle de réfraction, c'est-à-dire l'angle fait avec la normale dans le second milieu, est constant. On nomme cette valeur l'indice de réfraction et l'on a $\frac{\sin i}{\sin r} = n$. Tout corps transparent possède, relativement à l'air, un indice de réfraction qui lui est spécial et peut, par conséquent, servir à le caractériser.

L'indice de réfraction est plus grand que l'unité lorsque le rayon passe d'un milieu moins dense, comme l'air, à un milieu plus dense tel que l'eau ; il est l'inverse, c'est-à-dire plus petit que l'unité quand le rayon passe d'un milieu plus dense à un milieu moins dense. Dans ce dernier cas, il existe une certaine valeur limite de l'angle d'incidence pour laquelle l'angle de réfraction atteint sa valeur maximum ou 90°, et le rayon marchant de l'eau dans l'air sort en rasant la surface du liquide. C'est l'angle de réflexion totale. Si l'angle d'incidence dépasse la valeur limite, le rayon est incapable de sortir du premier milieu pour émerger dans le second.

Tout rayon de lumière réfléchi par une substance transparente se polarise en partie par la réflexion ; il se polarise complètement sous l'angle dit de polarisation et tel que sa tangente est égale à l'indice de réfraction de la substance

$$\operatorname{tg} \alpha = \frac{\sin i}{\sin r} = n.$$

Absorption de la lumière à travers l'eau. — Un objet éclairé par la lumière du jour, mélange de rayons diversement colorés, absorbe les rayons de certaines couleurs et réfléchit ceux qu'il n'absorbe pas. Il offre donc à l'observateur la nuance complémentaire de celle qu'il absorbe. C'est celle qui portera le nom de couleur propre de l'objet.

L'eau examinée par transmission possède sa couleur propre. Pour la reconnaître, on prend, comme Bunsen, un tube noirci de 2 m de long fermé par des glaces parallèles à ses deux extrémités ; on le remplit d'eau et on regarde au travers la couleur d'un objet blanc, ou bien encore on fait passer dans le tube un faisceau de rayons lumineux qu'on reçoit à sa sortie sur un objet blanc dont on observe directement la teinte. En opérant de cette façon avec des eaux douces naturelles, même les plus pures, on aperçoit toujours une coloration verte.

M. W. Spring[1], après avoir rempli d'eau distillée avec des précautions infinies, c'est-à-dire pouvant être considérée comme chimiquement pure, un tube en verre de 5 m de longueur, fermé par deux glaces parallèles, entouré d'une gaine noire interceptant tout éclairage latéral et placé perpendiculairement à une fenêtre munie d'une vitre dépolie, a observé que la véritable couleur de l'eau était le bleu pur. « Le plus beau bleu du ciel, tel qu'on peut le voir par une belle journée quand on se trouve au sommet d'une montagne élevée au-dessus des émanations grossières du sol, peut seul lui être comparé. » L'eau absorbe donc les rayons rouges et jaunes de la lumière blanche solaire.

D'après M. Spring, l'eau examinée en lumière transmise absorbe les rayons lumineux selon l'ordre de leur intensité croissante dans

(1) W. Spring, *La couleur de l'eau*, Revue scientifique, 3e série, XXXI, 161, 1883.

le spectre. Comme le rouge et le violet y sont moins intenses que le jaune, ils seront absorbés avant lui. Il en résulte que la dernière couleur perceptible à travers une couche d'eau augmentant de plus en plus d'épaisseur, sera le jaune. L'épaisseur augmentant davantage encore, le jaune lui-même disparaîtra et le liquide deviendra opaque, c'est-à-dire noir. Si l'on pouvait examiner sur une longueur suffisante de l'eau, même chimiquement pure, elle finirait par paraître absolument noire.

Pour étudier le phénomène de plus près, on examine le spectre d'absorption de l'eau. Dans ce but, MM. J.-L. Soret et Ed. Sarasin[1] ont disposé entre une source lumineuse, lampe à gaz ou lumière solaire réfléchie par un héliostat et un spectroscope, un ou plusieurs tubes longs de 1,10 m et remplis d'eau. Ils ont vu que l'absorption allait en diminuant avec la réfrangibilité des rayons lumineux, de sorte que, sous une épaisseur suffisante, les rayons rouges et orangés sont très affaiblis ou éteints. M. Boas[2], en prenant comme unité une épaisseur de 1 cm a obtenu pour les coefficients d'absorption des diverses couleurs :

Pour le rouge..................	0,9966
Pour le jaune..................	0,99745
Pour le bleu..................	0,9986

Comme, lorsque l'épaisseur d'eau varie en progression arithmétique, l'absorption varie en progression géométrique dont la raison est différente suivant la réfrangibilité des rayons, il en résulte que la couleur de l'eau par transmission ne peut pas conserver exactement le même ton, quelle que soit la longueur de la colonne traversée par la lumière.

En outre, l'absorption n'est pas continue. On remarque dans l'orangé, près de la raie D, une bande obscure commençant à apparaître nettement quand l'épaisseur d'eau atteint 2 m et qui existe aussi dans l'eau de mer. Il y en a probablement une autre coïncidant avec la raie C dans l'orangé. M. Vogel[3], en observant au spectro-

[1] J.-L. Soret, *sur la couleur de l'eau*, Mémoires de la Société de physique et d'histoire naturelle de Genève, t. XXIX, n° 10, 1887, et J.-L. Soret et Ed. Sarasin, *sur le spectre d'absorption de l'eau*, Comptes rendus Acad. sciences, mars 1884.

[2] Boas, Beiblätter, 1881, t. V, p. 797.

[3] H. W. Vogel, *Praktische Spectralanalyse*, p. 253.

scope la lumière de la grotte de Capri, a vu dans le vert, entre E et T, une bande reconnue également par M. Tacchini, ainsi qu'un renforcement de la raie F dans le bleu.

MM. J.-L. Soret et Sarasin ont trouvé que la limite du spectre, du côté le moins réfrangible, se rapproche lentement de l'orangé à mesure que l'on opère sur des épaisseurs de plus en plus grandes, et qu'il se manifeste une pénombre prononcée s'étendant jusqu'à la raie C.

Les effets de l'absorption sont exagérés, d'après M. Spring, si l'eau contient des corps étrangers incolores, soit solides, soit liquides en dissolution. Pour des sels, l'effet dépend moins de la quantité dissoute que du voisinage où se trouve le sel de son point de solidification. En d'autres termes, de petites quantités d'un sel peu soluble donnent à une même épaisseur d'eau une teinte plus jaune que de grandes quantités d'un sel plus soluble. MM. J.-L. Soret et Sarasin ne sont point de cet avis.

Les recherches de Wild [1] ont montré que la température possède une influence sur l'absorption de la lumière et que plus l'eau est chaude et plus elle absorbe une forte fraction de la lumière, de sorte que l'eau froide est plus transparente que l'eau chaude. Il a trouvé expérimentalement que, pour l'eau distillée filtrée sur du papier, les coefficients de transparence, c'est-à-dire les fractions de lumière incidente traversant l'unité de longueur (0,1 m), étaient :

A 24°	0,91790
17°	0,93968
6°,2	0,94769

En d'autres termes, l'absorption serait à peu près de 2 rayons sur 1000 pour 1° d'élévation de température et par décimètre d'épaisseur d'eau.

Particules infiniment petites en suspension. — L'action des particules solides infiniment petites en suspension dans l'eau a été étudiée d'abord par Tyndall. L'illustre physicien anglais attribue le bleu du ciel à d'innombrables bulles de vapeur d'eau flottant dans l'atmosphère et qui, par suite de leur infinie petitesse, ne sont sus-

[1] H. Wild, *Ueber die Lichtabsorption der Luft*, Poggen, Ann, CXXXIV, 582, 1858.

ceptibles de réfléchir que les rayons ayant comme le bleu une très courte longueur d'onde. Comme toute réflexion produit une polarisation, le phénomène a pour conséquence la polarisation vérifiée de la lumière venant du ciel. Tyndall appliqua à l'eau la même théorie. Il fit ses expériences sur le lac Léman et ensuite dans la Méditerranée, près de Nice et il admit que l'eau, sous une certaine épaisseur, est toujours bleue à cause de l'absorption des rayons à grande longueur d'onde par des particules solides, même incolores.

Si dans une eau optiquement vide, comme l'appelle Tyndall, on met en suspension une quantité suffisante de particules solides relativement grossières, la lumière est interceptée d'une façon uniforme, quelle que soit la réfrangibilité des rayons. L'épaisseur de la couche produisant cette interception des rayons directs dépend évidemment du nombre et de la grosseur des particules. Lorsque les sédiments sont de très petites dimensions, le milieu exerce une absorption d'autant plus forte que les rayons sont plus réfrangibles, c'est-à-dire se rapprochent du violet. A mesure que l'action des particules devient plus prépondérante, la lumière transmise est colorée en jaune, puis en orangé, puis en rouge, tandis que les rayons bleus, violets et ultra-violets sont éteints.

Il en résulte que les rayons réfléchis diffusés par les particules en suspension dans un liquide sont colorés en bleu et en outre polarisés par le fait même qu'ils sont réfléchis puisque toute réflexion lumineuse implique une polarisation[1]. L'eau d'un lac paraît donc bleue parce que les rayons les plus réfrangibles sont diffusés en plus forte proportion que les autres, alors que les rayons rouges et orangés sont absorbés par l'eau dans leur double trajet pour arriver aux particules diffusantes et pour revenir ensuite jusqu'à l'œil de l'observateur.

Cependant, par un ciel couvert, la lumière de l'eau ne sera pas polarisée car la lumière incidente suivant une infinité de directions diverses sera polarisée par diffusion dans une infinité de plans différents; en d'autres termes, elle sera naturelle. Il en est de même quand la surface de l'eau est agitée parce que les rayons solaires cessent d'être parallèles à l'intérieur de l'eau et sont réfractés dans des directions très diverses.

[1] J.-L. Soret, *sur l'illumination des corps transparents*, Archives des sciences de la bibliothèque universelle, février 1870.

Quand le soleil brille et que la surface de l'eau est calme, la lumière est polarisée dans une direction à peu près à angle droit avec les rayons solaires.

M. Soret attribue uniquement aux particules en suspension le même phénomène de polarisation qui a lieu dans l'air ; mais M. Lallemand, qui admet l'explication dans le cas des gaz, pense que pour les liquides, il résulte d'une propagation latérale du mouvement vibratoire de l'éther, et M. Hagenbach [1], s'appuyant sur des expériences faites dans le lac de Lucerne, explique cet effet de polarisation et de coloration bleue de l'eau d'un lac par la réflexion et la réfraction s'effectuant sur les couches d'inégale densité qui existent forcément au sein de la masse liquide échauffée par le soleil.

M. Soret a expérimenté en introduisant dans de l'eau contenue dans une auge des particules solides très fines telles que des précipités de carbonates, de sulfates et de chlorures obtenus par addition de quelques gouttes d'une solution étendue d'acétate de plomb ou d'azotate d'argent, ou d'encre de Chine simplement délayée, et il a toujours constaté la production d'effets d'illumination, de polarisation et de coloration bleue. Il a, en outre [2], étudié les perturbations importantes que la surface de la mer ou d'un lac peut exercer sur les phénomènes de polarisation atmosphérique.

Diffusion. — L'eau pure absorbe donc, par transmission surtout, les rayons rouges ; si l'on ajoute des matières pulvérulentes très fines, tous les rayons seront affaiblis et principalement les bleus ; les deux effets se superposeront pour donner à l'eau naturelle sa coloration, car les deux extrémités du spectre étant ainsi interceptées, il n'en restera que le milieu, et la teinte de l'eau, par lumière transmise, prendra des nuances vertes, jaunes ou brunes, suivant que les particules joueront un rôle de plus en plus prépondérant. Inversement, les rayons réfléchis et diffusés seront polarisés et colorés en bleu par les particules en suspension.

Examinons maintenant un lac ou la mer. Ils paraîtront lumineux

[1] Ed. Hagenbach, *sur la polarisation et la couleur bleue de la lumière réfléchie par l'eau ou par l'air*, Archives des sciences de la bibliothèque universelle, février 1870.

[2] J.-L. Soret, *Influence des surfaces d'eau sur la polarisation atmosphérique et observation de deux points neutres à droite et à gauche du soleil*, Comptes rendus Acad. sciences, novembre 1888.

parce que la lumière du ciel les pénètre de toutes parts et se diffuse dans toute leur masse jusqu'à la plus grande profondeur qu'elle puisse atteindre. De plus, comme il s'agit d'eaux naturelles, c'est-à-dire contenant toujours des particules fines en suspension ou, en d'autres termes, n'étant jamais optiquement vides, la couleur en sera bleue d'abord parce que les rayons rouges auront été absorbés dans le double trajet accompli par la lumière pour aller de la surface aux particules diffusantes et revenir à l'œil de l'observateur et ensuite parce que ces particules diffusantes émettront des rayons bleus. Enfin, à ces deux effets, s'ajoutera encore la coloration propre de l'eau qui est bleue.

Indice de réfraction. — Plusieurs procédés servent à mesurer l'indice de réfraction d'un liquide. En général, on enferme le liquide dans un flacon prismatique en verre dont on connaît exactement l'angle au sommet ou angle réfringent A, on place le prisme au centre d'un cercle divisé, on fait tomber sur lui un rayon de lumière qui le traverse en subissant une réfraction et qu'on recueille à sa sortie avec une lunette en état d'être dirigée horizontalement dans toutes les directions sans cesser toutefois de viser le centre du cercle ; le mouvement angulaire de la lunette se mesure sur la graduation du cercle. En tournant le prisme sur lui-même sans perdre de vue avec la lunette le rayon lumineux, on observe une certaine position pour laquelle la déviation du rayon lumineux possède une valeur minima δ indiquée par la position qu'occupe la lunette sur le cercle divisé. Ces éléments suffisent pour calculer l'indice de réfraction n du liquide d'après la formule

$$n = \frac{\sin \frac{A + \delta}{2}}{\sin \frac{A}{2}}.$$

Comme l'indice varie avec la température et avec la couleur de la lumière, on prend cette température avec un thermomètre au moment de l'expérience et l'on a soin de ne se servir que d'une lumière monochromatique, le plus souvent jaune parce qu'elle s'obtient aisément en dissolvant un sel de soude quelconque, du chlorure de sodium par exemple dans l'alcool de la lampe employée comme source de lumière.

L'indice de réfraction de l'eau pure, pour le jaune, est de 1,33 environ.

L'indice de réfraction de l'eau de mer a été mesuré par MM. J.-L. Soret et Ed. Sarasin[1]. L'eau provenait de la Méditerranée et avait été puisée à 4 kilomètres au large de Nice. On a employé la méthode ordinaire du goniomètre et la lumière solaire ; le prisme creux était en verre noir et sa cavité était fermée par des lames de quartz à faces parallèles ; un orifice vertical permettait l'introduction d'un thermomètre ; le vernier du spectromètre donnait le tiers de minute directement ou 10″ par estime. Les résultats obtenus peuvent être considérés comme exacts à une unité de la 4e décimale ; ils sont résumés dans le tableau suivant pour les températures 20° et 10°. On y a joint comme terme de comparaison les indices de l'eau distillée à 20°. La cinquième colonne contient les différences entre l'eau de mer et l'eau distillée à 20°. Enfin les différences des indices de l'eau de mer à 10° et à 20° sont inscrites dans la sixième colonne.

I. RAIES solaires.	INDICES. II Eau distillée à 20°.	III. Eau de mer à 20°.	IV. Eau de mer à 10°.	V. DIFFÉRENCE III — II.	IV. DIFFÉRENCE IV. — III.
A........	1.32896	1.33593	1.33679	0.00697	0.00086
B	1.33045	1.33736		0.00691	
C	1.33120	1.33816	1.33906	0.00696	0.00090
D	1.33305	1.34011	1.34092	0.00706	0.00081
F	1.33718	1.34437	1.34518	0.00719	0.00081
h	1.34231	1.34970	1.35004	0.00739	0.00091
H	1.34349	1.35105	1.35187	0.00756	0.00082
				Moyenne ...	0.00085

L'indice de réfraction d'une solution d'un sel varie avec la proportion de sel dissous ; comme, d'autre part, un liquide est d'autant plus pesant qu'il contient une plus grande quantité de sel, M. Hil-

[1] J.-L. Soret et Ed. Sarasin, *sur l'indice de réfraction de l'eau de mer*. Archives des sciences physiques et naturelles, III, t. XXI, 1889.

gard[1], de l'*U.-S. Coast Survey*, a eu l'idée d'établir empiriquement la relation entre l'indice de réfraction et la densité d'une eau de mer et, pratiquement, de remplacer la mesure de cette densité avec un aréomètre, opération un peu délicate avec gros temps, par la mesure de l'indice de réfraction au moyen d'un appareil, le densimètre optique, sur lequel le mouvement du navire est sans influence.

L'appareil (*fig.* 90) n'est que la simplification de l'instrument des laboratoires, le goniomètre pour la mesure des indices de réfraction. La lampe à alcool salé L envoie un faisceau de rayons de lumière monochromatique jaune dans une lunette collimatrice B qui les rend parallèles. Ils traversent le flacon prismatique C, rempli

Fig. 90.

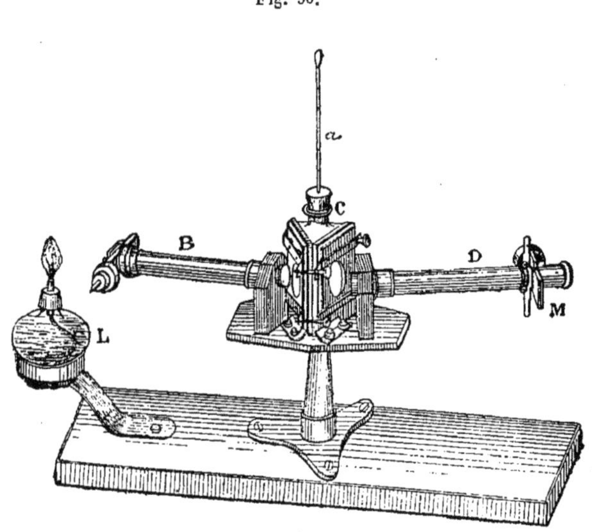

d'eau de mer dont on a pris la température avec le thermomètre *a*, subissent une réfraction et parviennent dans la seconde lunette D à travers laquelle regarde l'observateur. Le prisme demeure fixé d'une manière immuable. Pour amener le rayon lumineux au réticule de la lunette, on déplace celle-ci dans le plan horizontal d'un angle indiqué par le tambour divisé M. On connaît l'angle du prisme A, on

[1] Charles D. Sigsbee, *Deep-sea sounding and dredging*, U. S. Coast and Geodetic Survey, p. 101, 1880.

mesure l'angle de déviation minima δ, on peut donc calculer l'indice n; une table de comparaison indique la densité correspondant à l'indice et même, pour éviter tout calcul, la graduation du tambour donne immédiatement l'indice et la densité.

L'appareil est solidement fixé, de sorte que le mouvement du navire est absolument sans influence sur l'opération.

M. Hilgard affirme obtenir avec son densimètre optique la densité d'une eau de mer avec une approximation de 0,00006 environ. Les limites du mouvement que le tambour M peut communiquer à la lunette D permettent de prendre l'indice de l'eau distillée. De temps en temps on mesure cet indice qui est connu, et on se sert du résul tat pour régler l'appareil.

Colorations dues aux corps étrangers. — Lorsqu'une eau est mélangée de matières étrangères minérales ou organisées, sa coloration est modifiée.

Une matière minérale colorée communique évidemment sa nuance au liquide au sein duquel elle se trouve en suspension. Dans la baie de Loango[1] les eaux sont fortement rougeâtres, comme si elles étaient mêlées avec du sang, et l'on s'est assuré que cette teinte dépend de la nature du fond qui est vaseux et rougeâtre lui-même. La mer est rouge à l'embouchure de l'Amazone et jaune à l'embouchure du Hoang-Ho à cause de la couleur particulière des sédiments apportés par ces fleuves. Le commandant Cialdi attribue d'une façon générale la couleur verte de l'Océan aux vases remuées par les vagues. Il a fourni un grand nombre d'observations à l'appui de sa théorie qui se rattache ainsi au problème de la profondeur à laquelle se fait sentir l'agitation de la surface. Cette profondeur est fonction de la nature géologique du fond, de la violence et de la durée du mouvement. La véritable solution consisterait à faire des filtrations dans des conditions déterminées et dans une même localité en notant, avec la coloration, la proportion des matériaux solides.

Les substances minérales en suspension sont rouges, jaunes, verdâtres ou blanches; dans ces trois derniers cas elles offriront une gamme de tons verts, car le blanc lui-même, étant vu par transpa-

[1] Arago, *Œuvres complètes*, IX, 422.

rence et par suite de l'absorption, donnera du jaune qui, mélangé à la nuance bleue propre à la mer, produira du vert.

Nous savons que si les matières sont dans un état d'extrême finesse, quelle que soit leur couleur propre, elles donneront lieu à des tons verdâtres comme on en voit un exemple le long des côtes anglaises de la Manche où l'eau contient en suspension des particules impalpables de craie blanche. La propriété dont jouissent les eaux salées de précipiter les argiles qui restent indéfiniment en suspension dans les eaux douces pures explique la coloration verte de la mer à peu près générale au voisinage de l'embouchure des fleuves.

Les matières organiques agissent d'une façon à peu près analogue. Dès 1848, H. Sainte-Claire Deville [1] et en 1861, M. Wittsthein [2], avaient cru reconnaître par l'analyse chimique que les eaux brunes ou jaunes renferment plus de matières organiques que les eaux vertes et celles-ci plus que les eaux bleues. Selon l'abondance relative de ces matières l'eau devait donc passer par la gamme bleu, vert, jaune, brun ou noir. L'explication, sans être inexacte dans tous les cas, n'avait cependant pas la généralité qu'on lui attribuait puisque la couleur ne dépend pas uniquement de la proportion des matières organiques, mais il est certain qu'elles communiquent à l'eau une teinte verte. M. W. Spring a fait à ce sujet une expérience décisive. Lorsque l'eau dont il remplissait son tube de 5 m et dont il examinait ensuite la couleur n'avait pas été distillée avec la perfection la plus complète, elle paraissait néanmoins bleue au moment où il venait de la verser, mais peu à peu, à la suite du développement d'algues, celles-ci étant d'ailleurs invisibles par elles-mêmes, l'eau prenait une nuance verte augmentant avec le temps et qui ne tardait pas à revenir au bleu par l'addition de 1/10000 de bichlorure de mercure qui tuait les végétations. L'eau restait indéfiniment bleue si on y ajoutait le bichlorure dès le début.

On a constaté directement la présence de matières végétales donnant une coloration particulière à la mer. La *Vineta* a observé dans les parages de la mer du Japon que la nuance jaunâtre particulière

[1] Annales de chimie et de physique, 3, t. XXIII, p. 32 ; 1848.
[2] Vierteljahrcschrift für praktische Pharmacie, X 332, 1861.
[3] W. Spring, *la couleur des eaux*, Revue scientifique, 3e série, XXXI, 161, 1883.

de l'eau était due à une couche flottante de pollen apporté par le vent. Vers l'embouchure du Tage, à 400 ou 500 m de la côte, le 3 juin 1845, des bandes d'un rouge sang s'étendaient sur une longueur de 8 kilom et étaient formées d'une algue, le *Protococcus Atlanticus* dont un seul centimère cube d'eau contient 40 000 individus. Scoresby, et plus tard le botaniste Robert Brown ont expliqué la couleur vert olive des mers du Groënland par la présence de diatomées et d'organismes végétaux attirant une foule de ptéropodes, de méduses et d'entomostracées qui à leur tour attirent un grand nombre de poissons et certaines baleines auxquels ils servent de nourriture.

Les organismes flottant dans les eaux sont plus généralement de nature animale et l'étude de la coloration de la mer entre alors dans le domaine de la zoologie. Ces êtres possèdent une couleur particulière à leur espèce. M. Pouchet[1] a observé que les pêches au filet fin donnent des dépôts brunâtres avec certains copépodes et mollusques, bleu d'azur avec d'autres copépodes, rosés avec une troisième variété de copépodes. Souvent leur coloration change selon qu'ils sont vivants ou morts, enfin leur abondance est plus ou moins considérable selon les circonstances extérieures. Si la température s'élève ou diminue, si le soleil dans sa course éclaire l'eau dans une direction perpendiculaire ou oblique, si le vent agite violemment la mer ou se borne à en rider la surface, si un courant en change par places et momentanément la température ou la salure, aussitôt ces animaux montant ou descendant au sein des couches liquides, viendront par leur présence ou leur absence et grâce au nombre prodigieux de leurs individus changer entièrement ou seulement modifier de mille manières la coloration que la mer possède déjà et doit à des phénomènes uniquement physiques. La zoologie et la physique se prêtent un mutuel appui pour expliquer ces faits, car la présence de tels ou tels êtres déterminés, à telle ou telle profondeur, dans tel ou tel parage, correspond à un ensemble de conditions spéciales du milieu ambiant. Ces observations offrent une application immédiate dans les études relatives à la pêche des poissons comestibles, et il serait à souhaiter qu'elles fussent partout exécutées avec autant de

[1] G. Pouchet, *la Couleur des eaux de la mer et les pêches au filet fin.* Association française pour l'avancement des sciences, 16e session, Toulouse 1887, p. 596.

méthode qu'aux États-Unis, en Écosse et en Norvège; ni l'une ni l'autre de ces deux sciences agissant indépendamment ne serait en mesure de résoudre un problème aussi compliqué.

Couleur des eaux naturelles. — Newton supposait que la véritable couleur de la mer était le vert. Aitken adopta un mode d'observation direct employé précédemment par Scoresby et examina sur place de l'eau de mer à travers un tube noirci à l'intérieur; il immergea aussi des disques peints de couleurs différentes et reconnut qu'à une profondeur de deux pieds, le blanc passait au bleu, le jaune au vert, le pourpre au violet. M. Beetz chercha à généraliser ces expériences; il fit pénétrer un rayon lumineux dans un récipient contenant un liquide quelconque et en étudia la nuance après plusieurs réflexions successives sur des glaces immergées qui obligeaient le rayon à traverser plusieurs fois la couche liquide et donnaient un résultat semblable à celui qu'on aurait obtenu si cette couche eût été beaucoup plus épaisse. M. Forel s'est servi, pour la même étude, d'un simple miroir plan qu'il immergeait à quelques centimètres de profondeur; il se plaçait verticalement au-dessus et examinait la teinte de l'eau. En dernier lieu, M. von Schleinitz, à bord de la *Gazelle*, avait remarqué que la mer était d'autant plus bleue qu'elle contenait plus de sel et d'autant plus verte qu'elle en renfermait moins, ce qui lui fit attribuer la nuance au degré de salure.

En définitive, la nuance de la mer ou d'un lac, telle qu'elle apparaît à un observateur, est la résultante de rayons lumineux de colorations très diverses.

La couleur propre de l'eau est bleue;

Par transmission, l'eau absorbe les rayons du côté rouge du spectre et renvoie les rayons du côté bleu;

Par action des particules fines en suspension, l'eau absorbe les rayons du côté bleu et renvoie des rayons du côté rouge;

Par diffusion, l'eau renvoie des rayons bleus;

Les matières dissoutes donnent des colorations variables dans la gamme du jaune, du vert ou du brun.

La teinte est encore fonction des variables suivantes :

La profondeur de l'eau;

La couleur particulière du fond;

L'intensité de la lumière du ciel;

La nébulosité ou la coloration du ciel;

La hauteur du soleil au-dessus de l'horizon;

La température et la salinité qui font varier l'indice de réfraction de l'eau;

L'agitation de l'eau à la surface, la direction du mouvement des vagues par rapport à l'observateur;

La nature, la dimension et la quantité des matières minérales ou végétales grossières en suspension : ces variables dépendent de la nature géologique du fond, de sa profondeur, de la force, de la durée et de la direction de l'agitation superficielle, et fournissent en général des tons jaunes ou rouges;

La présence d'animaux en relation avec les conditions de température, de salure, d'éclairement, de courants; la profondeur variable à laquelle ils s'enfoncent sous l'influence des plus légères modifications éprouvées par la mer et par l'atmosphère.

Dénominations données aux mers à cause de leur couleur. — Plusieurs mers portent le nom d'une couleur; cette désignation indique parfois la couleur des eaux : la mer Jaune est jaunie par les boues du Hoang-ho, le golfe Persique ou mer Verte des Orientaux offre une teinte verte due à des animaux et qui contraste avec le bleu foncé de l'océan Indien, tandis que, inversement, le Kuro-Siwo ou fleuve noir des Japonais contraste par son bleu foncé avec la nuance de la mer Jaune; la mer Blanche est pendant une partie de l'année recouverte de glace ou de neige. D'autres fois, le nom rappelle un caractère moins important, soit la présence de petites coquilles pourprées, abondantes sur les rivages de la mer Vermeille ou golfe de Californie, soit la teinte rosée des bancs de coraux de la mer Rouge, tandis que l'appellation de la mer Noire est peut-être due aux tempêtes dont elle est souvent le théâtre et pendant lesquelles les nuages sombres du ciel donnent leur reflet aux vagues.

Un phénomène remarquable et qui se rattache à l'optique de la mer est celui de la Grotte d'azur, près de Naples. Cette grotte dans laquelle on ne pénètre qu'en bateau par une étroite ouverture a ses parois éclairées d'une brillante nuance d'azur, et si un nageur se plonge dans les eaux qui en remplissent le fond, ses mouvements font apparaître au sein de la masse liquide mille jeux de lumière, mille scintillations de ce même éclat azuré. L'effet s'explique aisément. La lumière éclairant la grotte n'y parvient qu'après avoir traversé l'eau et avoir accompli un très long trajet non pas en profondeur mais horizontalement; ils ont par conséquent pris la teinte azurée de la mer en lumière transmise d'autant plus éclatante que le soleil resplendit à l'extérieur et que l'eau est surtout limpide dans ses couches superficielles.

Polariscope d'Arago. — Arago[1] s'est occupé de la coloration de l'Océan. Il pensait que l'eau de mer possède deux couleurs totalement différentes, le vert par lumière transmise et le bleu en lumière réfléchie, et il chercha à expliquer à l'aide de cette hypothèse les diverses teintes observées d'une mer peu profonde à fond de sable blanc. « Là où la mer est assez profonde, dit-il, la lumière se réfléchit « sur l'eau et paraît bleue, mais si la mer n'a pas assez de profon- « deur, le sable du fond éclairé ne reçoit la lumière qu'à travers une « couche d'eau. Elle lui arrive donc déjà verte ; en revenant du « sable à l'air, la teinte verte se fonce quelquefois assez fortement « pour prédominer sur le bleu. » Cette théorie, qui ne tenait point compte des circonstances multiples sous l'influence desquelles se trouve le phénomène, le conduisit à imaginer un instrument, le polariscope, dont il recommanda l'emploi pour servir à distinguer de loin à leur couleur les récifs cachés sous l'eau.

L'eau étant verte par lumière transmise et bleue par lumière réfléchie, supposons un écueil situé à une faible profondeur et entouré d'eau profonde. Pour un marin placé à bord de son navire, soit sur le pont ou même dans la mâture et à une certaine distance de l'écueil, celui-ci, aperçu par lumière transmise, présente une coloration verte qui pourrait servir à le faire reconnaître, mais qui n'est point perceptible parce qu'elle est mélangée, à la sortie de l'eau, d'une grande quantité de lumière réfléchie beaucoup plus intense et de coloration bleue. La mer semblera donc offrir partout la même teinte et rien ne viendra prévenir du voisinage du danger. Or toute lumière réfléchie par l'eau est polarisée complètement sous un angle d'environ 37° dont la tangente est égale à l'indice de réfraction, et si elle ne l'est pas complètement, en proportion d'autant plus considérable que l'angle sous lequel les rayons lumineux se réfléchissent

[1] Arago, *Œuvres complètes*, IX, 108.

se rapproche davantage de 37°. Il y aurait donc avantage à se débarrasser de la lumière réfléchie bleue parce que celle-ci étant éliminée, la couleur par lumière transmise qui n'a pas subi de réflexion reprendrait la prépondérance et la teinte verte de l'écueil deviendrait discernable.

Il existe certains corps cristallisés qui, interposés sur le trajet d'un rayon de lumière naturelle dont les ondes vibrent dans tous les azimuts, l'obligent à ne plus vibrer que dans un plan unique, en d'autres termes, le transforment en lumière polarisée. Un tel corps étant interposé sur le trajet d'un rayon polarisé, deux cas se présentent : ou bien le plan de vibration de cette lumière polarisée coïncide avec le plan suivant lequel le cristal oblige à vibrer la lumière qui le traverse et alors le rayon polarisé franchit le cristal sans éprouver de modification, ou bien les deux plans sont croisés à angle droit et le rayon polarisé, incapable de franchir le cristal, est éteint. Au contraire, un rayon de lumière naturelle entrant en même temps, passera bien qu'en prenant l'état de lumière polarisée non perceptible à l'œil humain. Un cristal de ce genre placé entre l'œil et la mer doit par suite arrêter les rayons bleus réfléchis, c'est-à-dire polarisés, et ne livrer passage qu'aux rayons verts provenant de l'écueil, non réfléchis et non polarisés. L'écueil se détachera en vert sur un fond sombre et deviendra donc visible.

L'instrument n'est d'aucun usage pratique pour les motifs suivants.

Les corps les plus commodes pour servir de polariscopes sont un minéral brun violacé ou verdâtre appelé tourmaline et une combinaison de deux prismes de spath d'Islande nommée prisme de Nicol, du nom de son inventeur. La tourmaline absorbe beaucoup de lumière et communique sa propre teinte au rayon qui la franchit, ce qui est un double désavantage ; le prisme de Nicol incolore absorbe juste la moitié de la lumière qui le traverse et, comme par l'absorption exercée par l'eau, l'écueil envoie une teinte assez faible, quand celle-ci est encore affaiblie de moitié on n'en aperçoit plus aucune trace. En outre, la lumière réfléchie n'est entièrement polarisée que sous l'angle de 37° ; sous une inclinaison différente, elle est incomplètement polarisée et peut donc traverser le polariscope. L'effet est exagéré par les moindres rides de la surface de l'eau dont la courbure réfléchit et diffuse la lumière dans tous les sens. Enfin le polariscope oblige à n'employer qu'un seul œil et la pratique apprend qu'on juge alors beaucoup moins bien des nuances qu'au moyen des deux yeux.

Transparence optique ; expériences de Bérard, du P. Secchi et du commandant Cialdi. — La transparence optique d'une nappe d'eau est la facilité plus ou moins grande que possède un observateur d'apercevoir un objet à travers cette nappe d'eau. La limite de visibilité ou distance au delà de laquelle l'objet immergé cesse d'être aperçu donne une mesure de la transparence.

L'étude de la transparence optique a été faite par Bérard, le P. Secchi et le commandant Cialdi, MM. Wolf et Luksch, par MM. Forel, et par les savants de la commission nommée par la Société de physique de Genève.

M. Bérard[1], capitaine de vaisseau, commandant le *Rhin*, le 16 juillet 1845, pendant la traversée de l'île Wallis aux Mulgrave, dans le Pacifique, distingua à 40 m de profondeur une assiette de porcelaine blanche placée dans un filet et immergée dans la mer.

Le P. Secchi et le commandant Cialdi, à bord de l'*Immacolata Concezione*, ont repris d'une façon systématique l'expérience de Bérard, au large de Civita-Vecchia, au mois d'avril 1865[2]. Ils immergèrent des disques de différentes dimensions, de différentes couleurs et, dans des conditions d'observation bien déterminées, notèrent la distance à laquelle ils cessaient d'être aperçus. L'un des disques était une assiette de faïence de 43 cm de diamètre, l'autre un disque de toile à voile tendue sur un cercle de fer, de diamètre égal à 2,37 m et peint à la céruse pure. Le temps était absolument calme et l'on avait même le soin de répandre sur la mer un peu d'huile qui supprimait les légères rides de la surface et améliorait la visibilité. On prenait la hauteur du Soleil. Les disques étaient descendus jusqu'à disparition puis remontés jusqu'à réapparition et on adoptait la moyenne des deux profondeurs.

Les expériences ont permis de formuler les lois suivantes.

Deux objets étant immergés en même temps, le plus grand est visible à la plus grande profondeur, mais il existe une limite au delà de laquelle la superficie devient sans influence.

[1] Arago, *Notes sur quelques résultats obtenus pendant le voyage du capitaine Bérard à la Nouvelle-Zélande.* Œuvres complètes, t. IX, p. 487.

[2] Cialdi, *Sul moto ondoso del mare*, 234.

Un objet immergé sera aperçu plus profondément lorsque l'observateur se trouvera à l'ombre parce qu'alors sa vue sera protégée contre les effets de la lumière réfléchie à la surface de l'eau et qui dissimule par son éclat la lumière beaucoup plus faible renvoyée par l'objet. Aussi est-il avantageux de se servir d'un tube ou lunette d'eau dont l'extrémité plonge dans l'eau et qui, selon MM. Secchi et Cialdi, doit avoir un diamètre d'environ 25 cm.

Toutes choses égales d'ailleurs, un observateur apercevra un objet immergé à une profondeur d'autant plus grande qu'il sera lui-même placé plus près de la surface de l'eau. Cette loi semble être contredite par l'usage où l'on est de monter dans la mâture, afin d'apercevoir des récifs, et par ce fait d'expérience qu'on distingue mieux le fond du haut d'une falaise élevée ou d'un ballon. Un aéronaute dans une ascension au-dessus de Cherbourg, au mois d'août 1876, a aperçu d'une altitude de 1700 m le fond de la Manche avec une extrême netteté, à travers une épaisseur de 60 à 80 m d'eau. Le fait est vrai et d'autant plus intéressant qu'il permet d'appliquer l'aérostation à des levés hydrographiques rapides surtout avec l'aide de la photographie. Pour expliquer cette contradiction apparente, on remarquera que dans ce cas, le phénomène est différent. Un point A (*fig.* 91) au-dessous de l'eau envoie des rayons dans tous les sens. A cause de la réflexion totale les rayons émis visibles dans l'air seront uniquement ceux compris dans le cône M'AM dont l'angle BAM correspond à l'angle de réflexion totale qui pour l'eau pure est de 37°. Par suite de la réfraction, le faisceau de rayons lumineux sortant de l'eau sera d'autant plus serré qu'il sera plus près d'être parallèle à l'axe du cône. L'absorption lumineuse sera d'autant moindre que l'épaisseur d'eau parcourue par la lumière sera plus faible, c'est-à-dire dans la direction verticale. L'observateur se trouvant dans une position perpendiculaire au-dessus de l'objet est à l'abri des rayons réfléchis par la surface de l'eau. En dernier lieu, l'aéronaute embrassant un espace plus considérable, les

Fig. 91.

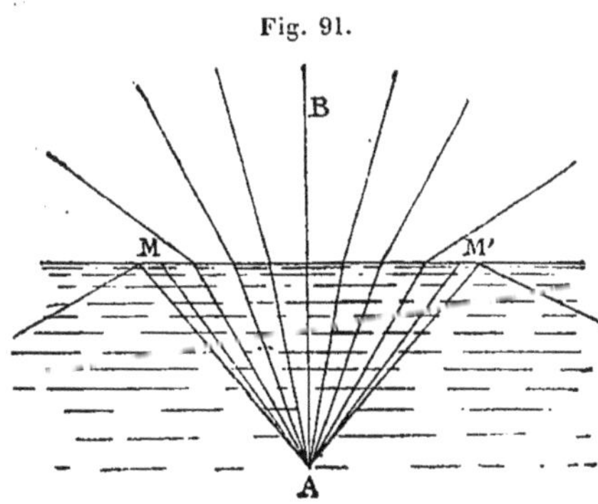

nuances des divers fonds offriront un contraste qui rendra les contours plus nets. Toutes ces causes accessoires viennent modifier un phénomène qui, considéré seul, est bien conforme à l'énoncé de la loi.

La limite de visibilité augmente avec la hauteur du soleil parce que les rayons solaires ont alors plus d'énergie et à cause du trajet plus considérable que, pour une même profondeur, ils sont forcés d'accomplir au sein de l'eau, et qui produit un éclairage moindre de l'objet lorsqu'ils sont inclinés sur l'horizon. Cependant cette influence est beaucoup plus faible qu'on ne serait porté à le supposer.

La couleur du ciel ou sa sérénité exerce une influence sur la limite de visibilité car les nuages absorbant une partie de la lumière solaire et le gris du ciel réfléchi par l'eau altèrent et atténuent la nuance même de celle-ci.

Des essais ont été faits avec trois disques égaux : blanc, jaune d'ocre et de couleur de vase (*color terroso o fango di mare*, probablement bleu verdâtre). Le blanc possède la visibilité maximum, les autres couleurs sont d'autant plus promptement éteintes qu'elles sont plus obscures. Les diverses nuances du blanc montrent elles-mêmes des différences qui dépendent du pouvoir diffusif des enduits qui revêtent les objets. C'est ainsi qu'à dimension égale, une assiette de faïence disparaît plus profondément qu'un disque en toile à voile peint à la céruse.

Il n'y a aucun avantage à se servir pour examiner l'objet immergé, d'une lunette, d'un binocle ou d'un tube s'il n'est pas plongé dans l'eau.

La conclusion générale de ces expériences est que pour un observateur placé au-dessus de l'eau « au delà d'une profondeur de 45 m les objets acquièrent, au moins dans la Méditerranée, la couleur de l'eau de la mer et par suite sont alors impossibles à distinguer ».

Expériences de MM. Wolf et Luksch. — MM. Wolf et Luksch ont exécuté des expériences dans l'Adriatique, en 1880, à bord de la *Hertha*. Ils immergeaient aussi des disques de diverses couleurs, mats ou brillants ; à l'aide d'un appareil spécial, ils appréciaient le moment où le disque immergé était réduit à ne plus offrir que le dixième de l'intensité lumineuse qu'il aurait possédée dans l'air, notaient en centimètres la distance d et nommaient coefficient d'extinction la valeur $\alpha = \frac{1}{d}$. Ils ont trouvé dans la mer $\alpha = 0,00021$.

Expériences des savants suisses. — M. F.-A. Forel[1] a répété dans le lac Léman, en 1873, les expériences de MM. Secchi et Cialdi; il a adopté un disque en métal verni au blanc mat ou une assiette de faïence blanche de 25 à 30 cm de diamètre suspendu à une corde de 20 m de long graduée de mètre en mètre et afin de n'être pas troublé dans son observation par la lumière et les reflets du ciel, il s'abrite sous un parapluie foncé ou entoure sa tête d'un voile noir et regarde à travers un petit tonneau ou une caisse en bois défoncée qui arrête les vibrations de la surface de l'eau. L'eau est plus claire en plein lac que sur les bords, à l'extrémité d'un cap qu'au fond d'un golfe, sur une côte où l'eau est profonde que là où le fond s'incline très lentement, en hiver qu'en été. En effet, un disque blanc de 25 cm de diamètre disparaît à une distance minimum de 5,3 m au mois d'août, de 15,4 m en mars; la limite de visibilité moyenne est de 6,6 m en été et de 12,7 en hiver; jamais elle n'a dépassé 27 m. Ces différents phénomènes se rattachent à la stratification thermique des lacs, variable selon les saisons, et au degré de trouble apporté par la présence des matières étrangères en suspension et dont la quantité dépend précisément de la stratification thermique.

M. Forel a remarqué que la couleur de l'eau changeait avec le mouvement des vagues et le mode d'éclairement, parce que les plans en nombre infini que présente alors la surface éclairée agissent comme autant de miroirs réfléchissant et même décomposant différemment la lumière selon l'orientation. Une même nappe d'eau possède donc au même moment une nuance différente pour deux spectateurs qui l'observent de deux points différents.

Un phénomène accessoire du mouvement des eaux à la surface est la déviation de la traînée lumineuse produite par la réflexion des astres, et qui, parfois, sort du plan vertical passant par l'œil de l'observateur et l'astre. Dans le cas où la crête des vagues est oblique

[1] F.-A. Forel, *le Lac Léman*, Genève, 1886, et *de la Pénétration de la lumière dans les lacs d'eau douce*, Festschrift, für Albert von Kölliker, 1887, et l'*Éclairage des eaux profondes du lac Léman*, Association française pour l'avancement des sciences, congrès d'Oran, 1888.

de gauche à droite et d'avant en arrière, la traînée est à droite du plan vertical, et à gauche lorsque les vagues ont une direction inverse.

En 1883, la Société physique et d'histoire naturelle de Genève chargea une commission, composée de MM. Phil. Plantamour, J.-L. Soret, Luc. de la Rive, Ch. de Candolle, Ed. Sarasin, Herm. Fol, R. Pictet, A. Rilliet et Ch. Soret, de faire des recherches sur la couleur et la transparence des eaux du lac de Genève[1]. Ces expériences furent faites la nuit, d'abord dans le Rhône. Une lampe électrique était enfermée dans une caisse en tôle munie d'une fenêtre ronde de 20 cm de diamètre, fermée par une glace. On enfonçait celle-ci dans l'eau le long d'un des piliers du pont de la machine hydraulique de Genève, qui fournissait l'électricité. Le faisceau lumineux lancé horizontalement à travers l'eau était reçu sur un miroir plan ajusté à l'extrémité d'une lunette d'eau placée au-dessous de la surface. On mesurait la limite de visibilité ou de vision nette, c'est-à-dire la distance, variable suivant les conditions générales des expériences, à laquelle on cesse brusquement de distinguer le point lumineux, et qui peut être appréciée avec une précision de quelques décimètres. On mesurait ensuite la limite, beaucoup moins facile à déterminer, de visibilité diffuse, distance à laquelle on cesse d'apercevoir toute illumination de l'eau. D'autres expériences ont été faites en divers endroits du lac Léman. On s'est alors servi, comme sources lumineuses, de bougies, de lampes à huile, de l'arc voltaïque et de lampes à incandescence Edison. Pour obtenir de la lumière colorée, on plaçait des verres colorés devant l'ouverture fermée d'une glace, et parfois d'une lentille de la caisse métallique étanche. Tantôt la source lumineuse était immergée à environ 1 m de profondeur; les observateurs, munis d'une lunette d'eau, s'éloignaient dans un canot et mesuraient les distances limites de visibilité nette et diffuse. D'autres fois, on enfonçait la lampe, et les observateurs examinaient depuis la surface, soit obliquement, soit en se plaçant directement au-dessus.

[1] *Rapport sur les expériences préliminaires de la Commission pour l'étude de la transparence du lac*, présenté à la Société de physique et d'histoire naturelle de Genève, le 3 août 1884. Archives des sciences physiques et naturelles, août 1884, t. XII, présenté par M. J.-L. Soret. — *Recherches sur la transparence des eaux du lac Léman, faites en 1884, 1885 et 1886 par une réunion de membres de la Société de physique.* Rapport rédigé au nom de la Commission par M. Albert Rilliet. Mémoires de la Société de physique et d'histoire naturelle de Genève, t. XXIX, n° 11, Genève 1887.

On est arrivé aux lois suivantes :

1. La lumière diffuse se propage à une distance approximativement double de celle à laquelle on cesse d'apercevoir nettement le point lumineux;

2. Les chiffres marquant les limites de visibilité nette et diffuse varient avec l'état de limpidité de l'eau. Pour vérifier cette loi, MM. J.-L. Soret et Ed. Sarasin ont exécuté des expériences de laboratoire en observant un objet brillant à travers des épaisseurs diverses de liquide troublé par un très léger précipité de chlorure d'argent ou par de l'encre de Chine, dans un colorimètre dont on faisait varier à volonté la longueur de la colonne. Ils ont reconnu que l'épaisseur d'une eau trouble nécessaire pour empêcher la vision d'un corps éclairé ou lumineux par lui-même que l'on regarde à travers cette eau, varie avec la dimension du corps. Plus le corps est grand, plus la limite de visibilité nette est considérable, sans qu'il y ait proportionnalité;

3. L'eau du Léman est beaucoup plus transparente en hiver qu'en été;

4. La limite de visibilité nette augmente avec l'intensité de la lumière, quoique bien moins rapidement que cette dernière. En effet, si on remplace la lumière électrique par une lampe à modérateur, la limite nette devient plus faible, mais non point dans le rapport de l'énorme différence d'intensité lumineuse. Dans une expérience avec un disque blanc de Secchi, celui-ci, éclairé par le soleil, disparaissait à une profondeur de 17 m, tandis qu'une lampe Edison, d'une puissance de 6 bougies, montrait la limite de vision nette à environ 33 m, et la limite de lumière diffuse à 52 m. A mesure que le jour baisse, la limite de visibilité d'un disque blanc ne varie que très lentement; cependant, la distance à laquelle disparaît le disque, de jour, est beaucoup plus faible que celle à laquelle on cesse de percevoir, de nuit, la lumière des lampes;

5. En comparant la limite de visibilité nette obtenue avec la lumière électrique, suivant qu'elle est ou n'est pas concentrée avec une lentille rendant les rayons parallèles, on trouve une différence sensible, quoique faible. Il en est de même de la limite de visibilité diffuse;

6. Des différences notables se produisent dans la limite d'extinc-

tion suivant que l'on se sert de lumière rouge, verte ou bleue. Les rayons rouges sont absorbés notamment plus que les autres ;

7. Les rayons les plus réfrangibles étant plus fortement interceptés par un milieu trouble que les rayons de courte longueur d'onde, un objet paraît jaune, orangé ou rouge à mesure qu'on se rapproche davantage de la limite de la visibilité nette.

Le maximum de distance obtenu par la Commission genevoise, pour une lampe électrique munie d'un régulateur Bürgin, est de 38,5 m pour la vision nette et de 82,8 m pour la lumière diffuse.

Transparence actinique. — La limite d'obscurité actinique est l'épaisseur d'eau maximum à travers laquelle une substance sensible aux rayons actiniques du spectre cesse d'être impressionnée. Les diverses substances offrant une différence considérable de sensibilité, la limite d'obscurité variera évidemment avec chacune d'elles.

La solution du problème de la transparence des eaux est d'une haute importance pour la botanique et la zoologie marines et lacustres; cependant il pourrait être dangereux d'appliquer immédiatement les lois de la transparence actinique à la transparence optique; l'une ne semble pas être rigoureusement proportionnelle à l'autre et ne saurait par conséquent être rigoureusement mesurée par celle-ci, car les rayons actiniques dont les substances sensibles indiquent l'effet ne se confondent pas avec les rayons lumineux. Ils existent, il est vrai, dans la portion lumineuse du spectre, déjà vers la raie A, et se continuent à travers le bleu ; mais en outre, ils dépassent de beaucoup le spectre visible. Pour employer une excellente comparaison de M. le Dr Regnard, la plaque sensible est absolument aveugle dans la chambre éclairée à la lumière rouge où le photographe lui-même distingue nettement les objets qui l'entourent.

Les premières recherches ont été faites en 1873 par M. Forel[1], qui a constaté que du chlorure d'argent contenu dans une bouteille en verre blanc n'avait pas changé de couleur après avoir été immergé pendant trois jours à 60 m de profondeur dans le lac Léman. Quel-

[1] F.-A. Forel, *Matériaux pour l'étude de la faune profonde*, § VII. Bull. soc. vaud. sciences nat., XIII, 24, 1874. — Id. *Instructions pour l'étude des lacs*, p. 11. — Id., *Expériences photographiques sur la pénétration de la lumière dans les eaux du lac Léman*, Comptes rendus Acad. des sciences, 3 avril 1888. — Id., *Éclairage des eaux profondes du lac Léman*, Assoc. française pour l'avancement des sciences, congrès d'Oran, 1888.

ques mois plus tard, le même savant employait le papier salé et albuminé sensibilisé par le nitrate d'argent et, avec cet indicateur, il trouvait que la limite d'activité actinique était en été par 45 m et en hiver par 100 m de fond, résultat d'accord avec ceux obtenus au moyen du disque de Secchi.

Le Dr Asper[1], en 1881, s'est servi de plaques de Monkhoven au bromo-iodure d'argent dans les lacs de Zurich et de Walenstadt; il eut l'idée d'attacher à une même ligne de sonde, en les superposant, une série de ces plaques. Il installait pendant la nuit l'appareil entre deux eaux et le retirait la nuit suivante. Il a trouvé la limite aux environs de 150 ou 160 m. Déjà à 140 m, l'action est comparable à celle d'une exposition pendant une nuit claire et sans lune.

M. Forel, en 1887, a renouvelé son expérience avec le dispositif d'Asper mais en prenant toujours du papier albuminé sensibilisé. Il compara l'effet photographique à diverses profondeurs dans l'eau après une exposition de deux jours, à celui obtenu dans l'air grâce à une échelle de teintes obtenue en exposant à la lumière, pendant des temps déterminés, une suite de papiers sensibles.

Tout en reconnaissant combien il est difficile de comparer la sensibilité physiologique de la rétine humaine avec celle d'une substance photosensible, M. F.-A. Forel est d'avis que la rétine de l'homme ainsi que le nerf optique des animaux dont la sensibilité n'est pas beaucoup plus forte que celle des plaques Monkhoven extrasensibles, trouveraient leur limite d'obscurité absolue à une profondeur de peu plus grande que celle de ces plaques, c'est-à-dire vers 200 m. La courbe d'absorption de la lumière dans le lac Léman, telle qu'elle est indiquée par la comparaison avec l'échelle des teintes obtenue à l'air n'ayant pas la forme d'une courbe asymptotique, la région profonde des eaux serait absolument obscure pour les substances photosensibles ainsi que pour la rétine de l'homme et des animaux.

MM. Herm. Fol et Ed. Sarasin[2] ont à leur tour exposé à des profondeurs diverses dans le Léman des plaques au gélatino-bromure

[1] Asper, Société helvétique des sciences naturelles, session d'Aarau, Archives de Genève, VI, 318, 1881. *Ueber die Lichtverhältnisse in grossen Wassertiefen.* Kosmos, I, 174, 1885.

[2] H. Fol et Ed. Sarasin, *Pénétration de la lumière du jour dans les eaux du lac de Genève et dans celles de la Méditerranée.* Mémoires de la Société de physique et d'histoire naturelle de Genève, t. XXIX, n° 13, 1887.

rapide de Monkhoven. Ces plaques étaient parfaitement protégées contre l'action de la lumière, sauf au moment de l'expérience, et étaient enfermées dans un appareil spécial consistant en une boîte munie de deux volets en laiton qu'on descendait dans l'eau. Pendant la descente, l'appareil reste fermé ; dès que le plomb de sonde touche le fond, il s'ouvre, laisse apparaître les plaques et se referme aussitôt que le plomb quitte le fond en remontant avec la ligne de sonde. Pour opérer à des profondeurs diverses, il suffit donc de faire varier la distance séparant le poids de l'appareil.

Dans ces expériences, les plaques ont été exposées pendant dix minutes ; on développait ensuite par un traitement uniforme de dix minutes à l'oxalate de fer ; leur comparaison a permis de reconnaître les lois suivantes :

1. Les rayons du jour pénètrent dans le lac de Genève, en septembre, à 170 m de profondeur et probablement un peu au delà ; à cette profondeur, la force impressionnante, en plein jour, est à peu près comparable à celle que l'on perçoit par une nuit claire et sans lune.

2. A 120 m, l'action des rayons transmis est encore très forte.

3. En septembre, par un temps couvert, les rayons pénètrent en plus grande abondance et plus profondément dans l'eau qu'en août par un temps absolument beau (170 m au lieu de 130 m).

4. L'extrême limite de l'action des rayons du jour, dans le lac, en hiver (18 mars 1885), est un peu au delà de 200 m. Au mois d'avril, la profondeur est de 200 m environ.

Ces expériences furent recommencées dans la Méditerranée ; une première fois à bord de l'aviso de la marine française, l'*Albatros*, les 25 et 26 mars 1885, au large du cap Ferrat près de Villefranche par des profondeurs de 400 à 600 m, et une seconde fois, l'année suivante, à 1 400 m environ au large du cap du mont Boron qui sépare la rade de Villefranche du golfe de Nice, à bord de l'aviso le *Corse*. Après avoir constaté qu'au mois de mars, au milieu du jour et par un beau soleil, les dernières lueurs de l'éclairage diurne s'arrêtent à 400 m de la surface, MM. Fol et Sarasin cherchèrent à étudier la pénétration des rayons actiniques dans la profondeur de la mer à diverses heures du jour. Des plaques sensibles au gélatino-bromure extrarapide Lumière, protégées par un vernis contre l'action de l'eau de mer, étaient disposées les unes au-dessus des autres le long d'une ligne de sonde, enfermées dans une série de boîtes qui s'ouvrent au moment où le plomb repose au fond et se ferment dès que ce plomb, par le relèvement de la ligne, agit par son poids sur le ressort dont chacune d'elles est pourvue. On opéra par 550 m de profondeur. La durée de l'exposition et celle du développement à l'oxalate de fer furent respectivement de dix minutes comme précédemment.

On reconnut que la limite des rayons actifs se trouve très exactement vers 400 m en avril, au milieu du jour, par un beau temps, ce qui vérifie une loi déjà formulée.

Les couches situées à 300 m sont illuminées chaque jour non pas pendant un temps très court, mais pendant tout le temps que le soleil passe au-dessus de l'horizon ; à 350 m les rayons actifs pénètrent au moins pendant huit heures par jour.

MM. Fol et Sarasin ont même inventé un appareil à contenir les plaques dont l'ouverture est indépendante de l'intervention du fond. C'est un châssis circulaire horizontal portant une série de plaques photographiques obturées par des disques percés d'ouvertures et tournant sous l'impulsion d'un mouvement d'horlogerie. Quand le système est arrivé à la profondeur voulue, on met en marche par l'envoi d'un messager le long de la ligne de sonde, les disques commencent à tourner, leurs ouvertures passent devant les plaques, les découvrent, leur permettent de s'impressionner et sont ensuite remplacées par des parties pleines qui viennent recouvrir et protéger les plaques impressionnées. L'appareil fonctionne d'une façon très satisfaisante.

Le Dr Paul Regnard a exposé à l'Exposition universelle de 1889, avec les collections du prince de Monaco, sous le nom de photométrographe, un instrument destiné à mesurer l'intensité des rayons actiniques à travers une couche d'eau. Cet instrument est basé sur le principe de la lampe électrique sous-marine du même savant ; il se compose d'un cylindre percé, suivant sa génératrice, d'une fenêtre fermée par une glace et derrière laquelle se déroule avec une vitesse uniforme une bande de papier sensible mue par un mouvement d'horlogerie. Pour que le mécanisme ne subisse pas de troubles en conséquence de la pression supportée quand on l'immerge à de grandes profondeurs, la cavité cylindrique étanche communique avec un ballon en caoutchouc rempli d'air qui se comprime en descendant et maintient ainsi dans l'intérieur du cylindre une pression égale à celle éprouvée extérieurement. On retire la bande de papier, on la fixe et, comme chaque heure y est repérée, on obtient ainsi une marque dont l'intensité varie en raison des variations d'activité actinique des rayons solaires à chaque heure de la journée.

Mesure de la coloration de la mer et des lacs. — Humboldt[1] chercha à représenter la couleur de la mer par un chiffre en la comparant à l'échelle du cyanomètre de Saussure, simple disque partagé en 51 secteurs égaux dont le premier est peint en blanc et le dernier en bleu noir foncé. M. Forel, dans ses travaux sur les lacs de Suisse, pour conserver le souvenir de la nuance offerte à un moment quelconque, se borne à considérer l'eau verticalement, soit à l'œil nu, soit avec un tube arrêtant les rayons diffusés ou lunette d'eau et il copie la nuance avec des couleurs à l'huile, à l'aquarelle ou enfin, ce qu'il trouve encore plus commode, avec des pastels.

Ces couleurs opaques représentent difficilement la teinte transparente, bien plus délicate et plus subtile, du liquide éclairé par la lumière du jour. Aussi M. Forel a-t-il imaginé une gamme fournie par des liquides colorés. Il prépare deux solutions, l'une bleue et l'autre jaune, qu'il mélange en proportions centésimales et auxquelles il attribue des numéros d'après la proportion en centièmes de liqueur jaune ajoutée à la couleur bleue.

La solution bleue est l'eau céleste des pharmaciens au 1/200, composée de 1 g de sulfate de cuivre, 9 g d'ammoniaque et 190 g d'eau; la solution jaune est faite en dissolvant 1 g de chromate de potasse dans 199 g d'eau. Les deux liqueurs étant mélangées en proportions centésimales,

Le n° 0	contient	0	jaune et	100	bleu,	
10	»	10	»	90	»	
25	»	25	»	75	»	
50	»	50	»	50	»	etc. ;

on les enferme dans des tubes de verre blanc de 8 mm de diamètre intérieur et soudés à la lampe.

[1] Siegmund Günther, *Lehrbuch der Geophysik und physikalischen Geographie*, t. II, 345.

Comme la solution jaune est plus fortement colorée que la bleue, afin d'avoir des teintes à peu près équidistantes, on compose la gamme avec les numéros 0, 2, 5, 9, 14 correspondant aux nuances de l'océan Atlantique, de la Méditerranée, du lac Léman et des lacs bleus, 20, 27, 35, 44, 54 et 65, nuances des lacs verts du nord de la Suisse. Cependant, rien n'empêche, si on le désire, d'augmenter le nombre des tubes et même, on pourrait aussi, en cas de besoin, prendre des solutions limites plus concentrées, au 1/100 par exemple. Pour des eaux très sombres, on interpose un verre enfumé de lorgnon, simple ou double.

Lorsqu'on veut se servir de l'échelle, on regarde l'eau verticalement en se plaçant dans l'ombre, la tête couverte d'une étoffe noire ou simplement avec un parapluie noir. A bord d'un navire, on cherche vers l'avant l'endroit où la vague de refoulement non encore brisée s'incline contre le flanc noir du bâtiment ; on évite ainsi les effets de réflexion de la lumière du ciel et l'on aperçoit la véritable teinte de l'eau à laquelle on donne le numéro du tube contenant la nuance correspondante.

Une façon commode d'opérer consiste à descendre un disque de 30 cm de diamètre blanchi à la céruse et à le remonter lentement ; il arrive un moment où l'éclairage des tubes de la gamme et du disque est le même et permet une comparaison très exacte. On note alors en même temps le numéro du tube et la profondeur du disque.

Déformation des images; gloire ; illusion de grossissement d'un objet immergé. — M. F.-A. Forel a étudié divers autres phénomènes optiques observés par lui sur le lac de Genève. M. Ricco avait reconnu que l'image du Soleil éprouve une déformation par sa réflexion sur le miroir sphéroïdal formé par la surface de la mer. M. Forel[1] a montré qu'il en était de même à la surface du Léman, car les objets fortement éclairés et par temps calme donnent lieu à une image très déprimée située au-dessous de l'image réelle non altérée. On a ainsi une démonstration de la sphéricité de la surface des eaux et on peut en tirer les éléments d'un calcul donnant la mesure du rayon terrestre.

[1] F.-A. Forel, *Images réfléchies sur la nappe sphéroïdale des eaux du lac Léman*, Comptes rendus, Acad. des sciences, octobre 1888.

Lorsqu'un observateur ayant le soleil à dos examine son ombre sur la surface du lac légèrement agitée, dans des endroits où l'eau est assez opaque ou offre une épaisseur suffisante pour ne point laisser voir le fond, il aperçoit l'ombre de sa tête entourée par une gloire, faisceau de rayons divergents alternativement obscurs et lumineux. M. Forel[1] analyse les conditions du phénomène et l'attribue aux différences d'illumination des couches d'eau suivant que celles-ci correspondent aux surfaces convexes ou concaves des vagues. La production de cette gloire démontre la faculté d'illumination de l'eau par suite des poussières qu'elle renferme. De l'eau physiquement pure ne fournirait ni ombre ni gloire tandis qu'un liquide absolument opaque, de l'encre ou du mercure, offrirait une ombre portée à sa surface mais point de gloire. M. Thoulet a observé le phénomène sur la mer du Nord dans les conditions mêmes assignées par M. Forel.

Un objet observé à travers une couche d'eau paraît plus grand qu'il n'est réellement[2]. La fraction de réduction, c'est-à-dire la diminution de la grandeur apparente de l'objet pour arriver à la grandeur réelle, est représentée par l'expression

$$m = \frac{a - b}{a},$$

dans laquelle a est l'angle sous lequel les rayons lumineux partis des extrémités de l'objet entrent dans l'œil de l'observateur ou l'angle de grandeur apparente, et b l'angle de grandeur réelle suivant lequel les rayons extrêmes pénétreraient dans l'œil s'il n'existait pas une couche d'eau interposée. L'illusion est physique et due à la réfraction ; elle est d'autant plus grande que l'eau est plus profonde, que l'œil est moins élevé au-dessus de la nappe d'eau et que l'objet examiné est plus éloigné de la verticale. M. Forel montre qu'il y a lieu de tenir compte en outre d'une illusion subjective par fausse appréciation de la distance, erreur d'autant plus considérable que l'eau est plus opaline tout en restant cependant assez limpide pour n'être pas

[1] F.-A. Forel, *Une variété nouvelle ou peu connue de gloire étudiée sur le lac Léman*, Bull. soc. vaud. des sciences nat., XIII, 53, 1874.

[2] F.-A. Forel, *Illusion de grossissement des corps submergés dans l'eau*, Bull. soc. vaud. des sciences nat., XXII, 94.

perçue comme un milieu interposé. L'illusion de grossissement d'un objet immergé peut s'élever à un tiers et plus de la grandeur réelle de cet objet.

Mer de lait ; phosphorescence de la mer. — D'autres phénomènes encore sont produits par la présence d'animalcules au sein des eaux océaniques. Dans celui de la mer de lait, la mer semble transformée en une immense plaine couverte de neige et éclairée d'un reflet crépusculaire. Très fréquent dans l'océan Indien, il ne s'aperçoit que de nuit, apparaît soudainement, disparaît au lever de la lune et pendant toute sa durée, contrairement à ce qui a lieu lorsque la mer est phosphorescente, l'horizon est nettement délimité. Il est dû à des animaux dont la longueur varie entre 0,1 et 0,2 mm.

La phosphorescence se voit dans toutes les régions du globe, même dans la mer du Nord et dans la Baltique, mais c'est dans les mers tropicales qu'elle se manifeste avec toute sa splendeur lorsque le temps est calme et chaud. On a pendant longtemps cherché à attribuer le phénomène à la lueur dégagée par des matières phosphorescentes, à l'insolation ou à un développement d'électricité causé par le frottement des particules d'eau les unes contre les autres ; on sait aujourd'hui qu'il résulte de la présence d'animaux. Beaucoup d'êtres vivant dans l'Océan sont phosphorescents ; on en connaît plus de cent espèces qui manifestent cette propriété. Tantôt l'émission de lumière est continue, tantôt elle est intermittente, le plus souvent la lueur est blanche, rarement elle est bleue, verte, jaune ou rouge comme chez les alcyonnaires, mais toujours elle cesse après la mort des individus. Les abîmes de l'Océan ne sont éclairés que par la faible lueur de la phosphorescence des animaux qui l'habitent, anthozoaires, ophiures, hydroïdes, crustacés et poissons errant et cherchant leur nourriture à travers des forêts de gorgoniens qui deviennent eux-mêmes lumineux par l'agitation des courants ou par d'autres causes. Le prince de Monaco, dans ses pêches de haute mer, a employé pour attirer les animaux des lampes électriques [1] immergées à de grandes profondeurs et M. Fol s'est servi dans le même but de

[1] P. Regnard, *sur un dispositif destiné à éclairer les eaux profondes*, Comptes rendus de l'Académie des sciences, 1888.

matières phosphorescentes dont la lumière moins éblouissante paraît agir avec plus d'efficacité.

VI.

BIOLOGIE DE LA MER.

Bien que l'étude de la vie au sein des mers semble appartenir exclusivement à la zoologie, il est impossible de passer ici sous silence la description des divers engins de pêche employés dans toutes les expéditions océanographiques et de ne point donner un résumé des conditions générales d'existence des êtres qui peuplent la mer et jouent un rôle si considérable dans son économie. Les dépôts sous-marins ne sont pour la plupart que l'amas des dépouilles d'animaux, la couleur de l'Océan résulte, en partie, d'animaux ou de végétaux qui mélangent diversement leur coloration propre à celle qui est naturelle à l'eau et à celle qui provient des diverses causes physiques. La présence, en une localité, d'une plante, et surtout d'un animal doué de la faculté de se mouvoir volontairement, est l'affirmation d'un ensemble de conditions physiques spéciales, température, salinité, pression, caractérisant un milieu où ces êtres se trouvent favorablement, parce que, s'il en était autrement, ou bien ils n'y existeraient pas, ou bien comme ils possèdent la possibilité de fuir, on ne les rencontrerait pas dans les parages examinés [1]. Leur absence est de même la preuve d'un état de choses différant au moins par quelques points des conditions définies de leur habitat. La plante et l'animal sont de véritables instruments de physique très délicats, fournissant des indications non pas sur un ordre unique de phénomènes, comme le thermomètre sur la température ou l'aréomètre sur la densité, mais sur tout un ensemble de phénomènes complexes. La lecture de ces instruments vivants, dont la graduation ne comporte, en quelque sorte, que trois degrés : présence, absence, rareté, est par suite extrêmement difficile et c'est pourquoi il est logique de commencer par employer des instruments inanimés, ceux de nos laboratoires, avec lesquels nous sommes

[1] J. Thoulet, *Les principes scientifiques des grandes pêches*, Revue générale des sciences pures et appliquées, I, 137, 1890.

familiers, qui sont plus simples à interroger puisqu'ils ont l'avantage de n'être sensibles qu'à une seule condition parmi les mille qui constituent l'état général du milieu et que leurs indications sont à la fois plus précises et plus délicates. Aussi, la plupart des nations maritimes, soit qu'il s'agisse de science pure, soit qu'on se préoccupe plus spécialement d'une application pratique comme l'industrie des pêcheries, sont-elles d'avis que le travail des naturalistes ne peut se faire d'une façon fructueuse qu'après achèvement, aussi complet que possible, de l'œuvre de l'océanographe qui doit le devancer et l'établir sur des bases précises et indiscutables. Toute étude des êtres vivant dans une localité déterminée de la mer, plantes et animaux, est condamnée à n'être qu'une description si elle ne se guide et s'appuie sur une connaissance préalable de la localité elle-même, de sa topographie, de sa géologie, de la distribution des températures au sein de ses eaux, de la composition de celles-ci. En d'autres termes, si le dernier mot est à la botanique et à la zoologie, le premier appartient incontestablement à l'océanographie. D'ailleurs, le naturaliste vient à son tour éclairer l'océanographe et lui fournir la solution de problèmes qu'il a parfois, vainement jusque-là, cherché à résoudre. C'est ainsi que, par exemple, M. John Murray[1] a prouvé que les eaux chaudes de l'Atlantique ne pénétraient pas dans la mer du Nord et a pu affirmer, à l'avance, l'existence de la crête Wyville-Thomson, grâce à une simple comparaison des faunes de la côte orientale et de la côte occidentale d'Écosse.

Déjà, en France, les pêcheurs obligés par le dépeuplement des fonds voisins des côtes, d'exercer leur industrie en haute mer, réclament[2] l'établissement de cartes topographiques par teintes et de cartes géologiques sous-marines. En Norvège[3], au laboratoire d'agriculture marine de Flodevig, près Arendal, dirigé par le capitaine G.-M. Dannevig, et qui s'occupe de la fécondation artificielle et de l'empoissonnement de la mer en flets, homards et morues, on a reconnu, qu'en outre de la température convenable, l'eau des bassins

[1] John Murray, *The physical and biological conditions of the seas and estuaries about North-Britain*, Phil. Soc. of Glasgow, March, 31[t], 1886.

[2] V. Guillard, *Des progrès de la pêche côtière sur le littoral du Morbihan*, Bulletin de la Société bretonne de géographie de Lorient, n°s 41-42, 1889.

[3] C. Raveret-Wattel, *L'Agriculture marine en Norvège*, Revue des sciences naturelles appliquées, Bulletin bi-mensuel de la Société nationale d'acclimatation de France, 20 février 1899.

d'élevage doit présenter une densité de 1,022 absolument nécessaire pour empêcher les alevins d'aller au fond. Si la densité est moindre, les toutes jeunes morues qui ne nagent encore que difficilement, ne peuvent lutter longtemps contre leur poids qui les entraîne et elles finissent toujours par tomber au fond, où elles périssent bientôt.

Ces exemples montrent que faire de la zoologie est, dans bien des cas, une manière de faire de la physique, de la chimie, de la topographie, et inversement, ou plutôt la zoologie et les sciences précises se prêtent un mutuel appui et il n'est pas plus permis à l'océanographe de négliger les importantes données offertes par les végétaux et les animaux, qu'à un géologue celles que lui apportent la palæobotanique et la palæozoologie. Il suffira de se souvenir que le monde civilisé pêche annuellement pour plus de deux milliards de francs de poisson, que l'industrie de la pêche permet de vivre à une population de un million de marins, pour n'avoir plus à insister sur les graves problèmes économiques et sociaux dont la solution dépend immédiatement de la connaissance des lois théoriques.

CHAPITRE PREMIER.

APPAREILS DE PÊCHE.

Dragues. — Les dragues (*Dredge, Schleppsack*) (*fig.* 92), sont des filets à mailles très serrées, maintenus dans un cadre en fer dont l'ouverture est munie de deux lames de fer servant de couteaux, pour racler le fond. Ces lames qui, au début, étaient inclinées sous un angle de 10°, avaient le désavantage, sur les fonds vaseux, de recueillir trop de boue de sorte que l'appareil, immédiatement rempli, ne récoltait que peu d'animaux. Aujourd'hui, les lames sont horizontales et même on soulève encore tout le système en attachant extérieurement à l'entrée, un morceau de câble assez gros. Pour mieux protéger les organismes délicats et empêcher la drague d'être déchirée par les rochers, le filet est enveloppé dans un sac de forte toile à voile ou de cuir. Par derrière, on adapte une barre de fer portant des poids en plomb et quelques fauberts où s'enchevêtrent diverses espèces d'animaux marins. Les dragues possèdent des dimensions variables; celles du *Blake* ont une longueur de 1,20 m et une ouverture de 90 cm sur 11 cm. Dans les dragages peu profonds, on se dispense du cadre et du sac de toile à voile, mais on prend alors pour la drague elle-même un tissu plus fort, quelquefois en fibre de coco qui rend de bons services.

Pour le halage, le *Challenger* employait des câbles en chanvre d'Italie, avantageusement remplacés maintenant par des câbles à six fils d'acier galvanisé, entourant une âme en chanvre. La circonférence de ceux adoptés par le *U. S. Coast and Geodetic Survey* est de 2,86 cm, ils pèsent une livre par brasse, soit 247 g par mètre, et leur charge de rupture dépasse 3 630 kilog. A bord de la *Medusa*, pour les petites profondeurs, M. Murray se sert d'un câble entièrement en fils de bronze phosphoreux. Le *Talisman* faisait usage d'un câble composé de 42 fils d'acier, réunis en 6 torons de 7 fils chacun, tordus autour d'une âme en chanvre ; il avait 1 cm de diamètre, pesait 344 g le mètre et pouvait supporter sans se rompre une traction de près de 4 500 kilog.

Fig. 92.

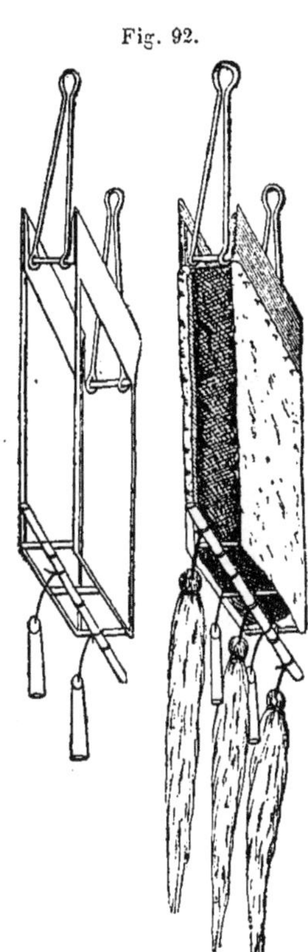

On soutient ces câbles par l'accumulateur à disques de caoutchouc ou le dynanomètre à ressorts emboîtés du prince de Monaco. L'accumulateur ne sert véritablement que lorsqu'on remonte la drague, car pendant le traînage, le meilleur appareil est encore la courbe que fait sous l'eau le câble : selon sa forme plus ou moins aplatie, on règle l'allure du navire. Les fils d'acier constituent, en outre, un excellent téléphone et il suffit de les toucher de la main pour être renseigné sur la nature graveleuse, sableuse, vaseuse ou rocheuse du fond et modifier l'effort de traction en conséquence.

On immerge ou on relève la drague à raison de 200 m en 2,5 à 3 minutes et on la traîne pendant 20 minutes avec une vitesse de 1,5 à 3 milles à l'heure, selon la nature du sol sous-marin.

Chalut. — Le chalut (*Trawl, Schleppnetz*), diffère peu de celui dont se servent ordinairement les pêcheurs. C'est un filet (*fig.* 93) maintenu ouvert par une armature en fer ainsi que par des chapelets de balles de plomb d'un côté et de morceaux de liège de l'autre. Sa longueur est d'environ 4,57 m sur 3,05 m et il est formé de deux poches en filet dont la première possède des mailles beaucoup plus larges que la seconde, afin d'éviter l'accumulation de la boue. Son extrémité pointue supporte un boulet en guise de poids. On le traîne avec une vitesse de 2 à 3 nœuds, c'est-à-dire 2 à 3 milles à l'heure, après l'avoir fixé au câble par des fils d'attache qui se rompent si l'armature est par accident trop fortement retenue, de sorte qu'on peut alors sauver au moins le câble et le filet. Le chalut est préférable à la drague en ce qu'il recueille moins de vase, plus d'animaux, et que ceux-ci sont beaucoup moins endommagés. La drague ne sert guère que sur les fonds rocheux qui mettraient le filet en lambeaux. « Suivant la profondeur qu'on doit « explorer [1] et suivant également le temps « qu'il fait, on utilise un chalut de 2 ou 3 m « d'ouverture. On peut dire, d'une manière « générale, que par un beau temps, il est « possible de se servir d'un chalut de 3 m « pour atteindre des fonds de 3 600 m. Passé « cette profondeur, il est prudent de n'em« ployer qu'un filet de 2 m. Quant à la sur« charge à donner, elle était, à bord du « *Talisman* de 188 kilog pour les fonds au « delà de 3000 m. » Le *Challenger* a donné des coups de chalut jusque par des profondeurs de 4 850 m.

Fig. 93.

Le prince Albert de Monaco [2] a encore perfectionné ce genre de filet : son chalut à étriers qui contient plusieurs fauberts dans son intérieur, sert pour le fond tandis que son chalut de surface récolte

[1] H. Filhol, *La vie au fond des mers*, Paris, 1886, p. 40.

[2] On trouvera d'excellents renseignements accompagnés de figures de ces divers appareils de pêche dans une brochure intitulée : *Recherche des animaux marins ; progrès réalisés sur l' « Hirondelle » dans l'outillage spécial*, par le prince Albert de Monaco ; extrait du compte rendu des séances du Congrès international de zoologie, 1889.

les organismes flottant à la surface de l'eau ou un peu au-dessous Ceux-ci s'accumulent sans danger d'être froissés ni mutilés dans un bocal en zinc placé à l'extrémité du filet et très facile à démonter.

Traîne à fauberts. — La traîne à fauberts (*Tangle-bar*) (*fig.* 94), s'emploie seule dans des fonds très inégaux, rocheux ou coraillers, dangereux pour les dragues et les chaluts. Elle capture des étoiles de mer, des oursins, des coraux, des crabes, des éponges, et même quelquefois de petits poissons. On y suspend de 12 à 15 grands fauberts. Parfois aussi, elle est composée de deux barres de bois reliées entre elles de manière à former la lettre A et où l'on attache en outre des fauberts et des lignes munies d'hameçons.

Fig. 94.

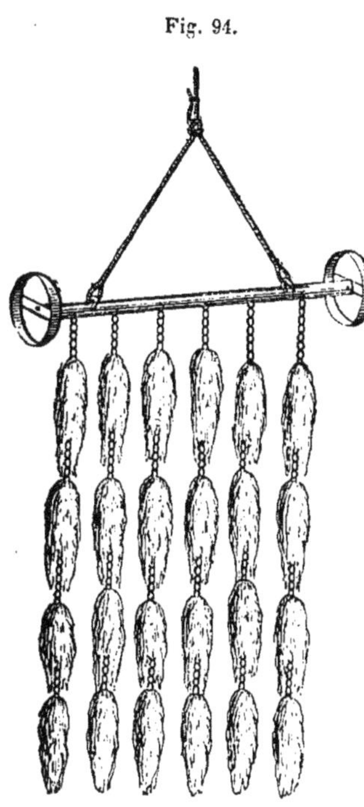

Nasse de profondeur; éclairage des eaux profondes. — Le prince Albert de Monaco[1] a complété l'emploi de la drague et du chalut par celui d'une nasse reposant immobile sur le fond et dans laquelle des espèces voraces, attirées au moyen d'amorces, remontent jusqu'à la surface, protégées contre toute détérioration accidentelle.

Ces nasses en fil de fer à mailles de 1 cm ont la forme d'un cylindre dont les deux bases sont des troncs de cône s'ouvrant à l'intérieur par leurs petites bases; elles sont soutenues par des montants en bois ou en fer. On en a descendu jusque par 758 m à l'aide d'un câble composé de 42 fils d'acier en 6 torons mesurant 4,5 mm et résistant à 1000 kilog. On l'abandonne avec une bouée.

Le prince de Monaco[2] a perfectionné cette nasse, qui a l'inconvé-

[1] S. A. le prince A. de Monaco, *Sur l'emploi de nasses pour des recherches zoologiques en eau profonde*. Comptes rendus de l'Académie des sciences, juillet 1888.
[2] Le prince Albert de Monaco, *Recherche des animaux marins*, *Progrès réalisés sur*

nient d'être lourde, encombrante et de s'envaser aisément, par une nasse en forme de prisme triangulaire dont la plupart des montants sont en bois afin d'obtenir une plus grande légèreté. Les entrées se trouvent sur les deux bases triangulaires; elle contient dans son intérieur plusieurs autres petites nasses en toile métallique et repose sur le sol sans y enfoncer par l'une de ses faces rectangulaires retenue en place par des sacs remplis de lest. Cet appareil, attaché à un câble en fils d'acier de 3 000 m, a fonctionné avec un plein succès jusqu'à 1370 m de profondeur.

Le Dr Paul Regnard [1] a pensé à se servir comme amorce d'une lampe Edison, à incandescence, de 12 volts, suspendue à la Cardan dans l'intérieur de la nasse et mise en action par deux piles Bunsen dans lesquelles l'acide azotique est remplacé par de l'acide chromique. Ces piles sont dans une boîte en fer hermétiquement close et dont le couvercle, pour résister à la pression, est percé de deux trous, l'un conduisant les fils à la lampe, l'autre en communication avec un ballon en toile caoutchoutée soutenu par un filet solide et rempli d'air. Quand on immerge ce système, le ballon se comprime à mesure qu'il s'enfonce et il injecte, dans la boîte des piles, de l'air juste à la pression à laquelle celle-ci est soumise au lieu même où elle se trouve. Il y a donc pression égale en dehors et en dedans de la boîte.

M. Fol emploie comme amorce des substances phosphorescentes dont la faible lueur attire les poissons.

Filets fins de surface. — Pour récolter des échantillons de la faune pélagique, c'est-à-dire les individus vivant à la surface de l'eau, on emploie des filets en gaze de soie pour tamis de bluterie (n° 19). Leur forme est celle d'un tronc de cône ayant environ 1 m de longueur, un diamètre de 25 cm pour la grande base et de 8 à 10 cm pour la petite; l'ouverture en est soutenue par un cercle en métal et on les traîne à la surface avec une vitesse modérée. Quand on désire recueillir des individus très petits, on prend des filets en mousseline avec 50 ou 60 fils par centimètre et dont les mailles ont par conséquent 0,02 mm de largeur (n° 120 du commerce).

l' « Hirondelle » dans l'outillage spécial, extrait du compte-rendu des séances du Congrès international de zoologie, Paris, 1889.

[1] P. Regnard, *Sur un dispositif destiné à éclairer les eaux profondes*, Comptes-rendus de l'Académie des sciences, 9 juillet 1888.

On a imaginé divers systèmes permettant à ces filets de ne s'ouvrir qu'à une profondeur déterminée, de parcourir ouverts une certaine distance soit horizontalement soit verticalement, puis de se fermer et d'être remontés dans cet état sans que la faune récoltée se soit mélangée avec la faune de couches différentes. Parmi les divers modèles proposés, on cite la trappe de Sigsbee[1], le filet de M. de Guerne[2], celui de M. Chun[3], professeur à l'université de Kœnigsberg, et celui du prince de Monaco[4]. Un modèle simple, surtout lorsqu'il s'agit de faibles profondeurs, est le filet Turbyne[5] (*fig.* 95), adopté à bord de la *Medusa*. Deux lignes le rattachent au navire : l'une, A, sert au trai-

Fig. 95.

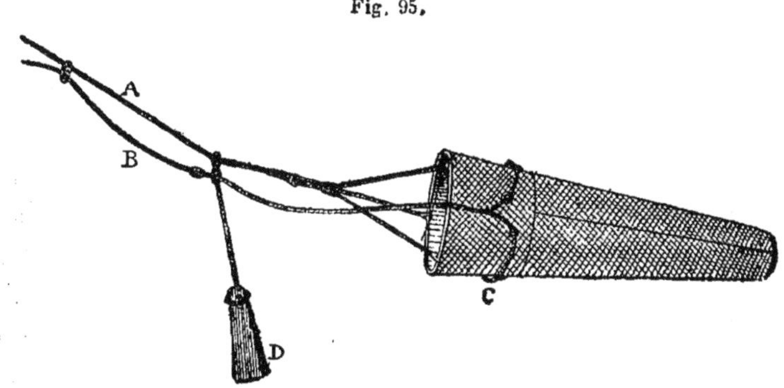

nage ; la seconde, B, guidée par des anneaux, contourne l'ouverture du filet. On immerge le filet fermé, ce qui s'obtient en maintenant la ligne B fortement tendue ; quand on est arrivé à la distance voulue, on la mollit, ce qui ouvre le filet ; enfin, avant de remonter, on a de nouveau le soin de la tendre, ce qui referme le filet.

Appareils divers. — Les officiers de la Commission des pêcheries américaines (*U. S. Commission of fish and fisheries*) ont inventé ou perfectionné un grand nombre d'appareils destinés à récolter des animaux marins comme la drague à rateau (*Rake dredge*) et le sys-

[1] A. Agassiz, *Three cruises of the Blake*, I, 36.
[2] Prince A. de Monaco, *Sur les filets fins employés à bord de l' « Hirondelle »*, Comptes rendus des séances de la Société de biologie, 8, IV, 12 nov. 1887.
[3] Prince A. de Monaco, *id.*
[4] Prince A. de Monaco, *Le filet fin à rideau*, résultats des campagnes scientifiques du yacht l'*Hirondelle*. Paris, 1889, p. 10.
[5] *The Scottish marine station*, Edinburgh, 1885.

tème de sûreté pour drague (*Check stop*), ou à isoler les animaux récoltés de la boue qui les environne sans risquer de les mutiler comme les tamis fixes, le tamis oscillant (*Cradle sieve*), la table-tamis (*Table sieve*). On s'est aussi servi, à bord du *Travailleur*, de sphères métalliques creuses pouvant s'ouvrir et se fermer hermétiquement suivant leur diamètre, percées de très petit trous et qu'on agite dans de l'eau après les avoir remplies de limon. On trouvera la description et les dessins de ces appareils dans l'ouvrage de Sigsbee[1] ou dans les rapports officiels annuels de la Commission des pêcheries américaines.

Conservation des échantillons[2]. — Lorsqu'il s'agit d'animaux délicats tels que cœlentérés, larves pélagiques de mollusques et d'échinodermes, certaines annélides, on n'obtiendrait que des échantillons incomplets et mutilés si l'on se contentait de retirer le filet hors de l'eau puis de le renverser en le secouant dans un baquet rempli d'eau. Il faut au contraire soutenir le filet fin avec un cristallisoir ou tout autre instrument, de telle sorte qu'il reste toujours à moitié plein d'eau, et le renverser doucement dans un grand baquet. On récoltera les animaux un à un à l'aide d'une pipette et on les déposera dans des bocaux remplis d'eau de mer en ayant soin de ne pas mélanger les espèces ni de mettre trop d'échantillons dans le même flacon. En prenant ces précautions, on pourra obtenir des échantillons non mutilés d'animaux délicats et conserver en vie pendant un certain temps des espèces qui meurent très rapidement lorsqu'elles ne sont pas dans un état d'intégrité parfaite.

L'acide osmique en solution au 1/100 convient le mieux pour la conservation des organismes à substance gélatineuse abondante tels que les cœlentérés, mais ce mode de traitement exige de la part de l'opérateur une grande habileté et de plus la manière d'opérer varie avec chaque espèce et dépend de la grosseur de l'échantillon, de la consistance des tissus, etc. Quant aux larves, aux petites annélides, un traitement à l'acide osmique ou au sublimé corrosif, pendant quelques instants (solution saturée soit dans l'eau douce soit dans

[1] Charles D. Sigsbee, *Deep sea sounding and dredging*, Washington, 1880, p. 163.

[2] Je dois ce paragraphe à la plume si compétente de mon savant ami et collègue, M. R. Koehler.

l'eau de mer), donnera généralement un bon résultat. Après le traitement par l'un ou l'autre de ces réactifs, on lave à l'eau ordinaire et l'on conserve dans l'alcool à 95° renouvelé deux ou trois fois.

Le traitement à l'acide osmique ou au sublimé, qui demande à être surveillé de près et ne peut guère être appliqué que par des zoologistes de profession, devra être employé pour des échantillons dont on désire conserver les détails de structure et qui sont destinés à des recherches histologiques. Ces manipulations délicates seraient inutiles si l'on se propose simplement de récolter des animaux pélagiques pour en faire un examen sommaire. Il s'agit alors moins de recueillir des espèces délicates et à conservation difficile comme des cœlentérés à corps mou et gélatineux ou des larves de différents groupes, que des crustacés, des annélides, des radiolaires, etc., qui d'ailleurs constituent, dans la plupart des cas, la plus grande partie du produit des pêches pélagiques. Il suffira alors de rapporter ces animaux dans un état de conservation suffisant pour permettre aux zoologistes auxquels les échantillons seront soumis d'en faire la détermination et de fournir ainsi des renseignements utilisables pour des études océanographiques. Il est important d'opérer en perdant le moins de temps possible et il n'est pas indispensable que tous les animaux conservés soient dans un état d'intégrité parfaite ni que les tissus soient fixés comme s'ils étaient destinés à des études histologiques. L'alcool à 95° se trouve tout à fait indiqué et les échantillons s'y conserveront tous d'une manière très suffisante.

Cependant, au lieu de plonger directement dans un flacon d'alcool le contenu du filet fin, il est préférable d'agir de la manière suivante. Le filet, avec son contenu, est retourné et agité dans un grand baquet plein d'eau de mer et l'on renouvelle l'opération plusieurs fois de suite jusqu'à ce que la pêche soit suffisante. D'autre part, on a préparé un flacon à deux tubulures dont l'une porte un entonnoir tandis que dans l'autre s'enfonce un tube large coiffé, à son extrémité supérieure, d'un morceau de canevas fin ou de toile. On verse doucement dans l'entonnoir l'eau qui contient les produits de la pêche et les animaux qui ne peuvent franchir les mailles de la toile restent emprisonnés dans le bocal. On obtient ainsi un grand nombre d'animaux dans une quantité d'eau aussi petite que possible qu'on remplace ensuite par de l'alcool renouvelé deux ou trois fois.

Les algues se conservent parfaitement dans de l'eau camphrée.

CHAPITRE II.

LA FAUNE MARINE [1].

Faune des rivages. — Les animaux qui vivent dans l'Océan se partagent en trois faunes : celle des rivages, la faune pélagique ou des animaux de surface et la faune profonde. La répartition des deux premières est en relation étroite avec la distribution en profondeur et en surface des plantes destinées à servir de nourriture. Dans le sens vertical, les plantes ne dépassent pas la limite de pénétration de la lumière, c'est-à-dire 200 m au plus, ce qui correspond à la zone du plateau continental. Quant à leur distribution en surface aussi bien dans le voisinage des côtes qu'en pleine mer, elle dépend des diverses conditions physiques du milieu ambiant, densité, salure, courants et surtout température qui ont aussi une influence immédiate sur la présence de telle ou telle espèce végétale particulière. Les diatomées, par exemple, sont des plantes pélagiques de mers froides tandis que les oscillariées sont des plantes pélagiques de mers tropicales. La nature du sol sous-marin exerce une influence considérable que M. Forel[2] a su élucider dans les lacs par l'étude du rôle joué par le feutre organique qui permet aux animaux de ramper sur une sorte de plancher résistant tandis qu'ils enfonceraient dans la vase. Il est évident qu'il doit en être de même dans l'Océan, et les fonds vaseux de la Méditerranée sont certainement la cause de la pauvreté de la faune de cette mer. C'est ce qui a déterminé les pêcheurs bretons[3] à réclamer la confection de cartes géologiques sous-marines jusqu'à une distance d'au moins cent milles des côtes.

La grande majorité des animaux marins comestibles appartient à la faune des rivages, d'où résulte l'importance de l'étude océanogra-

[1] Nous nous sommes servi, pour la rédaction de ce chapitre, des ouvrages suivants : Moseley, *Discours prononcé à l'Association anglaise pour l'avancement des sciences*, Nature, XXI, 354, 1883 ; H. Filhol, *La vie au fond des mers*, Paris, 1886, et A. Agassiz, *Three cruises of the U. S. Coast et Geodetic Survey steamer « Blake »*, 2 vol., 1888.

[2] F.-A. Forel, *La faune profonde des lacs suisses*, mémoire couronné par la Société helvétique des sciences naturelles, 1885, p. 102.

[3] V. Guillard, *Des progrès de la pêche côtière sur le littoral du Morbihan*, Bulletin de la Société bretonne de géographie de Lorient, nos 41-42, 1889.

phique du plateau continental. On a même divisé cette zone en subdivisions d'après les espèces auxquelles chacune d'elles sert plus particulièrement d'habitat. Il ne nous est pas possible d'entrer ici dans des détails sur ce sujet qui constitue en quelque sorte la base scientifique de l'industrie de la pêche. Les divers problèmes soulevés sont trop nombreux ; ils font aujourd'hui, de la part des gouvernements, l'objet d'observations régulières et leur ensemble est devenu, en réalité, une branche de l'océanographie se rattachant à la zoologie.

Les poissons demeurent rarement cantonnés dans une même région car leurs besoins varient avec la période de leur existence ; ils sont donc forcés d'accomplir des migrations provenant de causes naturelles et par conséquent soumises à des lois. Ces lois commencent à peine à être soupçonnées et cependant c'est d'elles que dépend l'industrie des pêches. Depuis quelques années, par exemple, la sardine abandonne les côtes de France et fréquente de plus en plus celles de Galice; à certaines époques, elles disparaissent complètement. Dans un intéressant travail, M. Hautreux a cherché à élucider le cycle de ces migrations. Il a reconnu[1] que la sardine affectionne les eaux calmes ayant une température voisine de 15° et pas inférieure à 12°. D'autre part les morues, qui sont comme les harengs des poissons d'eaux froides, vivent dans les couches à température comprise entre 7° et 10° ; mais, pour chercher leur nourriture, elles s'avancent soit en surface soit en profondeur jusqu'à l'isotherme de 12° sans la dépasser jamais. La morue se nourrissant de sardines, on comprend comment l'isotherme de 12° est pour ces dernières une barrière infranchissable au delà de laquelle il est inutile de chercher à les rencontrer. Le problème zoologique et industriel est donc ramené à un problème d'océanographie et consiste à connaître les oscillations accomplies dans les diverses localités et dans les diverses saisons par l'isotherme de 12°.

Il en est de même pour les morues. M. Hautreux en relevant avec soin les dates de la pêche de ce poisson dans les mers septentrionales, à Terre-Neuve, en Islande, aux Faerœr et en Norvège, et les époques où diverses expéditions scientifiques maritimes en ont capturé à de grandes profondeurs dans des régions plus méridio-

[1] A. Hautreux, *La pêche de la morue au Sénégal*, Bulletin de la Société de géographie commerciale de Bordeaux, 5 mars 1888, p. 135.

nales, près de Madère et des Canaries, en suivant la position de la couche d'océan à température comprise entre 7° et 10° et en calculant la vitesse probable des courants sous-marins, a expliqué scientifiquement la présence des morues à faible distance de la surface près des côtes du Sénégal et du Maroc où les pêcheurs des Canaries en capturent annuellement de 5 000 à 8 000 tonnes. C'est en effet dans ces parages que, selon M. Hautreux, remonterait à la surface la couche d'eau froide qui depuis le nord s'était progressivement enfoncée jusqu'à 1 500 m environ; elle se reconnaît à la présence aux environs du cap Blanc d'une nappe d'eau ayant une longueur de 150 kilom et dont la température est constamment inférieure de quelques degrés à celles des eaux environnantes. Il en conclut à la possibilité pour nos pêcheurs de prendre pendant l'hiver la morue dans ces parages presque tropicaux et de navigation aisée, alors que l'Islande et Terre-Neuve ne peuvent être fréquentées que pendant l'été.

Le savant météorologiste et océanographe norvégien, M. Mohn[1], a reconnu que le long des îles Lofoten les morues fraient de préférence dans des eaux à température comprise entre 4° et 5°, et il a donné au Gouvernement le conseil d'entretenir pendant la saison de pêche un croiseur chargé de relever continuellement par des sondages thermométriques la position de cette couche de 4° à 5° et d'indiquer aux pêcheurs de chaque localité la profondeur à laquelle ils doivent descendre leurs lignes.

Aux États-Unis, deux navires de l'État : l'*Albatross* et le *Fish Hawk* sont continuellement occupés à étudier cette science des pêches qu'on pourrait définir l'étude des relations existant entre l'habitat des poissons comestibles aux diverses périodes de leur existence et les conditions physiques du milieu ambiant. En Écosse, la Scottish Marine station de Granton[1] avec son yacht la *Medusa* et son laboratoire flottant l'*Ark*, s'attache à élucider d'une façon systématique et complète l'océanographie des côtes, le relief du sol sous-marin, la géologie des fonds, les variations de salure, de tempé-

[1] H. Mohn, *La température de la mer et la pêche aux Lofoten*, Morgenbladet, Christiania, 1889.

[2] Voy. J. Thoulet, *De l'état des études d'océanographie en Norvège et en Ecosse; Rapport sur une mission du ministère de l'instruction publique*, Archives des missions scientifiques, t. XV, 1889.

rature, afin de livrer ensuite des documents établis par des mesures précises aux zoologistes chargés plus spécialement des questions intéressant la science des êtres vivants ou l'industrie des pêcheries. L'absolue nécessité d'un pareil mode de recherches est maintenant admise pour la plupart des nations maritimes.

Faune pélagique. — Si l'étude des animaux pélagiques les plus gros importe au point de vue de la zoologie pure ou même de l'industrie comme par exemple dans le cas des diverses espèces de baleines, l'océanographie est au contraire plus immédiatement intéressée à la connaissance des plus petits dont l'influence est considérable dans les problèmes relatifs à la coloration de la mer et à la géologie océanique. En réalité les phénomènes ne sont jamais absolument indépendants, et les petits animaux étant la proie des gros, la distribution géographique des uns règle souvent la distribution des autres.

Les aires de distribution des espèces pélagiques sont définies, elles aussi, par les conditions du milieu; la répartition des plantes destinées à servir à la nourriture des animaux exerce une influence immédiate. De curieux phénomènes donnent à ces aires une extension plus vaste. Les rapports entre la flore et la faune pélagiques sont parfois tellement étroits qu'il existe entre certains animaux et certaines plantes une association d'intérêt mutuel : isolés, ils seraient forcés de restreindre leur habitat tandis que réunis, chacun d'eux assurant la nourriture de l'autre, ils peuvent s'étendre sur de grands espaces. Les radiolaires renferment dans leurs tissus de nombreuses cellules jaunes qui sont des algues; ces dernières ne sont pas des parasites ; elles se nourrissent des produits rejetés par l'animal qui à son tour s'alimente de produits élaborés par la plante.

La température est la condition capitale d'habitabilité pour les petits animaux de haute mer. Sur toutes les aires qu'ils occupent, ils vivent et ils meurent et comme après leur mort leur dépouille minérale n'obéit plus qu'aux lois de la pesanteur, elle descend lentement et s'accumule vers le sol sous-marin pour y former des dépôts qui sont la projection horizontale des aires superficielles de dispersion. Cette sorte de pluie solide agit en outre pour mélanger les diverses couches d'eau sur une même verticale, et pour établir dans toute la masse océanique jusque dans les parties les plus profondes un équilibre dans la proportion des gaz en dissolution. Chaque particule solide descend enveloppée d'une gaine d'air qu'elle a prise dans les eaux superficielles directement aérées au contact de l'atmosphère et qu'elle abandonne au sein des profondeurs. On expliquerait ainsi l'existence d'une faune dans les régions, d'ailleurs immobiles, des abîmes de l'Océan. Un autre facteur est à prendre en considération, la profondeur de l'eau qui influence la durée de la descente, c'est-à-dire la dissolution et par conséquent la disparition de la matière minérale arrivée au fond. Mais si les dépôts sous-marins ne s'étendent pas partout au-dessous des aires de dispersion superficielles, on ne trouvera de ces dépôts qu'aux endroits correspondant à ces aires.

La salinité, la densité et les courants ont aussi leur importance. Les foraminifères pélagiques vivent principalement dans les eaux chaudes : les vases à globigérines s'étendent au-dessous des eaux du Gulfstream, tandis qu'aux mêmes latitudes, elles s'arrêtent subitement au-dessous du courant froid qui descend du nord en longeant les côtes d'Amérique. Le courant lui-même agit mécaniquement en entraînant les dépouilles des animaux et en les disséminant au delà des limites que vivants ils n'eussent point franchies.

La plupart des animaux de haute mer sont hyalins et transparents, ce qui les rend presque invisibles sauf en grandes masses et leur permet d'échapper à leurs ennemis ; d'autres, par un mimétisme tendant à ce but de protection contre le danger, offrent la même couleur que le milieu qui les entoure ; un poisson, l'*Antennarius marmoratus*, des crustacés et des mollusques qui vivent dans les sargasses de l'Atlantique nord sont nuancés de brun, de jaune et de vert, de sorte que leur aspect se confond avec celui des plantes qui leur servent de refuge.

Frappé de l'abondance de la vie animale à la surface de l'Océan, le prince de Monaco [1] a montré que le personnel d'une embarcation abandonnée sans vivres sur l'Atlantique nord, probablement sur un point quelconque des mers tempérées et chaudes, et ce que l'on sait de l'alimentation des grands cétacés des mers polaires permettrait

[1] Prince A. de Monaco, *De l'alimentation des naufragés en pleine mer*, Comptes rendus, Acad. des sciences, t. CVII, 1888, p. 980.

même d'étendre cette observation jusqu'au delà des zones tempérées, pourrait éviter la mort par inanition s'il possédait, au moins en partie, le matériel suivant : un ou plusieurs filets en étamine de 1 m à 2 m d'ouverture avec 20 m de ligne pour recueillir la faune pélagique libre ou tamiser les touffes de sargasses, et mieux un filet imitant ceux construits sur l'*Hirondelle* où ils sont appelés chaluts de surface[1], quelques lignes de 50 m terminées chacune par 3 brasses de fil de laiton recuit sur lequel est fixé un gros hameçon avec amorce artificielle pour les thons, une petite foëne pour harponner les mérous des épaves et quelques hameçons brillants auxquels ceux-ci se prennent parfois même sans amorce, un harpon pour les plus grands animaux qui suivent les épaves.

Les animaux pélagiques craignent généralement la lumière ; la nuit ils se rapprochent de la surface pour s'enfoncer dès que le soleil apparaît. Il en est ainsi même pour certains d'entre eux qui n'ont point d'yeux. En outre de ces oscillations diurnes, ils émigrent parfois au fond pendant des périodes de temps plus ou moins longues et d'autres fois apparaissent brusquement pour produire les phénomènes de la coloration, de la phosphorescence et celui de la mer de lait. Un animal peut être pélagique ou habiter les profondeurs selon la période de son existence, fréquenter la surface à l'état larvaire et s'enfoncer lorsqu'il arrive à l'état adulte. Les entomostracés pélagiques, cladocères et copépodes suivent la limite de la zone éclairée et, pendant le jour, descendent à des profondeurs de 10 à 20 m. MM. Asper et Heuscher ont étudié cette question dans le lac Léman et le lac de Zurich et ils ont reconnu que leur pêche de micro-organismes était très variable à des époques différentes en une même localité et à une même profondeur. C'est dans le but de se renseigner sur les migrations dans le sens vertical qu'on fait usage de filets s'ouvrant et se refermant à des profondeurs déterminées.

Faune profonde. — On croyait autrefois que toute vie animale cessait à une profondeur de 500 m. Ross, en 1818, sondant par 1000 m dans la mer de Baffin, avait cependant rapporté diverses espèces d'animaux avec un échantillon de la boue du fond, mais on

[1] Comptes rendus de l'Académie des sciences, 24 oct. 1887.

supposa que ces êtres avaient été accrochés en route par la ligne. Quand plus tard, Forbes après de nombreux dragages dans la mer Égée vint affirmer que la faune diminuait avec la profondeur et qu'un zéro de vie animale existait vers 500 m, on accueillit cette assertion qui confirmait la croyance générale sans vérifier si son exactitude apparente ne tenait pas à des causes particulières.

Cependant, en 1860, le naturaliste Wallich qui accompagnait le *Bull-dog* chargé d'étudier le tracé du câble télégraphique sous-marin entre l'Europe et l'Amérique dans les parages de l'Islande, du Groënland et de Terre-Neuve, recueillit des astéries par 1260 brasses; il fallut se rendre à l'évidence surtout lorsque peu après, le câble immergé entre la Sardaigne et Bône s'étant rompu par 1200 brasses, on en eut relevé des fragments sur lesquels M. A. Milne-Edwards constata la présence de plusieurs polypiers et de diverses coquilles colorées malgré l'obscurité de ces abîmes et ne différant pas des espèces pliocènes. On reconnut alors la nécessité de se livrer à des observations systématiques et précises.

Les États-Unis eurent l'honneur d'entrer les premiers dans cette voie; les premières explorations zoologiques sous-marines eurent lieu sous l'initiative du *Coast and Geodetic Survey*, à bord du *Corwin* en 1867 et du *Bibb* en 1868. Les Anglais firent leur expédition du *Lightning* en 1868, et depuis cette époque continuèrent des recherches que d'autre part les Américains n'ont jamais interrompues avec le *Hassler* en 1871 et 1872, puis avec le *Blake* et avec les navires de l'État attachés au service de l'administration des Pêcheries. Le mouvement était donné, les Norvégiens exécutèrent leurs trois campagnes du *Vöringen* et la France vint aussi prendre son rang avec les quatre expéditions du *Travailleur* et du *Talisman* en 1880, 1881, 1882 et 1883, sous la direction de M. A. Milne-Edwards.

Quatre facteurs donnent à la faune profonde ses caractères généraux, la pression, l'obscurité, le calme complet et l'uniformité de température des régions abyssales.

Pour les poissons, il est difficile d'établir une limite très nette entre les espèces habitant les profondeurs moyennes et celles des abîmes. Les méthodes de pêche ne sont pas assez perfectionnées pour permettre d'affirmer d'une façon absolue que l'animal n'a pas été capturé entre le fond et la surface; en outre, les poissons sont bons nageurs, et rien ne s'oppose à ce qu'ils accomplissent de grandes migrations en profondeur, à la condition de procéder assez lentement pour éviter les dangers d'un changement de pression trop rapide. Avec ces réserves, on peut dire que les poissons de surface sont les plus nombreux comme espèces et comme individus; entre 100 et 500 brasses, leur nombre est encore assez considérable, mais ensuite il diminue rapidement à mesure que la profondeur augmente.

Au point de vue anatomique, les poissons des abîmes sont remarquables par une atrophie plus ou moins complète des organes de la locomotion et de l'appareil de soutien; les os sont devenus poreux, les écailles ont disparu et la fibre musculaire, tout en conservant sa constitution histologique fondamentale, s'est atrophiée. On reconnaît l'influence de la pression si puissante sur des animaux d'une organisation supérieure. Les poissons ramenés brusquement d'une cinquantaine de brasses seulement arrivent morts à la surface, et lorsqu'ils sont pêchés à des profondeurs véritablement considérables, surtout lorsqu'ils possèdent une vessie natatoire, celle-ci se décomprime, les gaz qu'elle contient se dilatent, repoussent l'estomac en l'obligeant à faire saillie hors de la bouche, les yeux sont chassés hors de leurs orbites, les écailles se détachent et l'animal est asphyxié. C'est pour une cause analogue qu'un cadavre atteignant cette profondeur ne remonte jamais à la surface, car la pression ne permet pas aux gaz développés par la décomposition de prendre un volume suffisant pour soulever le corps.

Le Dr Regnard[1], dans d'intéressantes expériences, a étudié les phénomènes qui ont lieu lorsqu'on soumet des animaux marins à de très fortes pressions. En opérant sur des poissons, il a reconnu qu'à 100 atmosphères, l'animal ne semblait aucunement incommodé; à 200 atmosphères, il était un peu engourdi, mais ne tardait pas à se remettre; à 300 il était mourant; à 400 il était mort et rigide d'une rigidité caractéristique. La limite entre la faune de surface et la faune profonde serait ainsi placée synthétiquement entre 2000 et 3000 m. On a trouvé des poissons jusqu'à 5000 m, mais leur constitution diffère de celle des poissons de surface par l'absence de

[1] P. Regnard, *Les conditions de la vie dans les profondeurs de l'Océan*, Revue scientifique, t. XXXIII, 1884, p. 404.

vessie natatoire et probablement aussi par une composition différente du sang.

Les poissons des profondeurs sont toujours de couleur sombre, noirs ou gris. Pour compenser le manque de lumière et leur permettre de se guider et de trouver leur proie, la plupart d'entre eux sont phosphorescents et émettent des lueurs jaune, verdâtre ou lilas. Cette propriété réside dans un mucus sécrété par des glandes situées le long des flancs, de la queue, sous la tête et plus rarement sur le dos; d'autres fois, l'animal est muni d'appareils spéciaux, plaques phosphorescentes placées au-dessous des yeux ou sur les portions latérales du corps. Les poissons phosphorescents ont des yeux normaux quoique très gros; les autres sont généralement privés d'organes de vision quoique, pour qu'ils puissent trouver leur proie, leur bouche prend alors un développement tellement exagéré que le corps n'est plus qu'une simple annexe de cet énorme entonnoir; d'autres enfin sont munis de longs tentacules, sortes d'antennes ou de filaments très minces quelquefois lumineux, qui sont des organes d'exploration.

Les crustacés sont répandus depuis la surface de la mer jusqu'aux plus grandes profondeurs; ils offrent souvent d'admirables colorations rouge, rose, brune ou violette. Certains d'entre eux ont des yeux atrophiés ou même absents, d'autres ont des yeux parfaitement conformés et phosphorescents. Tantôt la phosphorescence émane du corps tout entier, tantôt elle est limitée à des régions particulières et ne se manifeste qu'accidentellement, comme par exemple lorsqu'on irrite l'animal.

Les mollusques des abîmes sont aussi parfois privés d'yeux; les coquilles sont rarement de grande dimension, toujours minces, fragiles et de couleur pâle, bien que chez certaines espèces elles soient irisées et d'éclat perlé; la plupart des bivalves possèdent des coquilles délicatement sculptées. Ces animaux sont probablement moins actifs que leurs congénères habitant les rivages, car leurs tissus sont très mous et peu aptes à accomplir des mouvements prompts ou violents.

Les autres classes d'animaux sont représentées dans les abîmes : annélides, échinodermes colorés en rouge, en carmin, en brun, en bleu et en jaune, astéries, échinides verts, méduses, coralliaires; presque tous sont phosphorescents. La description de leurs caractères, des variations de leurs formes, malgré son extrême importance scientifique, est beaucoup trop technique pour qu'il en soit autrement fait mention ici. Nous nous bornerons à faire remarquer que la population abyssale dans les mers fermées est très restreinte, sans pourtant être nulle. La Méditerranée, en particulier, est remarquablement pauvre, à cause de sa température uniforme de 12°,7 à partir de 400 m, de ses fonds vaseux très défavorables au développement des espèces animales privées de support pour se fixer, et enfin par suite du courant de sortie qui allant vers l'Atlantique s'oppose à l'immigration des espèces océaniques.

Un des grands intérêts se rattachant à la découverte des poissons des abîmes, dit M. Filhol[1], consiste en ce qu'il nous a été possible de constater de quelle manière des organismes déterminés paraissent être arrivés à se plier à des conditions de vie pour lesquelles ils semblaient n'être pas faits. Durant une partie des temps géologiques, la terre ne présentait pas à sa surface les dépressions profondes et les grandes saillies qu'elle offre de nos jours. Les continents ne possédaient pas leurs grands reliefs, les océans leurs abîmes. Peu à peu, à mesure que la terre sous l'influence du refroidissement qu'elle ne cesse de subir se crevassait, le fond des mers s'abaissait de plus en plus. L'égalité de température qui s'est établie entre la zone marine profonde des régions chaudes et tempérées et les zones marines superficielles ou peu profondes des régions froides, a permis aux espèces vivant dans ces derniers points de s'étendre sur des espaces de plus en plus considérables. Seulement ces formes animales ont rencontré des conditions de vie différentes de celles au milieu desquelles elles se trouvaient être antérieurement placées : absence de nourriture végétale, absence de lumière, tranquillité absolue des eaux. Leur organisme s'est alors modifié, il s'est adapté à ces nouvelles situations biologiques, en un mot, il s'est transformé. Les organes phosphorescents sont venus produire de la lumière au milieu des régions où les rayons solaires n'arrivaient plus, les organes d'exploration se sont développés, les caractères carnassiers se sont substitués aux caractères phytophages, les modifications de la bouche pour saisir par surprise des proies énormes devant rassasier l'animal durant de longs jours, se sont accomplies.

[1] H. Filhol, *La vie au fond des mers*, 1886, p. 116.

Ainsi les explorations sous-marines sont-elles venues apporter aux zoologistes prétendant que les formes animales ne constituent pas ces types immuables appelés des espèces, des arguments d'une grande valeur. Il semblerait, en effet, lorsqu'on observe ces animaux surprenants, qu'un organisme ne soit entre les mains de la nature qu'une pâte molle qu'elle pétrit incessamment et dont elle sait perpétuer l'existence par des adaptations sans cesse renouvelées durant le cours des âges.

LES GLACES

Les glaces arctiques et antarctiques jouent un rôle capital dans l'économie de l'Océan. La distribution de la température et des densités au sein des mers, et toutes les conséquences qui en résultent, ont pour éléments principaux le froid des régions polaires et la chaleur des régions tropicales ; elles dépendent aussi de l'adoucissement des eaux produit par la fusion des glaces sous les latitudes subglaciales et de l'évaporation qui concentre et alourdit les eaux tropicales et subtropicales. Si le premier phénomène compense la contraction des eaux due au froid, le second vient modérer leur dilatation et par suite leur diminution de densité par la chaleur. Ainsi s'accomplit cette circulation de l'Océan que Maury comparait à une respiration, soit qu'on admette l'existence d'une circulation profonde sur la surface entière du sol sous-marin, soit qu'on admette au contraire le repos des abîmes et qu'on cherche à fermer le cycle du mouvement dans une zone superficielle dont la profondeur ne dépasse probablement pas un ou deux milliers de mètres et dont l'observation directe seule permettra de fixer la limite inférieure certainement variable en divers points.

Nous étudierons d'abord les diverses propriétés physiques de la glace et nous décrirons ensuite les phénomènes multiples présentés par la glace dans la nature, sur la terre, sur les eaux douces et enfin sur les eaux salées.

CHAPITRE PREMIER.

PROPRIÉTÉS PHYSIQUES DE LA GLACE.

Neige, névé, glace. — La neige est de l'eau solidifiée dans le système hexagonal sous forme de flocons qui, recueillis sur du drap noir et examinés au microscope, se présentent en étoiles à six rayons se coupant sous des angles de 60° et dont les dispositions (*fig.* 96) sont extrêmement variées. Scoresby, dans les mers polaires, a dessiné 96 sortes de flocons et, depuis cette époque, on en a découvert un nombre au moins égal de nouvelles. On ignore la cause de ces

Fig. 96.

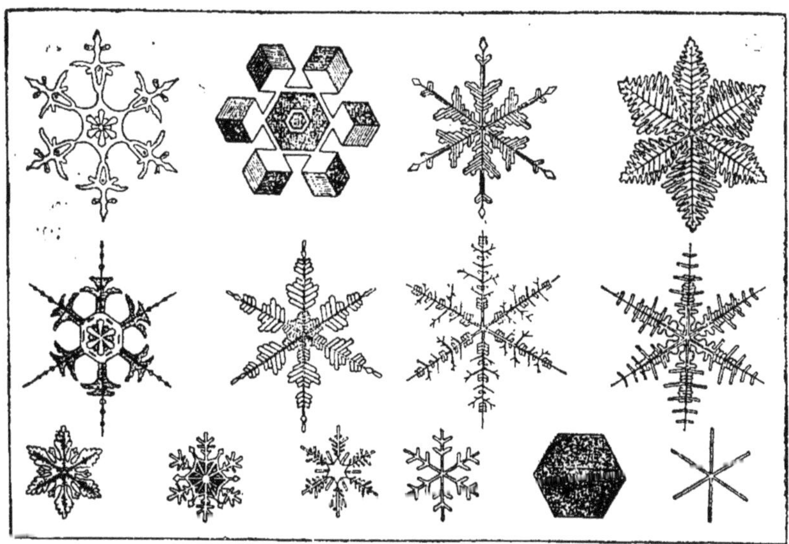

variations, mais on sait qu'aucune d'elles n'est spéciale à une région déterminée car on a reconnu à Paris des flocons de neige possédant une forme absolument identique à celle des flocons de neige arctiques.

La glace des lacs est composée d'individus cristallins dont l'axe principal est disposé verticalement, c'est-à-dire perpendiculairement à la surface de l'eau. Tyndall a réussi à mettre en évidence sa structure en faisant traverser une lame de glace par un faisceau de rayons solaires concentrés au moyen d'une lentille. La chaleur provoque la fusion d'individus cristallins isolés dans l'épaisseur même de la plaque et on voit apparaître à leur place des étoiles à six rayons nommées fleurs de glace (*fig.* 97) qui sont en quelque sorte des individus négatifs et que remplit leur eau de fusion. Mais comme la

Fig. 97.

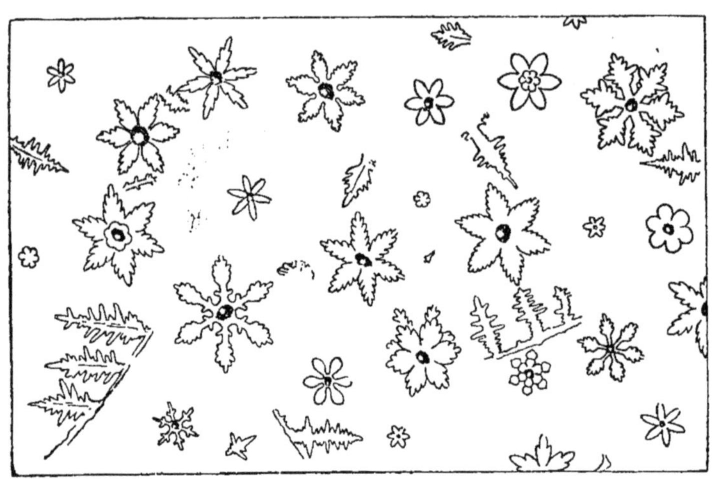

glace possède une densité moindre que l'eau, l'espace vide n'est jamais complètement occupé par l'eau de fusion et il reste au centre de chaque étoile une bulle vide se détachant vivement en noir lorsqu'on projette le phénomène sur un écran et qui représente la différence entre le volume de la glace et le volume de l'eau résultant de sa fusion.

Quand une couche de neige est comprimée par la pression soit artificiellement soit naturellement par le poids des couches qui la recouvrent, elle prend une structure grenue augmentée encore par l'eau de fusion qui suinte de la surface à travers les interstices et se congèle de nouveau autour des grains déjà formés. Elle se change alors en névé (*Firn*), puis en glace de glacier, agrégat irrégulier de grains cristallins distincts séparés les uns des autres par d'étroites fissures capillaires et dont la structure est assez analogue à celle du marbre[1]. Il existe donc un passage graduel entre la neige, le névé et

[1] F. Klocke, *Ueber die optische Structur des Gletschereises*, Neues Jahrbuch für Mineralogie, I, p. 23, 1881.

la glace de glacier. Quand des névés sont mouillés par l'eau de mer à — 2°, ils sont convertis en glace compacte[1].

On connaît des gisements de glace fossile dans des localités où la température moyenne du sol est au-dessous de 0° et où celui-ci ne dégèle, par conséquent, jamais complètement ; dans l'île de Chamisso, au détroit de Behring[2], à Éléphant-Point, le sol est composé d'une alternance de couches de glace, d'argile et de débris de végétaux ; la plus grande partie de Deception Island (63° lat. S., 62°,55′ long. W) est une succession de lits alternatifs de glace et de cendre volcanique.

Au point de vue des phénomènes naturels, il existe trois sortes de glace.

La glace de terre, de névé ou de glacier, transparente et incolore en petits fragments, translucide ou même opaque en gros morceaux, de couleur bleu-verdâtre, est en général plus poreuse que la glace d'eau salée et constitue les icebergs arctiques et antarctiques.

La glace d'eau douce formée sur les lacs, les fleuves, les rivières, cristalline, incolore, très dure, cassante, est relativement rare sur l'Océan, sauf dans la mer de Kara, la mer de Barentz et au nord de la Sibérie, où elle est apportée par la débâcle des grands fleuves. Même dans ces parages, on ne la rencontre guère qu'au printemps.

La glace de mer (*Hafsis* de Nordenskiöld), un peu plus transparente et incolore que la glace de glacier, assez poreuse, de couleur bleu verdâtre, constitue la glace des icefields et des floes.

Congélation de l'eau ; densité. — L'eau, comme la plupart des liquides, devient solide à une température fixe, qui est d'ailleurs la même que celle à laquelle elle se fond après avoir pris l'état solide. Cette température est celle du zéro du thermomètre centigrade dans les conditions ordinaires. Des changements de pression la modifient. W. Thomson a reconnu que le point de fusion de la glace est abaissé de 0°,0075 pour chaque atmosphère de pression, de sorte que pour l'abaisser de 1°, il faut 133,5 atmosphères. M. Mousson est même parvenu à faire descendre le point de fusion jusqu'à — 20° sous une pression de 13 000 atmosphères. Cette propriété a peu d'importance

[1] Sir George S. Nares, *Un voyage à la mer polaire sur les navires de S. M. B. « Alert » et « Discovery »*, traduction française, 1880, p. 111.
[2] J. Roth, *Allgemeine und chemische Geologie II*, 626.

en océanographie car jamais la glace ne se forme ou ne se liquéfie à des profondeurs sous l'eau correspondant à un changement notable dans la valeur du point de fusion.

La surfusion est un phénomène par lequel une masse d'eau peut être amenée au-dessous de son point de congélation sans se solidifier si elle est conservée dans un repos complet. Mais alors, le moindre ébranlement la solidifie instantanément et, comme la surfusion a lieu en eau douce comme en eau salée, il suffit quelquefois du choc des avirons d'une embarcation pour déterminer une prise en masse de la mer ou d'un lac. A l'abri de l'air, dans un ballon fermé ou sous une couche d'huile, l'eau reste liquide jusqu'à — 12°.

Le même retard dans la température du point de fusion se fait sentir lorsque l'eau est contenue dans des espaces très petits comme dans des tubes capillaires, par exemple. On a pu ainsi l'abaisser jusqu'à — 20°. Ce phénomène retarde un peu l'éclatement des roches par la gelée.

La densité de l'eau étant 1,000 à + 4°, température du maximum de densité, celle de la glace pure a été mesurée par Bunsen[1] et trouvée égale à 0,917. Dans la nature, la glace n'est jamais privée d'air et sa densité est par conséquent inférieure, ou bien, s'il s'agit de glace de mer, elle contient des sels et sa densité est supérieure.

Le névé, produit lorsque la neige est comprimée et qu'elle est en outre humectée par les eaux de fusion des couches supérieures qui se congèlent de nouveau au contact des portions inférieures, possède une densité comprise entre 0,5 et 0,6. Les glaciers sont alimentés par les névés des parties élevées de leur cours.

D'après M. Symons[2], la densité de la neige varie entre 0,1694 et 0,0402; elle est en général d'autant plus légère que le froid est plus intense au moment de sa chute. M. Ward a fait des expériences sur le tassement de la neige abandonnée à elle-même et sur son évaporation, qui peut atteindre de 10 à 70 mm en 24 heures, en Angleterre, selon la densité. Cette densité est fonction de la température, de l'état hygrométrique de l'air, de l'épaisseur, de la dimension des flocons, de la vitesse de la chute et du tassement. Les 3 000 observations faites de 1862 à 1881 à l'hospice du Grand Saint-Bernard, à

[1] Pogg. Ann., n° 11.
[2] Revue scientifique, t. XLI, p. 478, 1888.

l'altitude de 2478 m, donnent à la neige une densité moyenne de 0,11.

	Densité.
Glace de Marstrand (Kattégat)	1,0110
Glace de la Baltique	1,0003
Eau	1,0000
Glace d'eau pure	0,917
Névé	0,5 à 0,6
Neige	0,1694-0,0402
Neige (moyenne)	0,11

Dilatation de la glace. — Le coefficient de dilatation linéaire de la glace, c'est-à-dire l'augmentation de longueur d'une barre de glace pour une élévation de température de 1°, a été mesuré par trois physiciens russes[1] qui ont trouvé les valeurs suivantes :

Schumacher	0,00006424
Porth	0,00006387
Moritz	0,00006469

Le coefficient de dilatation cubique ou augmentation de volume pour une élévation de température de 1°, est d'après

Brunner[2]	0,000113
Plucker et Geissler[3]	0,000155 0,000153 0,000156 0,000170

On remarque que les valeurs du coefficient de dilatation cubique ne sont pas, comme l'indique la théorie, sensiblement triples de celles du coefficient de dilatation linéaire. Cette différence provient de ce que, dans le second cas, la glace contient de l'air tandis que le mode d'expérimentation par le dilatomètre, employé dans le premier cas, permet de se servir d'eau bouillie qui, par congélation, donne une glace privée d'air.

Plucker et Geissler ont conclu de leurs expériences que le coef-

[1] Recueil des mémoires des astronomes de Poulkowa, 1853.
[2] Annales de chimie et de physique, 3e série, 14, 1845.
[3] Pogg. Ann. LXXXVI, 1852.

ficient de dilatation de la glace pure est constant et la dilatation régulière pour toutes les températures comprises entre 0° et — 20° ou — 24°. D'une manière générale, on peut dire qu'elle est le double de celle du plomb ou du zinc.

MM. O. Pettersson et Larson ont reconnu en 1879 que la valeur du coefficient moyen de Plucker et Geissler est exacte, mais que la dilatation de la glace n'est pas uniforme.

M. O. Pettersson [1] a repris ce travail en 1882 avec le dilatomètre de Bunsen et dans des conditions de haute précision. Il a trouvé que la glace étant au-dessous de 0°, si la température s'élève, elle se dilate comme la plupart des solides. Cependant, au voisinage du point de fusion, le coefficient de dilatation diminue et même change de signe vers — 0°,25. Au lieu de se dilater, la glace commence alors à se contracter et présente ainsi une certaine analogie avec l'eau liquide dont le volume à 0° est moindre que celui de l'eau solide à la même température. La plus faible trace d'impureté suffit pour que le phénomène se produise bien au-dessous de 0°. En effet, le maximum de volume se manifeste aux températures suivantes avec des glaces formées de

Eau de la plus grande pureté possible.........	entre	— 0°,15 et — 0°,03
Eau très pure..............................	»	— 0°,30 et — 0°,05
Eau distillée ordinaire.......................	»	— 0°,35 environ.
Eau contenant 0,00015 0/0 en poids de chlore...	»	— 4°
» 0,00273 » ..	»	— 14°
» 0,659 » ..	»	— 20°

Si à partir d'une origine représentant (*fig.* 98) la température de 0°, on compte les températures en abscisses et les volumes en ordonnées, la variation du volume de l'eau pure sera figurée par une courbe [2] AMNB. Le volume de l'eau solide ou glace augmentera jusqu'à un maximum M correspondant à la température OP au-dessous du point de congélation O, puis diminuera rapidement en franchissant cette température de congélation, jusqu'à la température OQ (au-dessus de zéro), du maximum de densité (+ 4°) pour aug-

[1] Otto Pettersson, *On the properties of water and ice*, Vega-Expeditionens Vetenskapliga Iakttagelser, Bd. II, Stockholm, 1883.

[2] La courbe est celle des expériences d'Ermann ; Jamin, *Cours de physique*, II, p. 184.

menter régulièrement ensuite. Le point d'inflexion M se trouvera reporté d'autant plus à gauche que l'eau sera moins pure.

Cette anomalie dans la dilatation de la glace, variable avec la teneur en sel rend compte du ramollissement qu'elle éprouve bien avant d'avoir atteint la température de sa fusion ; elle explique aussi les fissures du pack polaire où, sur une même épaisseur, la glace contenant des quantités très différentes de sel en dissolution, pour une même variation de température, subit des augmentations de volume dans certaines parties et des contractions dans d'autres parties. Il en résulte une production de fentes accompagnée de ces bruits effrayants qu'on ne cesse pour ainsi dire pas d'entendre dans les régions polaires.

Fig. 98.

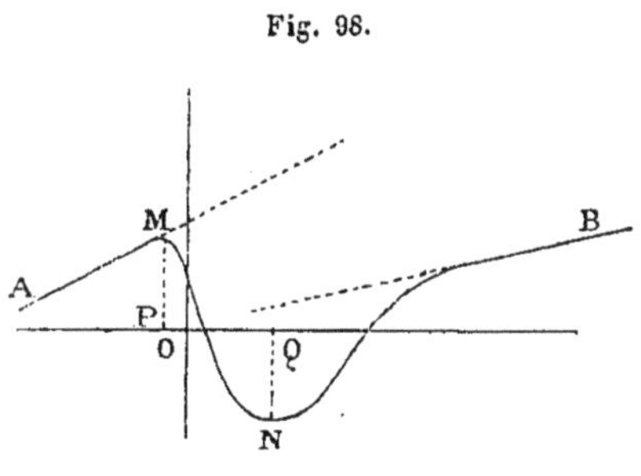

Destruction des roches par la gelée. — Les roches sont le plus souvent poreuses. Si elles se trouvent en contact avec l'eau, c'est-à-dire si elles occupent le bord de la mer et sont baignées par les vagues ou si, dans une contrée froide, elles sont recouvertes d'une couche de neige ou de glace qui fond à l'entrée de la saison chaude, elles s'imbibent de liquide et, en se séchant, le perdent ensuite par évaporation. Mais si pendant qu'elles sont encore imbibées, il survient un froid assez fort pour congeler l'eau contenue dans les pores de la roche, comme l'eau se dilate de 0,1 environ en prenant la forme solide, ce contenu précédemment liquide et maintenant solide de chaque petite cavité de la pierre, se gonfle. Or, la pression nécessaire pour résister à la dilatation de la glace est énorme : à — 1°,11, elle est de 146 atmosphères, c'est-à-dire équivaut au poids d'une colonne de glace épaisse de 1130 m environ. On comprend que les pierres soient rarement assez solides pour résister à un pareil effort et éclatent en fragments qui se détachent les uns des autres au moment du dégel. Bien que l'eau contenue dans des espaces capillaires puisse être refroidie au-dessous de son point de solidification sans se congeler, le froid augmentant, le phénomène finira tôt ou tard par se produire. L'éclatement des roches dépend donc plutôt des alternances fréquentes au-dessus et au-dessous du point de solification que de l'abaissement même de la température et par conséquent il s'exerce avec plus d'énergie dans les régions subpolaires que dans les véritables contrées polaires où le sol est protégé par la neige même qui le couvre et le dégel n'a lieu qu'une fois chaque année. Le phénomène sera encore plus marqué le long des côtes à marées où la mer liquide et par conséquent relativement chaude vient deux fois par jour imbiber les pierres des rivages puis les abandonne en les laissant soumises à l'action de l'air froid. M. Thoulet [1] a attribué en grande partie la formation des bancs de Terre-Neuve à une action de ce genre. La destruction des roches par la gelée est une source très abondante des matériaux emportés immédiatement dans la mer parce que leur gisement borde le rivage ou y arrivant par l'intermédiaire des rivières et qui finissent par constituer les fonds marins.

Châleur latente de fusion de la glace. — On appelle chaleur latente de fusion la quantité de chaleur qu'il faut fournir à 1 kilog d'un corps pris à l'état solide et à sa température de fusion normale pour le faire passer à l'état liquide à la même température sous la pression constante de l'atmosphère. Cette quantité de chaleur est exprimée en calories en donnant ce nom à la quantité de chaleur nécessaire pour élever de 0° à 1° la température de 1 kilog d'eau liquide et elle est exactement égale à celle que dégage le corps lorsque, inversement, il passe de l'état liquide à l'état solide.

MM. de la Provostaye et Desains [2] en plongeant un morceau de glace préalablement desséché et pesé dans un calorimètre contenant de l'eau et en mesurant la température finale après fusion, ont trouvé pour représenter la chaleur latente de fusion de la glace, le nombre 79,25. En d'autres termes, 1 kilog de glace en se fondant ou en se formant, absorbe dans le premier cas et dégage dans le second cas, assez de chaleur pour élever de 1° la température de 79,25 kilog d'eau.

[1] J. Thoulet, *Sur un mode d'érosion des roches par l'action combinée de la mer et de la gelée*, Comptes rendus de l'Académie des sciences, CIII, p. 1193. 1886.

[2] La Provostaye et Desains, Annales de chimie et de physique, 3e série, t. VIII, p. 5

M. Person [1], répétant ces mesures, a trouvé le nombre 80,02.

M. Otto Pettersson [2] a mesuré la chaleur latente de fusion de diverses sortes de glace et est arrivé aux valeurs suivantes :

	DENSITÉ $+\frac{0^\circ}{4^\circ}$	Cl 0/0.	CHALEUR de fusion.
Eau de mer (Jan-Mayen).....................	1,0282	1,927	52,7 51,5
Eau de glace (mer de Sibérie)................	0,0090	0,619	67,9 65,7
— (Kattegat).....................	1,0053	0,273	72,5 70,0
— (Baltique).....................	1,0003	0,014	75,6
— (Pitlekaj).....................	1,000	0,00	76,6

Il résulte de ces expériences que la chaleur développée par la congélation ou absorbée par la fusion de l'eau de mer est très inférieure à celle de l'eau pure dans les mêmes circonstances et d'autant plus que la glace étudiée contient plus de matières salines.

Plasticité de la glace. -- On a cherché à expliquer de plusieurs façons, en s'appuyant sur les propriétés physiques de la glace, le mouvement de progression continue que manifestent les glaciers. Tandis qu'une école scientifique attribuait à la glace une certaine plasticité et le pouvoir de se mouler sur les parois qui l'entourent, une autre école admettait l'existence de phénomènes dont l'ensemble était désigné sous le nom de regel.

Si la glace est plastique, il s'agit de savoir comment se produit cette plasticité [3].

Suivant Forbes [4], les grandes masses de glace, lorsque leur température est voisine de zéro, possèdent les propriétés des demi-fluides visqueux. Quand le volume d'un corps de ce genre a atteint une certaine épaisseur, ses molécules, sous la pression exercée par le

[1] Person, Annales de chimie et de physique, 3e série, t. XXX, p. 73.

[2] Otto Pettersson, *On the properties of water and ice*, Vega-Expeditionens Vetenskapliga Iakttagelser, Bd II, Stockholm, 1883.

[3] Kropotkine. *La plasticité de la glace*, Revue scientifique, XXXIII, p. 37, 1884.

[4] Forbes, *Illustrations of the viscous theory of glacier Motion*, Philosoph. Trans. of the Roy. Soc. of London for the year 1846.

corps lui-même, glissent les unes sous les autres conformément aux lois de l'écoulement des liquides. Sir W. Thomson a reproduit avec de la poix abandonnée à elle-même les principaux phénomènes caractéristiques des glaciers. D'autre part, M. Bianconi[1], de Bologne, a fait plier des planches de glace en les supportant simplement aux deux bouts et les a tordues comme de la cire en communiquant un mouvement intérieur à leurs molécules. Ces expériences ont été reprises par MM. Mathews et Froude[2], puis par M. Moseley[3], à des températures fort inférieures à zéro.

Pfaff[4] s'est proposé de déterminer la pression minima capable de produire dans la glace des déformations permanentes. Il a pris des cylindres et des prismes de glace creux ou massifs, et les posant sur un bloc de glace, après les avoir soumis à une certaine pression très faible, il a remarqué qu'ils s'enfoncent. Ainsi un cylindre creux soumis à une pression de deux atmosphères seulement (2050 g par cmq), pénètre dans la glace de 1,25 mm en 12 heures alors même que le thermomètre n'accuse que — 4° à — 1°. Lorsque la température atteint — 0,5°, l'enfoncement avance déjà de 3 mm en 2 heures et même avec une température de — 6° à — 12°, il continue à se produire sous une pression de 5 atmosphères avec une vitesse de 1 mm en 5 jours. Avec des températures de + 2,5°, l'enfoncement devient encore plus rapide : un cylindre de fer, quoique couvert d'une épaisse couche de neige, pénètre dans la glace comme il le ferait dans de l'argile et il suffit alors d'une pression de 1/19 d'atmosphère pour qu'il s'enfonce de 14 mm en 3 heures.

La glace est donc un corps plastique à toutes les températures qui ne s'abaissent pas au-dessous de — 10° à — 12° et d'autant plus qu'elle approche davantage de son point de liquéfaction, peut-être, d'après les expériences de M. Otto Pettersson[5], par suite de la diminution de volume qu'elle éprouve en ce moment. La cause intime du phénomène touche d'ailleurs de trop près à des considérations de structure moléculaire pour être encore explicable. On identifie cette

[1] Bianconi, *Esperienze intorno alla flessibilità del ghiaccio,* Memorie della Accademia delle Scienze dell' Instituto di Bologna, 1871, seria III, t. I, pp. 155-166.

[2] Nature, t. I, Londres, 24 mars 1870.

[3] Moseley, Philosoph. Magaz., série 4, t. XLII, 1871, p. 146.

[4] Dr Fr. Pfaff, *Versuche über die Plasticität des Eisen*, Pogg. Ann., Bd, 155, 1875, pp. 169-174, Cf. Nature (anglaise), 19 août 1875.

[5] Otto Pettersson, *loc. cit.*

plasticité aux propriétés étudiées par M. Tresca[1] dans ses expériences sur l'écoulement des solides. En opérant sur divers métaux soumis à de très fortes compressions, celui-ci a reconnu trois phases dans les déformations d'un solide par l'effet d'un effort extérieur. D'abord, une phase de déformation temporaire par écartement et rapprochement des molécules : la limite d'élasticité n'est pas dépassée et les déformations sont proportionnelles à la force déformatrice. Vient ensuite une phase de déformation permanente lorsque la force extérieure augmentant, l'élasticité commence à disparaître de sorte que le corps ne reprend plus exactement sa forme primitive après que cette force a cessé de se faire sentir ; les molécules ont alors glissé les unes sur les autres et les déformations ne sont plus proportionnelles à la force déformatrice. Dans la troisième phase, si la force augmentant atteint une valeur appelée coefficient de fluidité, le corps ne change plus de volume, il est devenu presque incompressible ; comme un liquide, il obéit à la loi hydrostatique de la transmission de la force dans toutes les directions et la résistance aux déformations devient constante.

Regel. — Tyndall[2] ne croit pas que la plasticité de la glace, telle qu'elle vient d'être définie, suffise pour expliquer le mouvement des glaciers mais, attribuant celui-ci à un phénomène spécial, le regel, il a émis une théorie basée sur l'observation faite par Faraday en 1850 que deux morceaux de glace fondante mis en contact, se soudent l'un à l'autre.

On a exécuté de nombreuses expériences de regel. Les deux surfaces planes d'un bloc de glace récemment scié se soudent aussitôt qu'elles sont mises en contact l'une avec l'autre. Il en est de même pour des fragments de glace flottant sur l'eau et qu'on pousse les uns contre les autres ; on peut alors en saisissant le bout de cette chaîne entraîner toute la série ; le phénomène s'effectue quelquefois naturellement avec les gros glaçons des mers polaires. On place dans un moule en bois des morceaux de glace, on comprime et l'on obtient une forme quelconque, sphère, lentille, coupe ou anneau de

[1] Tresca, *Mémoire sur l'écoulement des corps solides*, Recueil des mém. des savants étrangers à l'Académie des sciences.

[2] J. Tyndall, *Les Glaciers et les transformations de l'eau*, Bibliothèque scientifique internationale, 1873.

structure homogène : les fragments se brisent, se ressoudent et apparaissent ensuite en une seule masse parfaitement compacte et limpide. On dépose par-dessus un bloc de glace un fil de cuivre portant un poids de trois ou quatre kilogrammes à chacune de ses extrémités ; le fil, abandonné à lui-même, pénètre dans la glace, la tranche, mais comme la section se referme par regel après le passage du fil, celui-ci finit par tomber à terre après avoir traversé le bloc de part en part et sans cesser de le laisser à l'état de morceau unique.

Pour fondre de la glace, il faut de la chaleur ; quand on l'oblige à fondre sans lui permettre de prendre de la chaleur au dehors, elle la prend à elle-même. On sait de plus que la pression abaisse le point de congélation de l'eau. Or lorsque deux fragments de glace sont pressés l'un contre l'autre, il se produit une liquéfaction et l'eau s'étend autour des points comprimés ; dès que la pression cesse, la température de la glace remonte en empruntant de la chaleur à l'eau qui regèle et forme une sorte de ciment entre les morceaux qui se soudent entre eux.

D'après sir W. Thomson, la glace comprimée par une pression, même très faible, se refroidit au-dessous de son point de congélation, tandis que la température de congélation de l'eau qui est autour de la glace et n'est point comprimée ne change pas. On a donc de la glace au-dessous de 0° qui congèle une partie de l'eau qui l'entoure tandis qu'en même temps une portion de la glace comprimée continue à fondre. La théorie de W. Thomson diffère de celle de Tyndall en ce qu'elle ne fait jouer aucun rôle à la chaleur latente de fusion.

Quoique le regel rende compte d'un grand nombre de faits observés dans les régions polaires, on préfère actuellement expliquer par la plasticité de la glace le mouvement des glaciers. Cependant, comme il arrive souvent, les deux phénomènes doivent agir pour donner les résultats étudiés et les partisans de l'une et l'autre théorie sont dans le vrai à la condition de n'être pas exclusifs.

Changements produits par la congélation dans la composition chimique de l'eau de mer. — On a cru longtemps que les glaçons formés sur mer étaient constitués par de l'eau presque pure et que les sels dont la présence est indiquée en petite quantité par l'analyse provenaient de mélanges mécaniques tels que cristaux interposés ou eau salée retenue par adhésion. M. O. Pettersson [1], après de nombreuses analyses de glaces de mer, a démontré l'inexactitude de cette supposition.

Il a en effet reconnu que les quantités relatives de chlore, de sodium, de potassium ne se trouvent point dans l'eau de fusion des glaçons dans les mêmes proportions que dans l'eau de mer et il résume ses observations de la manière suivante.

La congélation partage l'eau de l'Océan non pas en eau pure et en une solution plus ou moins concentrée des sels contenus dans l'eau de mer, mais en deux portions contenant toutes deux des sels, l'une solide, l'autre liquide et ayant chacune une composition chimique différente.

La formation de la glace de mer est, au point de vue chimique, un phénomène de sélection. Quelques-uns des éléments composants de l'eau salée sont plus disposés que les autres à prendre l'état solide par congélation, de sorte que ceux qui sont rejetés par la glace prédominent dans la saumure et réciproquement. En prenant comme point de comparaison le rapport du chlore à l'acide sulfurique, on peut caractériser le phénomène de la congélation en disant que la glace est plus riche en sulfates et la saumure en chlorures.

Les différences considérables constatées par l'analyse dans la quantité totale des sels et dans la composition chimique des divers échantillons de glace de mer et de saumure conduisent à admettre l'existence d'un phénomène secondaire ou métamorphose de la glace. La glace semble s'appauvrir de plus en plus en chlorures et conserver au contraire ses sulfates. Ce changement est attribuable à l'influence combinée du temps et des variations de température. C'est ainsi que dans les régions polaires, les glaces produites depuis plusieurs années ou vieilles glaces, contiennent considérablement moins de chlore que les glaces nouvelles.

Le titrage des eaux de fusion des glaces ne peut fournir d'indications que sur la composition actuelle de l'échantillon étudié.

En définitive, l'eau de mer se partage par la congélation en trois

[1] Otto Pettersson, *On the properties of water and ice*, Vega-Expeditionens Vetenskapliga Iakttagelsen, Bd II, p. 305, Stockholm, 1883. Voyez également une excellente analyse du mémoire de M. Otto Pettersson, publiée par M. de Saporta, sous le titre de *La glace dans les mers polaires*, Revue scientifique, t. XXXIII, p. 482, 1884.

portions : saumure liquide contenant les sels dissous, glace et cryohydrates solides. On nomme cryohydrates des variétés de sels hydratés représentés par des formules assez compliquées et contenant d'énormes proportions d'eau de cristallisation. M. Nordenskiöld désigne sous le nom de *rossol* l'ensemble des deux dernières portions, c'est-à-dire les combinaisons cristallisées des sels de l'eau de mer avec la glace.

La glace de mer n'est donc pas un corps homogène ; elle est comparable à une roche cristalline, à un granite par exemple, contenant un certain nombre de combinaisons cristallisées dont chacune, feldspath, mica, silice, serait susceptible d'un mode de décomposition spécial. Les produits de la décomposition s'échappent sous forme de solutions aqueuses. Dans la nature, lorsque l'eau de mer se congèle, la saumure se sépare presque entièrement de la glace et se mélange avec le reste de l'eau non congelée. Ainsi s'expliquent les variations dans la teneur en acide sulfurique, par exemple, constatées sur des échantillons d'eau de mer, en particulier par M. L. Schmelck[1] sur des eaux recueillies par le *Vöringen* dans l'océan du Nord.

CHAPITRE II.

LA GLACE DANS LA NATURE.

Distribution des températures sur le globe ; limite des neiges persistantes. — Le climat des diverses régions terrestres dépend de phénomènes météorologiques ainsi que de la disposition géographique des continents et des mers. On l'apprécie par la mesure de la température à la surface du sol exécutée chaque jour et dont on prend la moyenne annuelle.

La courbe qui joint toutes les localités ayant même température moyenne annuelle est une isotherme. La plus haute température moyenne annuelle constatée sur le globe est de 27°,5 sur l'équateur thermique qui suit très irrégulièrement l'équateur géographique. Les isothermes des températures les plus basses, pour l'hémisphère septentrional, paraissent envelopper deux pôles de froid, l'un en

[1] L. Schmelck, *Chemistry. On the solid matter in sea-water*, Den Norske Nordhavs-Expedition, t. IX, 1882.

Sibérie entre la Léna et la Jana, par 79° lat. N. environ, avec une moyenne de — 17°,2, l'autre dans le nord de l'Amérique avec — 19°,7.

Les courbes réunissant les localités d'égale température d'été sont les isothères et celles d'égale température d'hiver les isochimènes.

D'une façon générale, on peut dire que les isothermes sont bien plus régulières dans l'hémisphère sud presque exclusivement marin que dans l'hémisphère septentrional où les continents occupent une vaste surface. On retrouve là un exemple de l'effet régularisateur exercé par l'océan sur la distribution de la température.

L'isotherme de zéro est particulièrement intéressante. Dans l'hémisphère sud, elle se confond presque avec le 60e parallèle dont elle ne s'écarte que de 2° environ vers le nord au voisinage de 100° long. E. sur le méridien de Malacca et de 2° vers le sud près de 145° long. W, sur le méridien de Taïti. Dans l'hémisphère boréal, au contraire, elle est très irrégulière, et réunit des localités dont la différence en latitude atteint 23°; elle passe par l'île Sakhaline, le sud du Kamtschatka, le nord des îles Aléoutiennes, le lac Winnipeg, la pointe nord de Terre-Neuve, le cap Farewell, le nord de l'Islande et du cap Nord, redescend par une pointe vers le sud pour toucher à Tornéa, à l'extrémité du golfe de Bothnie, et se continue en Asie par Arkhangel, Tobolsk et Irkhoutsk.

Au point de vue du climat, Supan a divisé le globe en une zone chaude commune aux deux hémisphères, bornée d'un côté et de l'autre par deux zones tempérées contiguës elles-mêmes à deux zones glaciales, comprenant dans chaque hémisphère une bande équatoriale s'étendant de l'isotherme de 0° à l'isothère de 0° et une bande polaire de la courbe précédente jusqu'au pôle.

En représentant par 100 la surface de chaque hémisphère, la surface de la bande polaire boréale est de 0,2, celle de la bande polaire australe 8,4, tandis que celle de la bande équatoriale boréale est de 14,6, et enfin celle de la bande équatoriale australe 1,1. Les deux zones australe et boréale constituent l'ensemble des régions glaciales dont le climat est en outre caractérisé par une variation considérable de la température annuelle et une faible variation de la température diurne.

La température moyenne décroît à mesure qu'on s'élève au-dessus du niveau de la mer. A une certaine altitude, les neiges ne peuvent plus disparaître et l'on atteint ainsi une limite des neiges persistantes. Cette ligne n'est point l'isotherme annuelle de 0° et elle dépend de nombreuses influences locales, telles que l'exposition à certains vents, le voisinage de la mer et l'humidité de l'atmosphère. Cependant, elle s'abaisse de plus en plus, de l'équateur vers les pôles. Dans les localités indiquées ci-dessous, son altitude est :

	Mètres.
Terre François-Joseph	0
Spitzberg	330-460
Islande	940
Groënland	1000-1200 (Payer). 800-900 (A. Helland).
Cap Nord	720
Norvège	1130-1400
Alpes	2660-2920
Pyrénées	2730-3050
Caucase	2930-3700
Sierra Nevada d'Espagne	2900-3200
Mexique	4500
Kilimandjaro	5000
Karakorum	5670-5970
Andes de Colombie	4680
Andes de Quito	4850
Andes du Chili	5630-800
Nouvelle-Zélande	2300-2400
Géorgie du Sud	0

La limite des neiges persistantes représentant la position d'équilibre où la chute de neige annuelle compense exactement la fusion, subit dans une même région, des différences selon l'orientation, la disposition topographique, la pente plus ou moins abrupte du terrain, et, dans une même localité, des oscillations en relation avec les variations des saisons; elle ne peut donc point se déterminer avec une rigueur absolue [1].

Il convient de remarquer que la neige tombe par toutes les températures, si basses qu'elles soient. On en a vu tomber par des froids de — 22° à Moscou et de — 46° à Iakoutsk [2]. La seule condition est

[1] M. E. Richter a résumé les conditions de persistance de la neige sur les montagnes dans un article intitulé : *L'altitudine del limite delle nevi nelle Alpi orientali,* Cronaca della Soc. Alp. Friul., anno VI e VIII, 1889.

[2] Vojeikof, Petermann's Mittheil. Ergänzungh, 1874, *in* de Lapparent, *Traité de géologie*, p. 247

la présence de la vapeur d'eau dans les masses d'air qui se refroidissent.

Glaciers. — Un glacier est un fleuve de glace; ses caractères sont essentiellement les mêmes que ceux d'un fleuve d'eau, quoique modifiés par la différence de fluidité existant entre l'eau liquide et l'eau solide; il coule de sa source vers son embouchure d'un mouvement plus ou moins rapide, selon les circonstances, éprouve des variations dans son débit, creuse son lit et entraîne des matières minérales en fragments provenant de ses rives, et qu'il accumule dans certaines portions de son cours.

La neige qui tombe en hiver dans les hautes régions s'entasse en masses qui prennent une épaisseur considérable. Les flocons soumis à la pression des couches qui les recouvrent, éprouvent les effets du regel, et en outre, sont sans cesse mouillés dans leurs moindres interstices par l'eau provenant de la fusion superficielle qui descend et se solidifie de nouveau; ils deviennent ainsi de plus en plus compacts et se transforment en grains de glace désignés sous le nom de *névé*. La pression augmentant davantage encore, l'air qu'ils contenaient est en partie expulsé, ils se cimentent et constituent une masse de glace d'abord opaque et bulleuse, puis compacte et bleue. La section verticale d'un pareil entassement offre une cohérence croissant de haut en bas, et passe par trois états : la neige pesant environ 85 kilog au mètre cube quand elle est récemment tombée, le névé pesant de 500 à 600 kilog et la glace encore un peu bulleuse, opaque et laiteuse, première forme de la glace de glacier, pesant de 900 à 960 kilog. Cependant, quel que soit son degré de compacité, la glace de glacier conserve sa structure grenue tandis que tous les petits cristaux de la glace de lac sont orientés parallèlement entre eux et perpendiculairement à la surface de l'eau où ils ont pris naissance. Il est donc possible de distinguer avec un appareil polarisant si un morceau de glace provient d'un glacier ou d'un lac.

Par suite de la plasticité de la glace, la masse entassée déborde bientôt hors des limites du bassin qui la contient, en profitant du débouché que lui offre l'ouverture d'une vallée et, obéissant aux lois de la pesanteur, elle descend le long du thalweg. Sir W. Thomson a réussi à reproduire synthétiquement avec de la poix ce mouvement et divers autres phénomènes connexes. La couche de neige et de névé disparaît à la limite des neiges persistantes, mais la glace plus résistante continue sa marche ; elle trouve dans sa route des températures plus chaudes, s'avance encore, et le glacier ne cesse d'exister que lorsqu'il se fait un équilibre entre la diminution éprouvée par ablation et l'apport de matière fourni sous forme de neige dans les régions d'origine. Ses eaux de fusion donnent alors naissance à un cours d'eau coulant à la surface du sol.

L'ablation est produite par les causes suivantes[1] :

1° La fusion superficielle due au contact d'un air dont la température moyenne est au-dessus de zéro ;

2° La fusion interne déterminée par la pénétration dans la glace du rayonnement calorifique extérieur ;

3° Une fusion superficielle due à la chaleur latente qui se dégage quand la vapeur d'eau contenue dans l'air vient se condenser sur la surface de la glace ;

4° Une fusion qui s'accomplit à la fois par la surface et dans les interstices de la glace quand la pluie tombe et s'infiltre dans les fissures capillaires ;

5° La fusion de la surface inférieure du glacier appliquée sur un fond rocheux dont la température supérieure à zéro est entretenue par communication avec le foyer de chaleur interne du globe ;

6° Enfin l'évaporation directe de la glace dans un air dont le point de saturation est inférieur à la température de celle-ci.'

Il arrive fréquemment que plusieurs glaciers occupant diverses vallées se réunissent entre eux tout comme un fleuve reçoit le long de son cours un certain nombre d'affluents.

La plasticité de la glace communique au glacier un mouvement continu, mais la vitesse éprouve de notables variations. Elle dépend de la pente générale et de la courbure des rives, de l'intervalle compris entre les parois encaissantes qui l'accélère dans les régions étroites et la ralentit dans les parties élargies. Comme pour les fleuves, le frottement contre les parois la rend plus grande suivant la ligne médiane que sur les bords et moindre au fond qu'à la surface. En été, la vitesse de la Mer de glace varie depuis 0,50 m à Tré-

1 Forel : Écho des Alpes, 1881, p. 22, Bibliothèque universelle de Genève, Archives des sciences, juillet 1881.

laporte jusqu'à 0,90 m au Montanvert [1]. En ce même point, la vitesse est de 0,61 m sur le bord oriental concave, de 1,03 m au filet du maximum, de 0,85 m au milieu et de 0,27 m seulement sur le bord convexe. Enfin, sur une section verticale de 45 m prise au mont Tacul, Tyndall a mesuré par 24 heures les vitesses de 0,18 m à la surface, 0,135 m à 34 m de profondeur et 0,08 mm au fond.

Les glaciers qui ont le mouvement le plus rapide se trouvent au Groënland, probablement à cause de l'effroyable pression communiquée par la masse de glace continue qui recouvre toute la région. Néanmoins tous les glaciers du Groënland ne présentent point cette particularité. Au glacier de Torsukatak, par 69° 50′ N, en été, M. Helland a constaté un avancement de 10 m par jour; pour celui de Jakobshavn, 19,3 m à 22,5 m en moyenne au milieu et 14,3 m à 15,2 m à 400 m du bord. Hammer a étudié ce dernier glacier dont la pente ne dépasse pas un demi-degré et il a trouvé, en mars et en avril 1880, que, même en cette saison, il possédait une vitesse journalière de 5,1 m et de 12,6 m à une distance de 282 m et de 875 m du bord. Mais ces cas sont de véritables exceptions car Steenstrup a reconnu, dans les glaciers du district de Julianehaab et Payer, dans ceux de la terre François-Joseph, la même lenteur de marche que dans les glaciers des Alpes [2].

La longueur d'un glacier est variable parce qu'elle représente la somme algébrique de deux phénomènes inverses, la chute de la neige qui alimente et l'ablation, l'une et l'autre sous la dépendance de vicissitudes climatériques. L'ablation est d'autant plus énergique que l'altitude diminue davantage; selon les circonstances, le front du glacier avance, reste immobile ou recule. Mais la marche du glacier étant très lente, ces variations de longueur se manifestent plusieurs années seulement après que les causes qui les ont produites ont cessé d'exister. On croit avoir reconnu une certaine constance, de 10 à 25 ans, selon M. Forel, dans les périodes d'avancement et de recul des glaciers suisses. Le phénomène est très compliqué; d'ailleurs, il se manifeste souvent en sens inverse à la même époque, dans une même région. Au Groënland, par exemple, où les variations climatériques sont relativement moindres que dans les contrées tempérées,

[1] Tyndall, *Les Glaciers*, p. 80.
[2] Supan, *Grundzüge der physischen Erdkunde*, p. 118.

le Dr Rink[1] a dressé une carte représentant l'état des glaciers en 1850 et il a mesuré la distance de ceux-ci à la mer. En 1875, M. Helland, mesurant de nouveau ces distances, a constaté que le glacier Assakak avait diminué de 249 m dans sa longueur, soit une moyenne de 10 à 11 m par année. D'autre part, le glacier Sorkak, situé au sud-ouest du précédent, avait au contraire augmenté de plusieurs centaines de mètres et déversait directement sa moraine jusque dans la mer. Si l'un des glaciers a diminué, l'autre a donc augmenté.

Le glacier, dans son mouvement, est soumis à deux forces opposées, la cohésion qui en relie et maintient les diverses parties et l'étirement. Celui-ci change en des points différents et donne lieu à des crevasses. Les unes sont longitudinales et se produisent dans les étranglements du lit où la masse est forcée de réduire sa section; les autres sont transversales ou marginales et font un angle de 30° à 45° avec la rive; elles correspondent à une inégalité, à un ressaut brusque du sol sous-glaciaire ou résultent de la différence des vitesses au centre et sur les bords. En effet, une tranche verticale prend en s'avançant une forme de plus en plus convexe; la glace finit par devenir incapable de supporter l'étirement et elle se brise perpendiculairement à la direction de l'effort exercé. La même courbure se montre encore sur les bandes boueuses entraînées à la surface du glacier.

L'eau provenant de la fusion superficielle se rassemble en ruisseaux qui courent à la surface du glacier et, après un parcours plus ou moins long, s'engouffrent dans une crevasse en formant des sortes de puits cylindriques appelés moulins.

La glace de glaciers se compose de bandes successives de glace rendue blanche et poreuse par les bulles d'air qu'elle renferme et de glace compacte de couleur bleue produite par la compression qui a chassé ces bulles d'air. Dans les régions polaires où la température reste basse et où la fusion est faible, les névés ont plus de peine à se transformer en glace compacte et leur stratification s'aperçoit mieux que dans les contrées tempérées. Mais si pour cette cause les phénomènes de regel ont une tendance à diminuer d'intensité pour de petits glaciers, l'effet de la pression est augmenté dans ceux en communication avec la nappe glaciaire qui recouvre toutes les terres et

[1] Delesse et de Lapparent, *Revue de géologie*, XV, 171.

dont l'énorme masse chasse devant elle les portions périphériques. Il en résulte que la structure en bandes est en général plus apparente dans les glaciers septentrionaux. Au Spitzberg, par exemple, on remarque des veines d'un bleu foncé atteignant 1,50 m d'épaisseur et 2 à 4 m de longueur se croisant dans différentes directions parmi lesquelles domine la direction horizontale.

L'épaisseur d'un glacier dépend du rapport établi entre l'alimentation et l'ablation et aussi du profil plus ou moins encaissé de la vallée. La Mer de glace est épaisse d'environ 150 m et, dans les régions polaires, on a observé des glaciers de 600 m.

Les parois rocheuses d'un glacier sont détruites par les intempéries atmosphériques et surtout par la gelée; leurs débris tombent sur la glace et sont emportés par le mouvement de progression du fleuve solide. Ainsi se produisent deux lignes longitudinales de pierres entassées nommées moraines latérales. Lorsque deux glaciers dont chacun possède deux moraines latérales se réunissent, la moraine de rive gauche de l'un, par exemple, se confond avec la moraine de rive droite de l'autre, de sorte qu'en définitive, en aval du confluent, on ne distingue plus que trois moraines. Théoriquement, un glacier possède autant de moraines plus une qu'il a de sources distinctes; ainsi douze moraines latérales indiqueraient onze sources. Cependant, vers le bas, les diverses moraines se confondent de plus en plus par l'éparpillement des blocs qui les composent. Leurs débris viennent s'accumuler en monceau à la base du glacier et donnent lieu à une moraine transversale ou frontale.

Les blocs semés le long du glacier tombent souvent dans les crevasses, arrivent jusqu'au fond et, enchâssés dans la glace, agissent comme autant de burins pour limer le sol sous-glaciaire et le sillonner de stries qui, même après disparition du glacier, servent à faire reconnaître son ancienne existence. En même temps se produit une boue glaciaire qui s'étend en une couche entre la glace et le lit du glacier. Ce mélange de matériaux très fins, boue, gravier et sable accompagnés d'une faible quantité de blocs que le frottement n'a pas encore fait disparaître et qui sont remarquables par leur aspect arrondi et leur surface polie, sillonnée de stries rectilignes parallèles, est la moraine profonde. Les glaciers polaires dont les parois rocheuses, protégées par une couche permanente de neige et de glace, s'usent peu, n'offrent point de moraines latérales toujours présentes, au contraire, dans les glaciers des régions tempérées, mais ils ne manquent jamais de moraine profonde. Il ne faudrait pourtant pas s'exagérer l'effet d'érosion des glaciers qui ont plutôt usé et poli les aspérités du sol qu'ils n'ont véritablement creusé.

On trouve des glaciers dans toutes les contrées du globe; dans les Alpes où le plus long glacier, celui d'Aletsch a 20 kilom; en Scandinavie, dans les Pyrénées, le Caucase, le Karakorum où le glacier de Baltoro atteint 58 kilom sur une largeur de 1,5 à 4 kilom et celui de Biafo avec 103 kilom de long, dans l'Amérique du Nord, dans les Andes et en Nouvelle-Zélande.

Les glaciers sont surtout nombreux dans les régions boréales et particulièrement au Groënland où, sur la côte ouest, M. A. Helland en a compté 47 pendant une seule journée de voyage depuis l'embouchure du détroit qui sépare l'île d'Upernivik du continent jusqu'à la base du grand glacier qui occupe l'extrémité du fjord de Kangerdlugssuak. Ils sortent de la nappe de glace qui recouvre tout l'intérieur du Groënland et les alimente à la façon de certains fleuves alimentés par un lac et atteignent la mer par les vallées et les fjords entaillant la ceinture montagneuse qui sert de barrière au continent. Ces derniers jouent donc ainsi le rôle de canaux d'écoulement. Nulle part ailleurs, même en Islande et sauf dans le voisinage du cap Nord en Scandinavie, les glaciers ne descendent jusqu'à la mer.

On connaît la vitesse généralement considérable de leur mouvement attribuable plus encore à la pression qu'à la pente du terrain. Ils sont plus crevassés excepté dans leur portion inférieure. Quand ils arrivent à la mer, ils se prolongent encore à une certaine distance qui peut être de plusieurs kilomètres, mais comme la densité de la glace est inférieure à celle de l'eau, l'extrémité du glacier est soulevée et donne lieu à des fentes qui détachent ces blocs flottants sur la mer ou icebergs entraînés ensuite par les courants et par le vent vers des régions plus chaudes où ils ne tardent pas à disparaître par fusion. La *fig.* 99 représente, d'après M. Helland, la section du glacier de Jakobshavn entre la mer et la glace continentale : « J'ai été deux fois témoin de la formation des icebergs, dit cet auteur [1], dans le fjord de Jakobshavn et dans celui de Torsukatak. Le glacier

[1] A. Helland, *On the fjords, lakes and cirques in Norway and Greenland*, Quart. journ. of the Geol. Soc., 1877, p, 154.

de Jakobshavn ne se brisa qu'une fois en trois jours. Le phénomène (*calving*, *vélage*) eut lieu avec un fracas épouvantable et projeta dans les airs d'épais nuages blancs d'eau ou de glace pulvérisée. En même temps, une masse immense de glace faisant partie du front du glacier culbuta sur elle-même en dépassant de beaucoup dans son mouvement le niveau du glacier; d'énormes blocs réduits en

Fig. 99.

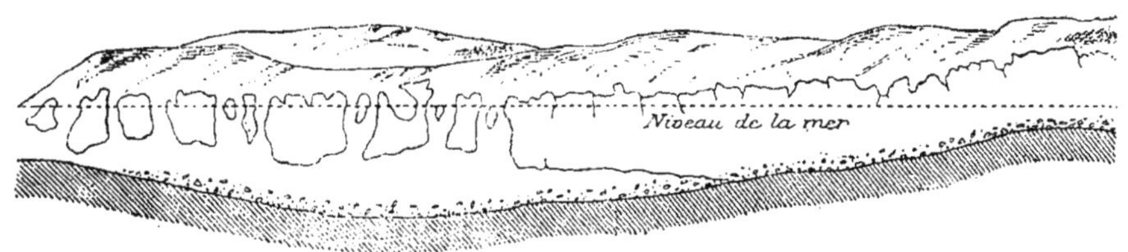

menus fragments retombèrent à l'état de grêle. Le calving commencé vers le centre, se continua sur les côtés. Une seconde masse se détacha, fila d'abord horizontalement avec une vitesse d'environ un mètre à la seconde puis se divisa. Je ne saurais dire combien d'icebergs furent ainsi produits; les ruptures s'effectuaient en plusieurs places, les nuages de poussière glacée masquaient la vue et d'anciens icebergs flottant devant le glacier se mettaient eux-mêmes en mouvement chassés par cette gigantesque poussée. La confusion était indescriptible; le fracas se fit entendre sans interruption pendant une demi-heure et fut brusquement suivi d'un profond silence. Je mesurai la hauteur de l'un de ces icebergs; il avait 89 m. »

Les chutes successives d'icebergs font que le front d'un glacier aboutissant à la mer se dresse en muraille verticale. Cette explication rendra compte du mur de glace qui limite certaines portions du continent antarctique. Entre le rivage et le front, sur cet espace de mer caché à la vue où le bas du glacier est supporté par l'eau, les sédiments fins adhérant au-dessous de la glace s'accumulent en une terrasse de boue représentant la moraine profonde. Les gros matériaux de surface ne tombent à la mer qu'au moment où la masse se brise pour donner naissance aux icebergs et ils forment à cette place une moraine terminale sous-marine.

M. Helland[1] a dosé la quantité de boue, d'ailleurs variable avec

[1] A. Helland, *loc. cit.*, p. 157.

la saison, contenue dans l'eau de fusion des glaciers au Groënland et en Norvège, et ses résultats montrent que les glaciers subpolaires ou des régions tempérées transportent des matériaux plus volumineux mais, toute proportion gardée, une moindre quantité de sédiments fins que les glaciers polaires. On s'explique le phénomène par l'érosion aérienne qui est faible dans les contrées éternellement couvertes de neige, tandis que l'érosion profonde résultant du frottement, est au contraire puissante sous la pression de l'énorme masse de la glace continentale.

		Date de l'observation.	Boue par mcb d'eau.
Rivière au glacier de	Jakobshavn......	9 juillet 1875	104 g.
—	Alangordlck......	10 —	2374
—	Ilartdlek.........	17 —	723
—	Tuaparsuit.......	6 août 1875	678
—	Umiatorfik.......	20 —	75
—	Assakak.........	21 —	208
—	Kangerdlugssuak..	11 —	278

Les quatre derniers glaciers sont situés dans le distrit d'Umanak.

En Norvège, on a calculé en 1874 la quantité de boue contenue dans les rivières sortant des glaciers qui descendent des vastes champs de glace et de neige de Justedalsbrœen. On a trouvé :

	Date.	Boue par mcb d'eau.
Rivière ouest du glacier de Boium.....	23 juin.	88 g.
Id..................	30 juillet.	309
Rivière est du glacier................	23 juin.	59
Id..................	30 juillet.	159
Grande rivière du glacier de Suphelle..	24 juin.	33
Id..................	30 juillet.	113
Petite rivière du glacier de Suphelle...	24 juin.	72
Petite rivière du glacier de Langedal...	6 juillet.	513
Rivière du glacier de Austerdal........	6 juillet.	56
Rivière du glacier de Brixdal.........	16 juillet.	77
	Moyenne.......	147 g.

En mesurant le volume d'eau s'écoulant par les rivières, on peut évaluer à 2 000 000 kil en une journée du mois de juillet la boue emportée de tous les glaciers descendant du Justedalbrœen dont la surface est d'environ 870 kmq. Enfin, prenant en considération la quantité de neige et de pluie tombée sur cette même superficie de terrain, on estimera la boue enlevée annuellement à 180 000 000 kilog, quantité égale à 6 900 mcb de roche ou à un cube de 41 m de côté.

Les savants danois ont répété ces dosages de l'argile tenue en suspension par les rivières sortant des glaciers du Groënland. La rivière d'Isortok charrie de 9129 à 9744 g de boue par mètre cube d'eau et entraînerait annuellement une masse argileuse de 4062 millions de kilogrammes. Le fleuve Jaune, d'après un tableau contenu dans les *Meddelser*, ne roule que la moitié de cette masse. La rivière de Nagsutok, contient seulement de 200 à 235 g d'argile par mètre cube d'eau, quantité encore supérieure d'un tiers à celle que contiennent les eaux de l'Aar à la sortie du glacier [1].

M. Helland a aussi reconnu que tandis que l'eau de mer des fjords où débouchent des glaciers est parfaitement limpide lorsque le front du glacier est séparé du rivage par une bande de terre, le cours d'eau sortant de la glace est au contraire très chargé de sédiments. Il en est de même des ruisseaux coulant à la surface du glacier et sur l'Inlandice. On retrouve en cette circonstance le phénomène connu du dépôt immédiat au contact de l'eau salée des sédiments maintenus en supension par l'eau douce et en mouvement.

Les eaux boueuses observées au large dans les parages du Groënland, notamment par l'*Alert*, en 1875 [2], résultent plutôt des sédiments déjà déposés et que remuent les icebergs en raclant contre le fond ou bien de fleuves assez importants pour que leurs eaux douces ne se mélangent que lentement aux eaux salées environnantes. On en tire cette conclusion que le fond des mers glaciales s'exhausse rapidement, mais que peu de ces sédiments sortent du bassin polaire pour parvenir dans le bassin océanique tempéré ou équatorial.

Le plus grand glacier des régions arctiques est probablement celui de Humboldt dans le détroit de Smith au Groënland dont le front en falaises verticales de 90 m de hauteur présente une largeur de 111 kilom. Beaucoup de glaciers du Spitzberg aboutissent à la mer en une masse de 20 kilom de front se dressant perpendiculairement à 60, 80 et même 121 m de hauteur et où l'on observe nette-

[1] Ch. Rabot, *Les récentes explorations danoises au Groënland*, Revue scientifique, t. XXXI, p. 771, 1883.

[2] Geo. Nares, *Un voyage à la mer polaire*, trad. française, p. 19-21.

ment la stratification des névés. L'archipel François-Joseph en possède de non moins imposants.

La glace continentale du Groënland. — L'intérieur du Groënland est couvert d'une épaisse nappe de glace à laquelle on donne les noms de glace continentale ou calotte glacée (*Binnenis*, *Inlandeis*, *Inlandice*, *Inlandis*). Depuis longtemps, on connaissait l'existence de cette nappe, mais on ignorait si elle recouvrait la contrée tout entière. Le premier projet de traversée du Groënland[1] est celui du gouverneur Claus Enevold Paars en 1728; bien que ces tentatives aient été renouvelées à diverses reprises, aucune excursion apportant à la science de véritables résultats ne fut faite avant celle de MM. Nordenskiöld et Bergreen en 1870, qui s'avancèrent jusqu'à 56 kilom du bord de l'Inlandice et atteignirent en sept journées de marche 670 m d'altitude sans cesser d'apercevoir la glace à perte de vue. En 1878, MM. Jansen, Kornerup et Groth parcoururent 73 kilom, parvinrent à 1570 m d'altitude et examinèrent les nunataks ou pics rocheux qui percent la glace au voisinage du glacier de Frederikshaab. M. Nordenskiöld fit une seconde exploration en 1883. Se basant sur cette idée que les vents balayant la contrée avaient dû se dépouiller de leur humidité au passage des montagnes bordant la côte et que, devenus ainsi secs et relativement chauds comme le foëhn de Suisse, ils étaient désormais incapables d'alimenter de neige l'intérieur du pays, il pensait rencontrer tout au moins des oasis libres de glace. Son attente fut déçue : au prix de fatigues et de dangers considérables, il s'avança de 117 kilom, deux Lapons de sa suite poussèrent à 220 kilom plus loin, soit en tout 337 kilom, on parvint à l'altitude de 1947 m et l'on ne put distinguer à l'horizon aucune limite à l'immense plaine blanche. En 1887, l'Américain Peary et le Danois Maigaard n'eurent pas plus de succès après une marche de 160 kilom qui les amena à 2400 m d'altitude. Enfin, M. Nansen, dans son mémorable voyage de 1888, partant de la côte orientale, traversa le Groënland jusqu'à la côte occidentale et mit

[1] *Meddelser om Grönland udgivne af Commissionen för Ledelsen af de geologiske og geographiske Undersögelser i Grönland, Samt en. Résumé des communications sur le Groënland,* Copenhague, Reitzel. Voy. aussi plusieurs articles de M. Ch. Rabot dans la Revue scientifique : *Les récentes expéditions danoises au Groënland* (R. S., t. XXXI, p. 769, 1883) ; *Les expéditions danoises au Groënland* (R. S., t. XLI, p. 577, 1888).

hors de doute la continuité de la glace continentale et l'absence complète d'oasis.

La calotte de glace commence à une distance d'une dizaine de kilomètres de la mer, un peu plus loin de la côte ouest, un peu plus près sur la côte est; d'après M. Holm, vers le sud, elle ne dépasserait pas le parallèle de Julianehaab. La bande côtière habitable a été jadis tout entière occupée par le glacier ainsi que le montrent les rochers arrondis et polis des sommets, la concavité des pentes des montagnes, les blocs erratiques qui parsèment les plateaux et les stries qu'on remarque sur les roches. Il semble qu'après avoir augmenté, elle éprouve à l'époque actuelle, au moins sur certaines parties, un affaissement et par conséquent qu'elle diminue de largeur. A Lichtenfels, dans l'espace d'un siècle, le sol se serait affaissé de 1,88 m à 2,51 m. Cependant le fait n'est pas encore admis sans discussion par tous les géologues.

Le bord de l'Inlandice est semé de pierres, coupé par des crevasses dont la largeur atteint parfois 16 m sur une longueur de plusieurs centaines de mètres ainsi que par des cours d'eau ; sa surface est rugueuse et hérissée d'aiguilles. Plus loin, elle devient un peu plus régulière quoiqu'elle présente des séries de petites crêtes, hautes de 3 à 4 m, escarpées de tous côtés et entre lesquelles courent d'innombrables ruisseaux. Elle est en outre criblée de cavités cylindriques remplies d'eau, profondes de 30 à 60 cm jusqu'à 1 ou 2 m. Ces trous sont produits par une algue polycellulaire de dimensions presque microscopiques et de couleur brune ainsi que par une poussière grise de densité égale à 2,62, associée à des particules magnétiques de forme octaédrique dépourvues de nickel, qui est la boue glaciaire desséchée après son dépôt le long des plages et emportée par le vent. M. Nordenskiöld, qui lui a donné le nom de « cryoconite », lui supposait une origine volcanique et lui a trouvé comme composition[1] :

Silice	62,25	Potasse	2,02
Alumine	14,93	Soude	4,01
Peroyde de fer	0,74	Acide phosphorique	0,11
Protoxyde de fer	4,64	Chlorure de sodium	0,06
Protoxyde de manganèse	0,07	Eau de combinaison	2,86
Chaux	5,09	Eau hygroscopique	0,34
Magnésie	3,00		

[1] *Geological Magazine*, 1872, p. 355, *in* de Lapparent, *Traité de géologie*, p. 289.

Ces algues et cette poussière, grâce à leur couleur sombre, absorbent les rayons solaires et fondent par rayonnement la glace qui les entoure. A la surface de l'Inlandice, pendant les trois mois de la belle saison, juin, juillet et août, le thermomètre atteint souvent à hauteur d'homme une température de 28° ou 30° ; M. Nansen a mesuré à midi + 31° au soleil et — 31° à l'ombre. La glace fond et l'eau de fusion qui se congèle de nouveau pendant la nuit, se rassemble pendant le jour en petits lacs ou en flaques qui rendent la marche extrêmement pénible.

D'espace en espace, la croûte glacée est traversée par de rares pics dénudés appelés *nunataks*. M. Nansen n'en a point rencontré dans l'intérieur. Autour d'eux sont éparpillés quelques débris détachés par la gelée des roches qui les constituent, mais ils ne sont jamais bien abondants et ne tardent pas à être engloutis par les fentes de la glace.

Le Groënland est comparable à un immense glacier dans lequel la région des névés, représentée par l'Inlandice, a pris un développement considérable et communique avec la mer par des fleuves de glace s'écoulant à travers les passes qui coupent le cordon montagneux entourant la côte. Il manifeste, avec les glaciers des climats tempérés, les différences suivantes :

1° Tout d'abord, ainsi que nous venons de le dire, un grand développement de la région des névés ;

2° La région d'écoulement, qu'on est porté à considérer comme le véritable glacier malgré ses dimensions gigantesques, est très restreinte au Groënland proportionnellement à la région des névés qui couvre tout le pays ;

3° Au lieu de s'arrêter sur la terre, comme dans les Alpes, par exemple, les glaciers du Groënland s'arrêtent parfois à une courte distance de la mer en formant un front auquel on a donné le nom d'*Eisblink*, et le plus souvent se continuent jusqu'à la mer, où nous savons que les fragments détachés de leur extrémité deviennent les *icebergs* ;

4° L'érosion dans les régions polaires étant très faible parce que la glace continentale protège presque partout le sol contre les agents de désagrégation atmosphériques, il en résulte que les moraines latérales et frontales ont peu d'importance. La seule usure est celle produite par la surface inférieure de la glace qui, chassée par l'effroyable poussée de toute la masse de l'Inlandice, progresse d'un mouvement relativement rapide en frottant contre le sol sous-jacent. Il se fait ainsi une argile fine bleue qui souille la glace et qui, à mesure de la fusion de celle-ci, se dépose dans la mer, comble les fjords en commençant par le haut, est ensuite entraînée par les flots quoique sa portion la plus considérable ne dépasse pas le détroit de Davis et exhausse constamment les fonds de la mer de Baffin. Les fjords de l'Isortok et du Nagsutok sont déjà comblés sur des longueurs variant de 50 à 100 kilomètres. Là où autrefois le glacier arrivait jusqu'à la mer, l'extrémité supérieure du fjord a été transformée en une plaine de schlamm au milieu de laquelle serpente le cours d'eau issu du glacier et qui, au moindre souffle du vent, est entraînée au loin en tourbillons.

Les régions polaires antarctiques. — Les régions antarctiques sont beaucoup moins connues que celles qui entourent le pôle boréal. Les expéditions passées, faites dans de mauvaises conditions, avec des navires à voiles et d'une construction ne leur permettant pas de résister aux glaces, se sont bornées à la découverte, trop souvent problématique, de quelques points isolés reliés les uns aux autres par les géographes presque au gré de leur fantaisie. Aujourd'hui, on s'occupe sérieusement, en Australie et en Suède, à l'instigation du professeur Nordenskiöld, d'organiser une expédition conduite par des marins et des savants munis des instruments de recherche les plus perfectionnés et qui ne manquera pas de rapporter de précieuses données relatives à la physique du globe. La difficulté principale d'une semblable exploration est qu'on ignore encore s'il existe sur cette côte inhospitalière un endroit où il serait possible de faire hiverner, en le conservant à l'abri des terribles ouragans si fréquents dans ces climats, le vaisseau destiné à servir de point de départ et de ravitaillement à une équipe d'hommes hardis, déterminés à s'avancer à pied dans la direction du pôle.

Les régions antarctiques ont été visitées par Cook (1772-1775), Bellingshausen (1819-1821), Dumont d'Urville (1837-1840), Wilkes (1838-1842), Ross (1839-1843) et, en dernier lieu, par le *Challenger*, qui s'est borné à franchir le cercle polaire mais qui, néanmoins, grâce aux observations exécutées à bord, a fait accomplir peut-être plus de progrès à nos connaissances que des expéditions qui se seraient approchées davantage du pôle.

Selon toutes les probabilités [1], le pôle antarctique est situé dans une île dépassant en superficie toutes les autres îles du globe, à peu près grande comme la moitié de l'Afrique et offrant grossièrement la forme d'une ellipse au grand axe dirigé suivant une ligne joignant la côte ouest de l'Australie au cap Horn sur un arc de 45° environ et au petit axe orienté transversalement sur un arc de 30° à 35°. Ce continent est précédé par quelques petites îles et l'ensemble est réuni en une masse unique par des glaces persistantes en pack ou banquise qui envoie des glaces de dérive dans tous les sens jusque par 45° de lat S et même, occasionnellement, jusqu'au cap de Bonne-Espérance. Les parages où l'on a pu s'approcher davantage du pôle sont ceux d'un vaste golfe s'ouvrant au sud de la Nouvelle-Zélande, se prolongeant jusque par 79° lat et limité par les hautes côtes de la terre de Victoria où se dressent, à 3 780 m et 3 320 m d'élévation, les deux volcans Erebus et Terror, à peu de distance du pôle magnétique sud.

Le continent antarctique est entouré par un océan profond et largement ouvert; au sud de l'Atlantique s'étend une immense fosse doublement recourbée entre 38° et 72° lat S, où les fonds sont compris entre 3 700 et 7 300 m et atteignent parfois 8 400 m. La profondeur diminue en se rapprochant de la terre ou plutôt du pack qui sert à celle-ci de bordure continue. Là où la côte est basse, il offre l'aspect d'une barrière (*fig.* 100) ou mur de glace vertical haut de 45 à 60 m; Ross, monté à la pointe du grand mât de son navire, a pu jeter les yeux par-dessus le mur en un endroit dont la hauteur n'était que de 46 m et il n'a aperçu qu'une immense plaine blanche se confondant au loin avec l'horizon. Quand la côte est élevée, le mur manque et est remplacé par une nappe solide dépassant de 1,50 à 2 m la surface de l'eau et s'étendant à une distance de plusieurs kilomètres du rivage. C'est en ces points qu'il semble possible de débarquer pour tenter ensuite de s'avancer dans l'intérieur.

Partout où l'on a abordé, on n'a aperçu aucune trace de végétation ou d'animaux terrestres. Les roches étaient de nature volcanique.

[1] John Murray, *The exploration of the antarctic regions*, The Scottish geographical Magazine, t. II, p. 527, 1886.

Cependant les dragages du *Challenger* exécutés dans ces parages ont rapporté des fragments de roches granitiques, schisteuses et cal-

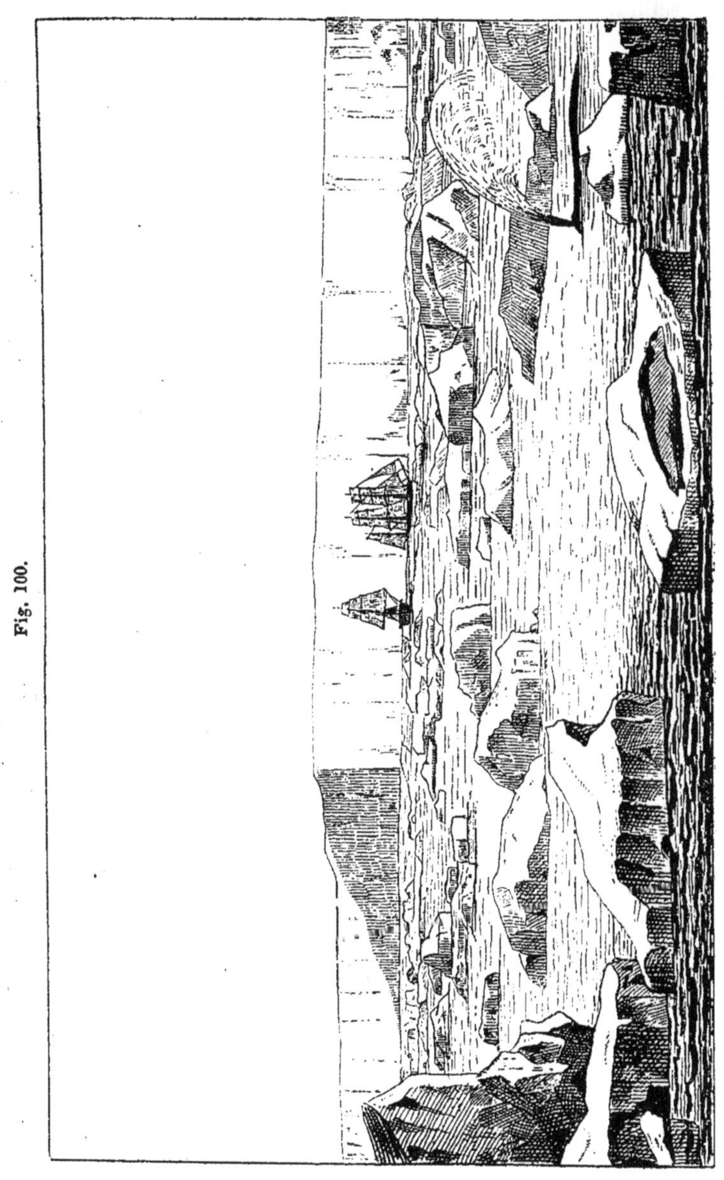

Fig. 100.

caires, évidemment apportés et abandonnés par les glaces de dérive et qui prouvent que la constitution géologique du continent est plus variée qu'on ne l'avait d'abord supposé.

L'existence du mur de glace indique que l'intérieur du continent antarctique comme l'intérieur du Groënland est uniformément recouvert d'une épaisse calotte de glace produite par les neiges devenues compactes sous la pression résultant de leur accumulation. La calotte s'écoule en nappe vers la mer semblable à un immense glacier; elle y pénètre et en suit le fond jusque par une profondeur de 475 m mesurée par Ross. En admettant que la densité de la mer soit de 1,027 et celle de la glace 0,92, comparant à la hauteur du mur que le même observateur a reconnue être égale en cet endroit à 53 m au-dessus de l'eau, on calcule aisément que 90 p. 100 du volume de la glace doit être sous l'eau et que, par conséquent, à cette distance de la côte, le mur soulevé doit se briser en icebergs remarquables par leur forme en parallélipipèdes rectangles à parois verticales et terminés par une surface plane. Cependant, le 22 février 1842, par 77°,49' lat S et 165°,50' long W, à une distance de 2 800 m du mur, haut par exception de 33 m seulement, Ross a trouvé une profondeur de 530 m alors qu'on ne pouvait guère évaluer à plus de 300 m l'épaisseur de la glace submergée. La portion antérieure du mur antarctique reposerait donc, parfois aussi, directement sur l'Océan.

Ces icebergs entraînés vers le nord se détruisent lentement par l'effet des vagues et de la fusion ; ils perdent peu à peu leur aspect régulier en se crevassant, se creusant de grottes et en se découpant de diverses façons. Leurs dimensions sont gigantesques : Cook en a aperçu ayant de 90 à 120 m ; Wilkes, de 150 m ; le plus haut de ceux mesurés par le *Challenger* avait 75,50 m ; leur longueur atteint fréquemment 6 à 8 kilom ; ils sont stratifiés horizontalement en couches d'autant plus fines et plus compactes qu'elles sont situées plus bas et elles sont souvent colorées d'une admirable teinte d'azur.

Il existe encore d'autres genres d'icebergs antarctiques absolument semblables, d'ailleurs, aux icebergs arctiques ; les uns et les autres ont la même genèse et ils proviennent du front de glaciers descendant de terres élevées jusqu'à la mer.

L'Océan austral est particulièrement riche en diatomées flottant à la surface ; on y trouve aussi des radiolaires ; il prend quelquefois une remarquable coloration verte causée par la présence de quantités innombrables d'une petite algue sphérique piquetée de quatre points jaunâtres ou verdâtres; le fond est occupé par des boues bleues, des vases à diatomées, des vases à globigérines et de l'argile rouge.

Icebergs. — Les icebergs sont les extrémités des glaciers aboutissant à la mer qui se détachent, flottent sur l'eau et sont entraînées en dérive par les vents et les courants jusqu'à ce qu'elles disparaissent par fusion. Leurs lieux d'origine sont le Groënland, le Spitzberg, la terre François-Joseph et les terres antarctiques, seules régions où les glaciers parviennent jusqu'à la mer.

Pour expliquer la formation de ces montagnes de glace, on admet généralement que le glacier, en arrivant à la mer, continue d'abord à s'avancer sur le fond, mais bientôt, la glace ayant une densité inférieure à celle de l'eau, l'extrémité est soulevée par la poussée du liquide et la masse se rompt avec fracas en blocs énormes qui sont les icebergs. La marée, avec ses alternatives de soulèvement et d'abaissement, tend aussi à produire la dislocation. D'après M. Steenstrup, au contraire, les icebergs seraient détachés suivant des fentes qui se seraient produites à la surface et se seraient ensuite continuées de haut en bas à travers toute l'épaisseur de la glace. Ce mode de genèse différent ne semble pas avoir une importance considérable, et, comme il arrive le plus souvent, il se peut que plusieurs causes se combinent entre elles pour produire le phénomène.

Le volume des icebergs est souvent très considérable. On en a vu dans les parages du Groënland, jaugeant 18 millions de mcb, volume qui correspond à celui d'un cube de 283 m de hauteur. Dans le fjord de Jakobshavn, certaines glaces flottantes dépassent de 110 m le niveau de l'eau[1].

Les icebergs ont la structure par bandes superposées, des glaciers dont ils proviennent; leurs petits fragments sont transparents et incolores, plus gros, ils sont seulement translucides ou même opaques; la glace qui les constitue est de couleur bleu verdâtre ou blanche par bandes; elle est criblée de bulles d'air et souvent fendillée. Quand un iceberg reçoit une commotion violente, comme par

[1] Ch. Rabot, *Les expéditions danoises au Groënland*, Revue scientifique, t. XLI, p. 581, 1888.

exemple le choc d'un projectile, il fait entendre pendant un certain temps une sorte de crépitement causé par la production d'un nombre infini de petites fissures et par l'éclatement des innombrables bulles d'air comprimé dont sa masse est criblée.

Le phénomène prend quelquefois des proportions plus grandioses et aussi plus dangereuses. Barentz rapporte qu'il était un jour mouillé sur un bloc de glace échoué à la côte septentrionale de la Nouvelle-Zemble; soudain, ce glaçon se rompit en des milliers de morceaux, avec un fracas de tonnerre, au grand effroi de tout l'équipage. Nordenskiöld a été témoin de phénomènes analogues. Dans le glacier, le bloc de glace a été soumis à une pression considérable qui a cessé aussitôt qu'il est tombé dans la mer. Le plus souvent cette pression se répartit sans rupture, mais parfois aussi, l'intérieur du glaçon, fortement comprimé, bien que la pression extérieure ait cessé de s'exercer, ne peut librement se dilater par suite de la glace compacte qui l'environne. Il en résulte une tension intérieure considérable dans la masse qui finalement se brise comme une gigantesque larme batavique.

Une autre cause de destruction des icebergs est l'éclatement des fentes par l'eau qui y pénètre et s'y congèle en augmentant de volume et en agissant à la façon d'un coin. Même dans les contrées polaires, ces montagnes de glace sont souvent dans un tel état d'équilibre instable qu'une détonation d'arme à feu, la voix humaine, la plus faible secousse suffit pour provoquer une catastrophe comparable aux avalanches des Alpes. Kane dans le récit de son hivernage au voisinage des plus grands glaciers du monde, parle de ces effroyables et continuelles détonations éclatant avec un fracas de tonnerre, et Weyprecht raconte que le même phénomène s'accomplit près de la terre François-Joseph où, par le calme le plus complet et sans la moindre cause apparente, d'énormes icebergs s'effondrent subitement.

La forme des icebergs est très variée. La figure 101 représente des icebergs dessinés d'après nature entre le détroit de Belle-Isle et le havre du Croc, au nord de Terre-Neuve. Au contact de l'atmosphère et de l'eau de mer, ils se fondent, les vagues qui déferlent contre leur pied creusent une large gouttière autour de leur ligne d'eau, leur centre de gravité se déplace ainsi peu à peu; ils s'inclinent ou chavirent brusquement et finissent par prendre des formes d'autant plus irrégulières que la glace qui les constitue est moins homogène et qu'ils ont subi des vicissitudes plus variées depuis leur

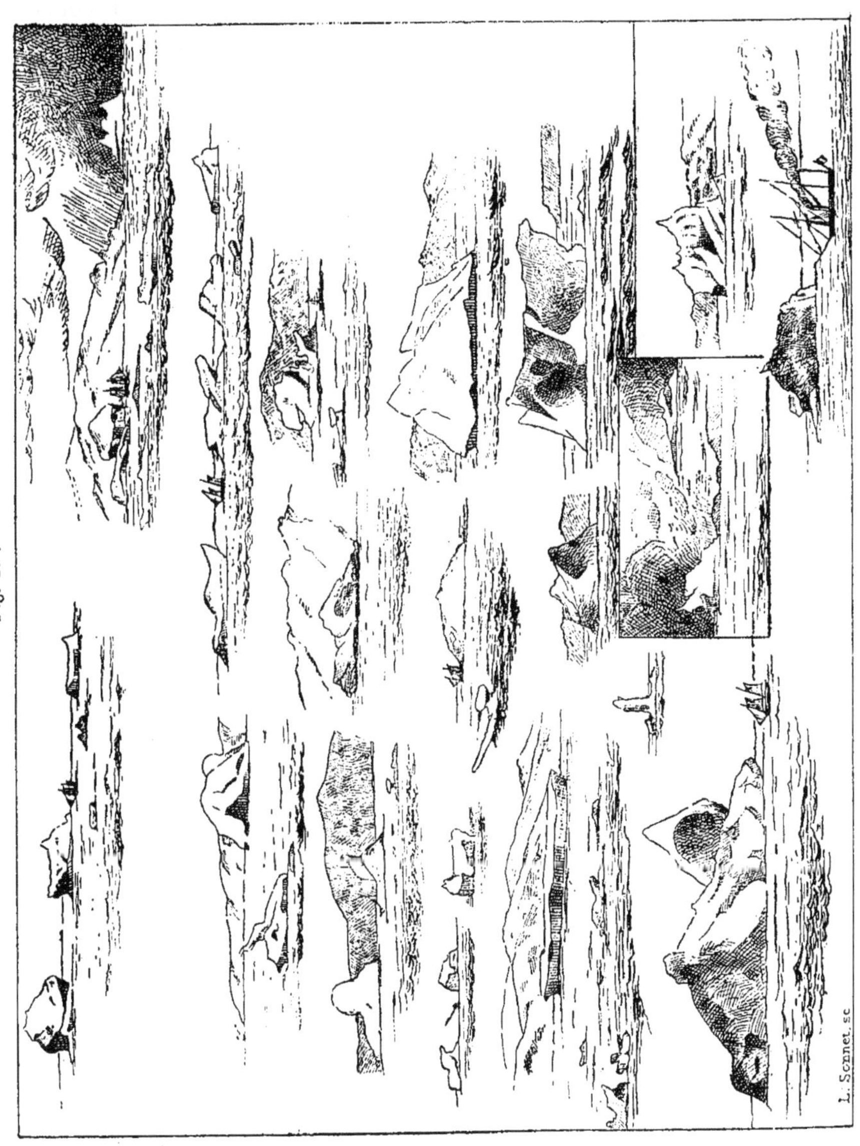

Fig. 101.

formation, c'est-à-dire qu'on les observe plus loin de leur lieu d'origine.

Les icebergs antarctiques diffèrent des icebergs arctiques par leur forme parallélipipédique tabulaire qui s'use à peu près régulièrement ; les déplacements du centre de gravité et les submersions qui en résultent sont moins nombreux et par suite leur aspect est moins pittoresque. Leur surface supérieure est plane et leurs bords verticaux. Il est très fréquent d'en rencontrer ayant jusqu'à 2 000 m de longueur; on en a signalé ayant 3 et 4 milles marins; jusque par 60° lat. S., on en trouve s'élevant à pic de 50, 60 et 80 m au-dessus du niveau de la mer.

Les icebergs sont faciles à confondre avec des floebergs; les uns sont constitués par de la glace de glacier, les autres par de la glace de mer. Pour être renseigné exactement sur ce point, il suffirait de prendre un morceau bien compact du glaçon; après lavage à l'eau douce, on laisserait fondre, l'eau serait filtrée soigneusement, puis enfin essayée par l'azotate d'argent. Cette étude facile fournirait souvent de précieuses informations, et il serait fort désirable qu'elle fût entreprise à bord des vaisseaux de la station navale d'Islande et surtout de Terre-Neuve.

Un iceberg présente deux portions distinctes, l'une immergée et l'autre émergée. La relation entre le volume de la portion visible et celui de la portion invisible dépend du rapport entre la densité de l'eau de mer et celle de la glace. Or cette dernière est assez variable. M. Steenstrup a plongé dans de l'eau de mer contenant 3,32 p. 100 de sel et à la température de — 1°,3, diverses espèces de glace pour lesquelles il a trouvé le rapport suivant, en volume, entre la partie émergée et la masse totale :

Glace blanche et bulleuse de glacier	1 à 8,41
Glace de glacier transparente sans bulles d'air	1 à 9,23
Glace de lac	1 à 9,22
Glace de mer	1 à 5,29

Pour des masses parallélipipédiques, la hauteur visible serait environ la septième partie de la hauteur cachée sous l'eau, mais on ne saurait considérer ce chiffre que comme une approximation très grossière à cause des formes irrégulières des icebergs et de la nature de la glace qui les constitue, et qui, plus ou moins criblée de bulles d'air, est de densité fort variable. Cette profondeur au-dessous de la surface de l'eau, explique la marche si fréquente des icebergs contre le vent.

M. Steenstrup a reconnu que 1 kilog de glace blanche bulleuse de glacier contenait à la température de + 10°, 71 cmcb d'air, composé de 16 p. 100 d'oxygène, soit 4 p. 100 de moins que l'air atmosphérique.

Le même observateur a remarqué que les glaçons flottants fondent très rapidement, ce qui est encore une conséquence de la présence des bulles. Un morceau de glace pesant 15 kilog, plongé entièrement dans de l'eau de température variant entre — 1° et — 2°, et dont la salure était de 3,40 p. 100, s'est liquéfié en quarante-huit heures. Dans une eau à température de + 4°,6, un bloc de glace du poids de 8 kilog a été complètement fondu en une heure.

On a beaucoup discuté pour savoir si les icebergs sont ou ne sont pas chargés de débris rocheux. Le phénomène touche à la genèse des sols sous-marins, car en se fondant, ces glaces doivent forcément abandonner leur chargement et le distribuer sur toute l'aire au-dessus de laquelle elles ont flotté. Telle est l'origine que Maury[1] attribuait aux bancs de Terre-Neuve. La question est controversée[2]. A bord du *Challenger*, au voisinage des terres antarctiques, aucun des nombreux icebergs aperçus ne présentait trace de matériaux solides; le Dr Wallich a fait la même observation dans l'Atlantique Nord, Ch. Martins pendant ses trois campagnes dans les mers d'Islande et du Spitzberg, et M. Thoulet[3] dans les parages de Terre-Neuve. D'autre part, Darwin a observé deux cas d'icebergs chargés dans les mers antarctiques, et il en est de même de John Ross et de Wilkes pour les mêmes régions, de Scoresby, de Kane, d'Inglefield, dans le détroit de Davis et la mer de Baffin, de Payer entre le Spitzberg et la terre de François-Joseph. Enfin, il résulterait des expériences de M. Steenstrup au Groënland, que tous les icebergs, même ceux dont la glace paraît absolument pure, contiendraient des particules de sédiments très fins qu'on retrouve par filtration dans l'eau de fusion.

Il n'est évidemment pas impossible que des icebergs soient chargés de blocs de pierre et de gravier, car au passage de la zone

[1] Maury, *Instructions nautiques destinées à accompagner les cartes de vents et de courants*, Traduction Ed. Vaneechout, p. 74, 1859.

[2] J. Prestwich, *Geology chemical, physical and stratigraphical*, I, 187, 1886.

[3] J. Thoulet, *Considérations sur la structure et la genèse des bancs de Terre-Neuve*, Bulletin de la Société de géographie de Paris, t. X, p. 222, 1889.

comprise entre l'Inlandice et la mer, les glaciers sont souvent encaissés par des parois rocheuses découvertes — au moins pendant la belle saison, — et qui alors se désagrègent sous l'action des agents atmosphériques, de sorte que leurs fragments semés à la surface du glacier, sont amenés jusqu'à la mer et emportés sur les icebergs. Néanmoins, le phénomène doit être assez rare d'abord, parce que l'érosion est nulle sur tout l'espace recouvert de glaces éternelles, et, en outre, parce que parmi les fragments tombés sur le glacier à peu de distance de la mer et demeurés à la surface, la plupart chavirent, soit immédiatement dans le cataclysme auquel donne lieu la séparation des icebergs, soit un peu plus tard, dès le premier chavirement en pleine mer. Les sédiments ainsi portés peuvent se trouver au voisinage des lieux d'origine, mais, sauf de très rares exceptions, jamais à une certaine distance. Réfutant la théorie de Maury, M. Thoulet a montré que les bancs de Terre-Neuve, loin d'être constitués par des débris du Groënland, étaient formés de roches provenant de l'île de Terre-Neuve elle-même, surtout de la côte ouest, et apportées par les glaces côtières.

Lorsque dans leur marche, les icebergs rencontrent des hauts-fonds, ils raclent le sol sur une certaine distance et souvent même s'échouent. Ils continuent leur route dès que la fusion a diminué suffisamment leur masse ou les a fait chavirer par déplacement de leur centre de gravité, de manière à leur permettre de franchir l'obstacle. On signale dans le détroit de Davis le passage de bancs de plantes marines qu'on suppose arrachées par le frottement de la base des icebergs. Il faudrait néanmoins se garder d'exagérer l'action de transport ou d'érosion exercée par les icebergs auxquels le sol sous-marin, lorsqu'ils le heurtent, oppose promptement une résistance invincible. Le rôle des glaces côtières, larges mais peu profondes, formées immédiatement contre le rivage est beaucoup plus important, ainsi qu'il résulte des observations de M. John Milne[1] en Finlande et à Terre-Neuve et de celles de M. Thoulet dans cette même région.

L'approche d'un iceberg est signalée en mer par un refroidissement notable de l'eau et surtout de l'air. Cet abaissement de la tem-

[1] John Milne, Geol. Mag., 1877, 65, *in* Delesse et de Lapparent, *Revue de géologie*, t. XV, p. 172.

pérature est fonction de diverses variables, telles que la dimension et la distance de l'iceberg, la température et la densité de l'eau, la vitesse du courant, la force et la direction du vent. Une série d'observations permettrait probablement d'établir une relation empirique utile pour la navigation en temps de brume entre la masse et la distance de la glace et les autres variables susceptibles d'être mesurées directement.

La glace des lacs et des rivières. — Lorsque l'air se refroidit, il refroidit par son contact l'eau de la surface des lacs qui, devenant plus lourde, s'enfonce dans les profondeurs où elle s'accumule en une couche à 4°, température de la densité maximum de l'eau douce. Elle est remplacée à la surface par de l'eau plus chaude et par conséquent plus légère qui s'élève, vient se refroidir, descend et va encore augmenter l'épaisseur de la couche à 4°. Tant que l'air reste à une température inférieure à zéro, la glace continue à se former à la surface du lac et aux places où la température jusqu'au fond est partout de 4°, c'est-à-dire près du rivage, puis la croûte s'étend vers le centre du lac en même temps qu'elle augmente d'épaisseur dans les portions où elle existe déjà parce que la glace refroidie au-dessous de zéro propage cette température par convection et provoque la congélation de l'eau sous-jacente. Si le froid se prolonge suffisamment, toute l'eau finira par se solidifier en une seule masse et c'est en effet ce qu'on observe dans nos climats, sur certains étangs peu profonds. La congélation complète ou incomplète d'une nappe d'eau douce et l'épaisseur de la glace dépendront de diverses circonstances plus ou moins variables parmi lesquelles la situation géographique, l'altitude, le climat, la topographie, c'est-à-dire la situation en plaine ou encaissée entre des montagnes, le rapport existant entre le volume des eaux et leur surface, car à froid égal et à capacité égale un lac vaste et peu profond se congèlera plus facilement qu'un lac de faible superficie et très profond, enfin la rigueur de l'hiver et la continuité des basses températures.

L'hiver très rigoureux de 1879-1880 qui s'est prolongé du commencement de décembre à la fin de février et pendant lequel la température est descendue avec peu d'alternatives de réchauffement à — 15° sur le Léman et à — 20° dans le nord et le nord-est de la

Suisse, a permis à M. Forel[1] de faire de très intéressantes observations sur le mode de congélation des lacs suisses et savoyards. Ces lacs se sont divisés en trois catégories : les uns se sont congelés entièrement (lacs de Morat, Bienne, Zurich, Zug, Neuchâtel, Constance, Annecy, Thoune et Brienz) ; d'autres se sont congelés partiellement (lacs des Quatre-Cantons, de Genève) ; d'autres enfin se sont montrés réfractaires à toute congélation (lacs de Walenstadt et du Bourget).

Le lac de Morat s'est pris en une seule nuit sur toute son étendue sans interruption ni rupture ; l'épaisseur de la glace atteignit 11 cm en cinq jours et 36 cm en quarante jours ; sur les bords elle avait 36 à 40 cm. Le dégel se fit complètement en quatre jours. En admettant que la densité de la glace soit 0,93 et que sa chaleur latente de fusion soit de 80 calories par kilogramme d'eau, ce qui exige pour la formation de 1 cm d'épaisseur de glace un dégagement de 7,3 calories par décimètre carré de surface, M. Forel a calculé que pendant les cinq jours, durée de la formation des 11 cm de glace, celle-ci avait dégagé 16,2 calories par décimètre carré et par 24 heures.

Sur le lac de Neuchâtel, la glace était plus irrégulière ; elle offrait par places une couleur rouge teinte lie de vin produite par la présence dans sa masse de myriades de petites algues pélagiques, les unes vertes, les autres rouges.

Au lac de Zurich, la glace acquit 28 à 30 cm d'épaisseur, correspondant à une perte de chaleur de 10 calories par 24 heures et par décimètre carré de surface. Un sondage thermométrique a montré que le froid superficiel avait pénétré jusqu'à 110 m dans ce lac à profondeur maximum de 141 m. D'après Struve[2], la couche à température invariable se trouverait par 150 m dans le lac Baïkal dont la profondeur maximum est de 1400 m. La glace du lac d'Annecy avait une épaisseur de 27 cm.

La glace se formant à la surface de l'eau douce même boueuse, est remarquablement pure. Le phénomène résulte encore du maximum de densité à 4°. Entre cette température et celle de la congélation, la différence de densité entre les sédiments et l'eau s'accentue

[1] F.-A. Forel, *La congélation des lacs suisses et savoyards pendant l'hiver* 1879-1880 Écho des Alpes, n°s 2 et 3, 1880.

[2] Struve, Peterm. Mittheil, 1880, n° 8.

et par conséquent la vitesse de chute de ceux-ci, de sorte que la surface de l'eau en est débarrassée au moment de la congélation. Ce motif explique comment M. Weith [1] a trouvé sur le lac de Zurich que l'eau de fusion de la glace était beaucoup plus pauvre que l'eau du lac en carbonates ; dans ce cas, les carbonates auraient été non pas dissous mais simplement à l'état de sédiments en suspension.

Une rivière commence à se congeler sur ses bords parce que l'eau y est moins profonde et plus calme ; la congélation se continue ensuite vers le milieu du cours d'eau qui peut finir par se prendre dans toute sa largeur. Le régime des glaces des rivières sibériennes intéresse particulièrement l'océanographie à cause du rôle qu'elles jouent dans la formation des fonds marins, les courants et la distribution des eaux douces et salées dans la mer Glaciale arctique. En Sibérie [2], l'épaisseur de la glace d'hiver sur les rivières et les lacs, varie de 1 m à 2,40 m. Sauf les très grands fleuves comme l'Obi, l'Iénisséi et la Léna, tous les cours d'eau se congèlent chaque année jusqu'au fond ; leur direction étant du sud au nord, la débâcle a toujours lieu en amont. Les glaces chargées de matériaux solides se détachent, descendent avec le courant, et lorsqu'elles sont arrêtées par l'obstacle que présente la rivière encore gelée dans son cours inférieur, elles s'y accumulent en une embâcle. Ce phénomène s'observe d'ailleurs sur les fleuves des régions tempérées, la Loire, par exemple. Lorsque l'embâcle se brise, une masse effroyable de glace dérive d'un seul coup vers la mer en distribuant sur l'aire assez peu étendue que recouvrent les glaçons pendant la durée de leur fusion, une quantité énorme de matériaux solides arrachés aux rives.

Nordenskiöld [3] a rencontré dans la mer de Kara les glaces provenant de l'Obi et de l'Iénisséi. A leur approche, l'eau de la mer se trouble et offre la teinte gris jaunâtre de la terre glaise, on croirait que le bâtiment navigue sur un bourbier ; la surface des glaçons est sale et ne présente pas la blancheur immaculée qui caractérise les blocs provenant des glaciers ou les glaces marines qui n'ont jamais été en contact avec la terre ou avec les eaux troubles des rivières.

1 Weith, *Chemische Untersuchungen schweizerischer Gewässer mit Rücksicht deren Fauna*, Internationale Fischerei-Ausstellung zu Berlin, 1880, Schweiz, p. 109.

2 Middendorff, *Sibirische Reise*, *in* de Lapparent, *Traité de géologie*, p. 299.

3 Nordenskiöld, *Voyage de la Véga*, I, 167, traduction Rabot.

Au Canada[1], l'épaisseur de la glace formée pendant un hiver sur les lacs et les rivières est de 45 à 75 cm; il se produit aussi des glaces de fond qui se chargent de matériaux solides et finissent par filer sur la mer par le Saint-Laurent. S'il survient un ouragan pendant la débâcle, les glaçons sont chassés sur la berge et projetés assez loin dans l'intérieur des terres jusqu'à une hauteur de plusieurs mètres au-dessus de l'eau, et leurs débris de pierres se retrouvent après le dégel entassés en une sorte de chaussée. En même temps, les fonds sont profondément remués. Plusieurs îles ont été ainsi détruites dans le Saint-Laurent. Le même phénomène a été reconnu par Nordenskiöld sur le littoral de la Nouvelle-Zemble; sur la côte méridionale du Jugor Schar et en pluusieurs points du Matotschkin Schar, le rivage présente un talus de blocs de pierres presque ininterrompu qui descend jusqu'à la mer, tandis qu'au-dessous, le fond de l'océan demeure parfaitement uni et sans pierres.

Glaces de fond. -- On nomme glaces de fond (*Anchor ice*, *Ground ice*, *Grundeis*) des glaces qui apparaissent subitement à la surface de l'eau. Elles ont une structure poreuse, spongieuse, leur couleur est grise et elles sont toujours plus ou moins chargées de pierres, de sable ou d'herbes marines. On les rencontre dans les eaux douces, lacs et rivières ainsi que sur mer, quoique en général dans des eaux peu salées; sur les côtes du Labrador, où parviennent les eaux douces du Saint-Laurent; dans la Baltique, dans la mer d'Okhotsk[2], peut-être à cause de l'Amour dont l'embouchure se trouve au sud-ouest et dont l'eau est sans doute entraînée assez loin vers le nord par le courant qui remonte vers le nord et suit le contour de cette mer.

Cette glace a-t-elle été formée à la surface d'où elle est descendue au fond pour en remonter ensuite et réapparaître à l'air ou bien a-t-elle réellement pris naissance au fond? La question fait depuis longtemps l'objet des discussions des savants; Plott[3] en a parlé dès

[1] Geikie, *Text-Book of Geology*, p. 386.

[2] Middendorff, *Sibirische-Reise*, t. IV, 1re partie, p. 502, *in* Nordenskiöld, *Voyage de la Véga*, II, 63, traduction Rabot.

[3] On trouvera un historique très complet dans Dr Siegmund Günther, *Lehrbuch der Geophysik und physikalische Geographie*, II, 429.

1705 et de nombreux mémoires ont été publiés dont les conclusions sont souvent diamétralement opposées. Nous nous bornerons à exposer les opinions qui présentent le plus de vraisemblance sans nous dissimuler que si l'existence du phénomène est indiscutable sa genèse est encore loin d'être expliquée d'une manière véritablement satisfaisante.

Lorsqu'un lac ou une rivière présente des endroits peu profonds, la glace se forme d'abord à la surface, augmente d'épaisseur, arrive jusqu'au fond où elle fixe la vase, les pierres et les cailloux qu'elle cimente dans sa masse. Quand la température s'adoucit, elle se recouvre d'eau liquide et, comme elle est plus légère, il arrive un moment où l'effort qu'elle fait pour s'élever rompt son contact avec le sol et elle remonte avec son chargement de matériaux solides dont elle ne se débarrasse qu'à l'époque où elle fond et après avoir été entraînée souvent fort loin de son lieu d'origine.

Quelquefois aussi, même dans une eau courante, la congélation commence par le fond lorsque l'eau est limpide, les nuits claires et que le fond est parsemé de cailloux brillants qui deviennent le siège d'un rayonnement intense et contribuent à congeler l'eau qui les entoure dont la vitesse est d'ailleurs moindre que celle de l'eau de surface; la glace englobe les cailloux et les emporte comme précédemment.

On peut encore attribuer le phénomène au mouvement même de l'eau qui permet à celle-ci de se refroidir à plusieurs degrés au-dessous de zéro sans se congeler[1]. Dans ces conditions, un caillou du fond suffira pour servir de centre de formation à la glace soit en atténuant le mouvement de l'eau soit en jouant le rôle de noyau de cristallisation. La glace prendrait donc naissance sur le lit de la rivière en masses assez considérables pour soulever et transporter au loin de gros blocs de pierre. On a observé dans la Meuse de ces glaçons ayant jusqu'à 90 cm d'épaisseur et il s'en forme dans la Néva sous 35 m d'eau.

On a expliqué les glaces de fond sur la mer en supposant que l'eau salée n'ayant pas de maximum de densité et s'alourdissant à mesure qu'elle se refroidit, les couches supérieures froides descendent au fond où elles se congèlent. Mais, dans ce cas, la glace de mer

[1] Prestwich, *Geology chemical, physical and stratigraphical*, I, 192.

devrait toujours se former sur le fond et jamais à la surface, ce qui n'est pas.

D'après une autre opinion, la glace de fond serait produite par de la neige glacée, c'est-à-dire à une température assez inférieure à zéro pour que sa densité dépasse celle de l'eau. Cette neige tombe au fond où elle s'accumule contre les aspérités telles que le sable et les pierres, puis, lorsqu'elle s'est suffisamment réchauffée, elle se détache et remonte à la surface avec les sédiments qu'elle a fixés. Il est cependant difficile de comprendre pourquoi ces flocons ou aiguilles de glace ne se réchauffent pas en se rendant de la surface au fond et comment, devenus ainsi plus légers, ils ne remontent pas immédiatement sans avoir eu le temps de s'agglomérer. Il est certain que la glace de fond ne prend naissance que dans les endroits où l'eau est peu profonde et où existent de violents tourbillons. L'eau saumâtre, plus légère, et offrant par conséquent moins de résistance à la descente des flocons, serait dès lors favorable à la formation des glaces de fond.

Nordenskiöld[1] a imaginé une autre hypothèse, qu'il énonce de la façon suivante : « Au nord de la Sibérie, près du rivage, le fond est « constitué par du sable fortement gelé, dur comme de la roche, « ainsi que le disaient les dragueurs. La formation glaciale, en « Sibérie, comprend donc non seulement des dépôts lacustres mais « encore des couches marines alternant avec des bancs de glace « pure et transparente. Ces bancs ont dû prendre naissance à l'em- « bouchure des fleuves ou dans de petits lacs dont la glace de fond « aura été recouverte au printemps d'une épaisseur d'alluvions suffi- « sante pour en empêcher la fusion pendant l'été. La congélation « même du sable qui recouvre le sol sous-marin près des côtes « paraît avoir une autre origine. Chaque grain de sable emporté par « le fleuve entraînerait avec lui une petite quantité d'eau relative- « ment chaude mais en même temps peu salée provenant de la sur- « face. Cette eau douce, dont le point de congélation est à 0° arri- « vant au fond de la mer, au contact d'une couche d'eau salée à une « température de — 2° à — 3°, se solidifierait en formant comme « une sorte de ciment entre les grains de sable. »

[1] Nordenskiöld, *Voyage de la Véga*, II, 63, traduction Rabot.

Synonymie des termes relatifs aux glaces de mer. — La synonymie des termes employés par les diverses nations maritimes pour désigner les variétés de la glace de mer, est à peu près impossible à établir ; leur extrême confusion est explicable par l'histoire même des voyages accomplis dans les contrées polaires. Chaque peuple s'est cantonné dans une région spéciale et n'a guère rencontré et observé qu'un seul type de glaces pour lequel il a créé le vocabulaire dont il avait besoin. Le plus souvent, la classification adoptée se base non pas sur des caractères scientifiques et précis qui ne changent pas mais sur des apparences variables avec la localité. La plupart des découvertes dans les régions glaciales ont été faites par trois peuples : les Anglais et les Américains, parlant la même langue, se sont approchés du pôle arctique par le nord de la mer de Baffin ; ils ont rencontré des glaces formées au voisinage des terres, dans des détroits peu profonds ou des mers resserrées. Parmi les Scandinaves, les uns, les Danois, ont étudié les glaces et les glaciers du Groënland tandis que les pêcheurs norvégiens fréquentaient les parages de Spitzberg et que le Suédois Nordenskiöld examinait ceux de la Sibérie septentrionale. Enfin l'Autrichien Weyprecht est le seul ayant assisté aux phénomènes présentés par les glaces de pleine mer ; or, chacune de ces variétés de glace possède ses caractères particuliers et ne peut être comparée aux autres dont elle diffère absolument, glaces côtières du détroit de Smith, du canal de Kennedy ou du canal de Robeson, glaces terrestres de la grande calotte continentale ou des glaciers du Groënland, glaces d'archipel du Spitzberg, glaces d'eau saumâtre vues par la *Véga*, et les vastes champs au milieu desquels Weyprecht restait emprisonné, pendant vingt-un mois, à bord du *Tegetthoff*.

Malgré les noms glorieux de Blosseville, de Bellot et de Dumont d'Urville, la France n'a exécuté aucune expédition scientifique dans les régions polaires ; il en résulte que la langue française ne possède guère d'autre terme technique que le mot de banquise, qui n'a point de signification précise car il a été employé dans des acceptions absolument contradictoires ; elle est donc obligée de prendre des mots étrangers parmi lesquels elle doit faire un choix. Jusqu'à présent, elle avait adopté des termes anglais à cause des études de Scoresby popularisées par Arago, mais aujourd'hui ceux-ci sont devenus insuffisants parce qu'ils ne déterminent pas tous les phénomènes et les apparences connus. On en est donc réduit à une sorte d'éclectisme, heureux lorsque, même en faisant usage des termes étrangers, on n'en rencontre point dont la signification est complètement différente comme par exemple les mots *Iceblink, Eisblink* signifiant en anglais et en allemand cette lueur qui semble se dégager au-dessus des vastes espaces recouverts de glaces tandis qu'en danois *Isblink* désigne le front d'un glacier.

La glace de mer. — Nous étudierons la glace de mer en nous servant principalement des descriptions de Weyprecht [1] qui, surpris entre la Nouvelle-Zemble et le Spitzberg, est le seul navigateur ayant assisté pendant près de deux années à tous les phénomènes présentés par la glace de pleine mer, depuis le moment de sa formation jusqu'à celui où il a fallu se résoudre à lui abandonner le *Tegetthoff*. Weiprecht a noté jour par jour les événements qui s'accomplissaient autour de lui, et a eu le soin de prendre de nombreuses mesures permettant de se rendre compte de l'intensité des phénomènes. Du reste, ceux-ci ne sont que la manifestation naturelle dans des proportions gigantesques, des diverses propriétés physiques et chimiques de l'eau salée étudiées précédemment : absence de maximum de densité pour l'eau de mer qui s'alourdit jusqu'à son point de congélation, variable d'ailleurs selon la teneur en sel, sélection chimique exercée par la solidification, hétérogénéité de composition et de structure de la glace, dilatation variable quoique toujours assez forte, puisqu'elle est à peu près le double de celle du plomb, volume maximum se manifestant à des températures différentes, chaleur de fusion égale à 80 environ, fragilité combinée à une certaine plasticité, légèreté plus grande que celle de l'eau, médiocre conductibilité calorifique, et enfin, effets divers de la pression et du regel.

Dans les régions polaires, vers la fin de l'été, en pleine mer, si la température s'abaisse suffisamment, la surface de l'eau se couvre de cristaux de glace, le mouvement des vagues s'apaise et le navire poursuit sa route au milieu d'une sorte de bouillie glacée (*Studge, Eisbrei*), flottant en amas d'étendue plus ou moins considérable qui chassés par le vent et les flots, se réunissent, s'agglomèrent en

[1] Karl Weyprecht, *Metamorphosen des Polareises*, Öster. Ungar. Arktische Expedition 1872-74. Wien, 1879.

une nappe unique qui ne tarde pas à s'épaissir et offre l'aspect d'une immense plaine. La mer est prise et le navire est immobilisé (*nipped*). La formation de la glace s'effectue avec une extrême rapidité; il a suffi de quelques heures pour emprisonner le *Tegetthoff* Néanmoins, si la température se relève, ou s'il survient une tempête sans que la température continue à s'abaisser, cette glace encore sans consistance n'est pas longue à se disloquer, mais le phénomène n'a plus lieu dès que la saison est un peu avancée.

La nappe de glace ainsi formée est horizontale, et le froid la rend très rigide. L'eau qu'elle recouvre, restée en communication avec la mer libre, s'agite au-dessous de cette croûte solide qui, poussée en certaines places, tandis qu'elle manque de soutien en d'autres endroits, commence à se briser. La composition chimique de la glace est déjà très différente, en conséquence de cette espèce de liquation si bien étudiée par M. O. Pettersson. En outre, la portion de la glace la plus voisine de l'atmosphère plus fortement refroidie cause la prise en masse de l'eau de saumure qui s'était isolée au moment de l'apparition des premiers cristaux, mais que ceux-ci avaient retenue dans leur enchevêtrement sans lui permettre de descendre se mêler à l'eau de mer sous-jacente, ainsi qu'il arrive pour celle des portions inférieures, congelées moins brusquement. Weyprecht a mesuré la quantité de sel contenue dans la glace à diverses profondeurs. Sur une tranche de glace âgée de 60 heures et formée à la température de — 33°, il a trouvé pour densité et teneur en sel de l'eau de fusion :

Croûte blanche.................... $d = 1,076$ à $+ 6°,2$,
salinité $= 10$ 0/0.
Couche supérieure de 5 cm. d'épaisseur, $d = 1,017$ à $+ 19°,7$,
salinité $= 2,5$ 0/0.
Couche moyenne de 9 cm. d'épaisseur, $d = 1,009$ à $+ 11°,4$,
salinité $= 1,3$ 0/0.
Couche inférieure de 5 cm. d'épaisseur, $d = 1,008$ à $+ 16°,8$,
salinité $= 1,2$ 0/0.

Au même endroit, l'eau de mer restée liquide, avait une densité de 1,025, et une solution saturée 1,246 correspondant à 33 p. 100 de sel. On voit donc que la glace est plus riche en sel dans ses portions supérieures que dans ses portions inférieures.

Un champ de glace (*Icefield, Eisfeld*) est souvent très vaste ; on cite celui que Clavering, en 1823, longea pendant 60 milles; dès qu'il a commencé à se briser, il devient une véritable image du chaos : son hétérogénéité multiple va lui donner les formes les plus irrégulières qui seront à leur tour causes d'une irrégularité plus grande encore. Lorsque deux champs de glace se heurtent, poussés par les vents et les courants, il se produit un effroyable cataclysme : « La lutte entre deux grands champs offre un spectacle grandiose. « Par suite du mouvement s'effectuant et qui est toujours la con« séquence des pressions, les pointes et les arêtes de glace se dres« sant de tous côtés, s'abattent, les bords se touchent, se relèvent, « montent, les fragments brisés s'entassent les uns sur les autres, et « au lieu du canal séparant les champs, on voit une haute muraille « de morceaux et d'éclats amoncelés que le froid intense réunit « bientôt et qui forme une sorte de soudure entre les deux champs. « Le phénomène prend des proportions colossales à la fin de l'hiver « parce que les minces fragments de glace du commencement de la « saison sont alors devenus d'énormes blocs et d'immenses tables; « les bords des deux champs chevauchent l'un sur l'autre en pro« duisant une véritable montagne aux flancs inclinés, construite de « blocs empilés, qui chavirent pour se soulever et monter encore; « la montagne s'élargit sans cesse, et cependant de nouveaux blocs « tombent, tandis que d'autres en se soulevant vont prendre leur « place. La glace éclate avec des détonations comparables à celles « de pièces d'artillerie, se fend avec des plaintes, des gémissements, « des grincements, les blocs s'écrasent avec fracas, l'œuvre de des« truction est dans toute sa puissance. L'un des champs cède ; alors « de toutes les fentes, les crevasses, les fissures, l'eau jaillit en « bouillonnant et en dégageant des torrents de vapeurs, brouillard « épais que le froid condense et transforme d'abord en une espèce « de bouillie et bientôt en roche compacte ; une partie de la mon« tagne s'effondre d'un seul coup et s'enfonce dans l'abîme. Et le « même champ n'a point partout l'avantage dans cette lutte épou« vantable, ici l'un deux l'emporte; ailleurs l'autre; les deux com« battants s'entrelacent, se lient dans une étreinte qui les confond « jusqu'au moment où la rencontre d'un autre champ va provoquer « un nouveau cataclysme[1]. »

[1] Weyprecht, *loc. cit.*, p. 28 et 40.

Parfois le champ heurté se disloque entièrement pour se résoudre en fragments auxquels, en suivant l'ordre de leurs dimensions décroissantes, on a donné les noms de *Flarden*, de *Schollen* et de *Brocken;* les Anglais les désignent sous le terme général de *floes* et de *pancakes* si, par un frottement mutuel prolongé, ils se sont réduits à n'avoir plus qu'un diamètre compris entre quelques mètres et quelques décimètres. Les floes équivaudraient donc aux Flarden et aux Schollen et les pancakes aux Brocken. Nares [1] a rencontré des floes ayant une épaisseur de 24 m et un diamètre variant de 300 à 1200 m. Lorsque de pareils blocs se sont plusieurs fois retournés sur eux-mêmes, après une fusion partielle qui a modifié la position de leur centre de gravité, ils prennent un aspect monumental, s'élèvent jusqu'à une vingtaine de mètres de hauteur au-dessus de l'eau, et offrent quelquefois une admirable teinte bleue ; on les appelle alors *floebergs*, par analogie avec les icebergs dont ils diffèrent cependant par leur origine et même par leur nature intime, puisqu'ils sont en glace de mer tandis que les icebergs sont en glace de glacier.

Entre les gros floes, la mer est couverte de menus débris de pancakes plus ou moins serrés les uns contre les autres, et dont l'ensemble est l'*Eisgach;* les espaces d'eaux eux-mêmes sont des *Wackes* (*Wacken*).

Tous ces fragments, quelle que soit leur grosseur, éparpillés sur la mer, prennent le nom de *glaces de dérive* (*Drift ice, Treibeis*), tandis qu'au contraire, la réunion de plusieurs champs est le *pack* s'étendant sur un espace immense, souvent vieux de plusieurs années, qui est plus particulièrement un *patch* lorsqu'il est à peu près circulaire et un *stream* quand il est allongé. On peut dire que la glace de dérive passe au pack par une gradation insensible surtout dans les bassins maritimes peu étendus.

Si un mot français devait plus particulièrement correspondre au pack des Anglais, ce serait celui de *banquise.* A proprement parler, la banquise correspondrait aux glaces immobiles, c'est-à-dire à ce que Nares a nommé les glaces palæocrystiques; mais le pack éprouve souvent un mouvement de dérive.

[1] Sir George S. Nares, *Un voyage à la mer polaire sur les navires de S. M. B. » Alert » et « Discovery »* (1875-76), traduction française de Frédéric Bernard, p. 100.

Les fentes et les crevasses sont produites par les tensions intérieures du champ de glace qui résultent des mouvements éprouvés, des pressions, du vent, des courants et des dilatations sous l'influence des variations de température fréquentes, surtout en automne. Dans les régions polaires, en vingt-quatre heures, la température passe quelquefois de quelques degrés au-dessus de zéro, à —50°; des différences de 40° sont communes. L'hiver, la température de la glace est moins irrégulière à cause du manteau de neige qui la couvre d'une couche protectrice et la production des fentes et des crevasses est un peu ralentie.

Les crevasses (*Risse*) ne pénètrent point dans toute l'épaisseur de la glace et n'atteignent jamais une grande longueur; en revanche, elles sont fort nombreuses et s'entrecroisent tellement qu'il serait difficile de trouver une surface d'un mètre carré qui en fût exempte. Les fentes (*Sprungen*) se propagent en ligne droite à travers tous les obstacles et sur toute l'épaisseur du champ; leur largeur augmente rapidement depuis un mètre jusqu'à une centaine de mètres et quand on s'approche de leurs bords, l'œil se perd dans la mystérieuse lueur bleuâtre de leurs parois lisses et presque verticales sans pouvoir en apercevoir le fond. Elles livrent passage à l'eau de mer qui après être restée quelque temps à l'état de wacke, se congèle et donne ainsi naissance à la jeune glace d'épaisseur variable selon son âge et qui n'arrive à 2 m que lorsqu'elle s'est formée d'une façon continue depuis l'automne. Un icefield peut donc être considéré comme un conglomérat de blocs entassés par les pressions et cimentés par la jeune glace.

Un autre résultat des tensions qui s'exercent sans cesse est le bruit presque continuel de la glace si lugubre au milieu du silence de la nuit polaire, dans une atmosphère immobile où le son se propage à une si incroyable distance que la voix d'une personne qui cause se reconnaît à plus d'un kilomètre.

« Le 7 septembre, dit Weyprecht, nous entendîmes pour la pre-
« mière fois ce bruit effrayant qui devait retentir si souvent pendant
« le cours de l'hiver, l'avant-coureur de tant d'heures si dures à
« supporter. L'air était calme et chaque son nous arrivait clair et
« net d'un immense lointain sur l'infinie surface de la glace. Au
« commencement, on l'aurait comparé au murmure lointain du vent,
« puis il semblait s'approcher et retentissait comme le bruissement

« des vagues déferlant sur les bords du champ ; on percevait aussi « des grondements isolés et plus violents comme si de grands gla- « çons s'entrechoquaient. On aurait cru que partout et tout près, la « mer était libre. En même temps et sans aucune cause apparente, « autour de nous et au-dessous de nous, l'intérieur de la glace se « mettait à craquer, à décrépiter; nous étions assourdis d'étranges « gémissements, de sifflements aigus, de plaintes, de chants majes- « tueux, de cris, de claquements, de hurlements dont il ne nous « était possible de distinguer ni la direction ni la distance. Puis le « vacarme s'affaiblissait, redevenait un bruit qui courait du nord « au nord-ouest ou s'évanouissait lentement vers le sud-ouest. Le « lendemain, à un millier de pas du navire, on constatait l'ouver- « ture d'une étroite fente dont les lèvres s'étaient déplacées vertica- « lement par places [1]. Même, pendant les moments de tranquillité, « le soir, étendus sur notre couchette, l'oreille près du bordage, « nous nous endormions en écoutant avec angoisse un mugisse- « ment, dernier écho du fracas qui éclatait en quelque endroit éloi- « gné de la plaine glacée. »

Les ouragans de neige sont encore une autre cause importante de perturbation. Le froid réduit les flocons à l'état de poussière excessivement fine ou *poudrin* qui s'introduit à travers les moindres interstices et qui, balayée par le vent, s'amasse dans les creux, devant les obstacles et forme dans les parties naturellement planes ou aplanies par son accumulation, de véritables dunes, marchant dans la direction du vent, offrant d'un côté une pente abrupte, de l'autre un talus incliné et que les Anglais nomment *sastrugi*. Lorsque la neige est mouillée d'eau de mer suintant par des fissures ou quand elle est comprimée par la chute de blocs de glace, elle se transforme en un névé qui cimente les fragments mêmes qui l'écrasent. De toute façon, irrégulièrement amoncelée, elle modifie encore par son poids inégalement distribué l'équilibre si instable du champ et provoque de nouvelles catastrophes.

La surface d'un champ de glace est primitivement plane mais elle se couvre bientôt de bosses, de protubérances, de blocs redressés, hérissés de pointes et appelés *hummocks* (*toross*), de murailles formées au contact de deux champs qui se sont heurtés. Le dessous

[1] Weyprecht, *loc. cit.*, p. 25.

de la croûte glacée est aussi irrégulier que la surface dont il reproduit les inégalités en sens inverse. Weyprecht, en tenant compte de la densité moyenne de la glace et de celle de l'eau de mer, a calculé qu'un mur de 10 m de hauteur au-dessus devait correspondre à une épaisseur de 50 m dans l'eau. Ces protubérances immergées sont des *calves*, contre-partie des hummocks. Par une tendance à l'équilibre et par l'effet de la pression, il se produit avec le temps un affaissement superficiel qui, en quelques mois, diminue de trois à quatre mètres un amas d'une élévation initiale de dix mètres.

Dans les régions polaires, l'hiver se prolonge au moins pendant neuf mois, depuis le milieu d'août jusqu'au milieu de juin, dans l'hémisphère nord; le mois de février est le plus froid. Déjà au commencement de juin, vers midi, la température s'élève quelque peu au-dessus de zéro; elle s'y maintient assez régulièrement en juillet et pendant la première moitié d'août, puis elle s'abaisse lentement. En septembre arrivent les premiers ouragans de neige; le printemps, l'été et l'automne durent à peine trois mois. Dans les régions antarctiques, la belle saison a lieu en février et en mars.

La glace commence à s'évaporer dès l'apparition du soleil au-dessus de l'horizon, c'est-à-dire en février; à partir de ce moment, le froid diminue, et comme la mer est partout recouverte de glace, l'air devient très sec. Un cube de glace exposé par Weyprecht au soleil et à l'air libre[1], a perdu :

Du	1er octobre	au	1er décembre.....	5,2 0/0
	1er décembre		17 janvier.......	2,1
	17 janvier		15 mars........	1,2
	15 mars		19 avril.........	11,8
	19 avril		17 mai..........	38,0

de son poids primitif et uniquement par évaporation; le 17 mai, on vit suinter à sa surface les premières gouttes d'eau.

La perte que la glace éprouve par évaporation est cependant très faible au début, et d'autant plus que celle-ci est presque partout protégée par la neige qui l'isole et résiste longtemps à la fusion à cause de son puissant rayonnement. La fusion véritable ne commence guère que pendant le courant de juin, un peu plus tôt ou un

[1] Weyprecht, *loc. cit.*, p. 81.

peu plus tard, selon l'année. Les navires retenus prisonniers l'activent beaucoup en répandant autour d'eux les cendres de leurs foyers.

Dès que la température s'adoucit davantage, la neige disparaît en plus grande quantité et débarrasse la surface de la glace qui arrivée en contact avec l'atmosphère, fond rapidement; l'eau ruisselle de toutes parts, les ruptures du champ se continuent encore et les floes séparés ont une moindre tendance à se recoller; en même temps, allégée par places, la croûte solide se soulève et offre de nouvelles surfaces à la fusion, les hummocks perdent leurs arêtes vives et disparaissent bientôt, la glace mouillée d'eau de fusion et d'eau de mer qui pénètre à travers les fentes, perd sa solidité et sa résistance, sa structure hétérogène la fait s'user irrégulièrement et se partager en fragments qui multiplient encore les surfaces d'attaque, l'eau de mer use aussi la glace par sa face inférieure, le champ se brise en nombreux floes et perd de son étendue, nulle part on n'aperçoit plus d'eisgasch et les wackes s'agrandissent. La débâcle s'accomplit avec une incroyable rapidité. En même temps, si l'on n'est pas trop loin des côtes, la vie animale apparaît, les oiseaux arrivent en troupes, tout se montre et s'agite; phoques, morses, ours, et jusqu'aux êtres les plus humbles parmi ceux qui peuplent la mer, se hâtent de renaître, de profiter de l'adoucissement de la température et de vivre. Mais déjà le printemps est terminé, l'été s'achève, le thermomètre commence à baisser, les premiers froids se font sentir, l'automne dure à peine quelques jours, et bientôt l'hiver, le long hiver, replonge la nature entière, vivante et inanimée, dans la nuit, le silence et presque dans la mort si la nature pouvait mourir.

Peu de chiffres sont aussi discutés que ceux qui expriment l'épaisseur acquise par un champ de glace pendant le cours d'une année, et il faut avouer que le problème est difficile à résoudre. Si le champ constituait une nappe uniforme et régulière, on pourrait essayer d'en mesurer l'épaisseur et, sans tenir compte des difficultés pratiques d'une semblable opération, la question serait au moins nettement définie. Or, on sait que rien n'est plus irrégulier qu'un icefield, aussi bien sur sa face en contact avec l'air que sur celle plongeant dans la mer, et par conséquent rien n'est plus variable que son épaisseur. Dans de pareilles conditions, que faudra-t-il appeler épaisseur et en quel point devra-t-on se placer afin de la mesurer. Tel est sans doute le motif pour lequel les évaluations des divers explorateurs offrent si peu de concordance. Nares prétend avoir trouvé, au nord du Groënland, dans sa mer Palæocrystique, par 82° lat. N., une épaisseur de 45,7 m, les calculs de Hayes le conduisent à admettre 48,8 m au détroit de Smith, tandis que Weyprech se borne à 2,5 m.

Il semblerait que par suite des durées inégales de l'hiver et de l'été, les glaces polaires doivent s'accroître indéfiniment en épaisseur. Il n'en est pas ainsi. En hiver, la glace refroidie par l'air transmet par conductibilité le froid à une certaine distance à travers sa masse qui, tant qu'elle n'est point atteinte, congèle l'eau de mer ambiante; cependant, la mauvaise conductibilité de la glace réduit cette distance à être très petite. La glace touche par sa face inférieure à de l'eau plus chaude qu'elle, puisqu'elle est liquide, et qui par conséquent, la fond; l'eau de fusion possédant la température la plus basse que puisse prendre l'eau liquide, tombe à travers l'eau relativement chaude, s'accumule sur le sol sous-marin, et elle est remplacée contre la glace par un afflux d'eau de mer nouvelle et chaude. Toutes les circonstances qui favoriseront l'afflux de l'eau chaude et l'écoulement de l'eau froide auront une influence sur la rapidité avec laquelle la glace s'use par le bas. Au nombre de ces circonstances, on citerait la profondeur de la mer généralement faible dans les régions polaires, le relief du fond, la position géographique plus ou moins ouverte aux grands courants équatoriaux, la disposition topographique, car dans un endroit resserré ou dans un golfe, la glace est toujours plus épaisse qu'en mer profonde, la température de l'air, la texture même de la glace qui la rend plus ou moins facilement attaquable, la fréquence et la violence des chocs que le champ a supportés et qui ont diversement entassé les débris à sa surface, l'abondance des chutes de neige, l'épaisseur de vieille glace intercalée dans la jeune glace; il faudrait encore connaître la nature des eaux de fusion, et savoir si par suite de leur composition chimique, elles peuvent, à température égale, être plus lourdes que les eaux salées liquides dont elles traversent les couches pour parvenir au fond. On voit combien la question se complique. Tout ce qu'on peut affirmer, c'est que la diminution d'épaisseur de la glace par-dessous, au contact de l'eau, pendant l'été, est faible par rapport à la diminution d'épaisseur qui s'opère en dessus, au contact de l'air. La température de la mer sous la glace mesurée par Weyprecht, variait en hiver, de — 2° à — 2°,2 ; en été, les couches supérieures ont une températures très variable, à cause du mélange des eaux de fusion ; elle est parfois de + 2 dans les wackes, et à 10 m de profondeur, paraît alors être constante à — 2°,1. Nares[1] l'a trouvée entre 2 et 9 m en hiver, de — 2° ; en été, au 20 juin, c'est-à-dire pendant la débâcle, de — 1°,7 à la même profondeur et de — 1° au contact de la glace, à la surface. Elle creuse alors autour de la ligne de flottaison des glaçons, une rainure qui leur donne une ressemblance bizarre avec un champignon dont le pied projetterait d'immenses prolongements au-dessous de l'eau.

Nares[2] a attribué aux champs de glace une épaisseur maximum de 25 m et de 45,7 m dans la mer Palæocrystique ; il donne à certains floes un âge variant de 50 à 500 ans ; et, d'autre part, le capitaine Markham, de la même expédition de l'*Alert* et du *Discovery*, écrit les phrases suivantes au retour de son voyage sur le pack : « Il m'est impossible de hasarder une opinion sur l'âge et l'épais- « seur de ce qu'on nomme les floes palæocrystiques. Nous avons « mesuré l'arête de l'un d'eux, mais seulement depuis son sommet « jusqu'à la surface de la glace nouvelle qui s'étendait tout autour ; « la hauteur perpendiculaire variait entre 1,75 m et 2 m. Je n'ai pas « eu l'occasion de renouveler ces mesures pour les plus grands et « les plus épais ; ils sont souvent couverts de protubérances élevées « formées sans doute de débris accumulés par les tourmentes pen- « dant une longue suite d'années, et ressemblent en petit à des « montagnes de neige hautes de 6 à 15 m ».

Weyprecht est très modéré dans ses évaluations, peut-être aussi à cause des conditions dans lesquelles il se trouvait, si différentes de celles de Nares. Il estime que l'épaisseur de glace formée pendant un hiver arctique (de septembre à mai inclusivement) est de 1 m à 2,5 m, sans tenir compte toutefois de la glace entassée. En comparant la somme des températures journalières avec les épaisseurs de glace formée, il conclut que quelle que soit la profondeur à laquelle puisse parvenir la température moyenne de l'hiver, la glace ne peut jamais dépasser une épaisseur de 6 à 7 m en supposant

[1] Nares, *loc. cit.*, p. 302.
[2] Nares, *loc. cit.*, p. 190.

même que, pendant l'été, il ne s'opère absolument aucune fusion à la surface et pourvu que dans l'intérieur du bassin arctique les températures ne soient pas très différentes de celles observées dans les régions étudiées jusqu'à présent.

La rapidité avec laquelle la glace atteint son maximum d'épaisseur chaque année n'est pas bien connue ; elle dépend d'ailleurs de la température de l'air et de l'eau, de la porosité et de la structure de la glace qui fait varier sa conductibilité et surtout de la quantité de neige qui la recouvre. On a cru constater que la glace augmente d'abord rapidement d'épaisseur puis beaucoup plus lentement jusqu'à son maximum.

Enfin Weyprecht a cherché à évaluer la diminution d'épaisseur de la glace pendant l'été. Du 14 juillet au 20 août 1873, elle a été de 0,885 m ; pour le mois de juillet, de 0,43 m et, du 2 au 20 août, de 0,45 m. Ces mesures ont été prises au cap Wilczek, un des points où l'on a observé la plus faible température d'été.

Les champs de glace poussés par le vent, le mouvement des flots et les courants subissent une dérive qui les chasse peu à peu vers le sud jusqu'au moment où ils disparaissent par fusion. Cette dérive ne peut se reconnaître que par des calculs astronomiques. La *Hansa*, en 1869-70, a dérivé de 1 000 milles en 243 jours ; la *Wilhelmine*, baleinier hollandais, en 1777, de 1 000 milles en 110 jours. D'après Börgen [1], la dérive serait en moyenne de 4 milles par jour. Cette évaluation, probablement trop basse, conduirait à admettre que chaque jour une surface de glace de 125 ou, par an, de 41 000 milles géographiques carrés, descend des régions arctiques pour se liquéfier dans les mers chaudes. Dorst [2] estime la vitesse de dérive à 8 ou 10 milles par jour et admet qu'une superficie de 55 000 milles géographiques carrés environ passe annuellement entre le Groënland et l'Islande. Une autre cause qui fait descendre la glace vers le sud, dans les parties septentrionales de l'Asie, est la débâcle des fleuves qui se déversent dans l'Océan arctique et dont les eaux douces se dirigent vers le sud.

Glaces côtières. — Les glaces côtières, c'est-à-dire formées le

[1] Boguslawski, *Handbuch der Ozeanographie*, I, p. 379.
[2] Pettermann Mittheil., 1877, *in* Boguslawski, *loc. cit.*

long des côtes, sont les plus répandues et celles contre lesquelles les navigateurs dans les régions polaires ont eu le plus souvent à lutter. On les trouve au nord de l'Amérique, autour du Groënland, du Spitzberg et tout le long des rivages septentrionaux de la Sibérie. Elles constituent le pack, certains icefields et plus particulièrement la banquette.

Le pack est une glace à peu près permanente, sans doute parce que la mer qu'il recouvre est peu profonde ou plutôt qu'elle est barrée par des seuils arrêtant l'afflux des eaux chaudes ; il est alimenté par les neiges s'entassant d'hiver en hiver. Ces amas de neige n'augmentent cependant pas indéfiniment ; leur épaisseur oscille entre une limite que Nares a trouvée égale à environ 16 m aux points visités par lui et qui, variable selon les années et les localités, est le rapport entre les quantités de neige tombée et fondue. Le pack du nord de l'Amérique a été désigné par Nares sous le nom de *Palæocrystic floes* (*Ureis*) ; sa surface comme celle des icefields et pour les mêmes motifs, éprouve des tensions, des dilatations inégales et par conséquent des cataclysmes qui la rendent très irrégulière et la couvrent de hummocks, de fentes et de crevasses.

Les icefields côtiers ne présentent rien qui les distingue de ceux de pleine mer, sinon leurs dimensions généralement moindres. Formés surtout dans les fjords et les baies, d'où leur nom de *bay ice* (*Bayis*), ils se fondent en été. En automne, ces glaçons, d'une glace peu compacte, et dont la portion aérienne s'est en grande partie liquéfiée, possèdent encore une base immergée assez profondément à cause des cailloux du fond qu'ils emportent avec eux, qui les alourdissent et qui les lestent. Leur couleur ressemblant à celle de l'eau les laisse difficilement reconnaître de loin, circonstance qui a persuadé aux baleiniers que cette glace disparaissait en s'enfonçant sous la mer.

La véritable formation glaciaire caractéristique des côtes est la banquette (*Ice foot, Isfot*). On appelle ainsi une couche de glace qui se forme immédiatement contre le rivage, soit par la congélation de l'eau de mer elle-même, soit, comme le prétend Nares, par l'accumulation des neiges de l'automne chassées par le vent qui rencontrent l'eau salée à une température inférieure à celle de la congélation de l'eau douce des flocons qui, à son contact, se prennent en une croûte. Chaque chute de neige subséquente en augmente l'épaisseur et néanmoins elle ne cesse de monter et de descendre avec la marée. Sa hauteur au-dessus de l'eau dépend de l'abondance des neiges et sa profondeur immergée de la pente du lit de l'Océan et de l'amplitude des marées ; elle manque sur les promontoires exposés mais offre un développement considérable dans les baies ; son aspect typique, au détroit de Smith, est celui d'une terrasse plate, de largeur comprise entre 5 ou 6 m et 100 m, s'étendant de la base des éboulis tombés des falaises jusqu'à la mer où elle se termine par une muraille verticale d'une dizaine de pieds qu'il est impossible d'escalader sauf dans les percées glissantes dues à l'écoulement des eaux[1].

On sait que les côtes du nord de la mer de Baffin sont souvent très élevées ; le fjord de Pétermann est limité par des falaises de calcaire silurien fossilifère hautes de 330 m en moyenne et coiffées de glaces qui s'avancent régulièrement par-dessus ces remparts qu'elles surplombent en masses colossales ; elles les rompent de temps à autre et les font alors s'écrouler en entraînant d'énormes blocs de rochers. Pendant l'été, la banquette se charge de ces débris ; sous l'influence des rayons solaires, la nappe supérieure de la portion de la banquette la plus rapprochée des éboulis se liquéfie peu à peu à cause de la chaleur absorbée et rayonnée par les pierres de couleur foncée ; il se creuse une profonde tranchée qui se remplit de l'eau découlant des falaises et de celle résultant de la fusion même, les ruisseaux entament la glace et finissent par s'ouvrir un chemin vers la mer par des ravines transversales. A marée haute, l'eau de mer se précipite par les coupures, pénètre dans cette sorte de fossé, l'élargit et en étale les matériaux meubles. En même temps se détachent des floes qui vont déposer au loin en se fondant les graviers, les sables et les sédiments divers dont ils sont chargés.

Ces tranchées recouvertes de matériaux étalés, entraînées par le soulèvement lent des côtes septentrionales du Groënland, forment une série de terrasses successives s'étageant jusqu'à 80 ou 100 m de hauteur dans les baies ou fjords abrités. D'autre part, les eaux presque douces chargées de sédiments et les floes portant des cail-

[1] Sir George S. Nares, *Un voyage à la mer polaire sur les navires de S. M. B. « Alert » et « Discovery »*, traduction française, 1880, p. 46 et *pass.* et C. E. de Rance et H. W. Feilden, naturaliste, à bord de l'*Alert* : *Note sur la structure géologique des côtes de la terre de Grinnell et du bassin de Hall visitées par l'expédition anglaise de* 1875-1876. Appendice.

loux, au moment où ils rencontrent les eaux plus chaudes et salées de la mer à l'entrée de la baie, les déposent en une sorte de banc, de crête sous-marine qui ferme la baie et la transforme en un lac. Les eaux intérieures cherchant une issue s'ouvrent un passage à travers cette barrière, la nappe du lac s'abaisse et expose à l'air libre de grandes étendues de vase parsemée de coquilles; pendant dix mois de l'année, la gelée s'en empare et les rend aussi dures que la roche, mais, dès que l'atmosphère devient moins rigoureuse, les eaux recommencent leur œuvre et transportent les matériaux à des niveaux inférieurs.

La glace d'eau salée que soulèvent et abaissent les marées ou que poussent les tempêtes contribue aussi puissamment à l'érosion des roches et des galets. M. Feilden en a étudié l'action sur les bords du bassin polaire à la partie sud d'une petite île de la baie de Blackcliff par 80° 30′ de latitude. La base de glaçons d'un diamètre de 8 à 15 pieds était criblée de cailloux d'un calcaire dur qui, lorsqu'on les a extraits de la glace, n'étaient usés, arrondis ou striés que sur leur surface exposée. A mesure que la marée se retire le long des berges à talus doucement inclinés, les glaçons épars, en glissant sur la pente jusqu'à ce qu'ils trouvent une position stable, font entendre un bruit particulier résultant du grincement des cailloux qui y sont enchâssés contre la surface rocheuse du sol ou contre d'autres cailloux jadis abandonnés par les glaces. Les roches du rivage qui font saillie entre les brèches des anciennes terrasses sont souvent cannelées par le frottement à des altitudes considérables; il est évident que ce phénomène provient des floes forcés de reprendre la mer au moment du jusant quand la berge était plus basse qu'à présent. On voit par ces exemples combien est importante et active l'œuvre d'érosion et de remplissage dans le bassin de la mer de Baffin.

Les phénomènes constatés par Nordenskiöld au nord de la Sibérie ressemblent moins à ceux observés par Weyprecht en pleine mer qu'à ceux vus par Nares dans les régions polaires de l'Amérique septentrionale. En outre de bayice, il a rencontré beaucoup de *glaces de débâcle* (*Flood ice*, *Flodis*) plates, peu étendues et provenant des fleuves de Sibérie. Cette glace est incolore et très compacte, dépasse peu le niveau de la mer, s'aperçoit difficilement, et comme elle est très dure, sa rencontre est un des sérieux dangers de la navigation arctique. Elle est sporadique et on la rencontre jusque dans l'est du Spitzberg.

La banquette de glace existe dans les contrées subpolaires, à Terre-Neuve, par exemple, où malgré ses proportions réduites, elle exerce encore une action considérable. M. Thoulet a cru devoir faire de celle qui borde chaque hiver la côte ouest de l'île et la côte opposée du Labrador, l'agent principal de la formation des bancs de Terre-Neuve. La figure A montre l'aspect de la banquette côtière avec plusieurs icebergs près du Kirpon. L'hiver, la gelée fait éclater les roches voisines de la mer, comme dans les régions polaires, les blocs tombent sur la banquette ou bien sont englobés par elle et, au moment de la débâcle, sont soulevés du sol et portés en avant ; mais comme ils sont très pesants et que la glace formée par très petit fond, est mince et incapable de les supporter longtemps, elle les laisse tomber à peu de distance. Le second hiver les englobe dans une glace nécessairement plus épaisse et plus puissante qui leur fait accomplir au printemps un autre court trajet, les laisse de nouveau tomber et ainsi de suite jusqu'au moment où, portés par un glaçon suffisamment vaste, ils quittent définitivement le rivage, parviennent en haute mer, et descendent vers le sud entraînés par les courants. La figure B représente un champ de départ de blocs erratiques à la baie du Sacre. Quelques-uns vont s'échouer sur les plages plus méridionales et dont l'ouverture est tournée vers le nord ; on en trouvait beaucoup à la baie d'Ingornachoix, près de Port-Saunder, par exemple, mêlés à des troncs d'arbres également apportés par les glaces. Mais la majeure partie franchit le détroit de Cabot, se heurte aux eaux chaudes du Gulfstream qui les fondent et leur chargement de matériaux solides s'entasse sur le fond en donnant naissance aux bancs de Terre-Neuve.

Iceblink ; Watersky. — On désigne sous le nom d'*Iceblink* (*Eisblink*) une bande blanche lumineuse qui s'étend à l'horizon au-dessus des amas de glaces, et se détache nettement sur le ciel habituellement gris et nuageux des régions polaires. On a attribué ce phénomène à une réfraction. Un des motifs qui ont fait admettre que les portions encore inexplorées, voisines du pôle, ne devaient pas être recouvertes d'une nappe de glace continue, est qu'on n'a jamais remarqué un élargissement de l'iceblink en remontant vers le nord[1]; on a aussi cru reconnaître que l'iceblink d'un champ de glace avait une légère nuance jaune, était très pur s'il provenait de

Fig. A.

[1] S. Günther, *Lehrbruch der Geophysik und physikalischen Geographie*, Stuttgart, 1885, II, 439.

glaces de dérive, et offrait une teinte grisâtre au-dessus de glace nouvellement formée. A l'île Littleton, l'iceblink indiqua à Nares[1] la présence de la glace à 37 kilom. de distance.

Fig. B.

[1] Sir George S. Nares, *Un voyage à la mer polaire sur les navires de S. M. B. « Alert » et « Discovery »* (1875-1876), traduction française de Frédéric Bernard, p. 42.

Les wackes étendues ou la mer libre donnent lieu à une coloration bleu foncé ou noire du ciel, qui souvent se distingue par taches au milieu de l'iceblink et qu'on nomme *Watersky* (*Wasserhimmel*, *Ciel d'eau*).

Dans le véritable pack de vieille glace rencontré par l'*Alert* et le *Discovery*, on a observé un autre phénomène optique. La lumière du soleil n'est pas encore très pénible à supporter et les cas d'ophtalmie sont rares tant que les rayons lumineux font avec le sol des angles inférieurs à 22°. Mais au delà, il se manifeste une réfraction, et si l'atmosphère est pure, les couleurs du spectre émanent de chaque minuscule prisme de neige, et en se combinant entre elles, forment sur le blanc qui couvre le sol un arc étincelant dont la splendeur affole la vue. Ce demi-cercle de *poudre de diamant*[1] devient de plus en plus ouvert à mesure que le soleil monte davantage sur l'horizon ; l'astre en occupe toujours le centre, et il est composé de bandes irisées dont la plus intérieure est rouge, et dont les nuances illuminant les hauts cirro-cumulus présentent un spectacle merveilleux ; elles se fondent entre elles, s'entremêlent avec une telle douceur et une telle harmonie qu'on ne saurait dire quel est le ton qui prédomine en un point déterminé, ou l'endroit qui brille avec plus de gloire dans cette scène féerique.

[1] Sir Georges S. Nares, *loc. cit.*, p. 231.

FIN.

TABLE DES MATIÈRES

Introduction.

II. Bassins océaniques.

MINÉRALOGIE ET GÉOLOGIE SOUS-MARINES.

I. Analyse des sédiments.

II. Nature et provenance des éléments constituants des dépôts marins.

III. Dépôts sous-marins.

CHIMIE DE LA MER.

I. Appareils destinés à recueillir des échantillons d'eau.

II. Composition et analyse de l'eau de mer.

III. La genèse chimique des dépôts marins.

PHYSIQUE DE LA MER.

I. Chaleur.

II. Évaporation.

III. Poids spécifique.

IV. Pression.

V. Propriétés optiques.

VI. Biologie de la mer.

LES GLACES.

Paris. — Imprimerie L. Baudoin et Cie, 2, rue Christine.

www.ingramcontent.com/pod-product-compliance
Ingram Content Group UK Ltd.
Pitfield, Milton Keynes, MK11 3LW, UK
UKHW021902260726
13966UKWH00006B/144